普通高等教育“十二五”系列教材

大学物理实验教程

第4版

主　编　刘文军

参　编　王淑珍　田辉勇

钟晓燕　刘兆周

机械工业出版社

本书根据教育部颁布的《理工科类大学物理实验课程教学基本要求》，同时考虑医学院校学生的学习特点，并结合作者多年来的物理实验教学经验编写而成。

本书主要内容有绪论、验证性物理实验、提高性物理实验、综合性与设计性物理实验、计算机仿真物理实验等。其特点是：在物理实验教学改革与实践的基础上，既保证物理实验学科系统不变，又增加了很多趣味性强的新实验；既涉及普通物理实验的内容，又交叉了医学及生物医学工程的内容，同时还编入了大量综合应用力、热、电、光、近代物理各领域的物理实验方法和技术的设计性实验。所有这些，均有助于学生进一步深入理解物理实验的设计思想和实验方法，培养学生的创新思维和理论与实践相结合的能力。

本教材为高等院校医药各专业以及生物工程、生命科学等专业的教科书和参考书，并适合不同层次的教学要求。

图书在版编目（CIP）数据

大学物理实验教程/刘文军主编．—4版．—北京：机械工业出版社，2015.1（2023.1重印）
普通高等教育“十二五”系列教材
ISBN 978-7-111-48937-5

Ⅰ.①大… Ⅱ.①刘… Ⅲ.①物理学-实验-高等学校-教材 Ⅳ.①04-33

中国版本图书馆CIP数据核字（2014）第311707号

机械工业出版社（北京市百万庄大街22号　邮政编码100037）
策划编辑：李永联　责任编辑：李永联　任正一
版式设计：常天培　责任校对：任秀丽　胡艳萍
责任印制：常天培
固安县铭成印刷有限公司印刷
2023年1月第4版·第6次印刷
169mm×239mm·23.25印张·446千字
标准书号：ISBN 978-7-111-48937-5
定价：37.50元

电话服务
客服电话：010-88361066
010-88379833
010-68326294

网络服务
机　工　官　网：www.cmpbook.com
机　工　官　博：weibo.com/cmp1952
金　　书　　网：www.golden-book.com
机工教育服务网：www.cmpedu.com

第4版前言

本书是根据教育部最新颁布的《理工科类大学物理实验课程教学基本要求》，同时考虑医学院校学生学习特点，并结合作者多年的物理实验教学经验编写而成的。

在物理实验教学实践及教学改革的基础上，本书既保证物理实验学科系统不变，又增加了很多科学性和趣味性很强的新实验。根据分层次教育的特点，本书按实验内容共分五部分：绪论、验证性物理实验、提高性物理实验、综合性与设计性物理实验、计算机仿真物理实验。验证性物理实验主要为基本物理量的测量、基本实验仪器的使用、基本实验技能的训练和基本测量方法与误差等，为普及性实验；提高性物理实验结合了近代物理实验内容，涉及现代物理技术和实验方法；综合性与设计性物理实验涉及力、热、电、光各个学科，结合医药科学与技术的物理基础或物理技术在医药学中的应用而开设，包含“人体参数测量与相关分析”、“数码摄像机（DV）摄像研究”“人体肢体电阻和皮肤电阻测量”“万用电表的设计”“超导磁悬浮列车实验”等实验，既涉及普通物理实验的内容，又交叉了医学内容，有利于学生进一步深入理解物理实验的设计思想和实验方法，了解物理实验技术应用，培养学生的创新思维和理论与实践相结合的能力，对医学专业学生今后的工作、学习有很大的帮助。此次修订结合实际更新了部分实验内容，并增加了“巨磁电阻效应综合实验”“核磁共振实验研究”“太阳电池综合实验”等内容。计算机仿真实验是现代教学的产物，不受仪器场地的限制，可作为辅助实验教学的一种手段由学生在课外选择学习，但不能取代常规实验。

本书由刘文军主编，参加本书编写工作的还有王淑珍、田辉勇、钟晓燕、刘兆周等。绘图由刘文军、钟晓燕负责。

实验教学是集体性的工作，本书是南方医科大学生物医学工程学院教师们长期教学实践的结晶。在编写过程中，还参阅了兄弟院校和仪器厂家的教材、讲义和使用说明，从中得到许多启迪和帮助，在此一并表示衷心的感谢。

本书适用于高等院校八年制、七年制和五年制的临床、口腔、预防医学、法医学、放射医学、药学、医药信息、医学检验、护理、影像等医药类专业，也可供生物医学工程、生命科学等有关的其他专业的师生参考，教学参考学时数为20～80学时。

编　者

目　　录

第一章　绪　　论

一、物理实验课程的任务和程序

大学物理实验是对高等院校学生进行科学实验基本训练的一门独立的必修通识基础实验课程，是学生进入大学后接受系统实验方法和实验技能训练的开端，是培养和提高学生科学实验素质，使学生掌握实验设计思想、方法和训练实验创新意识的重要基础。

（一）物理实验课程的任务

大学物理实验的具体任务是：

1）通过对物理实验现象的观测、分析和对物理量的测量，学习物理实验思想、原理及方法，加深对物理实验设计创新思维的理解。

2）培养与提高学生科学实验基本素质，其中包括：

①能够通过阅读实验教材或资料（含网上资源），基本掌握实验原理及方法，为进行实验做准备。

②能够借助实验材料和仪器说明书，在老师指导下，正确使用常用仪器及辅助设备，完成各分层次的实验内容，尤其是对实验设计思想和实验方法的理解。

③能够融合实验原理、思想、方法及相关的物理理论知识，对实验现象能进行初步的分析判断，逐步学会提出问题、分析问题和解决问题的方法。

④能够正确记录和处理实验数据，绘制曲线，分析实验结果，撰写合格的实验报告。

（二）物理实验课程的步骤

要完成上述任务，必须做好三个步骤：预习、实验操作和写实验报告。

1. 实验前的预习

为了在规定时间内高质量地完成实验任务，达到预期的目的，学生在上实验课前必须做好预习，包括仔细阅读实验教材，了解本实验的原理、方法和步骤，并基本了解测量仪器的使用方法，要明确哪些物理量是间接测量的，哪些是直接测量的，用什么方法和测量仪器来测量等，并在实验报告纸上写出预习记录（包括做实验时需要的记录表格）。

2. 实验操作

遵守实验室规则。在操作前，先检查一下本实验所需的仪器用具是否齐备完好。在实验室遵守操作规程，小心使用仪器；在做电学实验时，更应先连接好电路，经教员检查无误后，方可接通电源。测量的原始数据应整齐地记录在实验笔记本上，数据的有效位数应由仪器的精度或分度值加以确定。一般而言，直接测量的数据要估计到仪器最小分度的十分之一，并写单位。多人同做一个实验时，既要分工又要协作，以便共同完成实验。要爱护仪器，不得任意拆装和摆弄仪器，损坏仪器要立即报告，并检查原因，填好仪器使用登记表，如属人为损坏，视情节轻重决定赔偿责任。

3. 写实验报告

实验报告是实验工作的总结。测量出结果之后要尽快对数据进行整理运算，如发现问题，应做出必要的补充测量，待教员检查签名后，方可离开实验室。

实验报告要力求简单明了、字迹清楚、文理通顺、图表准确、结果正确、分析认真，逐步培养分析、总结问题的能力。报告中的原理图、电路图可以随手画出，而不一定使用尺规，但对实验结果的图解表示则必须仔细认真，力求准确，并利用尺规或曲线板画在坐标纸上。

实验报告内容一般应包括：

（1）预习记录

1）实验题目

2）实验目的

3）实验器材：包括主要仪器名称、型号及精度（分度值），主要材料。

4）实验原理和公式：用自己的语言简要地叙述，并列出主要公式，绘制电路图或光路图。

5）实验步骤：应扼要说明，一目了然。

（2）实验记录与结果

1）实验记录及数据处理：测量的原始数据应以表格形式列出，并正确地表示出有效数字和单位。数据的处理要根据要求计算出最后的测量结果，或采用列表和作图法。

2）实验结果及讨论：表达实验结果时，一般包括不可分割的三部分，即结果的测量值 N、绝对误差 ΔN 和相对误差（百分误差）E，综合起来可写为

$$N=\overline{N}\pm\Delta N \quad 单位：$$

$$E=\frac{\Delta N}{N}\times 100\%$$

如果实验是观察某一物理现象或验证某一物理规律，则只需扼要地写出实验的结论。

最后讨论的内容应包括误差原因、现象分析、改进实验建议、心得体会、存在问题及回答实验思考题等。

二、数据处理的基本知识

(一) 物理量的测量及测量误差

1. 测量及分类

物理定律和定理反映了物理现象的规律性。这些定律、定理是由各种物理量的数值关系表达的，要研究物理定律和定理就必须对物理量进行正确测量。所谓测量就是将待测的物理量与选定的同类单位量相比较。测量是人类认识世界和改造世界的基本手段。通过测量，人们对客观事物可以获得定量的概念，总结出它们的规律性，从而建立起定律和定理。

测量分为直接测量与间接测量两种类型。直接测量是用仪器直接将待测量与选定的同类单位量进行比较，即直接在仪器上读出待测量的数值。例如，用米尺测量物体的长度，用秒表测量时间，用温度计测量温度等。间接测量是由几个直接测量出的物理量，通过已知的公式、定律进行计算从而求出待测量。例如，直接测量出摆长 l 及其振动周期 T 的值，可借助公式 $T=2\pi\sqrt{\frac{l}{g}}$ 求出重力加速度 g。大多数物理量都是通过间接测量得到的。

2. 测量的误差及分类

物理量在客观上存在着绝对准确的数值，称为真值。实际测量得到的结果称为测量值。由于测量仪器、实验条件以及观察者的感官和环境的限制等诸多因素的影响，测量不可能无限精确，因此测量值只是近似值。测量值与客观存在的真值之间总有一定的差异，这就是测量的误差。误差存在于一切测量之中，存在于测量过程的始终。讨论误差的来源，消除或减少测量的误差，是提高测量的准确程度、使测量结果更为可信的关键。

测量误差按其产生的原因和性质可分为系统误差和偶然误差两类。

系统误差：这种误差是由于仪器本身的缺陷（如刻度不均匀，零点不准等)、公式和定律本身不够严密、实验者自身的不良习惯等原因而产生的。系统误差可以通过校正仪器、改进测量方法、修正公式和定律、改善实验条件和纠正不良习惯等办法加以消除或减小。

偶然误差：这种误差是由许多不稳定的偶然因素引起的。例如，测量环境的温度、湿度和气压的起伏，电源电压的波动，电磁场的干扰，不规律的机械振动，以及测量者感觉器官的限制等偶然因素产生的误差。由于偶然误差的存在，使得每次的测量值具有偶然性，即每一次测量时产生的误差大小和正负是不确定的，是一种无规则的涨落，看不出它们的规律性。对于同一待测量，在相同条件下进行多次测量，当测量的次数足够多时，则正、负误差出现的机会或概率是相等的，或者说在测量的次数足够多的情况下，偶然误差服从一定的统计规律，测量的结果总是在真值附近涨落。由于这种误差的偶然性，因此它是不可消除的，但是增加重复测量的次数可以减少测量的偶然误差。

这里要指出的是，误差和错误是两个完全不同的概念，错误是实验者对仪器使用不正确，或者实验方法不合理，或者违犯操作规程，或者粗心大意读错数据、运算不准等。误差可以设法减少，但是错误必须避免。

（二）仪器的精密度和有效数字

1. 仪器的精密度

仪器的精密度（又称精度）是指在正确使用测量仪器时所能测得的最小的准确值，它一般由仪器的分度（仪器所标示的最小分划单位）决定，例如，用毫米分度尺测量物体的长度，其精密度就是1mm。

2. 有效数字

由于仪器精密度和误差的限制，测得的任何一个物理量的数值的位数只能是有限的。例如，用毫米分度尺测量物体的长度，量得其长在45mm与46mm之间，经估计后读为45.5mm，其中前两位是准确测出的，是可靠数字；最后一位即十分位是估计的，显然是可疑数字，也就是说在十分位上出现了误差。尽管十分位上有误差存在，但它在一定程度上还是反映了客观实际，因此是有效的。由于十分位上已出现了误差，所以再往下写去，如45.56…mm就不再具有意义，一般的可疑数字只估计一位，即估计出仪器分度值以下的一位数字，我们将测量结果中可靠的几位数字加上一位可疑数字统称为有效数字。例如，$L=564.4\mathrm{cm}$是4位有效数字，$\rho=2.35\mathrm{g/cm^3}$是3位有效数字。用有效数字记录测量值，不但反映了测量值的大小，而且反映了测量的准确程度。对同一物理量的测量，仪器的精密度越高，测量值的有效数字的位数就越多。一个物理量的数值与数学上的数值有着不同的意义。数学上$1.47=1.470=1.4700\cdots$；而物理上$1.47\neq1.470\neq1.4700\cdots$，因为它们是用不同精密度的仪器得出的测量值，所以物理量测量值的有效数字的位数不能随便增减，少记会损害测量的准确程度，带来不必要的附加误差，多记则夸大了准确性，使人产生错误印象。

关于有效数字还应注意以下几点：

1）数字当中的“0”与数字后面的“0”都是有效数字。有效数字的位数与小数点无关，数字当中的“0”和数字后面的“0”均记入有效数字，而数字前面的“0”不是有效数字，如0.026010是5位有效数字，20.0401是6位有效数字。

2）有效数字的位数与单位换算无关。进行单位换算不能改变有效数字的位数。如，$2\mathrm{km}\neq2000\ \mathrm{m}$，否则改变了测量的准确程度。前者是1位有效数字，而后者是4位有效数字。正确的写法应是$2\mathrm{km}=2\times10^3\ \mathrm{m}$，其中$10^3$不计为有效数字，只用于定位表明单位。

3）有效数字的四舍五入。有效数字通常采用四舍五入。如，取1.526为3位有效数字，应写作1.53，取2位有效数字，应记为1.5。还有一种经常采用的方法，即“尾数小于五则舍，大于五则入，等于五则把尾数凑成偶数”的法则，又称四舍六入，如，1.615取3位有效数字为1.62；14.205取4位有效数字为14.20；3.035取3位有效数字为3.04；0.76取1位有效数字为0.8。本书采用四舍五入法。

4）常数$\left(如\pi、e、\sqrt{5}、\frac{1}{3}等\right)$的有效数字。常数的有效数字为无限位，可根据具体问题适当选取，一般比测量值至少要多保留一位。

3. 有效数字的运算法则

实验结果往往需要通过对直接测量的物理量进行计算才能得到。一般参加运算的各量数值的大小及有效数字的位数不同，经常会遇到中间数的取位问题。因此，根据有效数字中可疑数字只许保留一位以及尽量使计算简洁的原则，规定以下有效数字的运算法则：

（1）加减法　诸数相加减时，所得结果的有效数字应以保留诸数中最高可疑的位数为标准（以下按四舍五入）。例如

$$58.62+0.234+586.0=644.9$$

$$3.25-0.0187=3.23$$

（2）乘除法　诸数相乘除时，所得结果的有效数字的位数应以诸数中有效数字位数最少的作为保留标准（以下四舍五入）。例如

$$4.236\times1.2=5.1$$

$$6.421\div0.825=7.78$$

（3）乘方与开方　有效数字进行乘方或开方运算时，所得结果的有效数字的位数与底数的位数相同。例如

$$\sqrt{14.6}=3.82$$

$$5.25^2=27.6$$

（4）三角函数　三角函数的有效数字的位数与角度的位数相同。例如

$$\cos32.7°=0.842$$

（5）对数　对数的有效数字的位数与真数的位数相同。例如

$$\lg19.28=1.285$$

（三）直接测量误差的计算

由于测量误差的存在，所以在直接测量中不可能确切地测出物理量的真值。为了测量准确，往往需要进行反复多次的测量，各次测得的结果不同。那么什么量最接近真值，测量的准确程度怎么样，这些都是我们要讨论的问题。

1. 算术平均值

偶然误差虽然具有偶然性，但是在测量的次数足够多时，其整体服从一定的统计规律，这在前面已经讨论过。具体地说，就是：

1）各次测量之间没有直接关系，互相独立。

2）各次测量的结果都落在真值附近，与真值偏离较大的机会很少。

3）由于误差的偶然性，测量结果比真值大的机会与比真值小的机会相等。当测量的次数足够多时，所得测量结果比真值大的和比真值小的数目相同。

设某物理量的真值为 n，对其进行了 k 次测量。各次的测量结果分别为 N_1，N_2，…，N_k，则各次测量值与真值之间的差（可能为正，也可能为负）分别为

$$\Delta n_1 = N_1 - n,\ \Delta n_2 = N_2 - n,\ \cdots,\ \Delta n_k = N_k - n$$

根据偶然误差的规律性，当测量次数足够多时，某次测量的结果比真值大了多少，会在另外一次测量中得到比真值小多少的测量结果，因此，当测量次数无限增多时，各次测量的结果与真值的差数可以成对互相抵消，即

$$\lim_{k\to\infty}(\Delta n_1 + \Delta n_2 + \cdots + \Delta n_k) = 0 \tag{0-1}$$

或

$$\lim_{k\to\infty}[(N_1 - n) + (N_2 - n) + \cdots + (N_k - n)] = 0$$

可得

$$n = \lim_{k\to\infty}\frac{N_1 + N_2 + \cdots + N_k}{k} \tag{0-2}$$

式（0-2）表明无限多次测量结果的算术平均值就是该量的真值。

实际上，任何物理量的直接测量都只能进行有限次。在 k 为有限次的情况下，式（0-1）不再为零，而是等于一个很小的数。所以算术平均值最接近真值，称为近真值或最佳值。我们常将算术平均值作为测量结果，用$\overline{N}$表示

$$\overline{N} = \frac{N_1 + N_2 + \cdots + N_k}{k} \tag{0-3}$$

2. 绝对误差与相对误差

将算术平均值$\overline{N}$作为测量结果，则算术平均值$\overline{N}$与各次测量值 N_1，N_2，…，N_k之差的绝对值为

$$\Delta N_1 = |\overline{N} - N_1|,\ \Delta N_2 = |\overline{N} - N_2|,\ \cdots,\ \Delta N_k = |\overline{N} - N_k|$$

称为各次测量的绝对误差。它近似地表示出各次测量值与真值间最大可能的偏离范围。

各次测量的绝对误差的算术平均值称为平均绝对误差，用 ΔN 表示

$$\Delta N = \frac{\Delta N_1 + \Delta N_2 + \cdots + \Delta N_k}{k} \tag{0-4}$$

ΔN 越小，表示算术平均值与各次测量值之间差得越小，说明测量值在真值

附近散布的范围小；ΔN 越大，说明这一散布范围大。因此，ΔN 近似地表示了测量结果与真值间最大可能的偏离范围，可将 ΔN 作为测量结果的绝对误差，它表示了测量结果的准确程度。则最后的测量结果应表示为

$$n = \overline{N} \pm \Delta N \tag{0-5}$$

这里要说明的是，式（0-5）的形式表示真值 n 在算术平均值$\overline{N}$的附近 $\pm \Delta N$ 这一范围内，但并不排除某次测量值在此范围之外的可能性。

一般地，绝对误差可以大致表明测量结果的准确程度，但不能确切反映测量质量的好坏。例如，测量 1m 长的物体误差为 1mm，测量 1mm 长的物体误差为 0.1mm。两者比较，显然前者测量质量优于后者，但是前者的绝对误差却大于后者。所以不能单从绝对误差的大小来说明测量质量的优劣，需要采用其他方法来表示测量结果的准确程度，为此引入相对误差的概念。

将各次测量的绝对误差与各次测量值之比

$$\frac{\Delta N_1}{N_1},\ \frac{\Delta N_2}{N_2},\ \cdots,\ \frac{\Delta N_k}{N_k}$$

称为各次测量的相对误差，平均绝对误差与算术平均值的比称为平均相对误差，用 E 表示，即

$$E = \frac{\Delta N}{\overline{N}} \times 100\% \tag{0-6}$$

相对误差常以百分数表示。有了相对误差之后，测量结果也可写作

$$n = \overline{N}(1 \pm E) \tag{0-7}$$

（四）间接测量的绝对误差与相对误差

大多数情况下，实验结果都是通过间接测量得到的，也就是说先对诸多量进行直接测量，然后根据一定的公式进行数学运算得到间接测量的结果。直接测得的量都含有误差，因此间接测量的结果也必然有误差。所以，有必要研究各直接测得量的误差对结果的影响，并根据直接测得量的误差求得间接测量结果的绝对误差和相对误差。

为方便起见，只讨论由两个直接测量的量得出的间接测量结果的误差。设 A、B 为两个直接测得量，N 为间接测得量。它们之间的函数关系为

$$N = f(A,\ B)$$

各直接测得量为 $A = \overline{A} \pm \Delta A,\ B = \overline{B} \pm \Delta B$

间接测得量的结果表示为 $N = \overline{N} \pm \Delta N = \overline{N}\ (1 \pm E)$

式中，$\overline{N} = f(\overline{A},\ \overline{B})$ 是间接测得量的算术平均值，是将各直接测得量的平均值代入公式后计算得出的；ΔN 是间接测得量的平均绝对误差，其平均相对误差也为 $E = \dfrac{\Delta N}{\overline{N}} \times 100\%$ 的形式。

下面根据 N 与 A、B 的不同函数关系，来讨论间接测得量的 ΔN 与 E。

若间接测得量是两个直接测得量的和或差（$N=A\pm B$），则将 $A=\overline{A}\pm\Delta A$，$B=\overline{B}\pm\Delta B$ 代入 $N=A\pm B$，得

$$N=\overline{N}\pm\Delta N=(\overline{A}\pm\Delta A)\pm(\overline{B}\pm\Delta B)$$

显然有

$$\overline{N}=\overline{A}\pm\overline{B} \tag{0-8}$$

$$\Delta N=\Delta A+\Delta B \tag{0-9}$$

取 $\Delta N=\Delta A+\Delta B$ 是考虑到测量的准确性最差的情况，是最大可能偏差。因此，间接测得量 N 的绝对误差等于直接测得量 A 与 B 的平均绝对误差之和。

间接测得量 N 的相对误差由下式表示：

当 $N=A+B$，则

$$E=\frac{\Delta N}{\overline{N}}=\frac{\Delta A+\Delta B}{\overline{A}+\overline{B}} \tag{0-10}$$

当 $N=A-B$，则

$$E=\frac{\Delta N}{\overline{N}}=\frac{\Delta A+\Delta B}{\overline{A}-\overline{B}} \tag{0-11}$$

表 0-1 为几种常用函数关系的误差公式。

表 0-1 几种常用函数关系的误差公式

函数关系 $N=f(A, B, \cdots, C)$	绝对误差 ΔN	相对误差 E
$N=A+B$	$\Delta A+\Delta B$	$\frac{\Delta A+\Delta B}{A+B}$
$N=A-B$	$\Delta A+\Delta B$	$\frac{\Delta A+\Delta B}{A-B}$
$N=AB$	$A\Delta B+B\Delta A$	$\frac{\Delta A}{A}+\frac{\Delta B}{B}$
$N=\frac{A}{B}$	$\frac{A\Delta B+B\Delta A}{B^2}$	$\frac{\Delta A}{A}+\frac{\Delta B}{B}$
$N=KA^R$	$KR\frac{\Delta A}{A}A^R$	$R\frac{\Delta A}{A}$
$N=R\sqrt{A}$	$\frac{1}{R}\frac{\Delta A}{A}R\sqrt{A}$	$\frac{1}{R}\frac{\Delta A}{A}$
$N=\ln A$	$\frac{\Delta A}{A}$	$\frac{\Delta A}{A\ln A}$
$N=\sin A$	$\|\cos A\|\Delta A$	$\|\cot A\|\Delta A$
$N=\cos A$	$\|\sin A\|\Delta A$	$\|\tan A\|\Delta A$
$N=\tan A$	$\frac{\Delta A}{\cos^2 A}$	$\frac{2\Delta A}{\|\cos^2 A\|}$
$N=\cot A$	$\frac{\Delta A}{\sin^2 A}$	$\frac{2\Delta A}{\|\sin^2 A\|}$

（五）实验数据的列表与图示

1. 列表

处理数据时常要列表记录。数据列表能够简单明了地表示出有关物理量之间的对应关系，便于检查测量结果是否合理，有助于分析物理量之间的规律性。

列表要简单明了，便于看清楚有关物理量间的对应关系；表中各符号代表的物理意义要交代清楚并标明单位，单位应写在标题栏内，一般不要重复地记在表内各个数字上；表中的数据要正确反映出测量结果的有效数字，以表明测量的准确程度；表中不能说明的问题，可在表下附加说明。

2. 作图法处理实验数据

实验数据进行处理时也常采用作图的方法。这种方法，可以把测量结果直观地表示出来。作图法是研究物理量之间的规律，找出对应的函数关系，以及求经验公式的最常用的方法之一。通过作图，有助于方便地求出所需要的某些实验结果。比如，对直线 $y=ax+b$，由图上的斜率可求出 a，由截距可求出 b。作图还易于发现实验中的测量错误，由于图线是依据许多数据点描出的平滑曲线，因此对测量的数据有修正作用，具有多次测量取平均值的意义。此外，在图线上能够直接读出没有测量的点，而且在一定条件下，可以从图线的延伸部分读到测量范围以外的点。因此，作图法处理数据具有许多优点。

3. 作图规则

1）将测量的数据按一定的规律列成相应的表格。

2）决定了作图的参量后，根据情况选用合适的坐标纸，如直角坐标纸、对数坐标纸等。

3）确定坐标纸的大小及坐标轴的比例。图纸的大小应根据测量数据的有效数字来选择，使测量数据中的可靠数字在图上也是可靠的，即图中的一个小格对应数据中可靠数字的最后一位，数据中的一位可疑数字在图中应是估计的。坐标轴相对比例的选择不必强求一致，以图线不沿某一坐标轴延伸或不缩在图上一角为原则，使整个图线比较匀称地充满整个图纸。横轴与纵轴的比例可以不同，坐标轴的起点也不一定非取零值。

4）图纸与坐标轴的比例选定后，要标出坐标轴的方向，标明其代表的物理量名称或符号以及单位，在坐标轴上每隔一定间距标出该物理量的数值。在图纸上适当位置写明图的名称及必要的说明。

5）标点与连线：根据测量的数据，用“×”或“·”等符号在图上标出各点的位置。符号要用尺和铅笔清晰而准确地标出，符号的中心对应实验点的准确位置，同一图纸上不同的曲线应使用不同的符号。即使图纸画好后，符号也不应擦去，以便复核及保留数据的记录。各点标出后，应用直尺或曲线尺把各点连成光滑的曲线。由于误差的影响，曲线不一定通过所有的点，只是要求曲线两边的偏差点有比较均匀的分布，个别偏离较大的点应舍去或重新测量。图线不宜画得过粗，以免看不清标出的点，更不能为使每个标出的点都在图线上而把它们连成折线。

6）曲线的直线化。对于较复杂的函数关系，由于它们是非线性的，所以图形都是曲线。不仅由曲线上求值不方便，而且难以从图中判断结果是否正确。因此，常选用不同的变量来代替原来的变量（称为变量置换法），将曲线改直，例如，对 $xy=k$ 可以将 x-y 曲线改为以 y 和 $\frac{1}{x}$ 为轴的 y-$\frac{1}{x}$ 图线，使曲线变为直线。

总之，作图法有许多优点，但作图求得的值准确性不太高，有效数字位数不能太多是它的主要缺点。

（六）逐差法处理数据

逐差法的直观意义是利用代数平均值代替实测值，减少了散点个数。由于偏差有抵偿性，因而降低了相对误差，提高了拟合精度，是一种比较常用的方法。

当直接测量是等间距多次测量时，例如，在测量弹簧劲度系数实验中，在弹性限度内，先测出弹簧的自然长度 N_0，然后依次在弹簧下端的小钩上加 2g，4g，…，14g 的砝码，弹簧长度依次为 N_1，N_2，…，N_7。对应于每增加 2g 砝码弹簧相应的伸长为

$$\Delta N_1=N_1-N_0,\ \Delta N_2=N_2-N_1,\ \cdots,\ \Delta N_7=N_7-N_6$$

其平均伸长为

$$\begin{aligned}\Delta\overline{N}&=\frac{\Delta N_1+\Delta N_2+\cdots+\Delta N_7}{7}\\&=\frac{(N_1-N_0)+(N_2-N_1)+(N_3-N_2)+\cdots+(N_7-N_6)}{7}\\&=\frac{N_7-N_0}{7}\end{aligned}$$

从上述结果可知，中间测量值全部抵消了，只有始末两次测量值起作用。

为了保持多次测量的优点，只要在处理数据方法上稍作变化，仍能达到利用多次测量来减少随机误差的目的。通常把这些测量值分成两组，一组为 $N_0\sim N_3$，另一组为 $N_4\sim N_7$。取对应项的差值（称为逐差）

$$\Delta N_1=N_4-N_0,\ \Delta N_2=N_5-N_1,\ \Delta N_3=N_6-N_2,\ \Delta N_4=N_7-N_3$$

ΔN 再取平均值，中间测量值全部不能抵消，这就是利用逐差法计算的 $\Delta\overline{N}$ 每增加 8g 时弹簧的伸长量。

（七）用最小二乘法进行曲线拟合

在物理实验中把测量的结果作成图，可以表示物理规律，若能用数学语言来总结物理模型，那更有实际意义。从实验数据求得经验方程称为方程的回归问

题，又称为曲线拟合。但拟合前必须根据理论推断或从测量数据变化趋势推测出函数形式。如果是线性关系，则可以表示为

$$y=a+bx \ (a、b \text{为常数})$$

若是指数关系，则可以表示为

$$y=Ae^{Bx}+C \ (A、B、C \text{为常数})$$

由一组实验数据找出一条最佳的拟合直线（或曲线），常用的方法是最小二乘法。本书只讨论用最小二乘法进行一元线性回归问题。

最小二乘法是一种常用的数学方法，用此法拟合同一组实验数据时，不论处理的是什么，只要处理过程正确无误，结果都会是相同，这是一种更为客观、结果更为准确的方法。

最小二乘法的应用条件是：

1）各测量数据误差服从正态分布。

2）测量数据误差分布近似服从正态分布；或虽为其他分布，但数据点的测量误差都很小。

最小二乘法的基本原理如下：

在满足上述条件的情况下，在最佳拟合直线上，各相应点的值与测量值之差的平方和为最小。

假设所研究的变量有两个，即 x 和 y，且它们之间存在的线性相关关系是一元线性方程

$$y=a+bx$$

实验测得的一组数据是

$$x: x_1, x_2, x_3, \cdots, x_n$$

$$y: y_1, y_2, y_3, \cdots, y_n$$

需要解决的问题是，根据所测得的数据，如何确定上式中的常数 a 和 b。实际上，相当于用作图法求直线的斜率和截距。

通过数学运算，得直线的截距 a 和斜率 b 为

$$b=\frac{\overline{x}\,\overline{y}-\overline{xy}}{\overline{x}^2-\overline{x^2}}$$

$$a=\overline{y}-b\,\overline{x}$$

在实际问题中，当变量间不是直线关系时，可以通过适当的变量变换，使不少曲线问题转化成线性相关问题。需要注意的是，经过变换最小二乘法限定条件不一定满足，会产生一些新的问题，遇到这类情况应采取更恰当的曲线拟合方法。

第二章 验证性物理实验

实验1 基本测量

一、实验目的

1）了解游标卡尺、千分尺的结构原理，学会并熟练使用这些仪器。

2）进一步掌握有效数字的概念，并熟练其运算方法。

3）进一步掌握和熟练误差分析。

二、实验器材

游标卡尺、千分尺、金属圆柱体、圆筒、金属球。

三、实验原理

（一）游标卡尺

游标卡尺又称游标测径器，其构造如图1-1所示，可用来测内径、外径及深度。D为尺身，最小分度为1mm，E′为游标，可沿尺身滑动，游标上刻有20个分度。20个分度的总长度恰好等于尺身上39个分度的总长度（即39mm），如图1-2所示。因此，游标上每个分度的长度等于39/20mm，即1. 95mm。尺身上每两个分度（2mm）与游标每分度相差（2－1. 95）mm＝0. 05mm，因此，用游标卡尺测量时，可准确地读到0. 05mm，例如，测得圆柱体的直径D为47. 85mm，有4位有效数字。

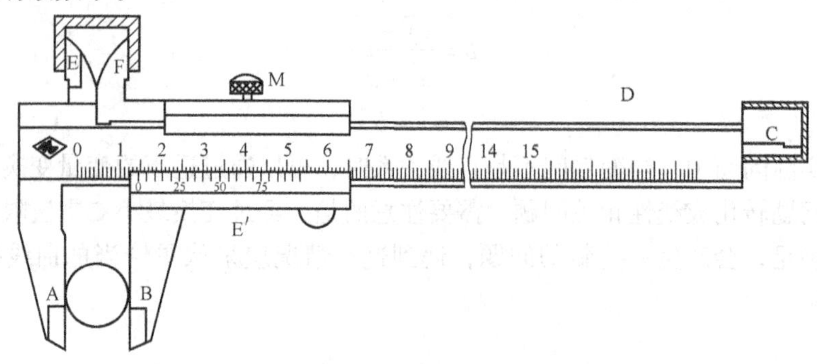

图1-1 游标卡尺

当钳口 A 和 B 互相靠紧时，钳口 E 和 F 互相紧靠，游标上的零线跟尺身上的零线相重合，尾杆 C 的尖端跟尺身末端对齐。因此，用钳口 A、B 可量物体的长度和外径，用钳口 E、F 可以量物体的内径，用尾杆 C 可量物体的深度，如图 1-1 所示。

测量长度时，把物体夹于 A、B 之间，A、B 分开的距离就等于物体的长度，也就是等于游标零线与尺身零线间的距离。因此，游标零线在尺身上所指的读数就是物体的长度。毫米以上整数部分 K 可从尺身上直接读出，毫米以下的小数部分可从游标上读出。

图 1-2　尺身与游标的关系

如果游标的零线对在尺身的 K 与 $K+1$ 刻度之间，设游标零线与尺身 K 刻线间的距离为 $d$mm，则被测长度 $L=K\text{mm}+d\text{mm}$，如图 1-3 所示，如果游标的第 n 条刻线与尺身上某一刻线正好对齐，则 d 等于尺身上 $2n$ 个分度与游标上 n 个分度之差，即 $d=2n\text{mm}-n\times1.95\text{mm}=n\times(2-1.95)\text{mm}=n\times0.05\text{mm}$，故被测长度为

$$L=K\text{mm}+n\times0.05\text{mm} \tag{1-1}$$

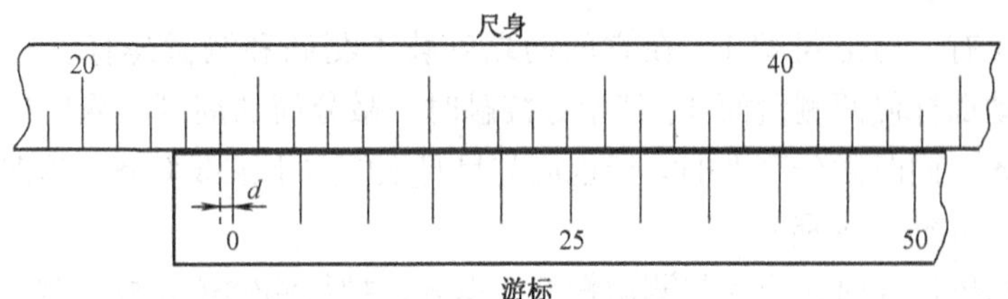

图 1-3　游标卡尺的读数 $L=24.25\text{mm}$

例如在图 1-3 中，游标上第 5 刻线与尺身上某一刻线对齐，则物长 $L=24\text{mm}+5\times0.05\text{mm}=24.25\text{mm}$。

为了读数的方便，游标上的刻线标出直接读出毫米以下的数值（而不是刻线序数）。在使用时，只要读出游标零线前尺身刻线所示的毫米整数，再加上游标上跟尺身任一刻线对齐的刻线所代表的毫米小数（如“25”代表 0.25mm，“50”代表 0.50mm）即可。

（二）千分尺

千分尺也称螺旋测微仪。它是比游标卡尺更精密的仪器。在实验室中常用它来测小球的直径、金属丝的直径和薄板的厚度等，其准确度至少可达 0.01mm。

千分尺的主要部分是测微螺旋（见图 1-4），它由一根精密的测微螺杆 5 和螺母套管 10（其螺距是 0.5mm）组成，测微螺杆 5 的后端还带一个具有 50 个分度的微分筒 8。当微分筒 8 相对螺母套管 10 转过一周时，测微螺杆 5 就会在螺母套管 10 内沿轴线方向前进或后退 0.5mm。同理，当微分筒 8 转过一个刻度时，测微螺杆 5 就会前进或后退$\frac{1}{50}\times 0.5$mm（即 0.01mm）。因此，从微分筒 8 转过的刻度就可以准确地读出测微螺杆 5 沿轴线移动的微小长度。为了读出测微螺杆 5 移动的毫米数，在固定套管 7 上刻有毫米分度标尺，叫尺身。

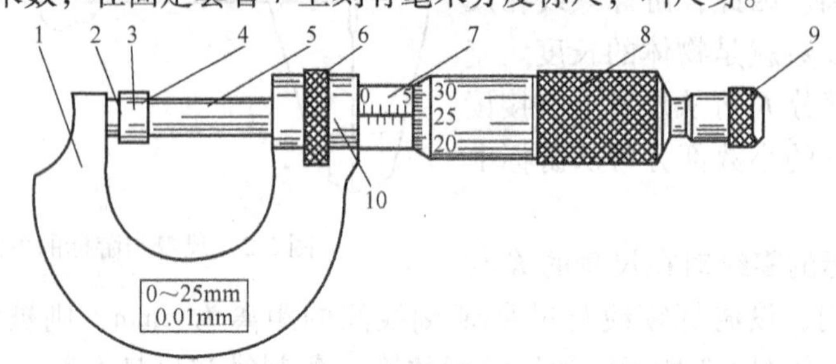

图 1-4　千分尺

1—尺架　2—测砧测量面 *A*　3—待测物体　4—螺杆测量面 *B*　5—测微螺杆
6—锁紧装置　7—固定套管　8—微分筒　9—测力装置　10—螺母套管

千分尺有一弓形尺架 1，在它的两端安装了测砧和测微螺杆，它们正好相对，当转动螺杆使两测量面 *A*、*B* 刚好接触时，微分筒的周围边缘就应与尺身上的零线对齐，同时微分筒上的零线也应与尺身上的水平准线对齐，这时的读数是 0.000mm，如图 1-6a 所示。

测量物体尺寸时，应先将测微螺杆 5 退开，把待测物体 3 放在测量面 *A* 与 *B* 之间，然后轻轻转动测力装置 9，使测杆和测砧测量面刚好与物体接触，这时在固定套管 7 的尺身上和微分筒锥面上的读数就是待测物体的长度。读数时，应从尺身上读整数部分（读到半毫米），从微分筒上读小数部分（估计到最小分度的十分之一，即千分之一毫米），然后两者相加。设尺身上的读数为 *K*mm，尺身水平准线所指的微分筒上的刻度为 *n*，则待测物体的长度为

$$L=(K+n\times 0.010)\,\text{mm} \tag{1-2}$$

式中，“1”是准确数，其后的“0”是存疑数字。例如，图 1-5a 中物长 $L=7.5\text{mm}+13.1\times 0.010\text{mm}=7.631\text{mm}$。图 1-5b 中物长 $L=8.5\text{mm}+33.1\times 0.010\text{mm}=8.831\text{mm}$。

千分尺是精密仪器，使用时必须注意下列各项：

1）测量前应检查零点读数。零点读数，就是当测量面 *A*、*B* 刚好接触时微

分筒上的读数。如果不为零，应将数值记下来。进行测量时，测出的读数应减去这零点读数。如果零点读数是负值，在测量时同样要减去（实际上就是加上这个绝对值）。零点读数的正负号的取法如下：当微分筒的零刻线在尺身水平准线下方时，零点读数为正，反之，在上方时为负，如图1-6b、c所示。

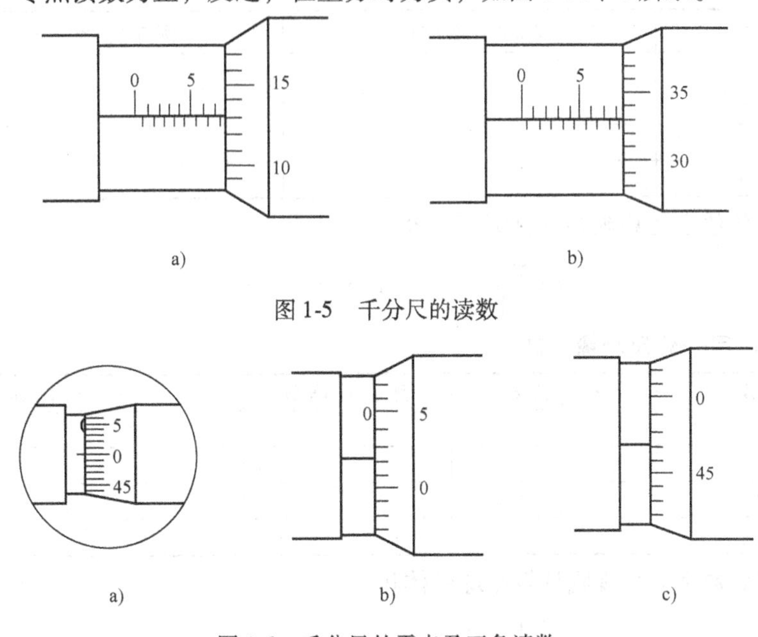

图1-5　千分尺的读数

图1-6　千分尺的零点及正负读数

a）0.000mm　b）+0.023mm　c）-0.028mm

2）测量面*A*、*B*和被测物体间的接触压力应当微小，因此旋转微分筒时，必须利用测力装置9（又叫棘轮），当测量面*A*、*B*和物体接触时，它会自动打滑，并发出响声。

3）测量完毕后，应使测量面*A*、*B*间留有一个空隙，以免热膨胀而损坏螺纹。

四、实验内容及步骤

（一）用游标卡尺测量圆柱体和圆筒

1. 用游标卡尺测量圆柱体

次数	圆柱体的高度 h/mm	圆柱体的直径 D/mm
1		
2		
3		
平均		

按有效数字运算规则计算圆柱体的体积

$$V=\frac{\pi D^2}{4}h= \quad mm^3 = \quad mm^3$$

2. 用游标卡尺测量圆筒

次数	圆筒的深度 h/mm	圆筒的内径 D/mm
1		
2		
3		
平均		

按有效数字运算规则计算圆筒的容积

$$V=\frac{\pi D^2}{4}h= \quad mm^3 = \quad mm^3$$

（二）用千分尺测量小球

次数	零点读数	测定时读数	小球直径 d/mm
1			
2			
3			
平均			

按有效数字运算规则计算小球的体积

$$V=\frac{1}{6}\pi d^3= \quad mm^3 = \quad mm^3$$

五、思考题

1）为什么使用千分尺时，首先要读出零点读数？如何读？如何测量出物体的真实长度？

2）本实验中测得的圆柱体和小球的直径各有几位有效数字？它们的体积有几位有效数字？试用厘米（cm）为单位写出它们的直径和体积的数值。

（刘文军）

实验2　静电场的测绘

一、实验目的

1）学习用模拟法描述和研究静电场分布的概念和方法。

2）测绘等位线，根据等位线画出电场线，加深对电场强度和电位概念的理解及静电场分布规律的认识。

二、实验器材

DI-Ⅳ导电液式电场描绘实验仪、白纸、水。

三、实验原理

（一）用电流场模拟静电场

带电导体（有时称电极）在空间中形成的静电场，除极简单的情况外，大都不能求出它的数学表达式。为了实用的目的，往往借助实验的方法来测定，但是直接测量静电场会遇到很大的困难，这不仅因为设备复杂，还因为把探针伸入静电场时，探针上会产生感应电荷，这些电荷又产生电场，与原电场叠加起来，使原电场产生显著的畸变，这困难可以用间接的测定方法（称模拟法）来解决。

模拟法的特点是仿造另一个电场（称模拟场），使它与原电场完全一样，当用探针去测模拟场时，它不受干扰，因此可间接地测出被模拟的静电场。

用模拟法测量静电场的方法之一是用电流场代替静电场。由电磁学理论可知，电解质（或水液）中稳恒电流的电流场与电介质（或真空）中的静电场具有相似性。在电流场的无源区域中，电流密度矢量$\boldsymbol{j}$满足

$$\oiint \boldsymbol{j} \cdot \mathrm{d}\boldsymbol{S} = 0 \tag{2-1}$$

$$\oint \boldsymbol{j} \cdot \mathrm{d}\boldsymbol{l} = 0$$

在静电场的无源区域中，电场强度矢量$\boldsymbol{E}$满足

$$\oiint \boldsymbol{E} \cdot \mathrm{d}\boldsymbol{S} = 0 \tag{2-2}$$

$$\oint \boldsymbol{E} \cdot \mathrm{d}\boldsymbol{l} = 0$$

由式（2-1）和式（2-2）可看出，电流场中的电流密度矢量$\boldsymbol{j}$和静电场中的电场强度矢量$\boldsymbol{E}$所遵从的物理规律具有相同的数学形式，所以这两种场具有相似性。在相似的场源分布和相似的边界条件下，它们的解的表达式具有相同的数学模型。

如果把连接电源的两个电极放在不良导体（如稀薄溶液或水液）中，在溶液中将产生电流场。电流场中有许多电位彼此相等的点，测出这些电位相等的点，描绘成面就是等位面。这些面也是静电场中的等位面。通常电场分布是在三维空间中，但在水液中进行模拟实验时，测出的电场是在一个水平面内的分布。这样等位面就变成了等位线，根据电场线与等位线正交的关系，即可画出电场线，这些电场线上每一点切线方向就是该点电场强度$\boldsymbol{E}$的方向。这就可以用等

位线和电场线形象地表示静电场的分布了。

检测电流中各等位点时，不影响电流线的分布，测量支路不能从电流场中取出电流，因此，必须使用高内阻电压表或平衡电桥法进行测绘。但直流电压长时间加在电极上，在水液中，会使电极产生“极化作用”而影响电流场的分布，若把直流电压换成交流电压就能消除这种影响。当电极接上交流电压时，产生交流电场的瞬时值是随时间变化的，但交流电压的有效值与直流电压是等效的，所以在交流电场中用交流电压表测量有效值的等位线与直流电场中测量同值的等位线，其效果和位置完全相同。

（二）同轴圆柱面形电极的静电场与电流场

1. 静电场

如图 2-1a 所示，在真空中有一个半径 r_1 的长圆柱导体（电极）A 和一个半径为 r_2 长圆筒导体（电极）B，它们的中心轴重合，设 A、B 的电位分别为 $V_A = V_1$，$V_B = 0$（接地），各带等量异号电荷，则在两电极之间产生静电场。由于对称性，在垂直于轴的任一截面内有均匀分布的辐射状电场线（图 2-1b），电场的等位面是许多同轴管状柱面。电场线与等位线正交，等位线是封闭线，而电场线是有头有尾的，它发自正电荷、终止于负电荷，它的方向是由正电荷指向负电荷。对中心金属圆柱，金属内部电场强度为零，电荷分布在金属表面，电场线应从中心圆柱柱面发出，而终止于圆筒壁的内表面。

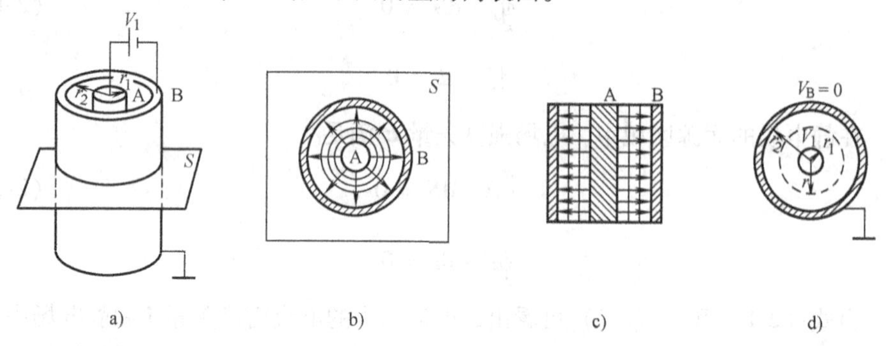

图 2-1 长同轴柱面的电场

a）电极组态 b）电场线平面的电场分布 c）垂直电场线平面的电场分布 d）计算用图

为了计算 A、B 间静电场，我们在长轴方向取一段单位长度的同轴柱面，其横截面如图 2-1d 所示，并设内外柱面各带电荷 $+\tau$ 和 $-\tau$。作半径为 r 的高斯面（柱面），设此面上的电场强度为 $\boldsymbol{E}$，由高斯定理可得到 $2\pi r\varepsilon_0 E = \tau$

$$E = -\frac{\mathrm{d}V}{\mathrm{d}r} = \frac{\tau}{2\pi\varepsilon_0 r} \tag{2-3}$$

由式（2-3）就有

$$V_r = -\int \boldsymbol{E} \cdot \mathrm{d}\boldsymbol{r} = -\frac{\tau}{2\pi\varepsilon_0}\int \frac{\mathrm{d}r}{r} = -k\int \frac{\mathrm{d}r}{r}$$

积分上式得

$$V_r = -k\ln r + C \tag{2-4}$$

其中 $k=\tau/(2\pi\varepsilon_0)$。

应用边界条件：$r=r_1$ 时，$V_r=V_1$，$r=r_2$ 时，$V_r=V_2=0$，分别代入式（2-4），解出积分常数 $C=k\ln r_2$ 和 $k=V_1/(\ln r_2-\ln r_1)$，再把 k 和 C 的值代回式（2-4），整理后得

$$V_r = V_1\left[\frac{\ln(r_2/r)}{\ln(r_2/r_1)}\right] = V_1\left[\frac{\ln(r/r_2)}{\ln(r_1/r_2)}\right] \tag{2-5}$$

式（2-4）、式（2-5）表示柱面之间的电位 V_r 和 r 的函数关系，可以看出 $V_r \propto \ln r$，即 V_r 和 $\ln r$ 是直线关系，并且相对电位 V_r/V_1 仅是坐标 r 的函数。

2. 电流场

如图 2-2 所示，在电极 A、B 间有电场的整个空间内填满均匀的不良导体（如水液），仿造一个与静电场完全一样的模拟场。这个原理性的装置称为“模拟模型”。直接测出它上面的模拟场，就可间接地获得原静电场的分布图。

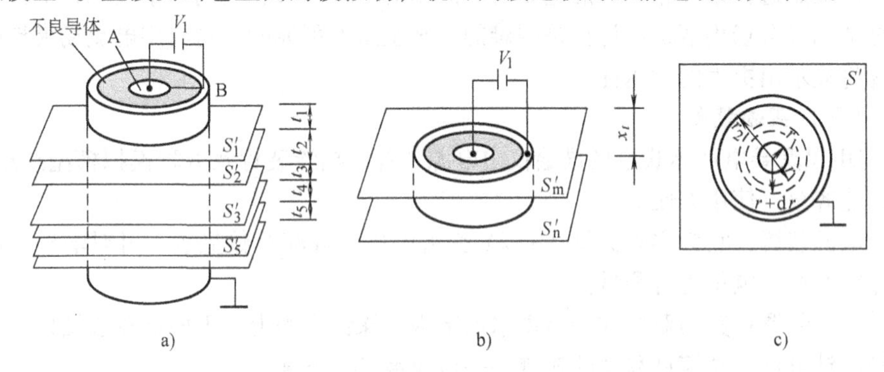

图 2-2　同轴柱面电场模拟模型的获得

为了计算电流场的电位差，先计算两柱面间的电阻，再计算电流，最后计算任意两点间电位差。设不良导电介质薄层（如水液）厚度为 t，电阻率为 ρ，则任意半径 r 到 $r+\mathrm{d}r$ 圆周之间的电阻是

$$\mathrm{d}R = \rho \cdot \left(\frac{\mathrm{d}r}{S}\right) = \frac{\rho\mathrm{d}r}{2\pi rt} = \left(\frac{\rho}{2\pi t}\right)\frac{\mathrm{d}r}{r} \tag{2-6}$$

将式（2-6）积分得半径 r 到半径 r_2 之间的总电阻

$$R_{rr_2} = \left(\frac{\rho}{2\pi t}\right)\int_r^{r_2}\frac{\mathrm{d}r}{r} = \left(\frac{\rho}{2\pi t}\right)\ln\frac{r_2}{r} \tag{2-7}$$

同理可得半径 r_1 到半径 r_2 之间的总电阻

$$R_{12} = \left(\frac{\rho}{2\pi t}\right)\int_{r_1}^{r_2}\frac{\mathrm{d}r}{r} = \left(\frac{\rho}{2\pi t}\right)\ln\left(\frac{r_2}{r_1}\right) \tag{2-8}$$

因此，从内柱面到外柱面的电流为

$$I_{12} = \frac{V_1}{R_{12}} = \left[\frac{2\pi t}{\rho}\cdot\ln\left(\frac{r_2}{r_1}\right)\right]\cdot V_1 \tag{2-9}$$

则外柱面（$V_2=0$）至半径 r 处的电位

$$V_r = I_{12}\cdot R_{rr_2} = \frac{R_{rr_2}}{R_{12}}\cdot V_1 \tag{2-10}$$

将式（2-7）和式（2-8）代入式（2-10）得

$$V_r = V_1\frac{\left(\ln\dfrac{r_2}{r}\right)}{\left(\ln\dfrac{r_2}{r_1}\right)} = V_1\left[\frac{(\ln r/r_2)}{(\ln r_1/r_2)}\right] \tag{2-11}$$

比较式（2-11）和式（2-5）可知，静电场与模拟场的电位分布是相同的。

以上是边界条件相同的静电场与电流场的电位分布相同的一个实例，电极形状复杂的静电场用解析法计算是困难的，甚至是不可能的，这时用电流场模拟静电场将显示出更大的优越性。

（三）实验装置

DI-Ⅳ型导电液体式电场描绘仪由电源装置、描绘装置及五种模拟模型组成，它功能齐全，使用方便。

电源装置：它为实验提供0～12V 交流电压，且配有数显表，可对输出电压及探针所处的电位进行测量。

描绘装置：其为双层式带活动水槽结构。探针也为上、下两针双层结构，上端描绘针可把下端探针移动的轨迹一一对应地描绘下来。

五种模拟模型，供实验选择，它们分别是：

1）同轴电缆

2）平行轴输电线

3）平行板

4）聚焦电极

5）平行轴输电线静电场简化模拟模型

导电液选择自来水。

四、实验内容及步骤

1）测绘同轴电缆的等位线。将同轴电缆通过连接线与活动水槽连接（均为蓝色连线和插孔)，将探针与数字电压表相连（均为红色连线和插孔)。模拟模型中放入自来水使水深度相同（约5mm)，在装置的描绘台面上布置好白纸（若两人一组放两张纸)，且固定之。先用探针定出圆心位置，按下探针上端的描绘针，白纸上就定出了圆心位置。

接通电源，电压调至10V，其值由数字电压表置“输出”时读出。在内柱与外环之间测1V、3V、5V、7V的等位线，其值由数字电压表置“检测”时读出。每条等位线均匀测8个点，测绘时沿径向移动，能较快确定测绘点的数值，测绘点若能布置在4条直径上更好。

等位线测完后，以所确定圆心位置为中心，以0.8cm为半径画圆，作为中心圆柱柱面，以4.3cm、5.1cm为半径作圆作为圆筒的内外壁。

2）用同样的测量方法，再测量出两点电荷的电场分布图。首先应先确定好两点电荷的位置，每条等位线测9个点，中间测一个点，上下各测四个点，最上点和最下点不要过于接近上下边缘，每条等位线又应尽量使测绘点布满整个测量范围，测绘点在整个等位线上应均匀分布。

在两电极间加10V电压，测量极间相对某一电极的电位差。

先在两电极的连线上，测出极间连线中点及连线上靠近水槽两边缘处（分别与相应电极中心点距离大致相等）三点的电压值。

过此三点测三条等位线。中点处的等位线若不为直线可适当调整测量的电压值，由于对称轴两侧的等位线弯曲方向相反，总会存在一条与连线垂直的等位线。环绕两电极，测出两条封闭的等位线。

在两封闭线与对称轴之间的连线上各分4等分，过这些等分点各测三条等位线。

3）在测绘等位线图上再画出电场线分布图，作图时应在图中标出正负电荷，画出电场线方向，电场线应与等位线正交，电场线的疏密，应反映电场强度的大小。

4）根据电场强度公式 $E_r = -\mathrm{d}V/\mathrm{d}r$，由实验得出的电位分布曲线，求出 E_r，绘出 E_r--$1/r$ 曲线图，并观察电场强度变化的规律。

五、注意事项

1）一条等位线上相邻两个记录点的距离约1cm为宜，在曲线急转弯处或两条曲线靠近处，记录应取得密一些，否则连曲线时会遇到困难。

2）水液深度各处应相同，否则导电液不能视为均匀的不良导体，薄层模拟场和静电场的分布不会相同。

3）由于水槽边界条件的限制（水槽边界处水液中的电流只能沿边界平行流过等位线必然与边界垂直)，边上的等位线和电场线的分布严重失真，失去模拟意义，故靠边的图线不必绘出。

4）在确定圆心位置及等位线测绘时，探针杆臂应在与拟设的水平轴线成平行时进行描绘。由于描绘针与探针可能不在同一轴线上，若杆臂方向不一致，这样描绘针与探针的移动轨迹就不会一一对应。

六、思考题

1）如果将电源的电压增大一倍或减少一半，等位线和电场线的形状是否变化？电场强度和电位分布是否变化？

2）若在自来水的某个地方放入一块金属块，会出现什么现象？若放入的是绝缘体又会出现什么现象？

3）如果在实验中没调好水盘的水平（沿某一个方向倾斜），会出现什么现象？

（刘文军）

实验3　示波器的使用

一、实验目的

1）了解示波器的波形显示原理。

2）学习使用示波器观察和测量正弦信号及其他信号。

二、实验器材

DF4328 型示波器、信号发生器、导线。

三、实验原理

电子示波器是用以观察交流电信号的波形和测量电信号的电压和频率的仪器，也叫作阴极射线示波器，简称示波器。它已被越来越多地应用于生产实践和科学研究等方面。随着无线电工业的发展，尤其是火箭技术、计算技术、自动控制、彩色电视等先进技术的发展，示波器的使用将日趋广泛，医学上在生理指标的测量、病员的监护等方面，示波器也发挥了重要作用。示波器种类很多，大致可分为专用示波器及通用示波器两大类。如心电示波器就是一种专用示波器。本实验通过使用 DF4328 型通用示波器，为使用其他示波器打下基础。

示波器由四个组成部分：即示波管系统、Y 轴系统、X 轴系统、电源和校验器等。它的面板（图 3-1）上排列着各种开关、旋钮和插座，在图 3-1 图注中简单介绍了各组成部分的功能和面板上各旋钮的作用。

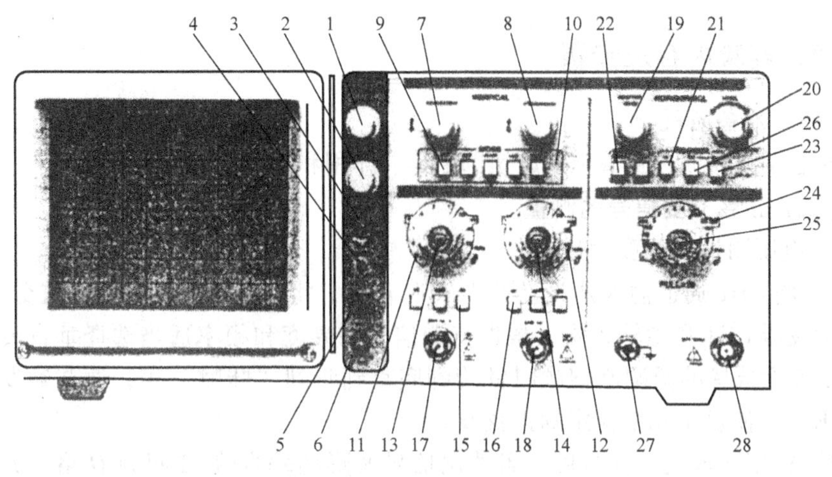

图 3-1 示波器面板图

1—亮度调节（INTENSITY）：轨迹亮度调节
2—聚焦调节（FOCUS）：调节光点的清晰度，使其既圆又小
3—轨迹调节（TRACE FOTATION）：调节轨迹与水平刻度线平行
4—电源指示灯（POWER INDICATOR）：电源通过时该灯亮
5—开关（POWER）：按下时电源接通，弹出时关闭
6—校准信号（PROBE ADJUST）：提供幅度为0.5V，频率为1kHz的方波信号，用于调整探头的补偿和检测垂直和水平电路的基本功能
7—垂直移位（VERTICAL POSITION）：调节轨迹在屏幕中垂直位置
8—垂直移位（VERTICAL POSITION）CH2 OR Y
9—垂直工作方式选择（VERTICAL MODE）：垂直通道的工作方式有以下选择：CH1或CH2（通道1或通道2单独显示），ALT（两个通道交替显示），CHOP（两个通道断续显示），ADD（用于显示两个通道的代数和）
10—X-Y方式选择：水平方式在“TIME”时，X轴为扫描工作状态。按下“X-Y”时X轴从CH1输入信号，此方式可观察李萨如图形
11—灵敏度调节（VOLTS/DIV）：CH1通道灵敏度调节
12—灵敏度调节（VOLTS/DIV）：CH2通道灵敏度调节
13—灵敏度微调（VARIABLE）：用于连续微调CH1的灵敏度
14—灵敏度微调（VARIABLE）：用于连续微调CH2的灵敏度
15—输入耦合方式（AC-GND-DC）：DC时输入信号直接耦合到CH1或CH2通道，用于直流电压测量；AC时输入信号交流耦合到CH1或CH2通道，用于交流电压测量；GND时通道输入端接地
16—输入耦合方式（AC-GND-DC）微调、扩展调节（VARIBALE PULL×10）：用于连续调节扫描速度，在旋钮拉出时，扫描速度被扩大10倍
17—CH1 OR X：被测信号的输入端口
18—CH2 OR Y：被测信号的输入端口
19—水平移位（HORIZONTAL POSITION）：调节轨迹在屏幕中水平位置
20—触发电平调节（LEVEL）/锁定（LOCK）：用于调节被测信号在某一电平触发扫描。当顺时针调节电位器到底时，触发电平处于锁定（LOCK）状态，在该状态下可稳定观察任意频率的波形。注意：一般在无被测信号加入时，触发电平不处在锁定状态
21—触发极性（SLOPE）：用于选择信号上升或下降沿触发扫描
22—扫描方式选择（SWEEP MODE）：自动（AUTO）：信号频率在50Hz以上时常用的一种工作方式。常态（NORM）：无触发信号时，屏幕中无轨迹显示，在被测信号频率较低时选用
23—内触发源选择（INT TRIGGER SOURCE）：选择CH1或CH2的信号作为扫描触发源
24—扫描速度选择（SEC/DIV）：用于选择扫描速度，可改变所显示波形的宽度
25—微调扩展：用于连续调节扫描速度，在旋钮拉出时，扫描速度扩大10倍
26—触发源选择（TRIGGER SOURCE）：用于选择产生触发的内、外源信号
27—接地
28—外触发输入（EXT INPUT）：在选择外触发方式时触发信号插座

四、实验内容及步骤

（一）准备阶段

熟悉示波器面板上各控制旋钮的名称、作用和位置。

（二）正弦交变信号的测量

1. 电压测量（幅度测量）

1）将CH1通道输入开关置于“AC”位置，将待测信号（低压正弦交流电）接到示波器CH1通道输入端，根据待测信号的幅度和频率适当选择垂直灵敏度和扫描速度选择的微调旋钮顺时针旋到底直到听到“咔嚓”声，调节触发电平（LEVEL），使显出几个稳定的正弦波。

2）根据屏幕上坐标刻度，若读出信号波形的垂直峰-峰间为 D 格，如果垂直灵敏度“VOLTS/DIV”选择在y档级，则被测信号电压的峰-峰值 $U_{\text{p-p}}$ 为

$$U_{\text{p-p}} = y\text{V/格} \times D\text{格} = yD\text{V} \tag{3-1}$$

如果Y轴输入端使用了两端的进出电压比为10∶1的衰减探头，则

$$U_{\text{p-p}} = 10yD\text{V} \tag{3-2}$$

例如，峰-峰间为3.4格，“V/DIV”是指在5，则 $U_{\text{p-p}} = (10 \times 3.4 \times 5)\ \text{V} = 170\text{V}$。

3）根据峰-峰值计算正弦交流电压的有效值 U，

$$\text{因}\ U_{\text{p-p}} = 2\sqrt{2}U, \text{故}\ U = \frac{U_{\text{p-p}}}{2\sqrt{2}} = 0.354U_{\text{p-p}} \tag{3-3}$$

2. 频率测量（时间测量）

1）将待测信号接到示波器的CH1通道输入端，根据信号的幅度和频率的大小适当选择灵敏度“VOLTS /DIV”和扫描速度“SEC/DIV”的档级，并调节触发电平（LEVEL），使荧光屏上出现几个稳定的正弦波。也可利用测电压时的波形。

2）如果荧光屏上一个完整的波在水平方向上所占的格数为 D' 格及“SEC/DIV ”旋钮所指的档级表示的时间为 t/格，则周期

$$T = t/\text{格} \times D'\text{格} \tag{3-4}$$

例如一个完整波所占格数为4.0格，而每个格所表示的时间（从“SEC/DIV”上读出）为0.5μs/格，则 $T = 0.5\mu\text{s/格} \times 4.0\ \text{格} = 2.00\mu\text{s} = 2.00 \times 10^{-6}\text{s}$。

3）根据下面的关系可计算出信号的频率

$$f = \frac{1}{T} \tag{3-5}$$

（三）用李萨如图形测定某正弦交流信号的频率

如果在 X 轴和 Y 轴偏转板上都加正弦电压，那么得出的图形将是两相互垂直振动的合成图形，即李萨如图形，如图 3-2 所示。当两正弦电压的频率比不同时有不同的图形，而且在频率比相同而相位差不同时，也有不同的图形。利用李萨如图形可测未知频率（图 3-3）。设 f_y、f_x 分别为加于 Y 轴和 X 轴的电压频率，n_x 代表图形在水平方向交点最多的交点数目，n_y 代表垂直方向交点最多的交点数目，注意，水平方向和垂直方向两条互相垂直的直线都不通过李萨如图形中的任何一个交点，则 f 与 n 成反比，即

$$\frac{f_y}{f_x}=\frac{n_x}{n_y} \tag{3-6}$$

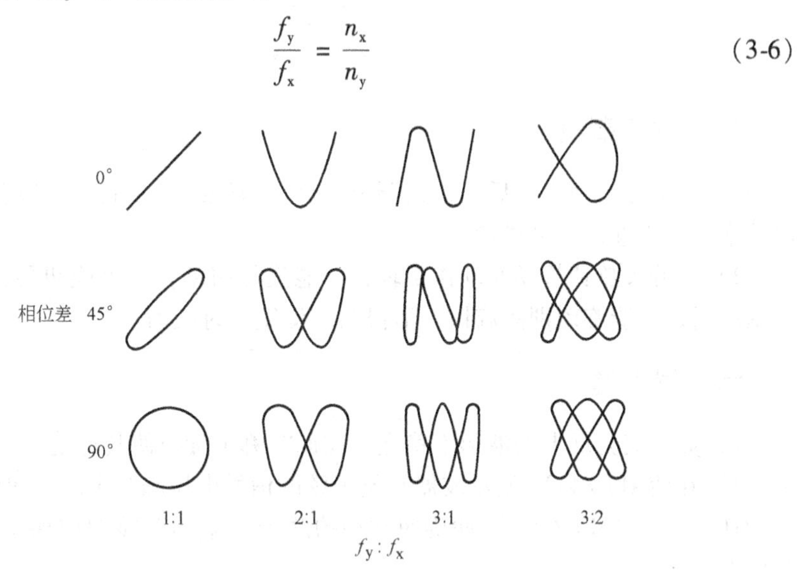

图 3-2　不同频率比和不同相位差的李萨如图形

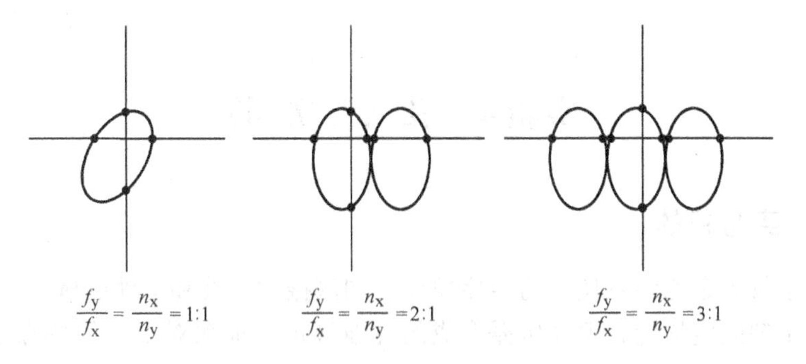

图 3-3　不同频率比的李萨如图形

如果已知 f_x，则用上式和李萨如图形可求出 f_y。方法如下：

1）按下 TIME/X－Y 按钮，选择 X－Y 功能，表示 CH1 通道输入 X 方向的

信号，CH2 输入 Y 方向的信号。

2）在通道选择中，按下 CH2 按钮（因为此时是在 CH2 输入 Y 信号）。

3）耦合方式均选择 AC。

4）调节 CH1 以及 CH2 的垂直灵敏度旋钮，将波形调到合适大小。

5）将 X 和 Y 信号源（信号发生器）的频率调到整数比（如 X：1kHz，Y：1kHz），然后固定 X 方向的频率，调节 Y 方向的频率，观察不同频率比的李萨如图形。

6）根据李萨如图形测出频率比，按式（3-7）计算被测信号的频率。

$$f_y = \frac{n_x}{n_y} f_x \tag{3-7}$$

五、注意事项

1）示波器接通电源后，首先调出亮点（或迹线）后再旋动其他旋钮。亮度以观察清楚为准，不可过量。

2）各开关旋钮旋动时动作要轻，不能强行扭动，一个旋钮要看到相应变化的图形后，才能旋动别的旋钮。不得两个旋钮同时旋动。

六、思考题

1）如果荧光屏上的波形不稳定，应调节哪个旋钮使其稳定？

2）在使用 DF4328 型示波器测量正弦的信号电压和频率的过程中，与“VOLTS/DIV”和“SEC/DIV”两旋钮共轴的两个“微调”旋钮应保持在何位置上？为什么？

（刘文军）

实验 4 弦音实验

一、实验目的

1）了解固定均匀弦振动的传播规律，加深振动与波和干涉的概念。

2）了解固定均匀弦振动传播形成的驻波波形，加深对干涉的特殊形式——驻波的认识。

3）了解影响固定均匀弦振动固有频率的因素，测量均匀弦线上横波的传播速度及均匀弦线的线密度。

4）了解声音与频率之间的关系。

二、实验器材

ZCXS-A 弦音实验仪。

三、实验原理

实验装置如图 4-1 所示。吉他上有四根钢质弦线，中间两根是用来测定弦线线密度，旁边两根用来测定弦线张力。实验时，弦线 3 与音频信号源接通。这样，通有正弦交变电流的弦线在磁场中就受到周期性的安培力的激励。根据需要，可以调节频率选择开关和频率微调旋钮，从显示器上读出频率，通过调节幅度调节旋钮来改变正弦波发射强度。移动劈尖的位置，可以改变弦线长度，并可适当移动磁钢的位置，使弦振动调整到最佳状态。

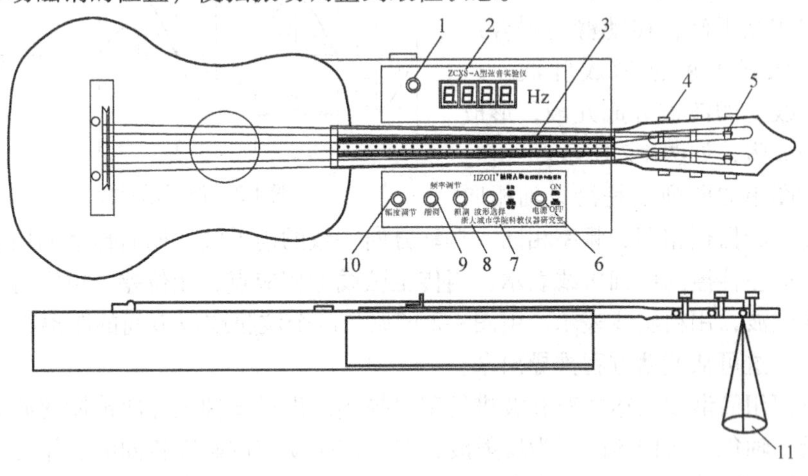

图 4-1　实验装置示意图

1—接线柱插孔　2—频率显示　3—钢质弦线　4—张力调节旋钮　5—弦线导轮
6—电源开关　7—连续、断续波选择开关　8—频段选择开关
9—频率微调旋钮　10—幅度调节旋钮　11—砝码盘

根据实验要求：挂有砝码的弦线可用来间接测定弦线线密度或横波在弦线上的传播速度；利用安装在张力调节旋钮上的弦线，可测定弦线的张力。

如图 4-1 所示，实验时，将弦线 3（钢丝）绕过弦线导轮 5 与砝码盘 11 连接，并通过接线柱 4 接通正弦信号源。在磁场中，通有电流的金属弦线会受到磁场力（称为安培力）的作用，若弦线上接通正弦交变电流，则它在磁场中所受的与磁场方向和电流方向均为垂直的安培力，也随之发生正弦变化，移动劈尖改变弦长，当弦长是半波长的整倍数时，弦线上便会形成驻波。移动磁钢的位置，将弦线振动调整到最佳状态，使弦线形成明显的驻波。此时我们认为磁钢所在处对应的弦为振源，振动向两边传播，在劈尖与吉他骑码两处反射后又沿各自相反的方向传播，最终形成稳定的驻波。

考察与张力调节旋钮相连时的弦线3时，可调节张力调节旋钮改变张力，使驻波的长度产生变化。

为了研究问题的方便，当弦线上最终形成稳定的驻波时，我们可以认为波动是从骑码端发出的，沿弦线朝劈尖端方向传播，称为入射波，再由劈尖端反射沿弦线朝骑码端传播，称为反射波。入射波与反射波在同一条弦线上沿相反方向传播时将相互干涉，移动劈尖到合适位置，弦线上就会形成驻波。这时，弦线上的波被分成几段，形成波节和波腹，如图4-2所示。

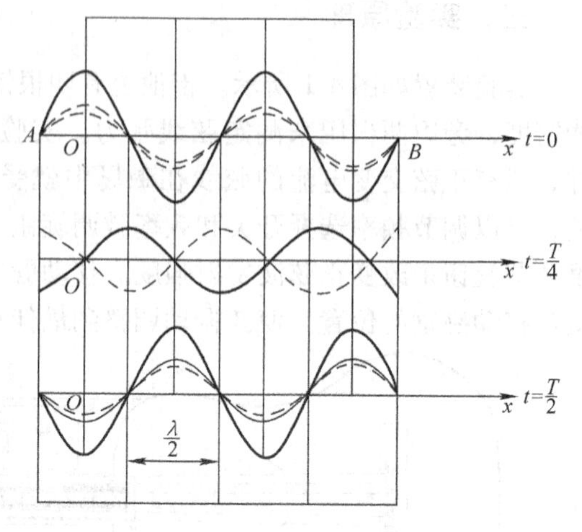

图4-2 波形示意图

设图中的两列波是沿 x 轴相向方向传播的振幅相等、频率相同、振动方向一致的简谐波。向右传播的用细实线表示，向左传播的用细虚线表示，当传至弦线上相应点，相位差为恒定时，它们就合成驻波，用粗实线表示。由图4-2可见，两个波腹或波节间的距离都等于半个波长，这可从波动方程推导出来。

下面用简谐波表达式对驻波进行定量描述。设沿 x 轴正方向传播的波为入射波，沿 x 轴负方向传播的波为反射波，取它们振动相位始终相同的点作为坐标原点“O”，且在 $x=0$ 处，振动质点向上达最大位移时开始计时，则它们的波动方程分别为

$$y_1 = A\cos 2\pi(ft - x/\lambda) \tag{4-1}$$

$$y_2 = A\cos 2\pi(ft + x/\lambda) \tag{4-2}$$

式中，A 为简谐波的振幅；f 为频率；λ 为波长；x 为弦线上质点的坐标位置。两波叠加后的合成波为驻波，其方程为

$$y_1 + y_2 = 2A\cos 2\pi(x/\lambda)\cos 2\pi ft \tag{4-3}$$

由此可见，入射波与反射波合成后，弦上各点都在以同一频率作简谐振动，它们的振幅为 $|2A\cos 2\pi(x/\lambda)|$，只与质点的位置 x 有关，与时间无关。

由于波节处振幅为零，即 $|\cos 2\pi(x/\lambda)|=0$

$$2\pi x/\lambda = (2k+1)\pi/2 \quad (k = 0、1、2、3、\cdots)$$

可得波节的位置为

$$x = (2k+1)\lambda/4 \tag{4-4}$$

而相邻两波节之间的距离为

$$x_{k+1} - x_k = [2(k+1)+1]\lambda/4 - (2k+1)\lambda/4) = \lambda/2 \tag{4-5}$$

又因为波腹处的质点振幅为最大，即 $|\cos2\pi(x/\lambda)| = 1$

$$2\pi x/\lambda = k\pi \quad (k = 0、1、2、3、\cdots)$$

可得波腹的位置为

$$x = k\lambda/2 = 2k\lambda/4 \tag{4-6}$$

这样，相邻的波腹间的距离也是半个波长。因此，在驻波实验中，只要测得相邻两波节（或相邻两波腹）间的距离，就能确定该波的波长。

在本实验中，由于弦的两端是固定的，故两端点为波节，所以，只有当均匀弦线两个固定端之间的距离（弦长）等于半波长的整数倍时，才能形成驻波，其数学表达式为

$$l = n\lambda/2 \quad (n = 1、2、3、\cdots)$$

由此可得沿弦线传播的横波波长为

$$\lambda = 2l/n \tag{4-7}$$

式中，n 为弦线上驻波的段数，即半波数。

根据波动理论，弦线横波的传播速度为

$$v = (F/\rho)^{1/2} \tag{4-8}$$

即

$$F = \rho v^2$$

式中，F 为弦线中张力；ρ 为弦线单位长度的质量，即线密度。

根据波速、频率及波长的普遍关系式 $v = f\lambda$，将式（4-7）代入可得

$$v = 2lf/n \tag{4-9}$$

再由式（4-8）、式（4-9）可得

$$\rho = F(n/2lf)^2 \quad (n = 1、2、3、\cdots) \tag{4-10}$$

即

$$F = \rho(2lf/n)^2 \quad (n = 1、2、3、\cdots) \tag{4-11}$$

由式（4-10）可知，当给定 F、ρ、l 时，频率 f 只有满足该式关系才能在弦线上形成驻波。

当金属弦线在周期性的安培力激励下发生共振干涉形成驻波时，通过骑码的振动激励共鸣箱的薄板振动，薄板的振动引起吉他音箱的声振动，经过释音孔释放，我们就能听到相应频率的声音，当用间歇脉冲激励时尤为明显。

常见的音阶由 7 个基本音组成，用唱名表示即：do、re、mi、fa、so、la、si，用 7 个音以及比它们高一个或几个八度的音、低一个或几个八度的音构成各种组合就成为各种乐器的"曲调"。每高一个八度的音，频率升高一倍。

振动的强弱（能量的大小）体现为声音的大小，不同物体的振动体现的声音音色是不同的，而振动的频率 f 则体现音调的高低。$f = 261.6\text{Hz}$ 的音在音乐里用字母 c^1 表示。其相应的音阶表示为 c、d、e、f、g、a、b，在将 c 音唱成

“do”时定为 c 调。人声及器乐中最富有表现力的频率范围约为 60～1000Hz。c 调中 7 个基本音的频率，以“do”音的频率 $f=261.6\text{Hz}$ 为基准，按十二平均律的分法，其他各音的频率为其倍数，其倍数值见表 4-1。

常用的音乐律制有五度相生律、纯律（自然律）和十二平均律三种，所对应的频率是不同的。五度相生律是根据纯五度来定律的，因此，在音的先后结合上自然协调，适用于单音音乐。纯律是根据自然三和弦来定律的，因此，在和弦音的结合上纯正而和谐，适用于多声音乐。十二平均律是目前世界上最通用的律制，在音的先后结合和同时结合上都不是那么纯正自然，但由于它转调方便，在乐器的演奏和制造上有着许多优点，在交响乐队和键盘乐器中得到广泛使用。常见的乐器都是参照表 4-1 确定的值制造的，例如钢琴、竖琴、吉他等。

表 4-1

音名	c	d	e	f	g	a	b	c
频率倍数	1	$(\sqrt[12]{2})^2$	$(\sqrt[12]{2})^4$	$(\sqrt[12]{2})^5$	$(\sqrt[12]{2})^7$	$(\sqrt[12]{2})^9$	$(\sqrt[12]{2})^{11}$	2
频率/Hz	261.6	293.7	329.6	349.2	392.0	440.0	493.9	523.2

四、实验内容及步骤

假设弦线由上到下分别为 a、b′、a′、b。

1）频率 f 一定，测量两种弦线的线密度 ρ 和弦线上横波的传播速度。（弦线 a、a′为同一种规格，b、b′为另一种规格）

测弦线 a′的线密度：波形选择开关 7 选择连续波位置，将信号发生器输出插孔 1 与弦线 a′接通。选取频率 $f=300\text{Hz}$，张力 F 由挂在弦线一端的砝码及砝码钩产生，以 150g 砝码为起点逐渐增加至 450g 为止。在各张力的作用下调节弦长 l，使弦线上出现 $n=2$、$n=3$ 个稳定且明显的驻波段。记录相应的 f、n、l 的值，由公式 $\rho=F(n/2lf)^2$ 计算弦线的线密度 ρ。

弦线上横波传播速度 $v=2lf/n$

作 $F\text{-}\bar{v}^2$ 拟合直线，由直线的斜率亦可求得弦线的线密度。（$F=\rho v^2$）

测弦线 b′的线密度：将信号发生器输出插孔 1 与弦线 b′接通，选取频率 $f=300\text{Hz}$。方法同测 a′的线密度一样。

2）张力 F 一定，测量弦线的线密度 ρ 和弦线上横波的传播速度 v。

在张力 F 一定的条件下，改变频率 f 分别为 200Hz、250 Hz、300Hz、…，移动劈尖，调节弦长 l，仍使弦线上出现 $n=2$、$n=3$ 个稳定且明显的驻波段。记录相应的 f、n、l 的值，由式（4-9）可间接测量出弦线上横波的传播速度 v。

3）测量弦线张力 F。选择与张力调节旋钮 4 相连的弦线 a 或者 b，与信号发生器输出插孔 1 连接，调节频率 $f=300\text{Hz}$ 左右，适当调节张力调节旋钮，同时

移动劈尖改变弦长 l，使弦线出现明显驻波。记录相应的 f、n、l 的值，可间接测量出这时弦的张力为

$$F = \rho(2lf/n^2)$$

4）聆听音阶高低。将驱动频率设置为表 4-1 所定的值，由弦振动理论可知，通过调节弦线的张力或长度，形成驻波，就能听到与音阶对应的频率了（当然，这时候的环境噪声要小些）。这样做的特点是能产生准确的音调，有助于我们对音阶的判断和理解。

聆听声音时可将波形选择开关选择断续或者连续位置，而断续波的作用则是模拟弹奏发出声音。

五、数据记录及处理

砝码钩的质量 $m = 0.0035\text{kg}$

重力加速度 $g = 9.8\text{m/s}^2$

1）频率 f 一定，测弦线的线密度 ρ 和弦线上横波的传播速度 v。

①弦线 a′线密度的测定：

	$f = 300\text{Hz}$									
F（9.8N）	$0.150 + m$		$0.200 + m$		$0.250 + m$		$0.300 + m$		…	
驻波段数 n	2	3	2	3	2	3	2	3	2	3
弦线长 l/cm										
线密度 $\rho = F(n/2lf)^2$/（kg/m）										
平均线密度 $\bar{\rho}$/（kg/m）										
传播速度 $v = 2lf/n$/（m/s）										
平均传播速度 $\bar{v}$/（m/s）										
$\bar{v}^2$/（m/s）^{2}										

* 作 $F \sim \bar{v}^2$ 拟合直线，由直线的斜率 $\Delta(\bar{v}^2)/\Delta F$ 求弦线的线密度（$F = \rho v^2$）。

②弦线 b′线密度的测定：$f = 200\text{Hz}$，数据记录表格同 a′。

2）张力 F 一定，测量弦线的线密度 ρ 和弦线上横波传播速度 v。

	$F = (0.150 + m) \times 9.8\text{N}$									
频率 f/Hz	200		250		300		350		…	
驻波段数 n	2	3	2	3	2	3	2	3	2	3
弦线长 l/cm										
横波速度 $v = 2lf/n$（m/s）										
平均横波速度 $\bar{v}$ =	（m/s），$\bar{v}^2$ = （m/s）^{2}									
线密度 $\rho = \dfrac{F}{\bar{v}^2}$ =	（kg/m）									

3）测量弦线张力 F。

f/Hz	驻波段数 n	弦线长 l/cm	弦线张力 F/N
			$F=\rho\left(\frac{2lf}{n}\right)^2=$

六、使用注意事项

1）在线柱 4 与弦线连接时，应避免与相邻弦线短路。

2）改变挂在弦线一端的砝码后，要使砝码稳定后再测量。

3）磁钢不能处于波节下位置。要等波稳定后，再记录数据。

（刘文军）

实验 5　金属钨的逸出功实验

一、实验目的

1）学习、了解热电子发射的基本规律。

2）用里查逊（Richardson）直线法测定金属钨的电子逸出功。

3）学习避开某些不易测常数而直接得到结果的实验数据处理方法。

二、实验器材

金属钨的逸出功实验仪。

三、实验原理

电子从金属中逸出需要能量。增加电子能量有多种方法，如用光照、利用光电效应使电子逸出，或用加热的方法使金属中的电子热运动加剧，也能使电子逸出。本实验用加热金属使热电子发射的方法来测量金属的逸出功。

若真空二极管的阴极（用被测金属钨丝做成）通以电流加热，并在阳极上加以正电压，则在连接这两个电极的外电路中将有电流通过，如图 5-1 所示。这种电子从加热金属丝发射出来的现象，称为热电子发射。

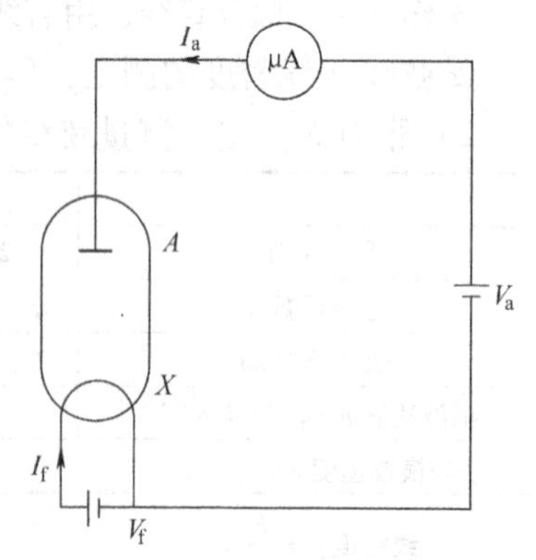

图 5-1　热电子发射原理图

研究热电子发射的目的之一是选择合适的

阴极材料。诚然，可以在相同加热温度下测不同阴极材料的二极管的饱和电流，然后相互比较，加以选择。但通过对阴极材料物理性质的研究来掌握其热电子发射的性能，是带有根本性的工作，因而更为重要。

（一）电子的逸出功

根据固体物理学中金属电子理论，金属中传导电子能量的分布是按费米-狄拉克（Fermi-Dirac）能量分布的，即

$$f(E)=\frac{\mathrm{d}N}{\mathrm{d}E}=\frac{4\pi}{h^3}(2m)^{3/2}E^{1/2}\left(e^{\frac{E-E_F}{KT}}+1\right)^{-1} \tag{5-1}$$

式中，E_F 称为费米能级。

在通常温度下，由于金属表面与外界（真空）之间存在一个势垒 E_b，如图 5-2 所示，在热力学温度 0K 时电子要逸出金属，至少需要从外界得到的能量为

$$E_0=E_b-E_F=e\varphi \tag{5-2}$$

式中，E_0（或 $e\varphi$）称为金属电子的逸出功，其常用单位为电子伏特（eV），它表征要使处于热力学温度 0K 下的金属中具有最大能量的电子逸出金属表面所需要给予的能量；φ 称为逸出电位，其数值等于以电子伏特表示的电子逸出功。

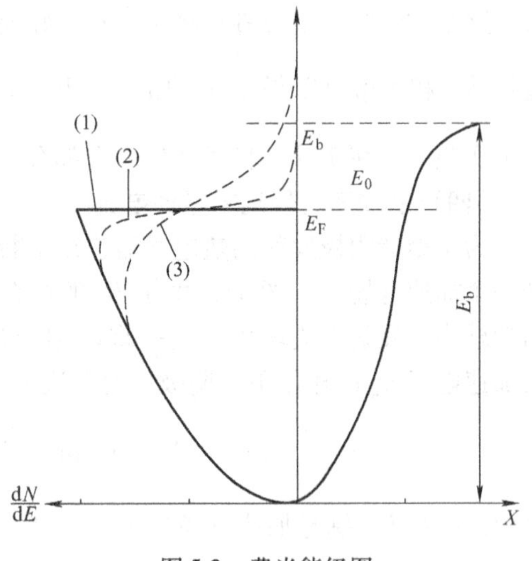

图 5-2　费米能级图

可见，热电子发射就是用提高阴极温度的办法来改变电子的能量分布，使其中一部分电子的能量大于 E_b，这样，能量大于 E_b 的电子就可以从金属中发射出来。因此，逸出功 $e\varphi$ 的大小对热电子发射的强弱具有决定性作用。

（二）热电子发射公式

根据费米-狄拉克能量分布可以导出热电子发射的里查逊-杜什曼（Richardson-Dushman）公式

$$I=AST^2\exp\left(-\frac{e\varphi}{kT}\right) \tag{5-3}$$

式中，I 为热电子发射的电流，单位为 A；A 为和阴极表面化学纯度有关的系数，单位为 $A/m^2\cdot K^2$；S 为阴极的有效发射面积，单位为 m^2；k 为玻耳兹曼常量（$k=1.38\times10^{-23}$J/K）；T 为发射热电子的阴极的热力学温度，单位为 K。

原则上，我们只要测定 I、A、S 和 k，就可以计算出阴极材料的逸出功 $e\varphi$。

但困难在于 A 和 S 这两个量是难以直接测定的，所以在实际测量中常用下述的里查逊直线法，以设法避开 A 和 S 的测量。

（三）里查逊直线法

将式（5-3）两边除以 T^2，再取对数得到

$$\lg\frac{I}{T^2}=\lg AS-\frac{e\varphi}{2.30KT}=\lg AS-5.04\times10^3\varphi\frac{1}{T} \tag{5-4}$$

由式（5-4）看出，$\lg\frac{I}{T^2}$ 与 $\frac{1}{T}$ 成线性关系。如果以 $\lg\frac{I}{T^2}$ 为纵坐标、$\frac{1}{T}$ 为横坐标作图，从所得直线的斜率即可求出电子的逸出电位 φ，从而求出电子的逸出功 $e\varphi$。这个方法叫作里查逊直线法，它的好处是可以不必求出 A 和 S 的具体数值，直接从 I 和 T 就可以得出 φ 的值，A 和 S 的影响只是使 $\lg\frac{I}{T^2}$-$\frac{1}{T}$ 直线平行移动。这种实验方法在实验、科研和生产上都有广泛应用。

（四）从加速场外延求零场电流

为了维持阴极发射的热电子能连续不断地飞向阴极，必须在阴极和阳极间外加一个加速电场 E_a。然而，由于 E_a 的存在使阴极表面的势垒 E_b 降低，因而逸出功减小，发射电流增大，这一现象称为肖脱基（Scholtky）效应。可以证明，在加速电场 E_a 的作用下，阴极发射电流 I_a 和 E_a 有如下的关系：

$$I_a = I\exp\left(\frac{0.439\sqrt{E_a}}{T}\right) \tag{5-5}$$

式中，I_a 和 I 分别是加速电场为 E_a 和零时的发射电流。

$$\lg I_a=\lg I+\frac{0.429\sqrt{E_a}}{2.30T} \tag{5-6}$$

如果把阴极和阳极做成共轴圆柱形，并忽略接触电位差和其他影响，则加速电场可表示为

$$E_a=\frac{U_a}{r_1\ln\frac{r_2}{r_1}} \tag{5-7}$$

式中，r_1 和 r_2 分别为阴极和阳极的半径；U_a 为加速电压。

$$\lg I_a=\lg I+\frac{0.439}{2.30T}\frac{1}{\sqrt{r_1\ln\frac{r_2}{r_1}}}\sqrt{U_a} \tag{5-8}$$

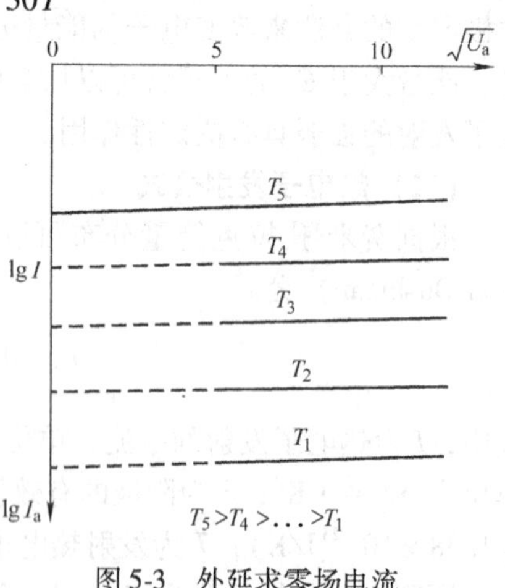

图 5-3 外延求零场电流

在一定的温度 T 和管子结构时，$\lg I_a$ 和 $\sqrt{U_a}$ 成线性关系。如果以 $\lg I_a$ 为纵坐标、$\sqrt{U_a}$ 为横坐标作图，如图 5-3 所示，则此直线的延长线与纵坐标的交点为 $\lg I$。由此即可求出在一定温度下，加速电场为零时的发射电流 I。

综上所述，要测定金属材料的逸出功，首先应该把被测材料做成二极管的阴极。当测定了阴极温度 T、阳极电压 U_a 和发射电流 I_a 后，通过数据处理，得到零场电流 I，然后即可求出逸出功 $e\varphi$（或逸出电位 φ）来。

四、实验内容及步骤

（一）金属钨的逸出功实验预备步骤

1）首先把理想二极管插入仪器面板上的灯座上。

2）用连接线把面板上的“中”与“接地”连接，把“A”与“2B＋0—200V”连接。

3）打开仪器面板上的电源开关，把“灯丝电压调节”调到 5.00V，把“板压粗调”与“板压细调”电位器旋钮调到最小，使仪器预热 10min 左右。

（二）金属钨的逸出功实验步骤

1）慢慢地调节“板压粗调”旋钮，这时随着“板压电压”的改变，“板极电流”随之改变，记下“灯丝电压调节”在 5.00V 时，“板压电压”、“板极电流”实时相对应的数据（记下四组数据）。

2）把“灯丝电压调节”调到在 5.5～6.0V 时，记下“板压电压”、“板极电流”实时相对应的数据。

3）把“灯丝电压调节”调到在 6.0～6.5V 时，记下“板压电压”、“板极电流”实时相对应的数据。

五、数据处理

1）对每一参考灯丝电流必须进行多次温度测量（一般做 6～7 次），以减小偶然误差，求出灯丝温度 T，温度公式 $T=2000+182.92\ (V_f-1.9)$（V_f 可设定在 4.20～6.00 之间）。

2）在不同的 V_f 即不同的灯丝温度下，测量板压 U_a 和板流 I_a，作出 $\lg I_a$-$\sqrt{U_a}$ 曲线图，求出截距 $\lg I$，即可得到在不同灯丝温度时的零场热电子发射电流 I。实验中也可近似地认为 I_a 的上升段和饱和部分的两条切线的交点位置验出的电流值即为饱和电流，作为热电子发射电流 I。

3）根据表 5-1，作出 $\lg\dfrac{I}{T^2}$-$\dfrac{1}{T}$ 图线，求出直线斜率 m。从直线斜率求出钨的逸出功 $e\varphi$（或逸出电位 φ）。

表 5-1

$T/\times 10\text{K}$								
$\lg I$								
$\lg \dfrac{I}{T^2}$								
$\dfrac{1}{T}$								

根据公式直线斜率 $m = -5040\varphi$　逸出功公认值为 4. 54eV

求出逸出功或逸出电位，计算相对误差。

六、思考题

求加速电场为零时的阴极发射电流 I，需要在 $\lg I_a$-$\sqrt{U_a}$ 曲线图上用外延图解法，而不能直接测量当阳极电压为零时阴极的电流，为什么？

（王淑珍）

实验6　激光实验

一、实验目的

观察光的衍射及偏振等现象。

二、实验器材

激光综合光学演示仪、附件及屏幕（白纸可代替）、糖水。

三、实验原理

（一）光的衍射

衍射（diffraction）又称为绕射，是当波在传播过程中遇到障碍物或小孔时，绕过障碍物边缘继续传播的现象。衍射现象是波的特有现象，一切波都会发生衍射。光在传播路径中遇到不透明或透明的障碍物或者小孔（窄缝），绕过障碍物，产生偏离直线传播的现象称为光的衍射。衍射时产生的明暗条纹或光环，叫作衍射图样。如果采用单色平行光，则衍射后将产生干涉结果。相干波在空间某处相遇后，因相位不同，相互之间会产生干涉作用，引起相互加强或减弱的物理现象。衍射的结果是产生明暗相间的衍射花纹，代表着衍射方向（角度）和强度。根据衍射花纹可以反过来推测光源和光栅的情况。为了使光能产生明显的偏向，必须使“光栅间隔”具有与光的波长相同的数量级。

产生衍射的条件：由于光的波长很短，只有十分之几微米，通常物体尺寸都比它大得多，但是，当光射向一个针孔、一条狭缝、一根细丝时，可以清楚地看到光的衍射。用单色光照射时效果好一些，如果用复色光，则看到的衍射图案是彩色的。任何障碍物都可以使光发生衍射现象，但发生明显衍射现象的条件是“苛刻”的。当障碍物的尺寸远大于光波的波长时，光可看成沿直线传播。注意，光的直线传播只是一种近似的规律，当光的波长比孔或障碍物小得多时，光可看成沿直线传播；在孔或障碍物可以跟波长相比，甚至比波长还要小时，衍射就十分明显。由于可见光波长范围为 $4\times10^{-7}\sim7.7\times10^{-7}$m，所以日常生活中很少见到明显的光的衍射现象。

惠更斯-菲涅尔原理：惠更斯提出，介质上波阵面上的各点都可以看成是发射子波的波源，其后任意时刻这些子波的包迹，就是该时刻新的波阵面，如图 6-1 所示。惠更斯-菲涅尔原理能定性地描述衍射现象中光的传播问题。

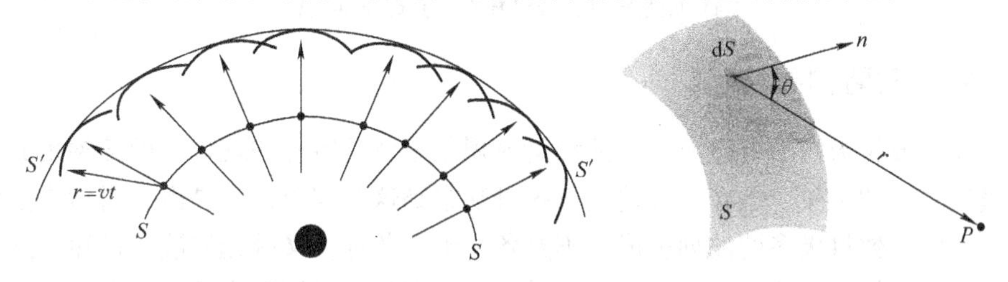

图 6-1　衍射原理图

菲涅尔充实了惠更斯原理，他提出波前上每个面元都可视为子波的波源，在空间某点 P 的振动是所有这些子波在该点产生的相干振动的叠加。

（二）光的偏振（polarization of light）

1. 偏振光的基本概念

振动方向对于传播方向的不对称性叫作偏振，它是横波区别于其他纵波的一个最明显的标志。光波电矢量振动的空间分布对于光的传播方向失去对称性的现象叫作光的偏振。只有横波才能产生偏振现象，故光的偏振是光的波动性的又一例证。在垂直于传播方向的平面内，包含一切可能方向的横振动，且平均说来任一方向上具有相同的振幅，这种横振动对称于传播方向的光称为自然光（非偏振光）。凡其振动失去这种对称性的光统称为偏振光。图 6-2 为自然光与偏振光示意图。

2. 线偏振光的获得

从自然光获得线偏振光的方法有以下四种：利用反射和折射、利用二向色性、利用晶体的双折射以及利用散射。

另外，线偏振光可以经过波晶片产生圆偏振光和椭圆偏振光。

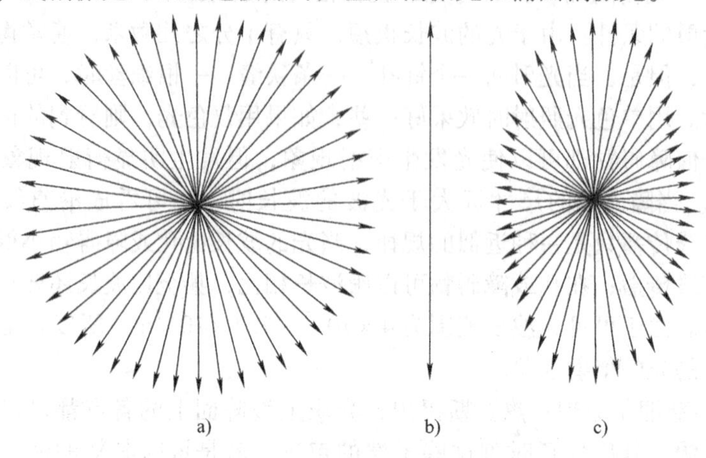

图 6-2 自然光与偏振光示意图

a）自然光 b）线偏振光 c）部分偏振光

四、实验内容

光是波长极短的电磁波，干涉和衍射现象是波动特有的现象，而偏振现象则是横波特有的现象。但在一般情况下很难观察到这些现象，这是由于自然光是由波长不同、数目极多的波列组成，不具备相干性条件，又因光波波长极短，远远小于一般物体孔、缝尺寸，所以很难看到衍射现象，而用激光就可做到。由于激光具有亮度极高、单色性及相干性好等特点，所以激光演示仪可以做普通光所不能做的光学实验。

（一）光的衍射现象的观察

1）单缝的夫琅禾费衍射（有三种不同宽度的狭缝）。

2）单丝的夫琅禾费衍射（有三种不同宽度的单丝）。

3）小圆孔的夫琅禾费衍射（有三种不同直径的圆孔）。

4）小圆屏的夫琅禾费衍射（有三种不同直径的圆屏）。

5）双缝的夫琅禾费衍射（缝间距有三种不同尺寸）。

6）双圆孔的夫琅禾费衍射（孔间距有三种不同尺寸）。

7）矩形孔的夫琅禾费衍射（矩形孔的长宽比 2:1）。

8）光栅的夫琅禾费衍射（光栅为每毫米 50 条线）。

9）正交光栅的夫琅禾费衍射（光栅为每毫米 50 条线）。

（二）光的偏振现象的观察

1）演示起偏振、检偏振。

2）利用偏振光观察糖水的旋光现象，并测量其旋光角度。

（三）仪器结构

仪器结构如图 6-3 所示。

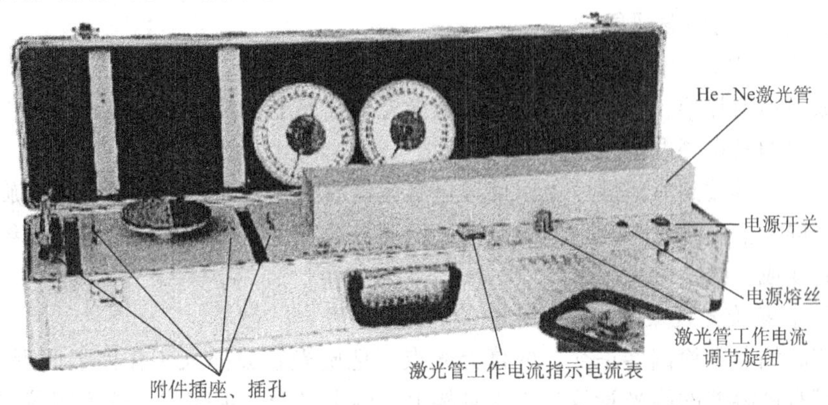

图 6-3 仪器结构图

五、实验步骤

将仪器放在距离屏 1 ~2m 处（距离根据所需图样大小而定）。激光管出光端面向屏幕。激光工作电流调至 4.5mA 左右，待激光发射稳定即可进行实验。

（一）光的衍射现象

1. 观察单缝、单丝、小圆孔、小圆屏的夫琅禾费衍射图样

如图 6-4 所示，将衍射架插入附件插座。将衍射片用擦镜纸擦拭干净，把衍射片（有单缝的衍射片）放至衍射架上的槽内（放置时注意应使有镍铬膜的面对着屏幕）。旋动衍射片架的旋钮，使其单缝对准激光束，这时在屏幕上正好出现单缝衍射图样（由于激光束特别细，所以在屏幕上的衍射图样不是像书上所画的明暗线条，而是亮点）。旋动衍射片架旋钮，依次可以看到不同尺寸的缝和单丝的夫琅禾费衍射图样。再将衍射片上下颠倒放置，调整到适当的位置使激光束对准小圆屏或小圆孔，旋动衍射片架上的旋钮，屏幕上就出现不同尺寸的小圆孔和小圆屏的夫琅禾费衍射图样。

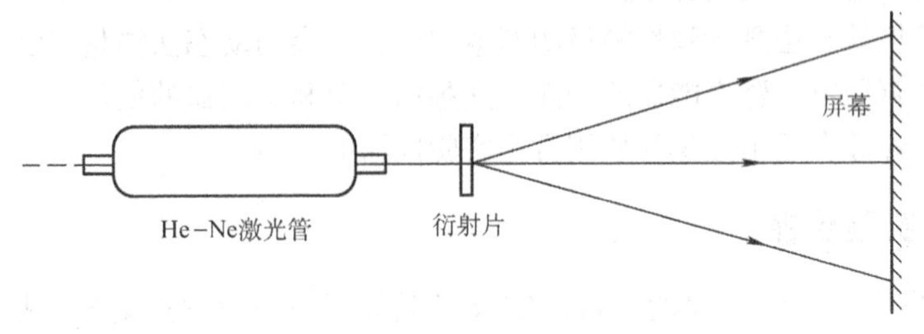

图 6-4 观察夫琅禾费衍射图样

2. 观察双缝、双圆孔、矩形孔、光栅、正交光栅的夫琅禾费衍射图样

换用另一块衍射片，用同样的方法可以得到双缝、双圆孔、矩形孔，光栅、正交光栅的夫琅禾费衍射图样。

（二）光的偏振现象

1. 起偏振、检偏振

取下衍射片架，将起偏器放到靠近激光的插座上，旋转刻度盘，屏幕上由激光束照射的光点亮度不发生任何变化。

将检偏器放到另一插座上，使经过起偏器后的光束通过检偏器，再次旋转刻度盘，屏幕上由激光束照射的光点亮度就明显地发生明暗变化。这说明光经过起偏器后变成了线偏振光。

2. 观察旋光现象并测量糖水的旋光角度

使起偏器和检偏器正交，屏幕无光点。把旋光管架插入工作面上圆形插孔，再把盛有糖溶液的旋光管放到旋光管架上，屏上又会重现亮点。这说明偏振光通过糖溶液以后，偏振方向发生了改变，证明糖溶液具有旋光的特性。这时，将检偏器再旋转某一个角度，屏上的亮点再次消失，检偏器转过的角度就是糖溶液旋转的角度。

六、思考题

1）衍射图样与哪些因素有关？

2）怎样判断糖溶液的旋光方向？

（王淑珍）

实验7　用动态法测固体的弹性模量

一、实验目的

1）理解动态法测量弹性模量的基本原理。

2）掌握动态法测量弹性模量的基本方法，学会用动态法测量弹性模量。

3）了解压电陶瓷换能器的功能，熟悉信号源和示波器的使用。

4）培养综合运用知识和使用常用实验仪器的能力。

二、实验仪器

信号发生器、动态弹性模量测定仪（激振器——激发换能器、拾振器——接收换能器、测试架、悬丝）、试样、示波器。

三、实验原理

如图 7-1 所示，长度 L 远远大于直径 d（$L>>d$）的一细长棒，棒的轴线沿 x 方向，当细长棒作微小横振动（弯曲振动）时满足的动力学方程（横振动方程）为

$$\frac{\partial^4 y}{\partial x^4}+\frac{\rho S\partial^2 y}{EJ\partial t^2}=0 \tag{7-1}$$

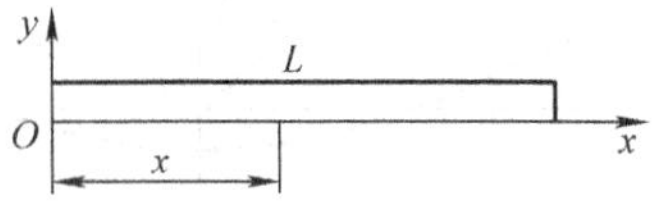

图 7-1　细长棒的弯曲振动

式中，y 为棒上距左端 x 处截面的 y 方向位移；E 为弹性模量，单位为 Pa 或 N/m^2；ρ 为材料密度；S 为截面积；J 为某一截面的转动惯量，$J=\iint_S y^2\mathrm{d}S$。

横振动方程的边界条件为：棒的两端（$x=0$、L）是自由端，端点既不受正应力也不受切应力。用分离变量法求解式（7-1），令 $y(x,\ t)=X(x)T(t)$，则有

$$\frac{1}{X}\frac{\mathrm{d}^4X}{\mathrm{d}x^4}=-\frac{\rho S}{EJ}\cdot\frac{1}{T}\frac{\mathrm{d}^2T}{\mathrm{d}t^2} \tag{7-2}$$

由于等式两边分别是两个变量 x 和 t 的函数，所以只有当等式两边都等于同一个常数时等式才成立。假设此常数为 K^4，则可得到下列两个方程：

$$\frac{\mathrm{d}^4X}{\mathrm{d}x^4}-K^4X=0 \tag{7-3}$$

$$\frac{\mathrm{d}^2T}{\mathrm{d}t^2}+\frac{K^4EJ}{\rho S}T=0 \tag{7-4}$$

如果棒中每点都作简谐振动，则上述两方程的通解分别为

$$\begin{cases}X(x)=a_1\cosh Kx+a_2\sinh Kx+a_3\cos Kx+a_4\sin Kx\\ T(t)=b\cos(\omega t+\varphi)\end{cases} \tag{7-5}$$

于是可以得出

$$y(x,t)=(a_1\cosh Kx+a_2\sinh Kx+a_3\cos Kx+a_4\sin Kx)\cdot b\cos(\omega t+\varphi) \tag{7-6}$$

式中

$$\omega=\left[\frac{K^4EJ}{\rho S}\right]^{\frac{1}{2}} \tag{7-7}$$

式（7-7）称为频率公式，适用于不同边界条件、任意形状截面的试样。如果试样的悬挂点（或支撑点）在试样的节点，则根据边界条件可以得到

$$\cos KL\cdot\cosh KL=1 \tag{7-8}$$

采用数值解法可以得出本征值 K 和棒长 L 应满足如下关系：

$$K_nL = 0、4.730、7.853、10.996、14.137、\cdots \tag{7-9}$$

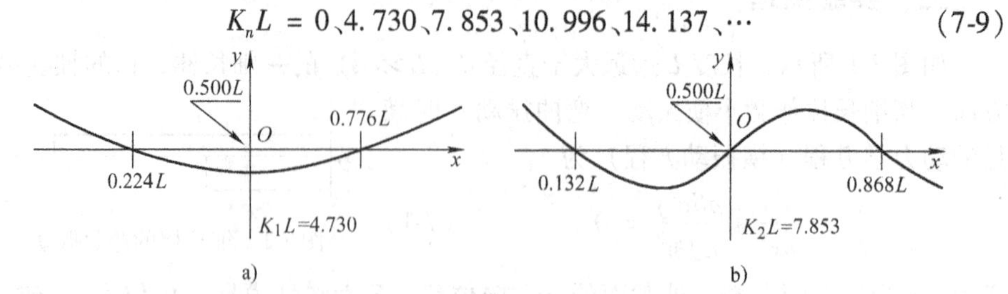

图 7-2 两端自由的棒作基频振动波形和一次谐波振动波形

a) $n=1$ b) $n=2$

其中第一个根 $K_0L=0$ 对应试样静止状态；第二个根记为 $K_1L=4.730$，所对应的试样振动频率称为基振频率（基频）或称固有频率，此时的振动状态如图 7-2a 所示；第三个根 $K_2L=7.853$ 所对应的振动状态如图 7-2b 所示，称为一次谐波。由此可知，试样在作基频振动时存在两个节点，它们的位置分别距端面 $0.224L$ 和 $0.776L$。将基频对应的 K_1 值代入频率公式，可得到弹性模量为

$$E = 1.9978\times10^{-3}\frac{\rho L^4S}{J}\omega^2 = 7.8870\times10^{-2}\frac{L^3m}{J}f^2 \tag{7-10}$$

如果试样为圆棒（$d \ll L$），则 $J=\frac{\pi d^4}{64}$，所以式（7-10）可改写为

$$E = 1.6067\frac{L^3m}{d^4}f^2 \tag{7-11}$$

如果圆棒试样不能满足 $d \ll L$ 时，式（7-11）应乘上一个修正系数 T_1，即

$$E = 1.6067\frac{L^3m}{d^4}f^2T_1 \tag{7-12}$$

上式中的修正系数 T_1 可以根据径长比 d/L 查表 7-1 得到。

表 7-1 径长比与修正系数的对应关系

径长比 d/L	0.01	0.02	0.03	0.04	0.05	0.06	0.08	0.10
修正系数 T_1	1.001	1.002	1.005	1.008	1.014	1.019	1.033	1.055

由式（7-10）~式（7-12）可知，对于圆棒试样只要测出固有频率就可以计算试样的动态弹性模量，所以整个实验的主要任务就是测量试样基频振动的固有频率。

本实验只能测出试样的共振频率，物体固有频率 $f_{固}$ 和共振频率 $f_{共}$ 是相关的

两个不同概念，二者之间的关系为

$$f_{固} = f_{共}\sqrt{1 + \frac{1}{4Q^2}} \tag{7-13}$$

式中，Q 为试样的机械品质因数。一般 Q 值远大于 50，共振频率和固有频率相比只偏低 0.005%，二者相差很小，通常忽略二者的差别，用共振频率代替固有频率。

（一）弹性模量的测量

动态法测量弹性模量的实验装置如图 7-3 所示。由信号发生器 1 输出的等幅正弦波信号加在发射换能器（激振器）2 上，使电信号变成机械振动，再由试样一端的悬丝或支撑点将机械振动传给试样 3，使试样受迫作横振动，机械振动沿试样以及另一端的悬丝或支撑点传送给接收换能器（拾振器）4，这时，机械振动又转变成电信号，该信号经放大处理后送示波器 5 显示。当信号源的频率不等于试样的固有频率时，试样不发生共振，示波器上几乎没有电信号波形或波形很小，只有试样发生共振时，示波器上的电信号突然增大，这时通过频率计读出信号源的频率即为试样的共振频率。

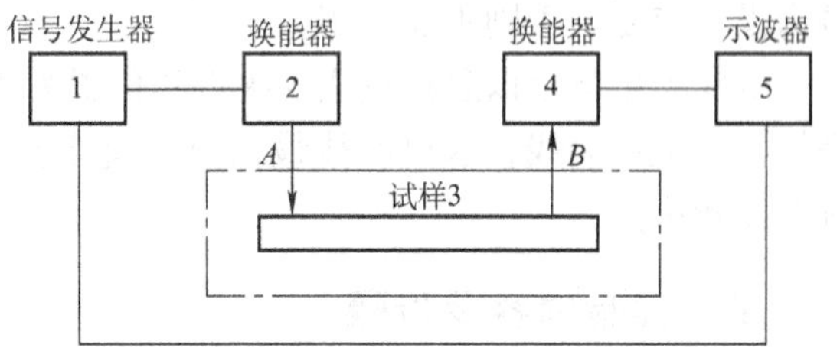

图 7-3　动态法测量弹性模量实验原理图

测出共振频率，由上述相应的公式可以计算出材料的弹性模量。这一实验装置还可以测量不同温度下材料的弹性模量，通过可控温加热炉可以改变试样的温度。

（二）用李萨如图法观测共振频率

实验时也可采用李萨如图法测量共振频率。激振器和拾振器的信号分别输入示波器的 X 和 Y 通道，示波器处于观察李萨如图形状态，从小到大调节信号发生器的频率，直到出现稳定的正椭圆时，即达到共振状态。这是因为，拾振器和激振器的振动频率虽然相同，但是，当激振器的振动频率不是被测样品的固有频率时，试样的振动振幅很小，拾振器的振幅也很小甚至检测不到振动，在示波器上无法合成李萨如图形（正椭圆），只能看到激振器的振动波形；只有当激振器的振动频率调节到试样的固有频率达到共振时，拾振器的振幅突然很大，输入示波器的两路信号才能合成李萨如图形（正椭圆）。

（三）用外延法精确测量基频共振频率

理论上试样在基频下共振有两个节点，要测出试样的基频共振频率，只能将试样悬挂或支撑在 $0.224L$ 和 $0.776L$ 的两个节点处。但是，在两个节点处振动振幅几乎为零，悬挂或支撑在节点处的试样难以被激振和拾振。

实验时由于悬丝或支撑架对试样的阻尼作用，所以检测到的共振频率是随悬挂点或支撑点的位置变化而变化的。悬挂点偏离节点越远（距离棒的端点越近），可检测的共振信号越强，但试样所受到的阻尼作用也越大，离试样两端自由这一定解条件的要求相差越大，产生的系统误差就越大。由于压电陶瓷换能器拾取的是悬挂点或支撑点的加速度共振信号，而不是振幅共振信号，因此所检测到的共振频率随悬挂点或支撑点到节点的距离增大而变大。为了消除这一系统误差，测出试样的基频共振频率，可在节点两侧选取不同的点对称悬挂或支撑，用外延测量法找出节点处的共振频率。

所谓外延法，就是所需要的数据在测量数据范围之外，一般很难直接测量，采用作图外推求值的方法求出所需要的数据。外延法的适用条件是在所研究的范围内没有突变，否则不能使用。

本实验中就是以悬挂点或支撑点的位置为横坐标、以相对应的共振频率为纵坐标作出关系曲线，求出曲线最低点（即节点）所对应的共振频率即试样的基频共振频率。

四、实验内容及步骤

（一）用动态悬挂法测量试样的弹性模量

1）选择一试样棒，小心地将试样悬挂于两悬丝之上，要求试样棒保持横向水平，悬丝与试样棒轴向垂直，两悬丝点到试样棒端点的距离相同，并处于静止状态。

2）连接测量仪器。如图 7-3 所示，动态弹性模量测定仪激振信号输出端接激振器的输入端，拾振信号的输入端接拾振器的输出端，拾振信号的输出端接示波器 Y 通道。如果采用李萨如图形测量法，同时还要将示波器的 X 通道接激振信号的输出端。

3）开机调试。开启仪器的电源，调节示波器处于正常工作状态，信号发生器的频率置于适当档位（例如 500Hz 档），连续调节输出频率，此时发射换能器应发出相应声响。轻敲桌面，示波器 Y 轴信号大小立即变动并与敲击强度有关，这说明整套实验装置已处于工作状态。

4）鉴频与测量。由低到高调节信号发生器的输出频率，正确找出试样棒的基频共振状态，从频率计上读出共振频率。

5）外延法测量。在两个节点位置两侧各取 3 个测试点，各点间隔 5mm 左右。从外向内依次同时移动两个悬挂点的位置，每次移动 5mm，分别测出不同位置处相应的基频共振频率。

（二）数据记录与处理

1）自己设计数据表格，列表记录和处理数据。测量试样基本参数数据记录和外延法测量基频共振频率数据记录的参考表格如表7-2所示。

试样基本参数数据

截面直径 $d=6.06\times10^{-3}$m、长度 $L=18.14$cm、质量 $m=43.15$g、$T=1.005$

表7-2 外延法测量基频共振频率数据记录表

悬挂点距端点位置 x/mm								
基频共振频率 f/Hz								

2）外延法求基频共振频率。用直角坐标纸，作出位置与共振频率的关系曲线，用外推法求出节点的基频共振频率。

3）计算弹性模量

$$E=1.6067\frac{L^3m}{d^4}f_{共}^2T$$

五、注意事项

1）千万不能用力拉悬丝，否则会损坏膜片或换能器。悬挂试样或移动悬丝位置时，应轻放轻动，不能给予悬丝冲击力。

2）换能器由厚度约为0.1~0.3mm的压电晶体用胶粘接在0.1mm左右的黄铜片上构成，故极其脆弱。测定时一定要轻拿轻放，不能用力，也不能敲打。

3）试样棒不能随处乱放，要保持清洁；拿放时应特别小心，避免弄断悬丝摔坏试样棒。

4）安装试样棒时，应先移动支架到既定位置后再悬挂试样棒。

5）实验时，悬丝必须捆紧，不能松动，且在通过试样轴线的同一截面上，一定要等试样稳定之后才可正式测量。

6）尽可能采用较小的信号激发，激振器所加正弦信号的峰-峰值幅度限制在6V内，这时发生虚假信号的可能性较小。

7）信号源、换能器、放大器、示波器等测试仪器均应共“地”。

8）悬挂点如在节点时极难进行测量；全放在端点，测量虽很方便但易引入系统误差。

六、思考题

1）如何判断是否是铜棒发生了共振？

2）测量时为何将悬挂点放在测试棒的节点附近？

（王淑珍）

实验 8　多普勒效应综合实验

一、实验目的

1）测量超声接收器运动速度与接收频率之间的关系，验证多普勒效应，并由 f-v 关系直线的斜率求声速。

2）利用多普勒效应测量物体运动过程中多个时间点的速度，查看 v-t 关系曲线，或调阅有关测量数据，即可得出物体在运动过程中的速度变化情况，并由 v-t 关系直线的斜率求重力加速度。

二、实验仪器

多普勒效应综合实验仪由实验仪、超声发射/接收器、红外发射/接收器、导

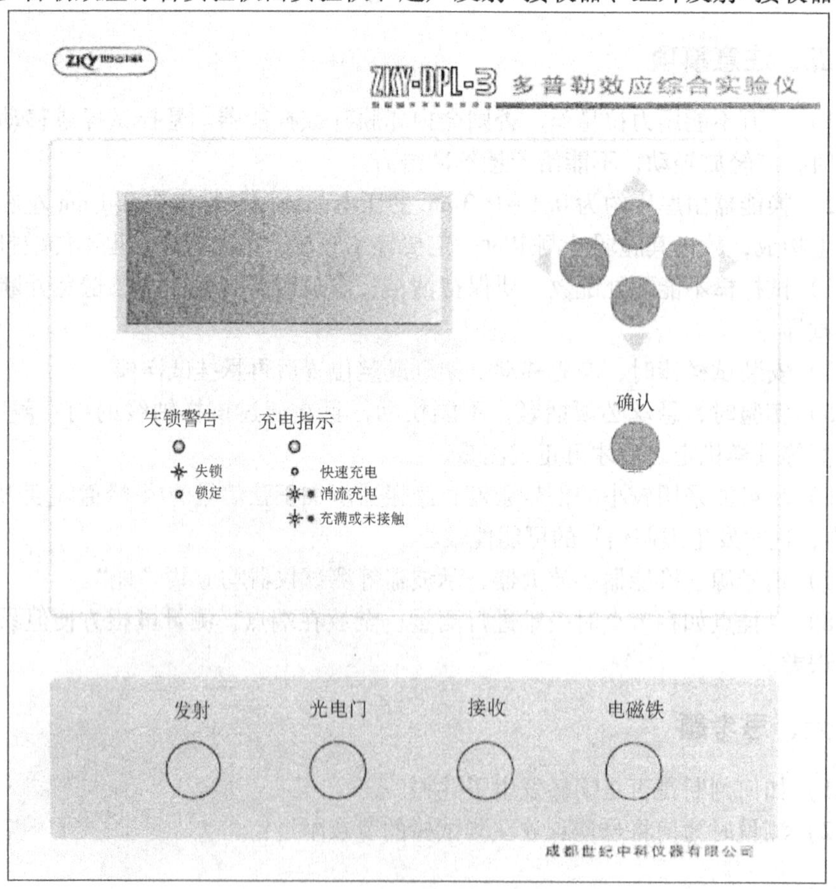

图 8-1　多普勒实验仪面板图

轨、运动小车、支架、光电门、电磁铁、弹簧、滑轮和砝码等组成。实验仪内置微处理器，带有液晶显示屏，图8-1为实验仪的面板图。

实验仪采用菜单式操作，显示屏显示菜单及操作提示，由▲▼◀▶键选择菜单或修改参数，按“确认”键后仪器执行。可在“查询”页面查询到在实验时已保存的实验数据。操作者只需按提示即可完成操作，学生可把时间和精力用于物理概念和研究对象，不必花大量时间熟悉特定的仪器使用，从而提高课时利用率。

三、实验原理

（一）超声的多普勒效应

根据声波的多普勒效应公式，当声源与接收器之间有相对运动时，接收器接收到的频率f为

$$f=\frac{f_0(u+v_1\cos\alpha_1)}{(u-v_2\cos\alpha_2)} \tag{8-1}$$

式中，f_0为声源发射频率；u为声速；v_1为接收器运动速率；α_1为声源与接收器连线与接收器运动方向之间的夹角；v_2为声源运动速率；α_2为声源与接收器连线与声源运动方向之间的夹角。

若声源保持不动，运动物体上的接收器沿声源与接收器连线方向以速度v运动，则从式（8-1）可得接收器接收到的频率为

$$f=f_0\left(1+\frac{v}{u}\right) \tag{8-2}$$

当接收器向着声源运动时，v取正，反之取负。

若f_0保持不变，以光电门测量物体的运动速度，并由仪器对接收器接收到的频率自动计数，根据式（8-2），作f-v关系图可直观验证多普勒效应，且由实验点作直线，其斜率应为$k=\frac{f_0}{u}$，由此可计算出声速$u=\frac{f_0}{k}$。

由式（8-2）可解出

$$v=u\left(\frac{f}{f_0}-1\right) \tag{8-3}$$

若已知声速u及声源频率f_0，通过设置使仪器以某种时间间隔对接收器接收到的频率f采样计数，由微处理器按式（8-3）计算出接收器运动速度，由显示屏显示v-t关系曲线，或调阅有关测量数据，即可得出物体在运动过程中的速度变化情况，进而对物体运动状况及规律进行研究。

（二）超声的红外调制与接收

在早期产品中，接收器接收的超声信号由导线接入实验仪进行处理。由于超

声接收器安装在运动体上，导线的存在对运动状态有一定影响，导线的折断也给使用带来麻烦。新仪器对接收到的超声信号采用了无线的红外调制-发射-接收方式，即用超声接收器信号对红外波进行调制后发射，固定在运动导轨一端的红外接收端接收红外信号后，再将超声信号解调出来。由于红外发射/接收的过程中信号的传输是光速，远远大于声速，它引起的多普勒效应可忽略不计。采用此技术将实验中运动部分的导线去掉，使得测量更准确、操作更方便。信号的调制-发射-接收-解调在信号的无线传输过程中是一种常用的技术。

四、实验内容

（一）验证多普勒效应并由测量数据计算声速

让小车以不同速度通过光电门，仪器自动记录小车通过光电门时的平均运动速度及与之对应的平均接收频率。由仪器显示的 f-v 关系曲线可看出速度与频率的关系，若测量点成直线，符合式（8-2）描述的规律，即直观验证了多普勒效应。用作图法或线性回归法计算 f-v 直线的斜率 k，由 k 计算声速 u 并与声速的理论值比较，计算其百分误差。

1. 仪器安装

如图 8-2、图 8-3 所示。所有需固定的附件均安装在导轨上，并在两侧的安装槽上固定。调节水平超声发射器的高度，使其与超声接收器（已固定在小车上）在同一个平面上，再调整红外接收器高度和方向，使其与红外发射器（已固定在小车上）在同一轴线上。将组件电缆接入实验仪的对应接口上。安装完毕后，让电磁铁吸住小车，给小车上的传感器充电，第一次充电时间约 6 ~ 8s，充满电后（仪器面板充电灯变绿色）可以持续使用 4 ~ 5min。在充电时要注意，必须让小车上的充电板和电磁铁上的充电针接触良好。

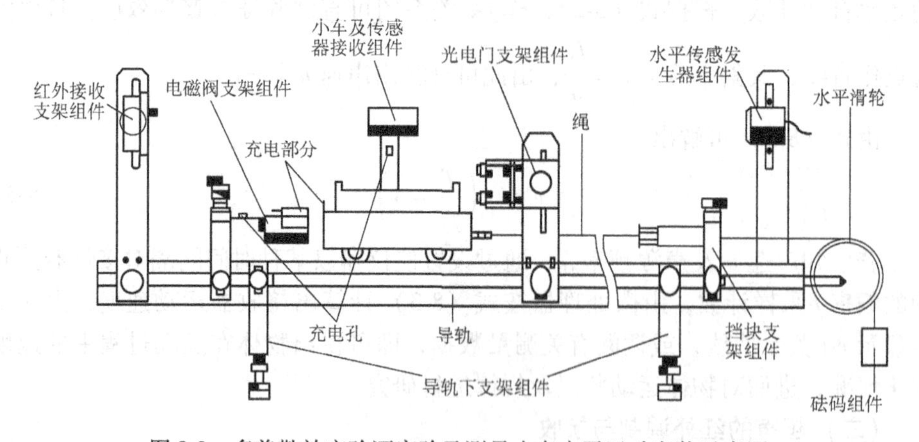

图 8-2　多普勒效应验证实验及测量小车水平运动安装示意图

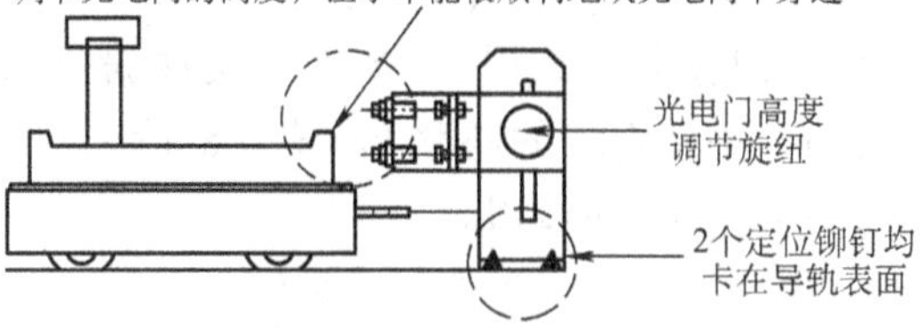

调节光电门的高度，让小车能很顺利地从光电门中穿过

光电门高度
调节旋纽

2个定位铆钉均
卡在导轨表面

图 8-3　光电门的安装及高度调节示意图

注意事项：

1）安装时要尽量保证红外接收器、小车上的红外发射器和超声接收器、超声发射器三者之间在同一轴线上，以保证信号传输良好。

2）安装时不可挤压连接电缆，以免导线折断。

3）小车不使用时应立放，避免小车滚轮沾上污物，影响实验进行。

2. 测量准备

实验仪开机后，首先要求输入室温。因为计算物体运动速度时要代入声速，而声速是温度的函数。利用◀▶将室温 T 值调到实际值，按“确认”键。然后，仪器将进行自动检测调谐频率 f_0，约几秒钟后将自动得到调谐频率，将此频率 f_0 记录下来，按“确认”键进行后面实验。

3. 测量步骤

1）在液晶显示屏上，选中“多普勒效应验证实验”，并按“确认”键。

2）利用▶键修改测试总次数（选择范围 5 ~ 10，一般选 5 次），按▼键，选中“开始测试”。

3）准备好后，按“确认”键，电磁铁释放，测试开始进行，仪器自动记录小车通过光电门时的平均运动速度及与之对应的平均接收频率。

改变小车的运动速度，可用以下两种方式之一：

①砝码牵引：利用砝码的不同组合实现。

②用手推动：沿水平方向对小车施以变力，使其通过光电门。

为便于操作，一般由小到大改变小车的运动速度。

4）每一次测试完成，都有“存入”或“重测”的提示，可根据实际情况选择，按“确认”键后回到测试状态，并显示测试总次数及已完成的测试次数。

5）改变砝码质量（砝码牵引方式），并退回小车让磁铁吸住，按“开始”键，进行第二次测试。

6）完成设定的测量次数后，仪器自动存储数据，并显示 f-v 关系曲线及测量数据。

注意事项：

小车速度不可太快，以防小车脱轨跌落损坏。

4. 数据记录与处理

由 f-v 关系图可看出，若测量点成直线，符合式（8-2）描述的规律，即直观验证了多普勒效应。用▶键选中“数据”，▼键翻阅数据并记入表 8-1 中，用作图法或线性回归法计算 f-v 关系直线的斜率 k。式（8-4）为线性回归法计算 k 值的公式，其中测量次数 $i=5\sim n$，$n\leqslant 10$。

$$k=\frac{\bar{v}_i\times\bar{f}_i-\overline{v_i\times f_i}}{\bar{v}_i^{\,2}-\overline{v_i^2}} \tag{8-4}$$

由 k 计算声速 $u=f_0/k$，并与声速的理论值比较，声速理论值由 $u_0=331\,(1+t/273)^{1/2}$ （m/s）计算，t 表示室温。测量数据的记录是仪器自动进行的。在测量完成后，只需在出现的显示界面上，用▶键选中“数据”，▼键翻阅数据并记入表 8-1 中，然后按照上述公式计算出相关结果并填入表格。

表 8-1　多普勒效应的验证与声速的测量　　$f_0=$

测量数据							直线斜率 k/m^{-1}	声速测量值 $u=f_0/k/(\mathrm{m/s})$	声速理论值 $u_0/(\mathrm{m/s})$	百分误差 $[(u-u_0)/u_0]\times 100\%$
次数 i	1	2	3	4	5	6				
v_i /(m/s)										
f_i /Hz										

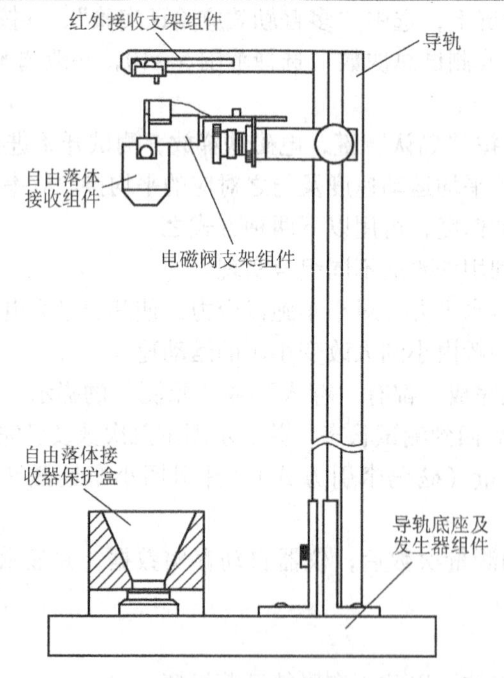

图 8-4　自由落体运动实验仪器安装示意图

（二）研究自由落体运动，求自由落体加速度

让带有超声接收器的接收组件自由下落，利用多普勒效应测量物体运动过程中多个时间点的速度，查看 v-t 关系曲线，并调阅有关测量数据，即可得出物体在运动过程中的速度变化情况，进而计算自由落体加速度。

1. 仪器安装与测量准备

仪器安装如图 8-4 所示。为保证超声发射器与接收器在一条垂线上，可用细绳栓住接收器，检查从电磁铁下垂时是否正对发射器。若未对齐，可用底座螺钉加以调节。

充电时，让电磁阀吸住自由落体接收器，并让该接收器上充电部分和电磁阀上的充电针接触良好。

充满电后，将接收器脱离充电针，下移悬挂在电磁铁上。

2. 测量步骤

1）在液晶显示屏上，用▼键选中“变速运动测量实验”，并按“确认”键。

2）利用►键修改测量点总数，通常选 10 ~ 20 个点（选择范围 8 ~ 150）；用▼键选择采样步距，通常选 10 ~ 30ms（选择范围 10 ~ 100ms），选中“开始测试”。

3）按“确认”键后，电磁铁释放，接收器组件自由下落。测量完成后，显示屏上显示 $v-t$ 关系曲线，用►键选择“数据”，阅读并记录测量结果。

4）在结果显示界面中用►键选择“返回”键，按“确认”键后重新回到测量设置界面。

可按以上程序进行新的测量。

3. 数据记录与处理

将测量数据记入表 8-2 中，由测量数据求得 v-t 直线的斜率即为重力加速度 g。

表 8-2　自由落体运动的测量

采样次数 i	2	3	4	5	6	7	8	9	g /(m/s^2)	平均值 g /(m/s^2)	理论值 g_0 /(m/s^2)	百分误差 $[(g-g_0)/g_0]\times100\%$
$t_i=0.05(i-1)$ /s	0.05	0.10	0.15	0.20	0.25	0.30	0.35	0.40				
v_i												
v_i												
v_i												
v_i												

注：表中 $t_i=0.05\ (i-1)$，t_i 为第 i 次采样与第 1 次采样的时间间隔差，0.05 表示采样步距为 50ms。如果选择的采样步距为 20ms，则 t_i 应表示为 $t_i=0.02\ (i-1)$。依次类推，根据实际设置的采样步距而定采样时间。

为减小偶然误差，可做多次测量，将测量的平均值作为测量值，并将测量值与理论值比较，求百分误差。

注意事项：

1）必须将自由落体接收器保护盒套于发射器上，避免发射器在非正常操作时受到冲击而损坏。

2）安装时切不可挤压电磁阀上的电缆。

3）接收器组件下落时，若其运动方向不是严格的在声源与接收器的连线方向，则 α_1（为声源与接收器连线与接收器运动方向之间的夹角，图 8-5 是其示意图）在运动过程中增加，此时式（8-2）不再严格成立，由式（8-3）计算的速度误差也随之增加。故在数据处理时，可根据情况对最后两个采样点进行取舍。

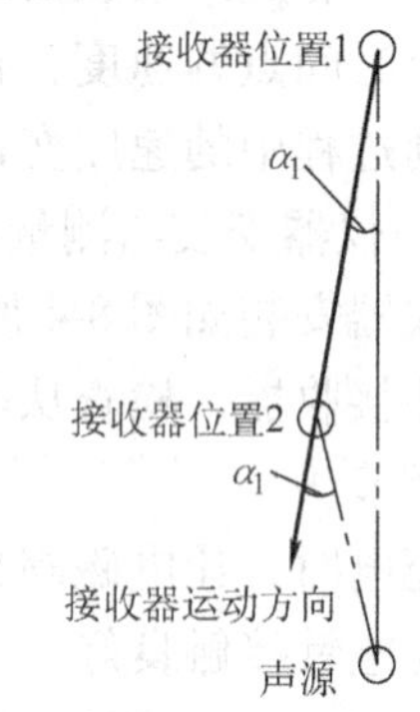

图 8-5　运动过程中 α_1 角度变化示意图

五、思考题

1）讨论多普勒测量声速误差的可能原因。

2）简述多普勒效应在现实生活中的应用及其基本物理原理。

（钟晓燕）

实验 9　转动惯量的测量

一、实验目的

1）用实验方法验证刚体的转动定律。

2）用作图法处理数据——曲线改直。

二、实验器材

转动惯量测量仪一套、停表、砝码和米尺。

三、仪器结构和原理

实验装置如图 9-1 所示，A 是一个具有不同半径 r 的塔轮，两边对称伸出两根有等分刻度的均匀细柱 B 和 B′，B 和 B′上各有一个可移动的圆柱形重物 m_0，它们一起组成一个可以绕固定轴 OO'转动的刚体系。塔轮上绕一细线，通过滑轮 C 与砝码 m 相连。当 m 下落时，通过细线对刚体系施加（外）力矩。滑轮 C 的支架可以借固定螺钉 D 调升降，以保证当绕不同半径的塔轮转动时，细线都可以保持与转动轴相垂直。滑轮台架 E 上有一个标记 F，用来判断砝码的起始位置。H 是固定台架的螺旋扳手。取下塔轮，换上铅直准钉，通过底脚螺钉 S_1、S_2、S_3 可以调节 OO'竖直。调好 OO'轴线竖直后，再换上塔轮，转动自如后用固定螺钉 G 固定。计时用停表。

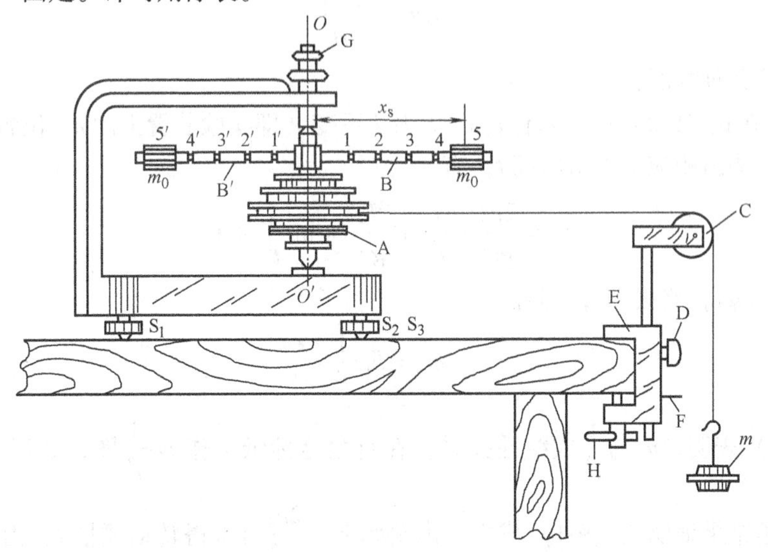

图 9-1　转动惯量测量仪

根据转动定律，当刚体绕固定轴转动时，有

$$\sum M = I\beta \tag{9-1}$$

式中，$\sum M$ 是刚体所受的合外力矩；I 是刚体对该轴的转动惯量；β 为角加速度。

在实验装置中，刚体所受的外力矩为绳子给予的力矩 $F \cdot r$ 和摩擦力矩 M_μ，F 为绳子的张力，与 OO'相垂直；r 为塔轮的绕线半径，当略去滑轮及绳子的质量以及滑轮轴上的摩擦力，并认为绳子长度不变时，m 以匀加速度 a 下落，并有

$$F = m(g - a)$$

式中，g 为重力加速度。

当砝码 m 由静止开始下落高度 h 所用时间为 t 时，则

$$h = \frac{1}{2}at^2$$

又因

$$a = r\beta$$

由以上关系式得

$$m(g - a)r - M_\mu = I\frac{2h}{rt^2}$$

在实验过程中，保持 $a \ll g$，则有

$$mgr - M_\mu \approx I \frac{2h}{rt^2} \tag{9-2}$$

又如 $M_\mu \ll mgr$，略去 M_μ，则有

$$mgr \approx I \frac{2h}{rt^2} \tag{9-3}$$

下面讨论几种情况：

1）在式（9-2）中，若保持 r、h 及 I 不变（即实验装置上的 m_0 位置不变），改变 m，测出相应的下落时间 t，有

$$m = \frac{2hI}{gr^2} \cdot \frac{1}{t^2} + \frac{M_\mu}{gr} = k_1 \frac{1}{t^2} + C_1 \tag{9-4}$$

如 $M_\mu \ll mgr$，略去 M_μ，则有

$$m = k_1 \frac{1}{t^2} \tag{9-5}$$

式（9-4）表明，m 与 $\frac{1}{t^2}$ 成线性关系。在直角坐标纸上作 m-$\frac{1}{t^2}$ 图，如得一直线，则由实验结果证明式（9-1）成立。由斜率 $k_1 = \frac{2hI}{gr^2}$ 可求得转动惯量 I，由截距 $C_1 = \frac{M_\mu}{gr}$ 可求得摩擦力矩 M_μ。

从式（9-4）出发，还可以作对数图来处理实验数据。先对式（9-4）取对数，则有

$$\lg m = \lg \frac{2hI}{gr^2} - 2\lg t = C_1' - 2\lg t \tag{9-6}$$

式（9-6）表明，$\lg m$ 与 $\lg t$ 成线性关系。在双对数坐标纸上，作出 $\lg m$-$\lg t$ 关系图，如果得到一条斜率为 -2 的直线，则由实验结果证明式（9-1）成立。由截距 $C_1' = \lg \frac{2hI}{gr^2}$ 可求得 I。

只要保持 m_0 的位置不变，刚体系的转动惯量就不变，实验装置可以选择不同的 r，对于每一选定的 r，改变 m 就可以得到一条直线，由选定不同的 r 所求出的 I 应该是相同的。

2）如果保持 h、m 及 m_0 位置不变，改变 r，根据式（9-2）有

$$r = \frac{2hI}{mg} \cdot \frac{1}{t^2 r} + \frac{M_\mu}{mg} = k_2 \frac{1}{t^2 r} + C_2 \tag{9-7}$$

如略去 M_μ，则有

$$r = \sqrt{\frac{2Ih}{mg}} \cdot \frac{1}{t} = k_2' \frac{1}{t} \tag{9-8}$$

式（9-7）、式（9-8）均为直线方程，在直角坐标纸上作 $r\text{-}\frac{1}{t^2 r}$关系图或 $r\text{-}\frac{1}{t}$关系图，如为一直线，则说明式（9-1）成立。由 k_2 或 k_2'可求 I，由 C_2 可求 M_μ。

从式（9-8）出发，也可以作对数图，先对式（9-8）取对数，则有

$$\lg r = \lg k_2' - \lg t = C_2' - \lg t \tag{9-9}$$

在双对数坐标纸上作 $\lg r\text{-}\lg t$ 关系图，如为一条斜率为 -1 的直线，则证明式（9-1）成立。由截距 $C_2' = \lg k_2' = \lg\sqrt{\frac{2hI}{mg}}$可求得 I。

实验装置可以改变 m_0 的位置，对于每一个选定的 m_0 的位置，可求得相应的转动惯量。

综上所述，对于由转动定律导出的式（9-2）中的各量，不能通过实验一一测出，但经过适当的变换，只测定其中某些量，再借助于巧妙的作图，就能够证明式（9-2）的正确性，从而用实验方法验证了转动定律，并从中可求得转动惯量 I 和摩擦力距 M_μ。

四、实验内容及步骤

1）调节实验装置：取下塔轮，换上铅直准钉，调 OO'轴与地面垂直。装上塔轮，尽量减小摩擦，使之转动自如，再用螺钉 G 固定，在实验过程中绕线要尽量密排。已知塔轮半径 r 从上到下依次为：1.50cm、2.50cm、3.00cm、2.00cm 和 1.00cm。

2）把细杆上两圆形重物 m_0 分别置于 5 及 5′ 位置，选塔轮半径 r = 2.50cm，将细绳从上到下密绕其上，并适当调节滑轮位置使绳子与 OO'轴垂直，细绳末端挂上砝码盘（自重 5.00g）。自滑轮支架下端的金属尖头 F 处至地面间的距离作为砝码下落高度 h。

3）保持 r、n 和 m_0 的位置不变。改变 m，每次使砝码自静止开始下落，用停表测量砝码下落 h 高度所用的时间 t。对应每一 m 值，测时间三次，然后取平均（要求三次测量值相差在 0.50s 之内）。砝码质量的变化自 5.00g 开始，每次增加 5.00g，直至 45.00g 为止。

4）将所得结果作图：①在直角坐标纸上以 m 为纵轴、$\frac{1}{t^2}$为横轴作出 $m\text{-}\frac{1}{t^2}$关系图；②在双对数坐标纸上以 $\lg m$ 为纵轴、$\lg t$ 为横轴作出 $\lg m\text{-}\lg t$ 关系图，从图中作出必要的结论，并求出转动惯量 I 和摩擦力矩 M_μ。

5）保持 h 和固定 m_0 在上述位置不变，并维持 $m=20.00\text{g}$。改变 r（依次取 1.00cm、1.50cm、2.00cm、2.50cm、3.00cm），对每个 r 测出下落时间，三次平均。将结果在直角坐标纸上作出①r-$\frac{1}{t^2r}$关系图、②r-$\frac{1}{t}$关系图、③$\lg r$-$\lg t$ 关系图，得出必要的结论，并求出 I 和 M_μ。

以上五个图可仅作式（9-4）和式（9-5）关系图，或由教师指定。

五、实验数据记录及处理

1）保持 r、h 及 m_0 位置不变，其中 $r=2.50\text{cm}$，$h=$ cm。

m/g	10.00	15.00	20.00	25.00	30.00	35.00	40.00	45.00
t_1/s								
t_2/s								
t_3/s								
$\bar{t}$/s								
$\frac{1}{t^2}$/s^{-2}								

用作图法处理数据，得出必要的结论，并求出刚体的转动惯量 I 和摩擦力矩 M_μ。

2）保持 m、h 及 m_0 位置不变，其中 $m=20.00\text{g}$，$h=$ cm。

r/cm	1.00	1.50	2.00	2.50	3.00
t_1/s					
t_2/s					
t_3/s					
$\bar{t}$/s					
$\frac{1}{t^2r}$/$\text{s}^{-2}\cdot\text{cm}^{-1}$					
$\frac{1}{t}$/s^{-2}					

用作图法处理数据，得出结论，并求出 I 和 M_μ。

比较两次求出的转动惯量 I，求平均值，计算每次的误差。

六、思考题

1）实验中如何保证 $g>>a$ 的条件？由于做了这一近似，会对结果产生多大影响？

2）通过实验你对作图法的优点有何体会？作图时应注意什么问题？

3）设法测定摩擦力矩 M_μ 的大小，并与图上推算出的相比较。

（刘文军）

实验10　分光仪的调整

一、实验目的

1）熟悉分光仪的结构。

2）学会调整分光仪。

3）会读望远镜的位置角。

二、实验器材

分光仪、钠光灯。

三、实验原理

（一）分光仪的结构

分光仪主要由平行光管筒5、望远镜11、刻度盘25、圆游标26和载物台9所组成，如图10-1所示。现分述如下：

1）平行光管　用于产生平行光。平行光管通过立柱7固定在底座30上，一端为凸透镜6，另一端为一宽度可以调节的狭缝1，狭缝安置在透镜的焦平面上，故当狭缝被光源照亮时，经透镜后就成为平行光。调节螺钉36可使狭缝升降。

2）望远镜　用以观察光的衍射图样或光谱。望远镜通过支架22与刻度盘25连在一起，可以绕分光仪中心轴39转动，转动的角度可以从刻度盘和圆游标26读出。调节螺钉20可使望远镜目镜升降。当望远镜需要绕中心轴大转动时，可以放松转座与刻度盘止动螺钉27（在仪器右侧）而后旋转之。如只需小转动时，则拧紧止动螺钉，调节望远镜微调螺钉23进行微调。望远镜的目镜比普通望远镜的焦平面上多了一个画有＝的分划板14、一个透明十字15（在等腰直角三棱镜的直角边上，图中45°角放置的反射镜相当棱镜的斜边）。目镜的侧面安装了一个小灯19，当小灯点亮时，光射到三棱镜的斜边上发生全反射，其反射光通过透明十字沿光轴射出物镜10，所以若目镜已调焦，就会看见此透明十字成一清晰的小黑十字像。我们常称这种目镜为自准直目镜，前后移动自准直目镜套筒，当透明十字在物镜的焦平面上和反射镜8与望远镜主光轴垂直时，我们可以看到亮十字，此时望远镜对光于无穷远处，适合平行光。

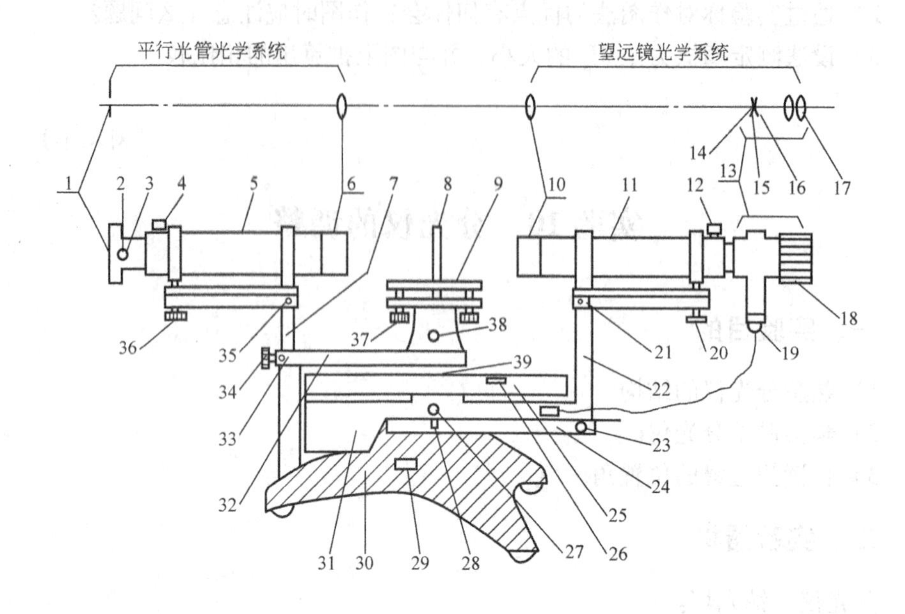

图 10-1　分光仪结构图

1—狭缝　2—狭缝宽度调节螺钉　3—狭缝架　4—狭缝架锁紧螺钉　5—平行光管筒　6—凸透镜　7—立柱　8—平行板反射镜或光栅　9—载物台　10—物镜　11—望远镜筒　12—目镜锁紧螺钉　13—自准直目镜　14—黑十字线　15—透明十字　16—反射镜　17—透镜组　18—目镜调节手轮　19—小灯　20—目镜升降螺钉　21—物镜左右调节螺钉　22—望远镜支架　23—望远镜微调螺钉　24—望远镜制动架　25—刻度盘　26—圆游标（两个）　27—转座与刻度盘止动螺钉　28—望远镜止动螺钉　29—6V 电源插座　30—底座　31—转座　32—游标盘制动架　33—游标盘微调螺钉　34—游标盘止动螺钉　35—平行光管透镜左右调节螺钉　36—狭缝升降螺钉　37—载物台调平螺钉（3 只）　38—载物台锁紧螺钉　39—中心轴

3）刻度盘与圆游标　用以测量望远镜所转过的角度。刻度盘分为 720 等分，每一小格为 30′。圆游标上有 30 小格，其总长与刻度盘上 29 小格相等，则游标上每小格为 29′，故刻度盘上与圆游标上每一小格相差 1′。读数时先读出游标零线所指的刻度盘上的度数（注意是否超过半度），再读游标上与刻度盘上相重合的某两刻线中游标的读数（1 格即 1′），此两数相加即为望远镜的位置。如图 10-2 中所示的读数为 41°32′。为了消除刻度盘的偏心误差，安装了相差 180°的两个游标，计算望远镜的偏转角时，应分别求出两游标所指的始末读数差后，取其平均值。

（二）调整原理

对分光仪调整的目的，是使进入狭缝的光通过平行光管中的凸透镜后形成平行光，平行光进入望远镜的物镜后，既成像在物镜的焦平面上，同时像又落在目镜的焦平面内侧，使得眼睛对着目镜能看到清晰的狭缝像（虚像且在明视距离处）。

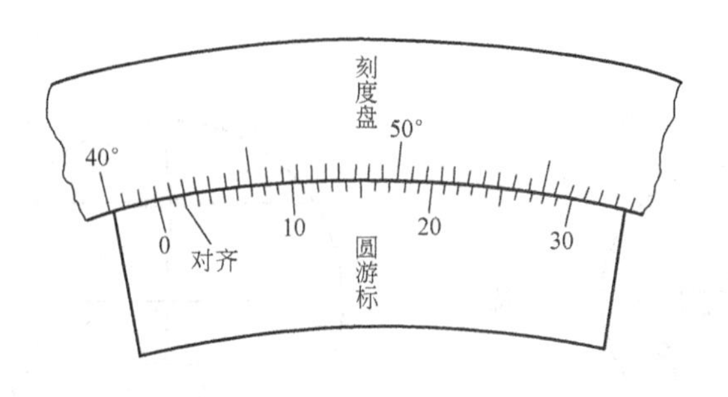

图 10-2　刻度盘读数方法

四、实验内容及步骤

（一）目测粗调

1）望远镜、平行光管应水平放置，其主光轴在同一条直线上。

2）调节载物台下三个螺钉，使载物台水平放置，台上反射镜与物镜同高。

3）正确放置载物台下三个螺钉的位置，如图 10-3 所示。反射镜底座与台上指向 C 螺钉的刻线相垂直。圆游标位于左右两侧的中间。拧紧载物台锁紧螺钉 38。载物台的转动通过旋转游标盘（黑色）来进行。

4）调节目镜调节手轮 18，看清视场下方方框内的小黑十字。再找亮十字（绿色），使反射镜镜面和物镜面稍成一小角度，先从望远镜旁边观察到反射镜中物镜镜框的像，再上下左右移动眼睛即可看到亮十字的像。此时①若亮十字在眼睛和望远镜的轴线组成的水平面上，转动载物台，即可在目镜中看到模糊的亮十字，前后移动目镜套筒即可看到清晰的亮十字；②若亮十字在眼睛和目镜组成的水平面上方（或下方），盯住亮十字，调节 C 螺钉，使亮十字和平面间的高度减少一半，再调节目镜升降螺钉，使亮十字移到水平面上，依①法即可在目镜中看到清晰的亮十字。我们把这种调节方法称之为位移减半法。若反射镜转 180° 后看不到亮十字了，我们仍采用位移减半法进行调整。我们在目镜中能看到反射镜两次不同面反射的亮十字的情况下，即可进行细调。

（二）细调

1. 使望远镜对平行光聚集

目镜的调焦：旋转目镜手轮，以调节目镜与透明十字间的距离，直到看清目镜视场下方方框内的小黑十字为止，如图 10-4 所示。

物镜的调焦：目的是将分划板上的大黑十字线调节在物镜的焦平面上。前后移动目镜套筒（不得触动已调好的目镜手轮），以调节大黑十字线与物镜间的距离，使从反射镜反射回来的亮十字成清晰的像。转动载物台并用位移减半法，使亮十字和分划板上部黑十字线相重合，反复移动目镜套筒使亮、黑十字无视差重合。

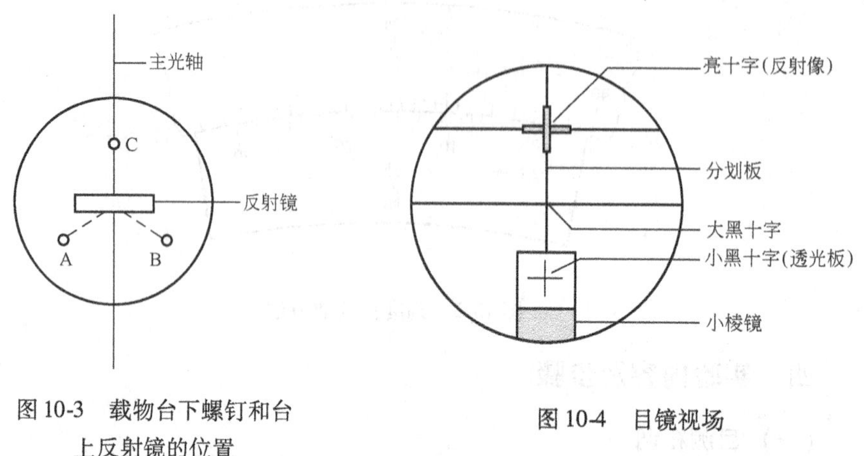

图 10-3　载物台下螺钉和台上反射镜的位置

图 10-4　目镜视场

2. 使望远镜的光轴垂直于反射镜面

将载物台旋转 180°，若亮十字和分划板上部黑十字线仍能重合，此时望远镜的光轴已和分光仪中心轴垂直了。若此时亮十字偏高（或低），就要采用位移减半法进行调节，即调节载物台下 C 螺钉，使亮十字与分划板上部黑十字线的位移减小一半，调节目镜升降螺钉使亮、黑十字的横线完全重合。再将载物台连回反射镜旋转 180°，做相同的调节。反复几次，直至亮十字和分划板上部黑十字线的横线完全重合为止。

另外，左右转动游标盘，若亮十字在移动过程中，其水平横线不与分划板上部黑十字线横线重合；如果是因分划板放置不正，就要转动目镜套筒，使亮十字移动时其横线始终与分划板上部黑十字线的横线重合；如果是由螺钉 B 、C 不同高引起，就要调 A、B 螺钉。重合时，目测望远镜和平行光管的轴线仍在一条直线上，即可拧紧游标盘止动螺钉 34。

注意：进行以下调节时，不得触动已调好的望远镜和反射镜。

3. 使平行光管对平行光聚焦

目的是把狭缝调节在凸透镜 6 的焦平面上，熄灭小灯，点亮钠光灯。放松螺钉 4，前后移动狭缝架 3，以改变狭缝与透镜间的距离，直到在目镜中观察到清晰的狭缝像为止。这时狭缝刚好在透镜的焦平面上，平行光管射出一束平行光。转动狭缝架，将像调成竖直方向。

4. 使平行光管垂直于反射镜面

拧动透镜左右调节螺钉 35，以改变狭缝像左右位置，使之与大黑十字的竖线完全重合。

注意：如达不到这个目的，就要转动望远镜，再放松载物台锁紧螺钉 38，转动载物台，使狭缝像与大黑十字竖线重合，拧紧螺钉 38，同时还要检查亮十字是否还仍和分划板上部黑十字线重合，如不重合，还需进行第 2 步各种调节。

拧动螺钉 36，以改变狭缝的上下位置，使得狭缝像的顶部正好与大黑十字上方的黑横线同高。此时平行光管和望远镜的主光轴在一条直线上，于是平行光管的光轴便垂直于中心轴了。再拧动螺钉 2，以调节狭缝的宽度，使狭缝像细（约 2mm 宽）而明亮。拧紧螺钉 4。

点亮小灯，检查亮、黑十字是否仍重合，如重合，分光仪就调整好了。

实验记录：

调　整　步　骤		调整方法	调整结果
（1）使望远镜对平行光聚焦	目镜调焦	旋转目镜手轮	看清小黑十字
	物镜调焦		
（2）			
（3）			
（4）			

实验结果与讨论：

如何迅速准确地调整好分光仪？

五、思考题

1）何谓位移减半法？为什么在调整望远镜主光轴垂直分光仪中心轴时只调螺钉 C 和目镜升降螺钉就可达到目的？要和反射镜面垂直还需怎样调节？

2）从望远镜旁观察到反射镜中的亮十字，将载物台转 180°后用同样的方法观察亮十字。如果使像在主光轴上，若两次眼睛的位置都比目镜的位置高（或低），应调哪一个螺钉？如果两次眼睛位置一次高一次低，应调哪一个螺钉？

3）分光仪通过调整后，如果望远镜和平行光管的主光轴已在一条直线上，如何调节可使载物台上的反射镜镜面垂直主光轴？调节过程中能否移动望远镜？

4）几何光学实验中需要产生一束方向一定的入射光线，这个要求怎样实现？

（刘文军）

实验11 分光仪的使用

（Ⅰ）用衍射光栅测定光波波长

一、实验目的

1）熟悉用衍射光栅测光波波长的原理。

2）掌握用衍射光栅测光波波长的方法。

二、实验器材

分光仪、衍射光栅（$d=1/6000\text{cm}$）、钠光灯。

三、实验原理

衍射光栅广泛用于研究光谱和测定光波波长。

衍射光栅是由许多互相平行等距离的狭缝所组成的，它是用金刚石在玻璃板上刻上很精细的平行痕线制成的。被刻过的痕线使射来的光发生散射而不能透过，能让光通过的未刻部分就成为狭缝。衍射光栅有复制品，复制的衍射光栅是由透明胶印上刻痕所成的。衍射光栅上每厘米有6000～12000条狭缝，相邻两狭缝间的距离叫作光栅常数d。

图11-1所示为一种观察光栅衍射的装置。单色光经狭缝S及凸透镜L_1后变为平行光，平行光垂直投射到光栅上。光波在通过光栅的每一狭缝时发生衍射，向各个方向发射相同相位的子波，这些子波通过凸透镜L_2后会聚在它的焦平面上相互干涉，某些方向彼此加强，另一些方向彼此削弱。故在焦平面上的光屏上将出现一系列亮纹，屏中央正对光栅的亮纹叫作中央明纹或零级像，零级像的两边为一级像，往外依次为二级像、三级像……

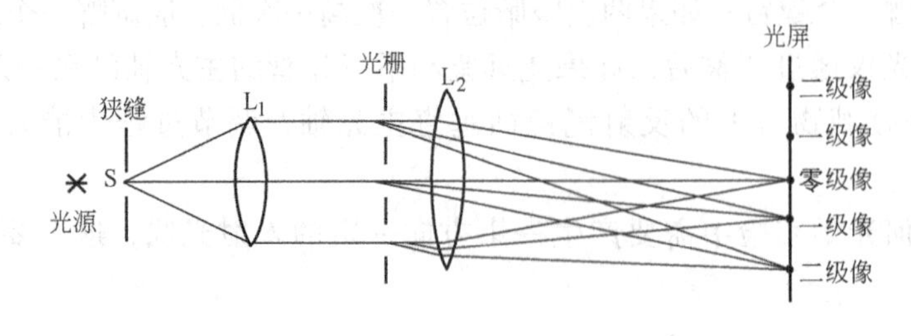

图11-1 观察光栅衍射装置

各级像之间的距离跟光栅常数 d 有关，光栅缝数越密，即 d 值越小，各级像离中央像就越远，如果凸透镜 L_2 较小，就要改变其位置才能看到各级像。

本实验是用分光仪上装置的望远镜来观察各级像的位置，望远镜正对光栅时所见到的像 P_0 为零级像，望远镜向两侧偏转后第一次看到的像 P_1 为一级像，再往外偏转，依次可以看到二级像、三级像……如图 11-1 所示。其中 L_2 是望远镜的物镜。

在实验中，如果已知光栅常数 d，只要测出各级像对应的子波的方向角 θ 的值，则波长 λ 就可以推算出来，即

$$\lambda = \frac{d\sin\theta}{n} \quad (n = \pm 1, \pm 2, \cdots) \tag{11-1}$$

四、实验内容及步骤

1. 调整好分光仪

调整步骤与实验十基本相同，所不同的是，望远镜大致与反射镜面垂直（亮、黑十字大致重合）时，就可用光栅代替反射镜，继续调节螺钉 C、目镜升降螺钉和调节物镜左右螺钉，使望远镜与光栅面垂直（光栅反射的亮十字与大黑十字完全重合）。

注意：观察各级像时，不得触动光栅，也不得调动已调好的部分。

2. 记录零级像的位置角

经前面的调整，此时看到的与大黑十字竖线重合的细而清晰的黄色亮条即是零级像。可以从左右两个圆游标处读出零级像的位置角 $\alpha_{0左}$ 和 $\alpha_{0右}$。在记录表 11-1 中记录下这两个角度值。读数时应使用“手持照明放大镜”。

注意：在读零级像位置角前应手持望远镜支架缓慢转动望远镜，观察一级像高度有否变化，如变高或变低，应调一下螺钉 B 或 C。调后还需检查亮、黑十字是否完全重合。否则有可能看不到二级像以及因望远镜不垂直光栅面而带来较大误差。

3. 测左一级像的位置角

手持望远镜支架，将望远镜慢慢向左旋转，第一次看到的亮条（黄色）即为左一级像，用同样的方法读出左 $\alpha_{1左}$ 和左 $\alpha_{1右}$。

4. 测左二级像的位置角左 $\alpha_{2左}$ 和左 $\alpha_{2右}$

5. 测右一、二级像的位置角

手持望远镜支架向右转动，在对称的位置上即可找到右一、二级像，按上述方法分别测得右 $\alpha_{1左}$ 和右 $\alpha_{1右}$，右 $\alpha_{2左}$ 和右 $\alpha_{2右}$。

实验记录：

表 11-1 用衍射光栅测钠光波长数据记录表

像级		位置角			方向角				$\sin\overline{\theta}$	λ /Å
		α	左	右	θ	左	右	$\overline{\theta}$		
0		α_0								
左	Ⅰ	α_1			θ_1					
右										
左	Ⅱ	α_2			θ_2					
右										

$\overline{\lambda}=$ $\qquad\qquad$ $\dfrac{|\overline{\lambda}-\lambda_0|}{\lambda_0}\times 100=$

实验结果与分析：

1）计算一级像的方向角（图 11-2）

$$\theta_{1左}=\frac{\left|左_{\alpha1左}-右_{\alpha1左}\right|}{2}$$

$$\overline{\theta_1}=\frac{\theta_{1左}+\theta_{1右}}{2}$$

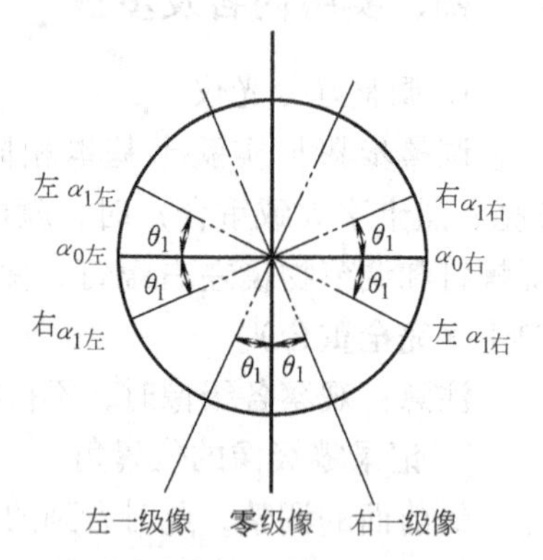

图 11-2 计算方向角的示意图

2）据公式 $\lambda_1=\dfrac{d\sin\theta_1}{1}$算出钠光的波长。

3）同 1）、2）方法，算出$\overline{\theta_2}$，λ_2。

4）求出钠光的平均波长 $\overline{\lambda}=\dfrac{\lambda_1+\lambda_2}{2}$。

5）将所得结果与钠光波长的公认值 $\lambda_0=5893$ Å 进行比较，求出百分误差

$$\frac{|\overline{\lambda}-\lambda_0|}{\lambda_0}\times 100\%$$

将所得结果全部填入表格。

6）误差分析。

五、注意事项

1）切勿用手触摸光栅面，不得随意摆弄分光仪，必须做好预习，严格按步骤使用分光仪。

2）分光仪及光栅位置一旦调整好了，就只许转动望远镜（必须手持望远镜支架），否则就要重新调整，实验才能顺利进行。

3）钠光（黄光）波长有 5890Å 和 5896Å，取其平均值为 5893Å，故黑十字

竖线应对着两者中间。

4）各级像的方向角 θ 应从零级像的位置算起。

5）本实验用的光栅之光栅常数 d 太小，看不到三级像。

六、思考题

1）狭缝、平行光管、望远镜及光栅分别处于什么位置时才能看到零级像？

2）有人说，当看到一级像时，望远镜所处的位置角就是一级像的方向角，对吗？为什么？如果只测得左一、二级像的位置角，怎样计算方向角？

3）根据公式 $d\sin\theta=n\lambda$，说明为什么本实验所用的光栅看不到三级像。

（Ⅱ）用衍射光栅测定未知元素

一、实验目的

1）认识元素的标识明线光谱。

2）掌握用分光仪测明线光谱波长的方法。

3）学会用分光仪测未知元素的方法。

二、实验器材

分光仪、光栅、光谱管、感应圈。

三、实验原理

平行光束中含有几种不同波长的光通过光栅时，则在不同的地方出现各种颜色的亮纹，形成衍射光谱。光谱的结构完全取决于发光物质的原子种类。所有灼热固体所辐射的白光（例如太阳光）含有不同波长，其光谱是连续不断的一片，叫作连续光谱，如图 11-3 所示。各种元素的灼热气体或蒸汽的光谱表示为若干清晰的线条，叫作明线光谱，如图 11-4 所示。每种元素都具有和其他任何元素

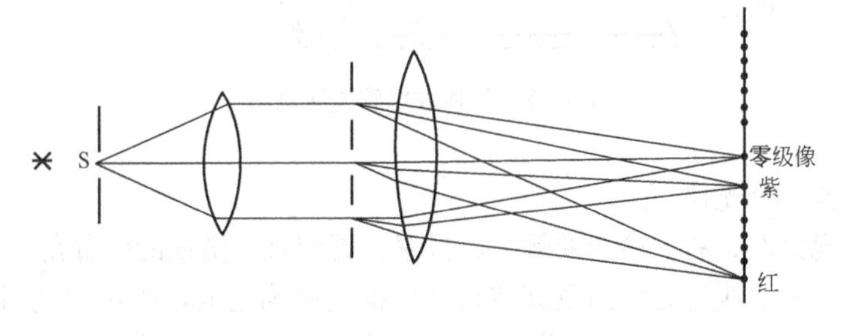

图 11-3　白光的连续光谱

所不同的标识明线光谱。

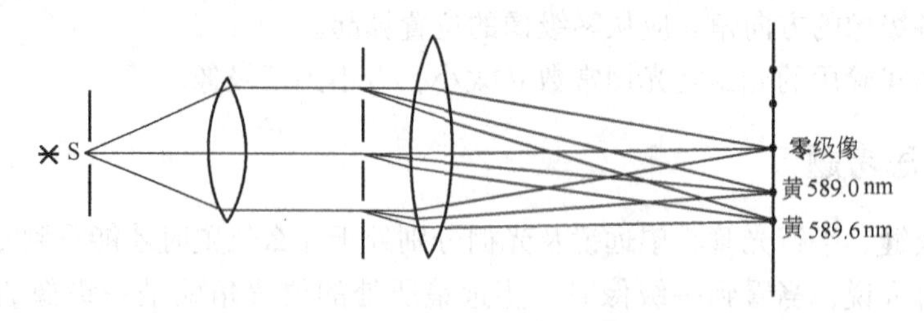

图 11-4 钠光的明线光谱

利用分光仪可以观察到各种元素明线光谱。方法是：将待观察的气体放电管分别对准已调好的分光仪的平行光管上的狭缝，接通电源使放电管发光。这时从灼热气体发出来的光线，经过平行光管后成为一束平行光，射入光栅，衍射后在物镜的焦平面上形成明线光谱，从目镜中可以看到这些光谱线。

我们可以根据每一种元素都各自具有自己独特的标识明线光谱这个原理，来确定未知元素。

氢、氦、氖等元素在放电管内所发射的原子光谱为明线线光谱，其各谱线的波长值都已经多方测定并核定。

我们只要测出放电管内气体的各条谱线的波长，并和有关数据表相对照，即可知管内是何种元素。

四、实验内容及步骤

1）图 11-5 所示为气体放电管连接电路。使用感应圈时应小心谨慎，谨防“触电”。

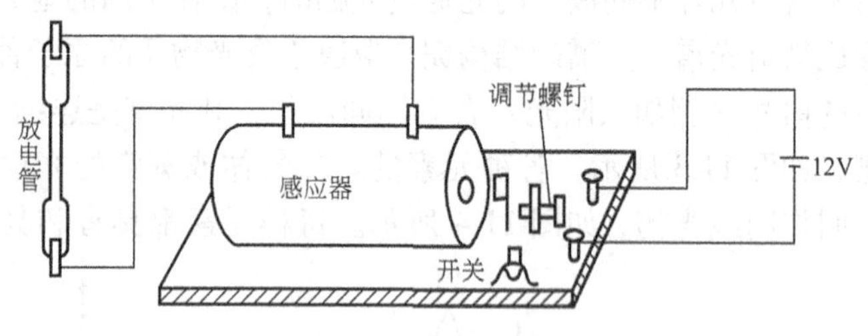

图 11-5 气体放电管连接电路

2）调整好分光仪。

3）先观察左、右各谱线的颜色、位置，再记录各谱线的位置角。

4）计算各谱线的方向角及其波长。根据光谱确定放电管内是何种元素。记录表格的格式与表 11-1 一样，将像级改成谱线，同时应根据所观察到的谱线增加横格数。

五、思考题

1）我们测得第二条谱线的方向角为 θ_2，在用公式 $d\sin\theta = n\lambda$ 时，公式中 n 取何值？为什么？

2）平行光线不垂直于光栅面，对所测结果有什么影响？如何修正？

（刘文军）

实验12　空气热机实验

一、实验目的

1）理解热机原理及循环过程。

2）测量不同冷热端温度时的热功转换值，验证卡诺定理。

3）测量热机输出功率随负载及转速的变化关系，计算热机实际效率。

二、实验仪器

空气热机实验仪（实验装置部分）和空气热机测试仪两部分。

（一）空气热机实验仪

1. 电加热型热机实验仪

图12-1所示为电加热型热机实验仪。

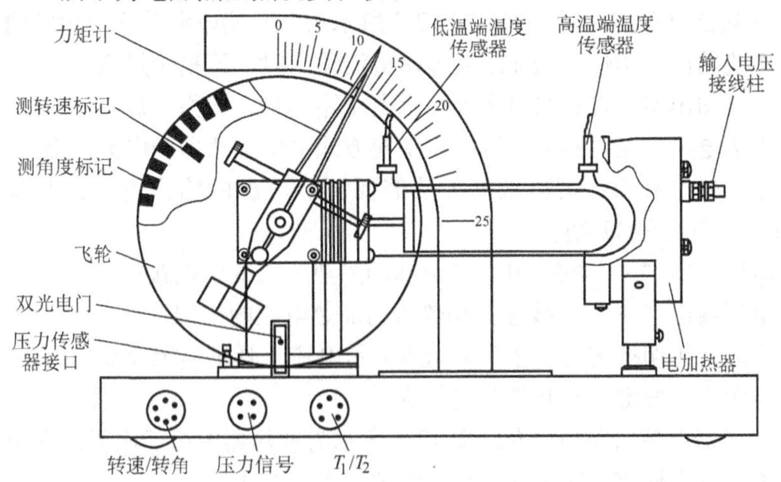

图12-1　电加热型热机实验仪

飞轮下部装有双光电门，上边的一个用来定位工作活塞的最低位置，下边一个用来测量飞轮转动角度。热机测试仪以光电门信号为采样触发信号。

气缸的体积随工作活塞的位移而变化，而工作活塞的位移与飞轮的位置有对应关系，在飞轮边缘均匀排列45个挡光片，采用光电门信号上下沿均触发方式，飞轮每转4°给出一个触发信号，由光电门信号可确定飞轮位置，进而计算气缸体积。

压力传感器通过管道在工作气缸底部与气缸连通，测量气缸内的压力。在高温区和低温区都装有温度传感器，测量高、低温区的温度。底座上的三个插座分别输出转速/转角信号、压力信号和高低端温度信号，使用专门的线和实验测试仪相连，传送实时的测量信号。电加热器上的输入电压接线柱分别使用黄、黑两种线连接到电加热器电源的电压输出正负极上。

热机实验仪采集光电门信号、压力信号和温度信号，经微处理器处理后，在仪器显示窗口显示热机转速和高低温区的温度。在仪器前面板上提供压强和体积的模拟信号，供连接示波器显示 p-V 图。所有信号均可经仪器前面板上的串行接口连接到计算机。

加热器电源为加热电阻提供能量，输出电压24～36V连续可调，可以根据实验的实际需要调节加热电压。

力矩计悬挂在飞轮轴上，调节螺钉可调节力矩计与轮轴之间的摩擦力，由力矩计可读出摩擦力矩 M，并进而算出摩擦力和热机克服摩擦力所做的功。经简单推导可得热机输出功率 $P=2\pi nM$，式中 n 为热机的转速，即输出功率为单位时间内的角位移与力矩的乘积。

2. 电加热器电源

1）加热器电源前面板简介。图12-2所示为加热器电源前面板示意图。

1—电流输出指示灯：当显示表显示电流输出时，该指示灯亮。

2—电压输出指示灯：当显示表显示电压输出时，该指示灯亮。

3—电流电压输出显示表：可以按切换方式显示加热器的电流或电压。

4—电压输出旋钮：可以根据加热需要调节电源的输出电压，调节范围为“24～36V”，共分做11档。

5—电压输出“－”接线柱：加热器的加热电压的负端接口。

6—电压输出“＋”接线柱：加热器的加热电压的正端接口。

7—电流电压切换按键：按下显示表显示电流，弹出显示表显示电压。

8—电源开关按键：打开和关闭仪器。

2）加热器电源后面板简介。图12-3所示为加热器电源后面板示意图。

9—电源输入插座：输入AC220V电源，配3.15A熔丝。

10—转速限制接口：当热机转速超过15r/s后，主机会输出信号将电加热器电源输出电压断开，停止加热。

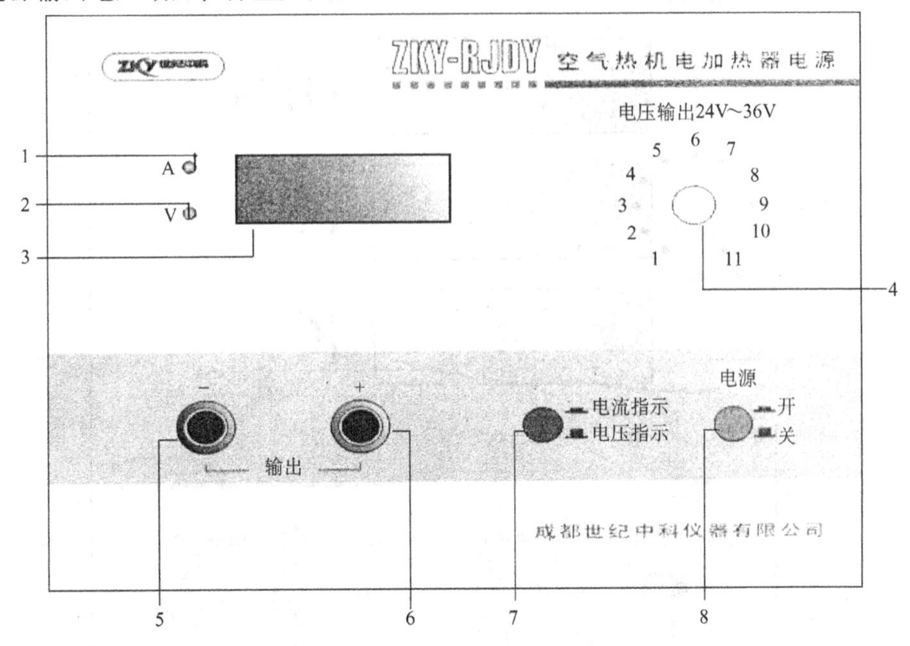

图 12-2 加热器电源前面板示意图

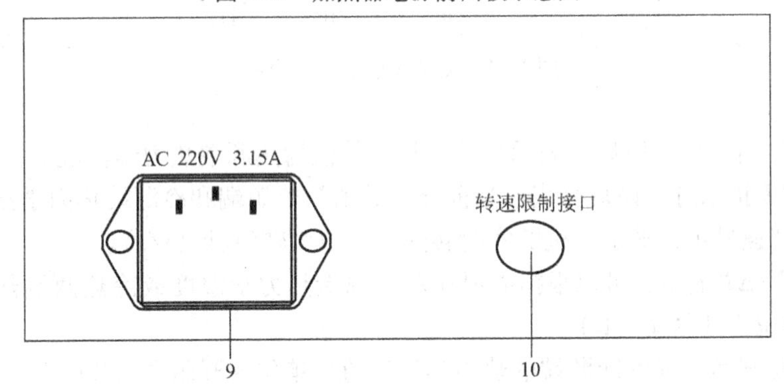

图 12-3 加热器电源后面板示意图

（二）空气热机测试仪

空气热机测试仪分为微机型和智能型两种型号。微机型测试仪可以通过串口和计算机通信，并配有热机软件，可以通过该软件在计算机上显示并读取 p-V 图面积等参数和观测热机波形；智能型测试仪不能和计算机通信，只能用示波器观测热机波形。

1. 测试仪前面板简介

图 12-4 为测试仪前面板示意图。

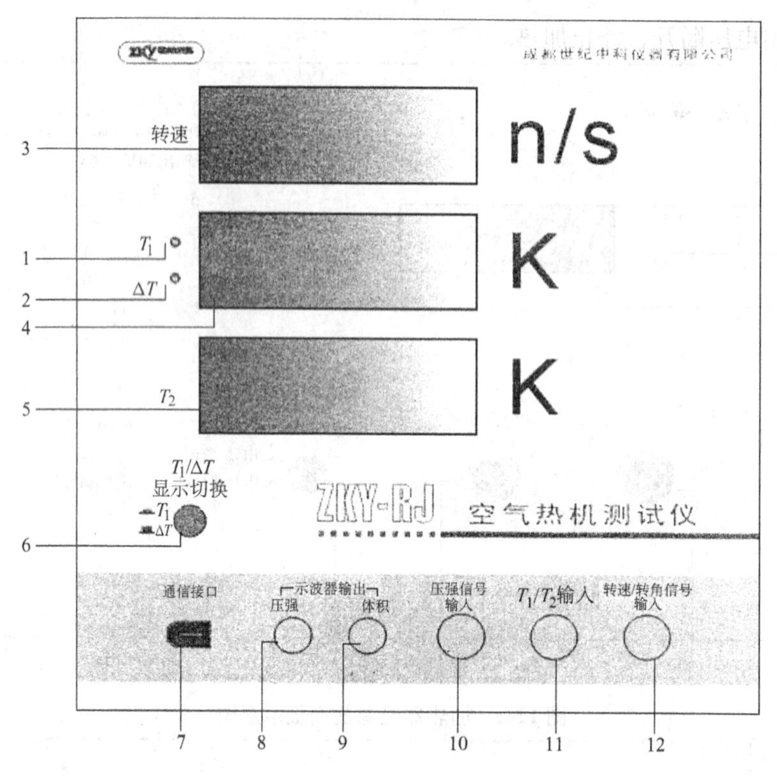

图 12-4　测试仪前面板示意图

1—T_1 指示灯：该灯亮表示当前的显示数值为热源端热力学温度。

2—ΔT 指示灯：该灯亮表示当前显示数值为热源端和冷源端热力学温度差。

3—转速显示：显示热机的实时转速，单位为转每秒（r/s）。

4—$T_1/\Delta T$ 显示：可以根据需要显示热源端热力学温度或冷热两端热力学温度差，单位为开尔文（K）。

5—T_2 显示：显示冷源端的热力学温度值，单位为开尔文（K）。

6—$T_1/\Delta T$ 显示切换按键：按键通常为弹出状态，表示 4 中显示的数值为热源端热力学温度 T_1，同时 T_1 指示灯亮。当按键按下后显示为冷热端热力学温度差 ΔT，同时 ΔT 指示灯亮。

7—通信接口：使用 1394 线热机通信器相连，再用 USB 线将通信器和计算机 USB 接口相连。这样就可以通过热机软件观测热机运转参数和热机波形（仅适用于微机型）。

8—示波器压强接口：通过 Q9 线和示波器 Y 通道连接，可以观测压强信号波形。

9—示波器体积接口：通过 Q9 线和示波器 X 通道连接，可以观测体积信号波形。

10—压强信号输入口（四芯）：用四芯连接线和热机相应的接口相连，输入压强信号。

11—T_1/T_2 输入口（五芯）：用六芯连接线和热机相应的接口相连，输入 T_1/T_2 温度信号。

12—转速/转角信号输入口（五芯）：用五芯连接线和热机相应的接口相连，输入转速/转角信号。

2. 测试仪后面板简介

图 12-5 为测试仪后面板示意图。

13—转速限制接口：加热源为电加热器时使用的限制热机最高转速的接口；当热机转速超过 15r/s 后会伴随发出间断蜂鸣声，同时热机测试仪自动将电加热器电源输出断开，停止加热。

14—电源输入插座：输入 AC220V 电源，配 1. 25A 熔丝。

15—电源开关：打开和关闭仪器。

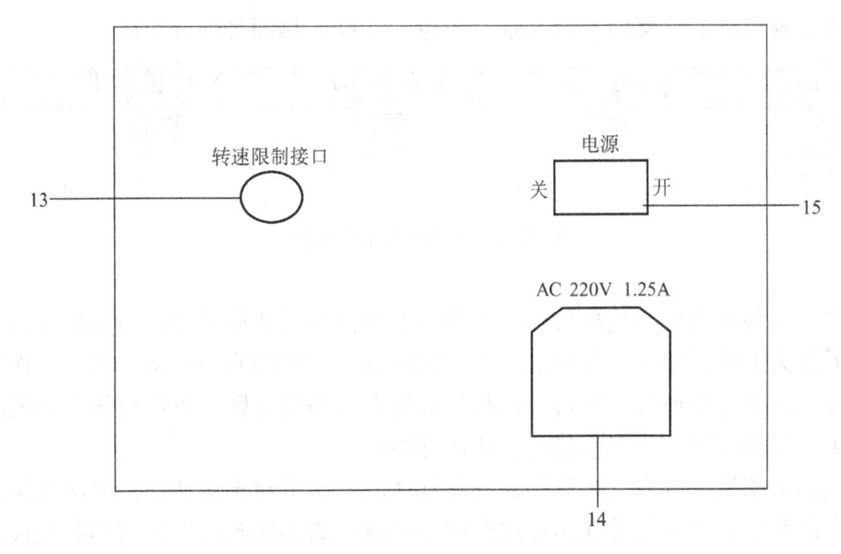

图 12-5　测试仪后面板示意图

（三）空气热机通信器

将各部分仪器安装摆放好后，根据实验仪上的标识使用配套的连接线将各部分仪器装置连接起来。其连接方法为：

用适当的连接线将测试仪的“压强信号输入”、“T_1/T_2 输入”和“转速/转角信号输入”三个接口与热机底座上对应的三个接口连接起来。

用一根 Q9 线将主机测试仪的压强信号和双踪示波器的 Y 通道连接，再用另一根 Q9 线将主机测试仪的体积信号和双踪示波器的 X 通道连接（智能型热机测试仪）。

用 1394 线将主机测试仪的通信接口和热机通信器相连，再用 USB 线和计算机 USB 接口连接；热机测试仪配有计算机软件，将热机与计算机相连，可在计算机上显示压强与体积的实时波形，显示 *p*-*V* 图，并显示温度、转速、*p*-*V* 图面积等参数（微机型热机测试仪）。

用两芯的连接线将主机测试仪后面板上的“转速限制接口”和电加热器电源后面板上的“转速限制接口”连接起来。

用鱼叉线将电加热器电源的输出接线柱和电加热器的“输入电压接线柱”连接起来，黑色线对黑色接线柱，黄色线对红色接线柱，而在电加热器上的两个接线柱不需要区分颜色，可以任意连接。

三、实验原理

空气热机的结构及工作原理如图 12-6 所示。热机主机由高温区、低温区、工作活塞及气缸、位移活塞及气缸、飞轮、连杆、热源等部分组成。

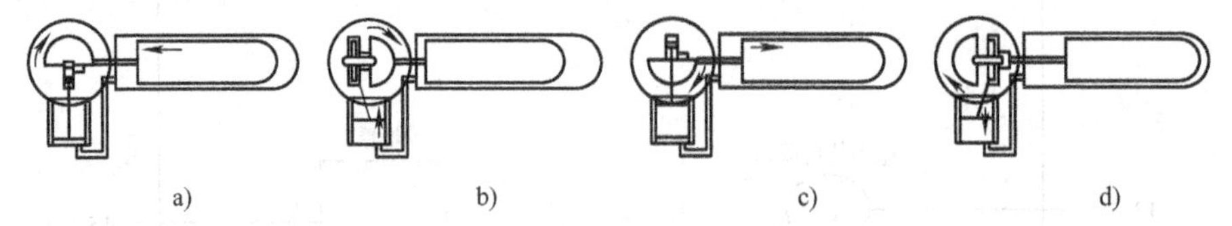

图 12-6　空气热机工作原理

热机中部为飞轮与连杆机构，工作活塞与位移活塞通过连杆与飞轮连接。飞轮的下方为工作活塞与工作气缸，飞轮的右方为位移活塞与位移气缸，工作气缸与位移气缸之间用通气管连接。位移气缸的右边是高温区，可用电热方式或酒精灯加热，位移气缸左边有散热片，构成低温区。

工作活塞使气缸内气体封闭，并在气体的推动下对外做功。位移活塞是非封闭的占位活塞，其作用是在循环过程中使气体在高温区与低温区间不断交换，气体可通过位移活塞与位移气缸间的间隙流动。工作活塞与位移活塞的运动是不同步的，当某一活塞处于位置极值时，它本身的速度最小，而另一个活塞的速度最大。

当工作活塞处于最底端时，位移活塞迅速左移，使气缸内气体向高温区流动，如图 12-6a 所示；进入高温区的气体温度升高，使气缸内压强增大并推动工作活塞向上运动，如图 12-6b 所示，在此过程中热能转换为飞轮转动的机械能；工作活塞在最顶端时，位移活塞迅速右移，使气缸内气体向低温区流动，如图 12-6c 所示；进入低温区的气体温度降低，使气缸内压强减小，同时工作活塞在飞轮惯性力的作用下向下运动，完成循环，如图 12-6d 所示。在一次循环过程中气体对外所做净功等于 p-V 图所围的面积。

根据卡诺对热机效率的研究而得出的卡诺定理，对于循环过程可逆的理想热机，其热功转换效率为

$$\eta = \frac{A}{Q_1} = \frac{(Q_1 - Q_2)}{Q_1} = \frac{(T_1 - T_2)}{T_1} = \frac{\Delta T}{T_1}$$

式中，A 为每一循环中热机做的功；Q_1 为热机每一循环从热源吸收的热量；Q_2 为热机每一循环向冷源放出的热量；T_1 为热源的热力学温度；T_2 为冷源的热力学温度。

实际的热机不可能是理想热机，由热力学第二定律可以证明，循环过程不可逆的实际热机，其效率不可能高于理想热机，此时热机效率为

$$\eta \leqslant \frac{\Delta T}{T_1}$$

卡诺定理指出了提高热机效率的途径，就过程而言，应当使实际的不可逆机尽量接近可逆机；就温度而言，应尽量的提高冷热源的温度差。

热机每一循环从热源吸收的热量 Q_1 正比于 $\Delta T/n$，n 为热机转速，η 正比于 $nA/\Delta T$。n、A、T_1 及 ΔT 均可测量，测量不同冷热端温度时的 $nA/\Delta T$，观察它与 $\Delta T/T_1$ 的关系，可验证卡诺定理。

当热机带负载时，热机向负载输出的功率可由力矩计测量计算而得，且热机实际输出功率的大小随负载的变化而变化。在这种情况下，可测量计算出不同负载大小时的热机实际效率。

四、实验内容

用手顺时针拨动飞轮，结合图 12-6 仔细观察热机循环过程中工作活塞与位移活塞的运动情况，切实理解空气热机的工作原理。

根据测试仪面板上的标识和仪器介绍中的说明，将各部分仪器连接起来，开始实验。取下力矩计，将加热电压加到第 11 档（36V 左右）。等待 6～10min，加热电阻丝发红后，用手顺时针拨动飞轮，热机即可运转（若运转不起来，可看看热机测试仪显示的温度，冷热端温度差在 100℃以上时易于起动）。

减小加热电压至第 1 档（24V 左右），调节示波器，观察压强和体积信号，以及压强和体积信号之间的相位关系等，并把 p-V 图调节到最适合观察的位置。等待约 10min，温度和转速平衡后，记录当前加热电压，并从热机测试仪（或计算机）上读取温度和转速，从双踪示波器显示的 p-V 图估算（或计算机上读取）p-V 图面积，记入表 12-1 中。

逐步加大加热功率，等待约 10min，温度和转速平衡后，重复以上测量 4 次

以上，将数据记入表12-1。

以 $\Delta T/T_1$ 为横坐标，$nA/\Delta T$ 为纵坐标，在坐标纸上作 $nA/\Delta T$ 与 $\Delta T/T_1$ 的关系图，验证卡诺定理。

表12-1　测量不同冷热端温度时的热功转换值

加热电压 /V	热端温度 T_1	温度差 ΔT	$\Delta T/T_1$	A（p-V图面积）	热机转速 n	$nA/\Delta T$

在最大加热功率下，用手轻触飞轮让热机停止运转，然后将力矩计装在飞轮轴上，拨动飞轮，让热机继续运转。调节力矩计的摩擦力（不要停机），待输出力矩、转速、温度稳定后，读取并记录各项参数于表12-2中。

表12-2　测量热机输出功率随负载及转速的变化关系

输入功率 $P_i = UI =$

热端温度 T_1	温度差 ΔT	输出力矩 M	热机转速 n	输出功率 $P_o = 2\pi nM$	输出效率 $\eta_{o/i} = P_o/P_i$

保持输入功率不变，逐步增大输出力矩，重复以上测量5次以上。

以 n 为横坐标，P_o 为纵坐标，在坐标纸上作 P_o 与 n 的关系图，表示同一输入功率下，输出偶合不同时输出功率或效率随偶合的变化关系。

表12-1、表12-2中的热端温度 T_1、温差 ΔT、转速 n、加热电压 U、加热电流 I、输出力矩 M 可以直接从仪器上读出来，p-V 图面积 A 可以根据示波器上的图形估算得到，也可以从计算机软件直接读出（仅适用于微机型热机测试仪），其单位为焦耳（J）；其他的数值可以根据前面的读数计算得到。

示波器 p-V 图面积的估算方法如下。根据仪器介绍和说明，用Q9线将仪器上的示波器输出信号和双踪示波器的X、Y通道相连。将X通道的调幅旋钮旋到“0.1V”档，将Y通道的调幅旋钮旋到“0.2V”档，然后将两个通道都打到交流档位，并在“X-Y”档观测 p-V 图，再调节左右和上下移动旋钮，可以观测到比较理想的 p-V 图。再根据示波器上的刻度，在坐标纸上描绘出 p-V 图，如图

12-7 所示。以图中椭圆所围部分每个小格为单位，采用割补法、近似法（如近似三角形、近似梯形、近似平行四边形等）等方法估算出每小格的面积，再将所有小格的面积加起来，得到 p-V 图的近似面积，单位为“V^2”。根据体积 V，压强 p 与输出电压的关系，可以换算为焦耳。若

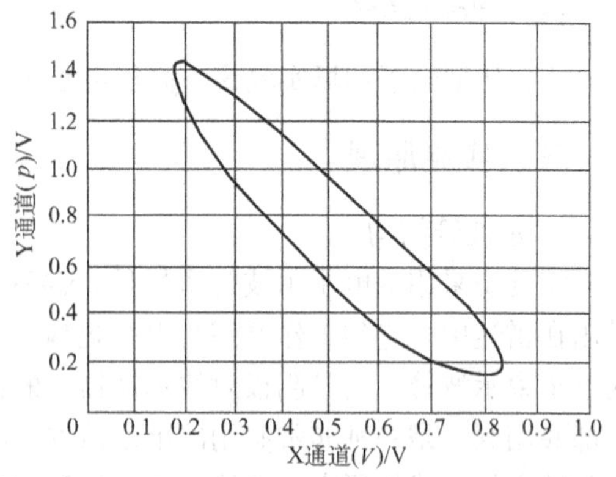

图 12-7　示波器观测的热机实验 p-V 曲线

体积（X 通道）：1V 相当于 $1.333\times10^{-5}m^3$

压强（Y 通道）：1V 相当于 $2.164\times10^{4}Pa$

则 $1V^2$ 相当于 0.288J

注意事项：

1）加热端在工作时温度很高，在停止加热后 1h 内仍然会有很高温度，请小心操作，否则会被烫伤。

2）热机在没有运转状态下，严禁长时间大功率加热。若热机运转过程中因各种原因停止转动，必须用手拨动飞轮帮助其重新运转或立即关闭电源，否则会损坏仪器。

3）热机气缸等部位为玻璃制造，容易损坏，请谨慎操作。

4）记录测量数据前须保证已基本达到热平衡，避免出现较大误差。等待热机稳定读数的时间一般在 10min 左右。

5）在读力矩的时候，力矩计可能会摇摆。这时可以用手轻托力矩计底部，缓慢放手后可以稳定力矩计。如还有轻微摇摆，读取中间值。

6）飞轮在运转时，应谨慎操作，避免被飞轮边沿割伤。

（钟晓燕）

实验 13　电子在电场、磁场中的运动及电子荷质比的测定

一、实验目的

1）了解示波管的结构。

2）掌握电偏转、磁聚焦原理。

3）测定电子荷质比。

二、实验仪器

JDC-II 型电子和场实验仪、高压电压表、数字万用表。

三、实验原理

1. 示波管结构

实验中采用的电子示波管型号是 8SJ45J，就是示波器中的示波管。示波管通常用在雷达中。它的工作原理与电视显像管非常相似，又称阴极射线管（CRT）或电子束示波管。它是阴极射线示波器中的主要部件，在近代科学技术许多领域中都要用到，是一种非常有用的电子器件。利用电子示波管来研究电子的运动规律非常方便，我们研究示波管中电子的运动也有助于了解示波器的工作原理。

电子示波管的构造如图 13-1 所示，包括下面几个部分：

（1）电子枪　它的作用是发射电子，把它加速到一定速度并聚成一细束，由灯丝、阴极、控制栅极、第一阳极和第二阳极五部分组成。灯丝通电后加热阴极发射电子。控制栅极上加有比阴极更低的负电压，用来控制阴极发射的电子数，从而控制荧光屏上显示光点的亮度（辉度）。第一阳极和第二阳极加有直流电压，使电子在电场作用下加速，并具有静电透镜的作用，能把电子束会聚成一点（电聚焦）。

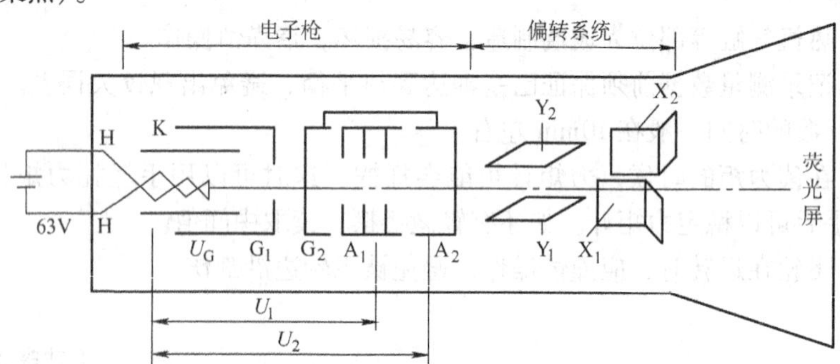

图 13-1　示波管结构示意图

（2）偏转系统　它由两对相互垂直的偏转板组成，一对垂直偏转板，一对水平偏转板。在偏转板上加以适当电压，电子束通过时，其运动方向发生偏转，从而使电子束在荧光屏上的光斑位置也发生改变。

（3）荧光屏　它是示波器的显示部分，当加速聚焦后的电子打到荧光屏上时，屏上所涂的物质就会发光，从而显示出电子的位置。

所有这几部分都密封在一个玻璃外壳中。玻璃管壳内抽成高度真空，以避免电子与空气分子发生碰撞引起电子束的散射。

在玻璃管壳的内表面还涂有石墨导电层，它有下面几方面的作用：它与极 A_2 连在一起，作为 A_2 的延伸部分，可以对外界杂散电场起屏蔽作用，防止对电子束产生影响；此外，它还起着防止外界光照亮荧光屏的内表面引起屏上光斑对比度降低的作用。

2. 电子在横向电场作用下的电偏转

电子是带负电的粒子，电子在电场中受到库仑力的作用，力的方向和电场方向相反。如果电场方向和电子运动方向垂直，电子在该电场作用下将要发生偏移。

从实验仪的电子枪发出来的电子束经加速后通过如图 13-2 中所示的偏转板。

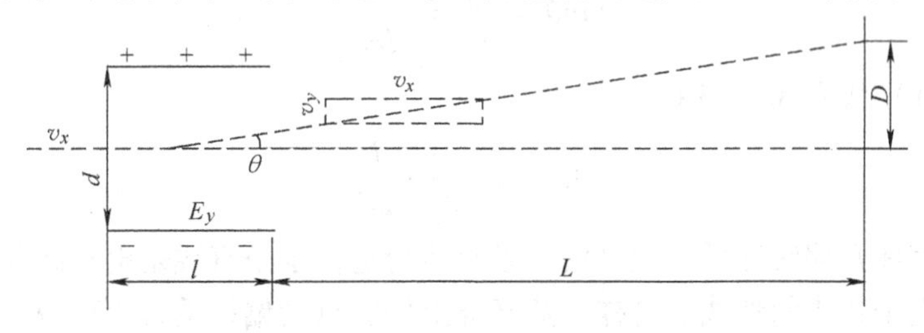

图 13-2　电子束的电偏转

电子从阴极发射出来，可以认为它的初速度为零，经加速电压 U_2 的作用，电子的速度从 0 加速到 v_x，满足如下关系式：

$$\frac{1}{2}mv_x^2 = eU_2 \tag{13-1}$$

此后，这个电子通过偏转板之间的空间。电子在两偏转板之间穿过时，如果两板间电位差为零，电子就会笔直地通过。若偏转板之间存在电位差，且产生的电场垂直于电子的入射方向，电子束就会发生偏转。最后打在电子管末端的荧光屏上，显示出一个小光点。

设偏转板长度为 l，两电极板相距为 d，如果在竖直偏转板电极（或水平偏转板电极）之间加有电位差 U_d，使偏转板之间形成一横向电场 E_y，那么电子将受到一个竖直方向的作用力 F_y，$F_y = eE_y = e\dfrac{U_d}{d}$。在该力的作用下，电子得到一横向速度 v_y，但却不改变它沿 x 轴方向的速度 v_x。这样，当电子从偏转板穿出来时，它的运动方向将与 x 轴成 θ 角度，θ 角应满足下面的关系式：

$$\tan\theta = \frac{v_y}{v_x} \tag{13-2}$$

设电子从电极之间穿过所需时间为 Δt，在这期间电子在横向力 F_y 的作用下，横向动量增加为 mv_y，应等于 F_y 对电子的冲量，即

$$mv_y = F_y\Delta t = e\frac{U_d}{d}\Delta t \tag{13-3}$$

$$v_y = \frac{e}{m} \cdot \frac{U_d}{d} \Delta t \tag{13-4}$$

由于 Δt 就是电子以 v_x 的速度穿过长度 l 的极板空间所花的时间，即 $\Delta t = \frac{l}{v_x}$，因此有

$$v_y = \frac{e}{m} \cdot \frac{U_d}{d} \cdot \frac{l}{v_x} \tag{13-5}$$

$$\tan\theta = \frac{v_y}{v_x} = \frac{eU_d l}{dmv_x^2} \tag{13-6}$$

以式（13-1）代入式（13-6）得

$$\tan\theta = \frac{U_d}{V_2} \cdot \frac{l}{2d} \tag{13-7}$$

电子束离开偏转区后，便又沿一条直线行进，这条直线是电子离开偏转区域那一点的电子轨迹的切线。这样，荧光屏上的亮点会偏移垂直距离 D，这个距离由关系式 $D = L\tan\theta$ 确定。其中 L 为偏转板至荧光屏的距离（忽略荧光屏的微小弯曲）。如果更详细地分析电子在两个偏转板之间的运动，我们会看到，这里的 L 应从偏转板的中心量到荧光屏。于是有

$$D = L\frac{U_d}{U_2} \cdot \frac{l}{2d} \tag{13-8}$$

式（13-8）表明，偏转量 D 随 v_y 增加而增加，还与 l 成正比，电极板越长，偏转电场作用的时间越长，引起的偏转量越大；偏转量与 d 成反比，即两极板距离越大，在给定电位差下所产生的偏转电场的强度越小；此外，U_2 增大时，v_x 增大，偏转电场作用的时间减少，电子的偏转量就减少。

由图 13-2 知，$D = L\tan\theta$（L 为偏转板中心到荧光屏的距离），于是有

$$D = L\frac{U_d}{U_2} \cdot \frac{l}{2d} = \delta_{电} \cdot V_d \tag{13-9}$$

电偏灵敏度

$$\delta_{电} = \frac{Ll}{2d} \cdot \frac{1}{U_2} \tag{13-10}$$

3. 电子在纵向磁场作用下的磁聚焦

在纵向磁场作用下，电子从电子枪中发射出来以后，将作螺旋运动，如图 13-3 所示。在初始时刻，各电子的运动方向并不一致，也就是说，它们的径向速度 $v_{\perp}$ 是不一样的。另外，虽然它们的初始轴向速度也不一样，但是经过近千伏的加速电压后，初始轴向速度的差别可以忽略不计。所以可以认为它们的轴向速度 $v_{/\!/}$ 是一样的。在 $\boldsymbol{B}$ 一定的情况下，各电子的回旋半径是不一样的，但是它

们的螺距是相等的。也就是说经过一个周期后，同时从电子枪发射出来但是运动方向不同的电子，又交汇在同一点，这就是磁聚焦作用。每经过一个周期有一个焦点。可以通过调节磁场 $\boldsymbol{B}$ 的大小来改变螺距 h。

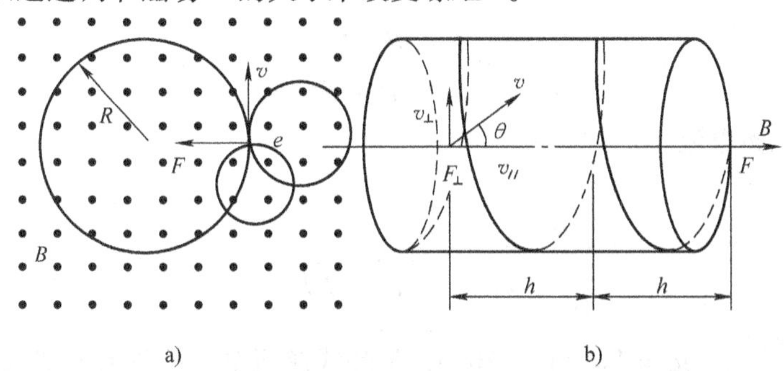

图 13-3　电子螺旋运动

将电子的运动速度分解成两个方向的速度：轴向速度 $v_{//}$ 和径向速度 $v_\perp$。前者不受洛伦兹力的影响，沿轴向作直线运动。后者在洛伦兹力的作用下作匀速圆周运动，其方程为

$$F = ev_\perp B = \frac{mv_\perp^2}{R}$$
$$R = \frac{mv_\perp}{eB} \tag{13-11}$$

于是，电子做匀速圆周运动的周期 T 为

$$T = \frac{2\pi R}{v_\perp} = \frac{2\pi m}{eB} \tag{13-12}$$

电子螺旋运动的螺距为

$$h = v_{//} \cdot T \tag{13-13}$$

如图 13-3 所示，电子从螺旋轨道的起点出发，沿螺线运动走完距离 L 时，它以螺线的轴线为轴旋转了角度

$$\varphi = 2\pi\frac{L}{h} = \frac{eBL}{mv_{//}} \tag{13-14}$$

由式（13-14）可以推导出电子比荷 e/m 表达式

$$\frac{e}{m} = \frac{\varphi v_{//}}{BL} \tag{13-15}$$

设 K、A 之间的加速电压为 U_2，则

$$\frac{1}{2}mv_{//}^2 = eU_2 \tag{13-16}$$

结合式（13-15）、式（13-16）消去 $v_{//}$，可以得到

$$\frac{e}{m} = 2U_2\left(\frac{\varphi}{BL}\right)^2 \tag{13-17}$$

式中，螺线管中的磁感应强度的大小 B 可以用下式计算：

$$B = \frac{\mu_0 NI}{\sqrt{l^2 + d^2}}$$

式中，I 是励磁电流。

所以

$$\frac{e}{m} = \frac{2U_2}{L^2 K} \cdot \left(\frac{\varphi}{I}\right)^2 \tag{13-18}$$

式中，$K = \dfrac{\mu_0^2 N^2}{l^2 + d^2}$，$\mu_0 = 4\pi \times 10^{-7}\,\mathrm{H/m}$；$N$ 是线圈匝数，标注在仪器上；l、d 分别是螺线管的长度和直径；h 是螺距；L 是螺旋运动的长度。

四、实验内容及步骤

（一）电偏转

1）接插线：V_1 连 A_1，A_2 接⊥，Vd ± 接 X_1Y_1，Vd. X ± 接 X_2。Vd. Y ± 接 Y_2。

2）灯丝钮子开关拨向“示波管”一端，接通电源，示波管亮。聚焦钮子开关拨向“POINT”一端。励磁电压拨向“关”。

3）调焦：调节栅压 V_G 旋钮，将辉度控制在适当位置；调节聚焦电压旋钮，使荧光屏上光点聚成一细点，光点不要太亮，以免烧坏荧光物质。

4）光点调零：用万用表监测偏转电压 U_d（X_2、Y_2 对地电压），同时调节 Vd. x ± Vd. Y ± 旋钮将 U_d 调零。这时光点应在中心原点，若不在中心原点，可调整 X 调零（Y 调零）旋钮，使光点处于中心原点。

5）测加速电压 U_2：用高压表 2500V 档“＋”接 V_2，“－”接 K，调整面板右上方加速电压旋钮，选择一定的加速电压 U_2。

6）测偏转电压 U_d：数字万用表 200V 档，“＋”接 Y_2，“－”接⊥。保持加速电压 U_2 及聚焦电压 U_1 不变，调节旋钮 Vd. Y ±，记录偏转电压 U_d 的数值及对应的电偏量 D（屏前坐标系中光点位置），填入表 13-1。

7）利用所测加速电压 U_2，偏转电压 U_d 及电偏移 D，在 X-Y 坐标纸上描出不同 U_2 下 D-U_d 的关系曲线，并据直线斜率确认 U_2 与电偏灵敏度 $\delta_{电}$ 的反比关系。

$$D = L\frac{U_d}{U_2} \cdot \frac{l}{2d} = \delta_{电} \cdot U_d \tag{13-19}$$

8）数据记录及处理

（二）电子在磁场中的运动、磁聚焦

1）接插线：A2 接⊥，测加速电压 U_2：用高压表 2500V 档“+”接 U_2，“-”接 K，调整面板右上方加速电压旋钮，选择一定的加速电压 U_2。把大线圈纵向插入示波管，用机内提供的直流稳压电源串接安培表和大线圈，再接“外供磁场电源”接线柱。

表 13-1

U_2	D	0	2 大格	4 大格	6 大格	8 大格
900V	U_d					
1000V	U_d					
1100V	U_d					

2）励磁电压拨向“开”，将外供磁偏电流 I_a 调零，同时调整聚焦旋钮、栅压旋钮，使光点辉度、聚焦良好。

3）调整 X、Y 调零旋钮，使光点移至中心原点。

4）调节加速电压旋钮，选择一定的加速电压 U_2。用万用表直流 2500V 档“+”接 U_2，“-”接 K，调整面板右上方加速电压旋钮，选择一定的加速电压 U_2。

5）调节“Y 调零旋钮”把中心原点向下移动一点，调节 U_2，使原点达到最大光斑。

6）调节安培表的旋钮，这时可看到光斑在纵向磁场下作螺旋运动，当散焦的光斑达到第一次聚焦时记录下安培表上的电流值 I_1。重复步骤 6）的操作，当第二次聚焦时记录下安培表上的电流值 I_2。

7）根据公式 $\dfrac{e}{m}=\dfrac{2U_2}{L^2K}\cdot\left(\dfrac{\Delta\varphi}{\Delta I}\right)^2$ 计算出电子比荷。

式中，$K=\dfrac{\mu_0^2N^2}{l^2+d^2}$，$\mu_0=4\pi\times10^{-7}\mathrm{H/m}$、$N=1330$ 匝、$l=248\mathrm{mm}$、$d=90.25\mathrm{mm}$；$L=150\mathrm{mm}$；$\Delta\varphi=4\pi-2\pi$；$\Delta I=I_2-I_1$。

e/m 的理论值为：$1.76\times10^{11}\mathrm{C/kg}$。

五、注意事项

1）实验中栅极电压 U_G 不要调得过高，以免光点过亮，使荧光屏上荧光物质过热而灼烧成永久性黑斑。

2）和高电压接线柱连线时必须关闭高压电源，确保安全。

3）单手操作以防触电。

4）不要让螺线管长时间在大电流状态下工作，以免螺线管过热损坏。

六、实验思考

1）示波管的电偏转灵敏度与偏转板的哪几个几何量有关，如何提高电偏转灵敏度？

2）如果在电偏转板上加一交流电压，会出现什么现象？

3）地磁场对实验结果有无影响？怎样检查及如何消除？

（刘文军）

实验14　基本干涉实验

迈克尔逊干涉实验和马赫-曾德干涉实验是全息和信息处理中最基础的实验。通过并不复杂的调试，这两个实验就会把干涉条纹直接了当地呈现在初次做信息光学实验的实验者眼前，让他们很快地熟悉双光束干涉现象。

全息技术从根本上讲，可归纳为八个字："干涉记录，衍射再现"。全息照相实际上是以干涉条纹的形式直接记录物光波本身。全息图上记录的干涉条纹可达 10^9 线对/mm 的数量级，而曝光期间干涉条纹对干板的位移若大于 1/2 条纹间距时，记录就会失败。所以检查全息仪防振功能的重要性是显而易见的。迈克尔逊干涉实验和马赫-曾德干涉实验可以很方便、很出色地完成这一工作。同时，通过对这两个基本干涉光路的调节，对全息和信息处理实验光路的设计、调整，是一个十分重要的训练。

（Ⅰ）迈克尔逊干涉实验

一、实验目的

1）掌握激光全息仪的光学调整技术。

2）熟悉双光束干涉现象。

3）学会应用迈克尔逊干涉实验检查全息仪防振台系统的防振性能（包括隔振性能与消振性能）。

4）对"相干长度"的概念有一初步的认识和了解。

二、实验器材

氦氖激光器，全反射镜 M_1、M_2、M_3，50% 分束镜 BS，扩束镜 C（40×），

白屏 S，孔屏、尺、干板架等。

三、实验原理

迈克尔逊干涉仪是用分振幅法产生双光束以实现干涉的仪器。从图 14-1 可以清楚地看出：从激光器出射的激光束经全反镜 M_1 反射后射到分束镜 BS 上，经 BS 透射反射得到两束相干光。反射光经全反镜 M_2 反射再经 BS 透射后由扩束镜 C 形成球面波，透射光经全反镜 M_3 反射再经 BS 反射也由扩束镜 C 形成球面波。两束球面波满足相干条件在其重叠的波场中发生干涉。由于使用的全息仪采用单个光学元件组合式结构，光学元件由实验者按设计的光路在防振台上自行摆放，很难保证 M_2 与 M_3 绝对垂直，所以双光束在屏 S 上的干涉花样很难是以 P 点为圆心的同心圆环。在大多数情况下，干涉花样都为略微弯曲的明暗相间的等距条纹。当调节全反镜 M_2 或 M_3，使其作水平旋转从而改变两束光的夹角时，会观察到干涉条纹的间距发生变化；当沿光轴方向移动反射镜 M_2 或 M_3，改变光路中任一臂的长度即改变两束光的光程差时，条纹的对比度随之而变，可仔细调节获得最佳的条纹对比度。若人为地制造一些振动，干涉花样清晰度将不能很好地保持。

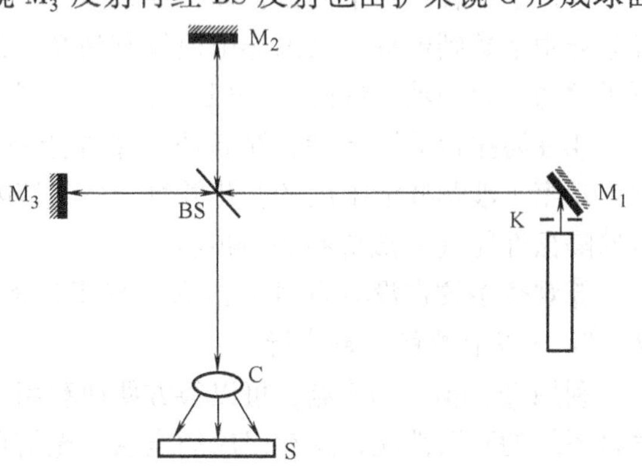

图 14-1　迈克尔逊干涉光路

四、实验内容及步骤

1）点燃激光器，利用孔屏调整由激光器出射的激光束与工作台面平行。用自准直法调整各光学元件的表面与激光束的主光线垂直。

2）按照图 14-1 所示的光路依次放入光学元件。调整光路的过程中应注意以下几点：

①全反射镜 M_2 与 M_3 应尽可能互相垂直。

②干涉光路中的两臂长（M_2、M_3 到 BS 的距离）应相等，使光程差为零。

③先不放扩束镜进光路，用白屏接着两束光反射回来的多个光点，选择强度相近的两个光点（每束光一个），调节 M_2 或 M_3 的“旋转”、“俯仰”旋钮使两光点重合相干，再在相干区放入扩束镜。

3）把白屏放在两波重叠的波场中，可接收到干涉光。

4）观察屏上的干涉花样及变化。

①在白屏上观察干涉花样的间距，微调 M_2 或 M_3 的“旋转”旋钮，改变两束光的夹角，观察干涉条纹间距的变化情况，可以看到当微调 M_2 或 M_3 使两束光沿水平方向稍微分开时，干涉条纹间距由大变小，熟悉双光束干涉现象。

②改变光路中一臂的长度，观察干涉条纹对比度的变化，直到条纹消失，此时臂长的改变量为 ΔZ，则 $2\Delta Z$ 为激光器的实际相干长度。通过实验，对“相干长度”的概念有个感性的认识。

③用手轻轻按一下防振台面，或触摸一下台上的光学元件支座，观察干涉花样怎样由清楚到模糊，又怎样由模糊到清楚，测定条纹清晰度恢复所需的时间，可了解防振台的消振性能（一般应在 6s 内恢复）。

④在防振台周围走动、跳跃或用手在迈克尔逊干涉仪光路的一臂中扰动空气，观察干涉花样清晰度的变化并测定条纹清晰度恢复所需的时间，可了解工作台的隔振性能（一般应在 3s 内恢复）。

⑤观察条纹在没有自身冲击和外界干扰的情况下，条纹漂移情况。一般说来，5min 以上漂移一条才行。

利用②、④、⑤三点，可以很方便地利用迈克尔逊干涉实验来检查全息仪防振台系统的防振性能，这在以后的全息、光信息处理实验中都将成为不可缺少的一步。

五、思考题

1）本实验中选用透、反比为 50% 的分束镜来将一束光分为两束，是因为

①使两束光强度相等，才能产生干涉。

②为了得到清晰度最好的干涉条纹。

③为了得到最佳对比度的条纹。

④为了条纹间距最大，容易观察。

上面四种说法，哪一个是正确的？

2）为什么在进行全息和信息处理实验时，严禁在防振台附近走动、触摸防振台及上面的元件、大声说话？

3）什么叫“相干长度”？它和激光器的时间相干性有什么关系？它的大小取决于什么？

（Ⅱ）马赫-曾德干涉实验

一、实验目的

1）掌握全息仪的光学调整技术，着重学会扩束、准直的基本方法，通过实

验能熟练获得平行光。

2）熟悉双光束干涉现象，对两束平面波干涉产生的干涉系统有一感性认识。

3）学会用马赫-曾德干涉实验检查全息仪防振台系统的防振性能（包括隔振性能与消振性能）。

4）对“相干长度”的概念有一个初步的认识和了解。

二、实验器材

氦氖激光器，全反射镜 M_1、M_2、M_3，扩束镜（40×）C，准直透镜 L50% 分束镜 BS_1、BS_2，针孔滤波器 E，光栏 D，白屏 P，孔屏、尺、干板架等。

三、实验原理

马赫-曾德干涉仪是一种用分振幅法产生双光束以实现干涉的仪器。如图 14-2 所示，它主要由两块 50% 的分束镜 BS_1、BS_2 和两块全反射镜 M_2、M_3 组成，四个反射面互相平行，中心光路构成一个平行四边形。扩束镜 C 和准直镜 L 共焦以后产生平行光（为了提高平行光的质量还可以在扩束镜 C 和准直镜 L 的公共焦点处加上针孔滤波器 E，在 C 和 L 间适当位置加入光栏 D）。平行光射到 BS_1 上分成两束，这两束光经过 M_2、M_3 反射在 BS_2 上相遇发生干涉，在 BS_2 后的白屏（或毛玻璃屏）P 上可观察到干涉条纹。如条纹太细可用显微镜接收。可以看到，此时的干涉条纹为等距直条纹。顺便说一句，如果用记录介质（全息干板）放在干涉场中经曝光暗室处理后就能得到全息光栅。和迈克尔逊干涉仪的情况一样，当改变两束光的夹角时，干涉条纹的间距会发生变化；当改变其中一束光的光程时，条纹对比度随之而变；当人为地制造一些振动时，干涉花样的清晰度将不能很好地保持。这几点是我们感兴趣的，我们将从这里受到启示去达到这个实验的几个目的。

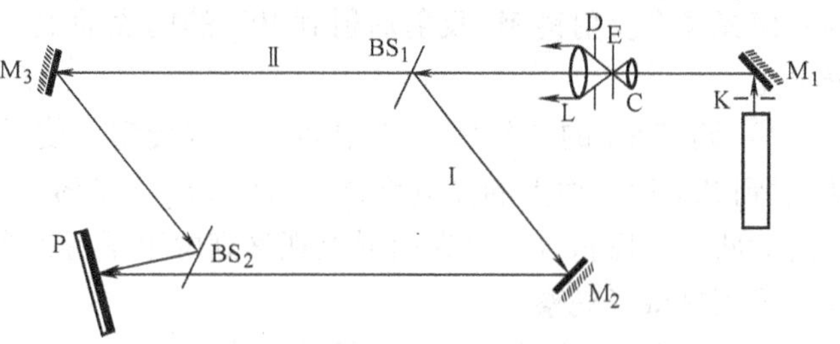

图 14-2 马赫-曾德干涉实验

四、实验内容及步骤

1）点燃激光器，调节激光器输出的光束与工作台面平行。用自准直法调整各光学元件表面与激光束主光线垂直。

2）调平行光：在 M_1 后面适当位置放入准直透镜 L，微调透镜 L 在 Z 轴方向的微调旋钮（“旋转”旋钮及“俯仰”旋钮），使激光束垂直入射在L的光心上，实现共轴调整，此时可在L前后看到一系列光点和激光束主光线在同一直线上，无一光点发生偏离。在L和M_1之间放入扩束镜，使C和L之间的距离大约为C和L的焦距之和，在C后放一白屏，微调C的“旋转”、“俯仰”旋钮，使扩束后在白屏上得一均匀的高斯斑，并且使C和L共轴：沿光轴方向微调C，改变C和L之间的距离，使扩束准直后的光斑直径在较长距离（几米）内不发生变化，即得到平行光。也可用平行平晶来检查平行光，在准直透镜L后放入平行平晶，让它前后两个表面反射的两束光射在白屏上，其重叠部分出现剪切干涉条纹，沿光轴方向微调扩束镜和准直透镜之间的距离，观察干涉条纹疏密的变化情况，直到条纹间距最大时为止。此时由准直镜出射的为平行光。

3）按照图14-2所示的光路依次放入BS_1、M_1、M_3、BS_2，使其中心光线构成一个平行四边形。从准直透镜出射的平行光射在BS_1上被分成两束，反射的一束光经全反射镜M_2反射后射到BS_2后表面上，然后透过BS_2到达屏P上；透射的一束光经全反射镜M_3反射后射到BS_2的前表面上，再经历BS_2反射后也达到屏P上。

4）调节M_3的“旋转”、“俯仰”调节旋钮，使射到BS_3前表面的光斑与由M_2射到BS_2后表面上的光斑重合。微调BS_2“旋转”、“俯仰”调节旋钮，使白屏上的两个光斑重合，可在白屏上观察到两束平行光产生的干涉条纹。如条纹太细，可用显微镜观察。

5）观察屏P上的干涉花样及其变化。

①在白屏上观察平行、等距的直条纹的间距，微调M_2或M_3的“旋转”旋钮，改变两束光的夹角，观察干涉系统间距的变化情况，可以清楚地看到夹角增大时，条纹间距由大变小，反之亦然。

②改变M_3的位置，实现改变干涉仪一臂的臂长，所看到干涉条纹的对比度发生变化。当臂长改变量为ΔZ时条纹消失，则$2\Delta Z$为激光器的实际相干长度。对“相干长度”的概念有一个感性的认识。

③用手轻轻按一下防振台面，或触摸一下台上的光学元件支座，观察干涉花样怎样由清楚到模糊，又怎样由模糊到清楚，测定条纹清晰度恢复所需的时间。可了解防振台的消振性能（一般应在5s以内恢复）。

④在防振台周围走动、跳跃或用手在马赫-曾德干涉光路的一臂中扰动空气，观察干涉花样清晰度的变化并测定条纹清晰度恢复所需的时间，可了解防振台的隔振性能（一般应在3s内恢复）。

⑤观察条纹在没有自身冲击和外界干扰的情况下，条纹漂移情况。一般说来，5min以上漂移一条才行。

利用③、④、⑤三点，可以很方便地利用马赫-曾德干涉实验来检查全息仪防振台系统的防振性能。

五、思考题

1）和迈克尔逊干涉仪相比，马赫-曾德干涉仪具有哪些特点？

2）平行光的调节中应注意哪些事项？

（刘文军）

第三章　提高性物理实验

实验15　全息成像实验

一、实验目的

1）了解全息摄影的基本原理、实验装置以及实验方法。

2）掌握激光全息摄影和激光再现的实验技术。

3）通过观察全息图像的再现，弄清全息照片和普通照片的本质区别。

二、实验仪器

全息防振台、氦-氖激光器、扩束透镜（40倍）、分光镜（5%）、全反射镜、白屏、调节支架、软尺、曝光定时器、照相冲洗设备等。

三、实验原理

普通摄影是利用照相机将物体发出（或反射）的光波记录在感光材料上，由于它只记录了物体光波的强度因子（振幅信息），而失去了反映物体景深的相位因子（空间信息），因而普通照片看上去是平面的，失去了原有物体的立体感，所以普通照片不能完全反映被摄物体的真实面貌。

为了得到物体的真实像，我们必须同时记录物体光波的全部信息——振幅和相位。全息摄影就是利用光的干涉和衍射原理，引进与物体光波相干的参考光波，用干涉条纹的形式记录下物体光波的全部信息，即利用干涉原理把物体上每一点的振幅和相位信息转换为强度的函数，以干涉图样的形式记录在感光材料上。经过显影和定影处理，干涉图样就固定在全息干板（胶片）上了，这就是我们通常所说的三维全息照片。通过光的衍射即可再现物体的三维立体像。

物体发出的光包含光的振幅和光的相位两大部分信息，即

$$O(x,y) = o(x,y)\mathrm{e}^{-\mathrm{j}\phi(x,y)} \tag{15-1}$$

其中，$O(x, y)$ 为振幅；$\mathrm{e}^{-\mathrm{j}\phi(x,y)}$ 为相位。普通摄影只能记录物体光波的振幅信息，而相位信息全部丢失，因此照片没有立体感。数学表达式为

$$I = |o(x,y)\mathrm{e}^{-\mathrm{j}\phi(x,y)}|^2 = o^2(x,y) \tag{15-2}$$

实际上没有任何一种感光材料可以直接记录光波的相位。在全息摄影中我们

利用光的干涉原理来记录光波的振幅和相位信息。如图 15-1 所示，激光器 L 发出的激光由分束镜 BS 将光线一分为二，反射光线经反射镜 M_2 反射再经过扩束后照射在被摄物体上，这束光线称为物光（O 光）；透射光线经反射镜 M_3 反射再经过扩束后直接照射在感光材料上，因而称为参考光（R 光）；两束光线在 P 处相干并形成干涉条纹，这些条纹记录了物光的所有振幅和相位信息。

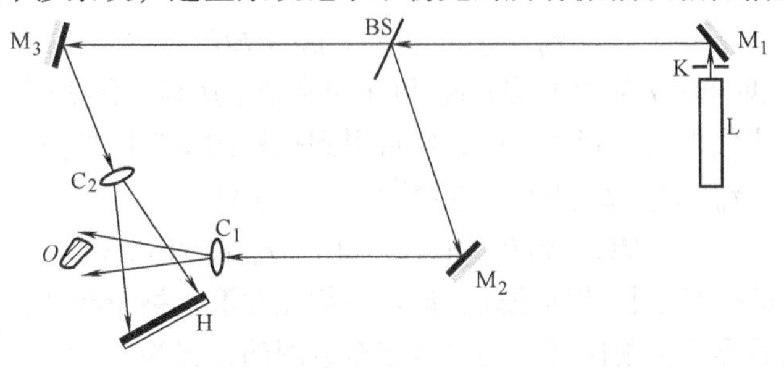

图 15-1　全息照相光路图

物光为

$$O(x,y) = o(x,y)\mathrm{e}^{-\mathrm{j}\phi(x,y)}$$

参考光为

$$R(x,y) = r(x,y)\mathrm{e}^{-\mathrm{j}\phi(x,y)}$$

两光相干后总光强为

$$\begin{aligned} I &= |O(x,y) + R(x,y)|^2 \\ &= |O(x,y)|^2 + |R(x,y)|^2 + O(x,y)R^*(x,y) + O^*(x,y)R(x,y) \end{aligned} \tag{15-3}$$

式（15-3）说明全息图中包含着物光的振幅和相位信息，它们全部被记录在感光材料上，并以干涉条纹的形式表现出来。感光材料（全息干板或胶片）经过曝光、显影和定影后，即可得到一张菲涅耳全息图。

可用做全息记录的感光材料很多，一般最常用的是卤化银乳胶涂布的超微粒干板，称为全息干板，按图 15-1 拍摄的全息图也叫作平面全息图，我们用振幅透射率来表示其特性，一般它是一个复函数，具有形式为

$$\tau_H(x,y) = \tau_0(x,y)\mathrm{e}^{\mathrm{j}\varphi(x,y)} \tag{15-4}$$

在式（15-4）中，如果 φ 与（x，y）无关，是一个常数，就称为振幅型全息图。如果 τ_0 与（x，y）无关，是一个常数，就称为相位型全息图。如果两者都与（x，y）有关，就称为混合型全息图。

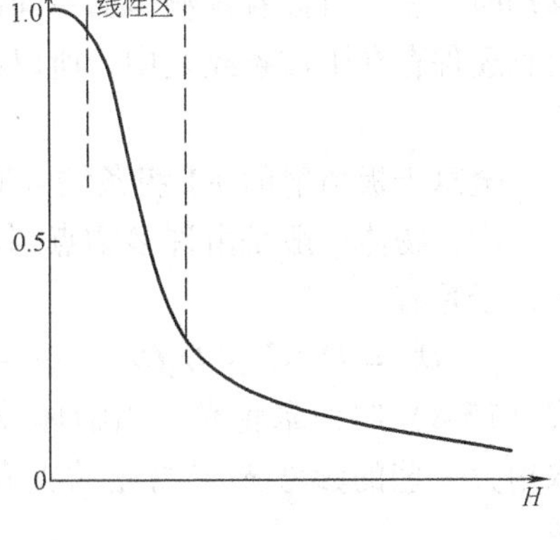

图 15-2　曝光量图

全息照相相干板的特性可以用图 15-2 所

示的曲线来表示。其中，τ 为振幅透射系数，H 为曝光量。因为在 τ-H 曲线上，只有中间一段近似为直线，所以对于不同的曝光量（光强与曝光时间的乘积），就可以完成不同的记录（线性记录和非线性记录）。一般记录时取曝光量在线性的位置。并控制参考光与物光光强比为 2∶1～10∶1 的范围。这样就可以实现线性记录。在线性记录的条件下有

$$\tau_H = \beta_0 + \beta H = \beta_0 + \beta t I \tag{15-5}$$

式中，t 为曝光时间；I 为总光强；β_0 和 β 为常数。β 等于图 15-2 中线性区的斜率。将光强公式代入式（15-5）中，便可得到拍好的全息图的复振幅透射率。

$$\begin{aligned}\tau_H =& \beta_0 + \beta t[\,|O(x,\ y)|^2 + |R(x,\ y)|^2 \\ &+ O(x,\ y)R^*(x,\ y) + O^*(x,\ y)R(x,\ y)]\end{aligned} \tag{15-6}$$

将制作好的全息干板放回原处，遮挡住物光并取走被摄物体，用原参考光照明，会在干板后形成衍射图样，透过这张全息图的光强为

$$\begin{aligned}I_t &= \tau_H R(x,\ y) \\ &= \beta_0 R(x,\ y) + \beta t[\,|O(x,\ y)|^2 + |R(x,\ y)|^2]R(x,\ y) + \\ &\quad \beta t O(x,\ y)R^*(x,\ y)R(x,\ y) + \beta t O^*(x,\ y)R^2(x,\ y)\end{aligned} \tag{15-7}$$

式（15-7）中右边的第一项和第二项与参考光只相差系数，表明它与参考光只有振幅的差别，代表 0 级条纹，第三项中，参考光与其共轭的乘积是实数，因此第三项与原物光也只相差系数，这说明通过全息图的出射光（－1 级条纹）包含原物光的全部信息。第四项中，参考光的平方同样是实数，因此，第四项包含了物光的共扼信息（＋1 级条纹）。

我们透过全息图逆着－1 级条纹的方向，可以看到在原来放置物体的地方有物体的虚像，就像物体没有被取走一样，如图 15-3 所示。物体的虚像具有明显的视差效应，当人们通过全息图观察物体的虚像时，就像通过一个“窗口”观察真实物体一样，具有强烈的三维立体感。当人眼在全息图前面左右移动或上下移动时，我们可以看到物体的不同部位。即使全息干板破损、变小，但原物光的信息还保存在干涉条纹之中，所以我们通过参考光的照射同样可以看到物体的虚像。

全息干板衍射的＋1 级条纹可形成物体的实像，如图 15-4 所示。

注：物体一般是由许多物点组成的，因此式（15-7）中 $O = O_1 + O_2 + O_3 + \cdots$，于是有

$$O^2 = O_1 O_1^* + O_2 O_2^* + \cdots + O_1 O_2^* + O_2 O_1^* + O_1 O_3^* + O_2 O_3^* + \cdots \tag{15-8}$$

式（15-8）叫作晕轮光，当物体较小时它的空间频率不高，在拍摄全息图时，取稍大一些的参考光与物光的夹角就可以避开它的影响，观察到清晰的原始图。

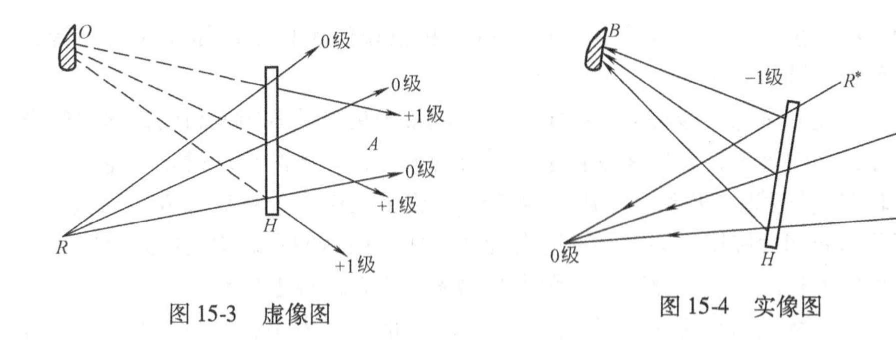

图 15-3 虚像图

图 15-4 实像图

四、实验内容及步骤

1. 基本调节

按图 15-1 在防振平台上布置好光路。分光镜透射率为 5%，扩束镜为 40 倍。选择漫反射性能较好的物体进行拍摄。

打开激光器和曝光定时器电源开关，同时将曝光定时器打到“调节”档，此时光开关是打开的，便于摆放元件。当光线强度稳定后，用自准直法调整光路。

2. 调整分光镜，使其镜面与台面垂直

用分光镜 BS 反射激光，记下反射光斑的高度位置，然后将分光镜旋转 180°，再次记下反射光斑的高度位置，然后调节分光镜的俯仰度旋钮，使反射光斑移到两次高度的中间位置。不断地重复这两步，一直到两次反射的光斑重合为止，此时分光镜的镜面就与台面垂直了。

3. 调节激光束，使其与台面平行

利用垂直于台面的分光镜，可将激光束调平行于台面。调好第一步后，调节 M_1 的俯仰度旋钮，使分光镜的入射光与反射光重合，此时激光垂直于分光镜面，即与台面平行了。

4. 自准直法调整各光学元件，使其表面与激光束垂直

拿开分光镜 BS，将全反射镜 M_2、M_3 放入光路中，调节 M_2 或 M_3 的俯仰度旋钮，使其反射光与入射光重合，这样就将 M_2、M_3 的镜面调垂直于台面了。

5. 调节光路

按照图 15-1 所示将各元件放入光路，应先放入光开关，再放入分光镜与全反射镜和全息干板架及载物台（干板架与载物台距离应在 10cm 左右），两个扩束镜暂时不用放入。先用软尺测量物光光程和参考光光程，使它们大致相等。量光程时，应从分光镜 BS 开始，分别沿着物光光路和参考光光路量到干板位置。

将物体放到载物台上，左右旋转 M_3，同时调节载物台的高度，使激光点照

射到物体中央位置。再放入扩束镜 C_1，调节扩束镜的俯仰度旋钮及左右旋转扩束镜，使物体被均匀照亮。

将白屏放到全息干板架上，固定好后，调整干板架的方向及高度，同时适当旋转物体，使白屏上将要用来放置全息干板的地方，物体的漫反射光最亮。

旋转 M_2 使激光束照到将要用来放置干板位置的中央，然后放入扩束镜 C_2，同时调节其俯仰度旋钮，同时将其适当旋转，使扩束后的光斑均匀照到白屏上将要用来放置干板的位置。此时，参考光与物光应当在白板上重叠。

分别挡住物光和参考光，观察白屏上，两光的光强大小，使物光光强与参考光光强的比值在 1∶2 ~ 1∶10 的范围内，一般在 1∶4 左右为宜，可以通过前后移动扩束镜 C_2 来实现，C_2 离白屏近，则参考光的照射范围小，光强大，反之则反。

6. 照相并冲洗底片

调节曝光定时器的曝光时间，应根据激光强度而定，一般在 3 ~ 8s 即可。然后将曝光定时器打到“曝光”档，此时光开关闭合，完全挡住光源。拿掉全息干板支架上的白屏，换上全息干板，并将药膜面（手感发涩）朝着光的方向安装在全息干板支架上。等全息台稳定 1 ~ 2min 后开始按曝光定时器上的“启动”按钮曝光。

将曝光后的全息干板在暗室内进行常规的显影、定影、水洗、干燥等处理，即可得到一张漫反射的三维全息图。

将冲洗好的全息图放回到干板支架上，拿去被摄物体，拿开分光镜 BS，用原参考光照明全息图，在其后面观察重现的虚像。我们可以看到在原来放置被摄物体的地方有一虚像，人眼上下左右缓慢地移动，可以看到物体的各个部位。将全息图挡去一部分，观察虚像有何变化。

五、注意事项

1）在实验过程中，一定要保持安静，特别是在曝光过程中，严禁走动、晃动、说话，以及不能触碰实验台，一定要保持平声静气，否则会造成全息台晃动，使干涉条纹移动，干扰实验，甚至使实验不成功。

2）严禁用手触摸各镜面，如果发现镜面脏了，应用拭镜纸轻轻擦干净，而不能用其他物体来擦拭。

3）在调节好激光束平行于台面后，严禁触碰激光器与全反射镜 M_1，否则容易使激光束不再平行于台面，又要重新进行调节。

4）光开关应放置到距全反射镜 M_1 较近的位置。激光束应完全通过光开关的小孔，不能照到小孔壁。用白屏接收通过光开关的激光束，它应当在白屏上形成一个明亮的光斑，不能有其他杂光。光开关同时起到了光开关和光阑的作用，避免了杂光的干扰。

5）由于使用透射率为5%的分光镜对激光进行分束，因此应用反射光照射物体，形成物光，用透射光作为参考光。

6）适当旋转干板支架，以避免光线照到干板侧面。否则进入干板侧面的光线会在干板内部不停反射，使干板上的感光物质多次曝光。

7）应当避免使参考光照到物体上。照到干板上的物光与参考光的夹角应在40°左右，不能太小，使观察到的像清晰。

六、思考题

1）全息摄影与普通摄影有何区别？

2）全息摄影为何要将激光束分为物光和参考光？为什么光程要基本相等？

3）将全息图挡去一部分，为何再现图像仍然完整无缺？这时再现图像中包含的信息是否减少了？如果全息片不小心打碎了，用其中一小块来实现图像再现，试问对再现图像会有什么影响？请说明理由。

（刘文军）

实验16　用霍尔效应法测定磁场

一、实验目的

1）了解霍尔器件的工作特性与用霍尔效应测量磁场的原理方法。

2）测绘长直螺线管的轴向磁场强度分布，并和理论值进行对比，以检验实验的精度和巩固理论知识。

二、实验仪器

HL-1型螺线管磁场测定实验组合仪。

三、实验原理

（一）霍尔效应法测磁场原理

1897年霍尔（A. H. Hall）发现下述现象：在匀强磁场$\boldsymbol{B}$中放一板状金属导体，使金属板面与$\boldsymbol{B}$的方向垂直，金属板的宽度为b、厚度为d。在金属板中沿着与磁场$\boldsymbol{B}$垂直的方向通以电流I_S时，在金属板上下两表面之间就会出现横向电势差U_H，这种现象称为霍尔效应，电势差U_H称为霍尔电势差。

进一步的观察实验还指出，霍尔电势差U_H的大小与磁感应强度的大小B和电流I_S都成正比，而与金属板的厚度d成反比，即

$$U_H = R_H \frac{I_S B}{d} = K_H I_S B \tag{16-1}$$

式（16-1）中 R_H 是仅仅与导体材料有关的常数，称为霍尔系数，K_H 称为霍尔元件的灵敏度，其值由制作厂家给出，只要测定 U_H 就可求未知磁感应强度 B。

实验所用的半导体霍尔元件长 4.0mm、宽 2.0mm、厚 0.2mm，在长边两端 3、4 的引线为工作电流引线（用红色标记），短边两端 1、2 的引线为霍尔电压引线（用绿色标记），将霍尔元件封装在有机玻璃管内，并粘装在镀铬的筒管的一端，做成一个测量磁场的探头。

（二）螺线管内外的磁感应强度 B

螺线管是用一根长导线绕成密集排列的螺旋线圈组成的。对于密绕的螺线管来说，可近似地看成是一系列圆线圈排列起来组成的。螺线管的长度比螺旋线圈的直径大得多，其半径为 R，长度为 L，单位长度的线圈匝数为 n，并取螺线管的轴线为 X 轴，其中心点 O 为坐标原点，则

1）螺线管内部的磁感应强度：螺线管轴线上是一个均匀磁场区，其磁感应强度为

$$B = \mu_0 n I_M \tag{16-2}$$

式（16-2）中 μ_0 为真空磁导率等于 $4\pi \times 10^{-7}$W/A · m；I_M 为螺线管线圈的励磁电流，单位为 A。

2）螺线管两端管口的磁感应强度 $B_0 = \frac{1}{2}\mu_0 n I_M$。

3）螺线管外部的磁感应强度：理论上螺线管外部所有各点处的磁感应强度为零（$B=0$），实际上螺线管的管口外部的磁感应强度不等于零（$B \neq 0$），而其余各处的磁感应强度趋近于零。

（三）实验仪器结构

全套设备分实验台和测试仪（图 16-1）两部分。实验包括：

1）长直螺线管：其长度 L 为 28.0cm，单位长度的线圈匝数 n 标在实验台上。

2）霍尔器件和测距尺：霍尔器件装在探杆的右前端，探杆固定在二维调节支架上，二维支架设有 X、Y 两个旋钮，分别调节探杆的左右、上下位置；支架上设有毫米刻度尺，指示探杆的位置。

3）开关：霍尔器件工作电流 I_S 和螺线管励磁电流 I_M 换向的开关，以及霍尔电压信号输出开关。

测试仪的功能：

1）提供霍尔器件工作电流 I_S，输出电流 0 ~ 10mA 连续可调。

2）提供螺线管励磁电源 I_M，输出电流 0 ~ 1A 连续可调。上述 I_S 和 I_M 读数

可通过（测量选择）按键共用一个 $3\frac{1}{2}$位 LED 数字电流表来指示，按键测 I_M、放键测 I_S。

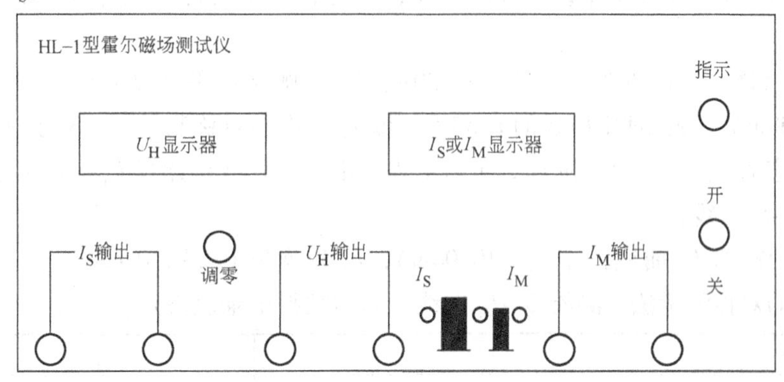

图 16-1　HL-1 型螺线管磁场测定实验组合仪

3）供测量霍尔电压用的 $3\frac{1}{3}$位 LED 数字毫伏表。用户需要检验时，使 I_S、I_M 开路，U_H 输入短路，此时 U_H 显示应为“000”。若有偏差，可调节内部运算放大器的失调电压，通过调节面板上的“调零”电位器进行校正。

（四）U_H 的测量方法

由于霍尔器件中存在多种副效应，以致通过实验测得的霍尔电势差并不等于真实的 U_H 值，而是包含着各种副效应所引起的附加电压，因此必须设法消除。根据副效应产生的机理可知，采用电流和磁场换向的对称测量法，基本上能够把副效应的影响从测量的结果中消除，具体的做法是保持 I_S 和 B（即 I_M）的大小不变，并在电流和磁场的正、反方向后，依次测量由下列四组不同方向的 I_S 和 B 组合霍尔电势差的电压 U_1、U_2、U_3 和 U_4，即

$$+I_S \quad +B \quad U_1$$
$$-I_S \quad +B \quad U_2$$
$$-I_S \quad -B \quad U_3$$
$$+I_S \quad -B \quad U_4$$

然后求上述四组数据 U_1，U_2，U_3，U_4 的代数平均值，可得

$$U_H = \frac{1}{4}(U_1 - U_2 + U_3 - U_4) \tag{16-3}$$

四、实验内容及步骤

（一）霍尔器件输出特性测量

1）要求正确无误接上测试仪和实验台之间相对应的 I_S、U_H 和 I_M 各组连线，

并经教师检查后方可开启测试仪的电源，必须强调指出：绝不允许将励磁电源 I_M 误接到霍尔器件上，否则一通电，霍尔器件即遭损坏！

2）转动霍尔器件探直支架的旋钮，慢慢将霍尔器件移到螺线管的中心位置。

3）测绘 U_H-I_S 曲线：取 $I_M=0.90A$，依次调节 I_S 等于 2.00mA、4.00mA、…、1.00mA，按原理中所述的 I_S 和 B（即 I_M）换向对称测量法，对上述 I_S 值，测出相应的 U_1、U_2、U_3 和 U_4，记入下表，由式（16-3）计算 U_H。以 I_S 为横坐标作 U_H-I_S 曲线。

4）作 U_H-I_M 曲线：令 $I_S=10.00mA$，I_M 依次取 0.2A、0.4A、…、1.00A，按上述的对称测量法，测绘 U_H-I_M 曲线（自拟数据记录表格）。

I_S/mA					
U_1/mV					
U_2/mV					
U_3/mV					
U_4/mV					
U_H/mV					

（二）测出螺线管轴线上磁感应强度的分布

1）取 $I_S=10.00mA$，$I_M=0.9A$。

2）以相距螺线管两端等远的中心位置为坐标原点，探头离中心位置 $X=14.0cm-X_1$。调节旋钮使 X_1 停在 0.0cm、0.5cm、1.0cm、1.5cm、2.0cm、5.0cm、8.0cm、11.0cm、14.0cm 等读数处。按对称测量法测出各相应位置的 U_1、U_2、U_3 和 U_4 记入下表求 U_H。

探头中心位置 X /cm					
U_1/mV					
U_2/mV					
U_3/mV					
U_4/mV					
U_H/mV					

3）作 U_H-X 曲线，验证螺线管端口的磁感应强度为中心位置磁感应强度的 1/2。

4）将螺线管中部的 U_H 值代入式（16-2）计算 B，并与理论值比较，求出相对误差（K_H 值与螺线管的线圈匝数均标在实验装置上）。

五、注意事项

1）在实验过程中，实验台上 U_H 开关自始至终应保持闭合，否则 U_H 显示为“1”。

2）测 U_H-I_S 或 U_H-X 曲线时，在改变 I_S 或 X 过程中，应断开实验台上的 I_M 换向开关，以防螺线管因长时间通电而发热，导致霍尔器件升温，影响实验结果。

3）霍尔元件性脆易碎，严禁碰撞受压，调节霍尔探头位置，不可用力过猛，要求缓慢操作。

六、思考题

怎样根据 I_S、I_M 和 U_H 的方向判断霍尔探头载流子的正、负号？

（刘文军）

实验17　密立根油滴实验

一、实验目的

1）验证电荷的不连续性，测定基本电荷的大小。
2）学会对仪器的调整、油滴的选定、跟踪、测量以及数据的处理。

二、实验仪器

密立根油滴仪、显示器、喷雾器、钟油等。

三、实验仪器介绍

密立根油滴仪包括油滴盒、油滴照明装置、调平系统、测量显微镜、供电电源以及电子停表、喷雾器等部分。

MOD-5 型油滴仪的实验装置如图 17-1 所示，其改进为用 CCD 摄像头代替人眼观察，实验时可以通过黑白显示器来测量。

油滴盒由两块经过精磨的平行极板（上、下电极板）中间垫以胶木圆环组成。平行极板间的距离为 d。胶木圆环上有进光孔、观察孔和石英窗口。油滴盒放在有机玻璃防风罩中。上电极板中央有一个 ϕ0. 4mm 的小孔，油滴从油雾室经过油雾孔和小孔落入上、下电极板之间，油滴盒的剖面如图 17-2 所示。油滴由照明装置照明。油滴盒可用调平螺钉调节，并由水准泡检查其水平。

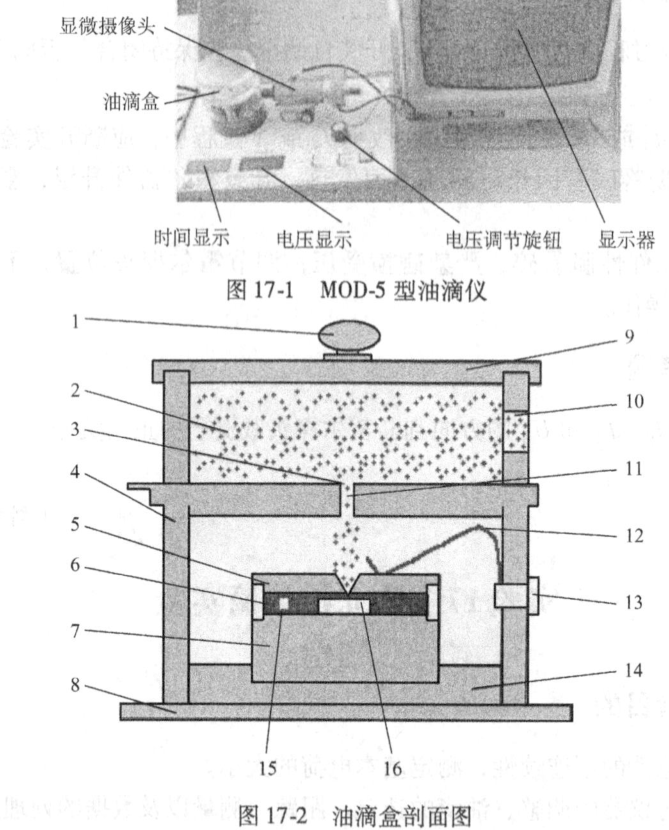

图 17-1 MOD-5 型油滴仪

图 17-2 油滴盒剖面图

1—油雾室提把 2—油雾室 3—油雾孔开关 4—油滴盒防风罩 5—铝质上电极板
6—上下电极绝缘电圈 7—铝质下电极板 8—油滴仪托板 9—油雾室上盖
10—油滴喷雾口 11—油雾孔 12—上电极压簧 13—上电极电源的插孔
14—油滴盒绝缘座 15—照明灯 16—漫反射屏

电源部分提供四种电压：

1）2.2V 油滴照明电压。

2）500V 直流平衡电压。该电压可以连续调节，并从电压表上直接读出，还可由平衡电压换向开关换向，以改变上、下电极板的极性。换向开关倒向“+”侧时，能达到平衡的油滴带正电，反之带负电。换向开关放在“0”位置时，上、下电极板短路，不带电。

3）300V 直流升降电压。该电压可以连续调节，但不稳压。它可通过升降电压换向开关叠加（加或减）在平衡电压上，以便把油滴移到合适的位置。升降电压高，油滴移动速度快，反之则慢。该电压在电表上无指示。

4）12V 的 CCD 电源电压。

四、实验原理

实验中，用喷雾器将油滴喷入两块相距为 d 的水平放置的平行极板之间，如图 17-3 所示。油滴在喷射时由于摩擦，一般都会带电。设油滴的质量为 m，所带电荷量为 q，加在两平行极板之间的电压为 U，油滴在两平行极板之间将受到两个力的作用，一个是重力 mg，一个是电场力 $qE = q\dfrac{U}{d}$。调节加在两极板之间的电压 U，可以使这两个力大小相等、方向相反，从而使油滴达到平衡，悬浮在两极板之间。此时有

$$mg = q\frac{U}{d} \tag{17-1}$$

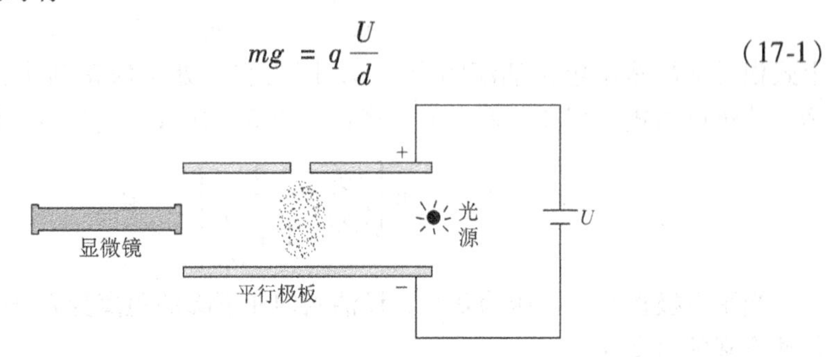

图 17-3　实验原理图

为了测定油滴所带的电荷量 q，除了测定 U 和 d 外，还需要测定油滴的质量 m。由于 m 很小，需要使用下面的特殊方法进行测定。

因为在平行极板间未加电压时，油滴受重力作用将加速下降，但是由于空气的黏滞性会对油滴产生一个与其速度大小成正比的阻力，油滴下降一小段距离而达到某一速度 v 后，阻力与重力达到平衡（忽略空气的浮力），油滴将以此速度匀速下降。

由斯托克斯定律可得

$$F_r = 6\pi a\eta v = mg \tag{17-2}$$

式中，η 是空气的黏度；a 是油滴的半径（由于表面张力的作用，小油滴总是呈球状）。

设油滴的密度为 ρ，油滴的质量 m 可用下式表示为

$$m = \frac{4}{3}\pi a^3\rho \tag{17-3}$$

将式（17-2）和式（17-3）合并，可得油滴的半径为

$$a = \sqrt{\frac{9\eta v}{2\rho g}} \tag{17-4}$$

由于斯托克斯定律只有对均匀介质才是正确的，对于半径小到 10^{-6}m 的油

滴小球，其大小接近空气空隙的大小，空气介质对油滴小球不能再认为是均匀的了，因而斯托克斯定律应该修正为

$$F_r = \frac{6\pi a\eta v}{1 + \frac{b}{ap}}$$

式中，b 为一修正常数，取 $b = 6.17 \times 10^{-6}\,\mathrm{m \cdot cmHg}$；$p$ 为大气压强，单位是cmHg。利用平衡条件和式（17-3）可得

$$a = \sqrt{\frac{9\eta v}{2\rho g} \cdot \frac{1}{1 + \frac{b}{ap}}} \tag{17-5}$$

上式根号下虽然还包含油滴的半径 a，因为它是处于修正项中，不需要十分精确，故仍可用式（17-4）来表示。将式（17-5）代入式（17-3）得

$$m = \frac{4}{3}\pi \left[\frac{9\eta v}{2\rho g} \cdot \frac{1}{1 + \frac{b}{ap}}\right]^{3/2} \cdot \rho \tag{17-6}$$

当平行极板间的电压为0时，设油滴匀速下降的距离为 l，时间为 t，则油滴匀速下降的速度为

$$v = \frac{l}{t} \tag{17-7}$$

将式（17-7）代入式（17-6），再将式（17-6）代入式（17-1）得

$$q = \frac{18\pi}{\sqrt{2\rho g}} \left[\frac{\eta l}{t} \cdot \frac{1}{1 + \frac{b}{ap}}\right]^{3/2} \cdot \frac{d}{U} \tag{17-8}$$

实验发现，对于同一个油滴，如果改变它所带的电荷量，则能够使油滴达到平衡的电压必须是某些特定的值 U_n。研究这些电压变化的规律可以发现，它们都满足下面的方程，即

$$q = ne = mg\frac{d}{U_n}$$

式中，$n = \pm 1, \pm 2, \cdots$；而 e 则是一个不变的值。

对于不同的油滴，可以证明有相同的规律，而且 e 值是相同的常数，这即是说电荷是不连续的，电荷存在着最小的电荷单位，也即是电子的电荷值 e。于是，式（17-8）可化为

$$ne = \frac{18\pi}{\sqrt{2\rho g}} \left[\frac{\eta l}{t} \cdot \frac{1}{1 + \frac{b}{ap}}\right]^{3/2} \cdot \frac{d}{U_n} \tag{17-9}$$

根据式（17-9）即可测出电子的电荷值 e，从而验证电子电荷的不连续性。

五、实验内容及步骤

1. 仪器调节

1）用吸油嘴吸入油再全部挤出，只让玻璃管内壁被油浸润，打开电源开关。

2）调节调平螺钉，使水准仪的气泡移到中央，这时平行极板处于水平位置，电场方向和重力平行。

3）将“均衡电压”开关置于“0”位置，“升降电压”开关也置于“0”位置。将油滴从喷雾室的喷口喷入，视场中将出现大量油滴，犹如夜空繁星。如果油滴太暗，可转动小照明灯，使油滴更明亮，微调显微镜，使油滴更清楚。

2. 测量练习

（1）练习控制油滴　当油滴喷入油雾室并观察到大量油滴时，在平行极板上加上平衡电压（约 300V 左右，“+”或“-”均可），驱走不需要的油滴，等待 1~2min 后，只剩下几个油滴在慢慢移动，注意其中的一个，微调显微镜，使油滴很清楚，仔细调节电压使这个油滴平衡；然后去掉平衡电压，让它达到匀速下降（显微镜中看上去是在上升）时，再加上平衡电压使油滴停止运动；之后，再调节升降电压使油滴上升（显微镜中看上去是在下降）到原来的位置。如此反复练习，以熟练掌握控制油滴的方法。

（2）练习选择油滴　要做好本实验，很重要的一点就是选择好被测量的油滴。油滴的体积既不能太大，也不能太小（太大时必须带的电荷很多才能达到平衡；太小时由于热扰动和布朗运动的影响，很难稳定），否则，难于准确测量。对于所选油滴，当取平衡电压为 320V，匀速下降距离 $l=0.200\text{cm}$ 所用时间约为 20s 左右时，油滴大小和所带电荷量较适中，测量也较为准确。因此，需要反复测试练习，才能选择好待测油滴。

（3）速度测试练习　任意选择几个下降速度不同的油滴，用秒表测出它们下降一段距离所需要的时间，掌握测量油滴速度的方法。

3. 正式测量

由式（17-9）可知，进行本实验真正需要测量的量只有两个，一个是油滴的平衡电压 U_n，另一个是油滴匀速下降的速度——即油滴匀速下降距离 l 所需的时间 t。

1）测量平衡电压必须经过仔细的调节，应该将油滴悬于分划板上某条横线附近，以便准确地判断出这个油滴是否平衡，应该仔细观察 1min 左右，如果油滴在此时间内在平衡位置附近漂移不大，则可认为油滴真正平衡了。记下此时的平衡电压 U_n。

2）在测量油滴匀速下降一段距离 l 所需的时间 t 时，为保证油滴下降的速度均匀，应先让它下降一段距离后再测量时间。选定测量的一段距离应该在平行极板之间的中间部分，占分划板中间四个分格为宜，此时的距离为 $l=0.200\text{cm}$，若太靠近上电极板，小孔附近有气流，电场也不均匀，会影响测量结果。太靠近下极板，测量完时间后，油滴容易丢失，不能反复测量。

3）由于有涨落，对于同一个油滴，必须重复测量 10 次。同时，还应该选择不少于 5 个不同的油滴进行测量。

4）通过计算求出基本电荷的值，验证电荷的不连续性。

六、注意事项

1）喷油时，只需喷一两下即可，不要喷得太多，不然会堵塞小孔。

2）对选定油滴进行跟踪测量的过程中，如果油滴变得模糊了，应随时调节显微镜镜筒的位置，对油滴聚焦；对任何一个油滴进行的任何一次测量中都应随时调节显微镜，以保证油滴处于清晰状态。

3）平衡电压取 300～350V 为最好，应该尽量在这个平衡电压范围内选择并平衡油滴。例如，开始时平衡电压可定在 320V，如果在 320V 的平衡电压情况下已经基本平衡，则只需稍微调节平衡电压就可使油滴平衡，这时油滴的平衡电压就在 300～350V 的范围之内。

4）在监视器上要保证油滴竖直下落。

七、数据记录及处理

（一）数据处理方法

根据式（17-9）和式（17-4）可得

$$ne=\frac{k}{[t(1+k'/\sqrt{t})]^{3/2}}\cdot\frac{1}{U_n} \tag{17-10}$$

式中，$k=\frac{18\pi}{\sqrt{2\rho g}}(\eta l)^{3/2}\cdot d$；$k'=\frac{b}{p}\sqrt{\frac{2\rho g}{9\eta l}}$。而且取：油的密度 $\rho=981\text{kg/m}^3$；重力加速度 $g=9.80\text{m/s}^2$；空气的黏度 $\eta=1.83\times10^{-5}\text{kg/m}\cdot\text{s}$；油滴下降距离 $l=2.00\times10^{-3}\text{m}$；常数 $b=6.17\times10^{-6}\text{m}\cdot\text{cmHg}$；大气压 $p=76.0\text{cmHg}$；平行极板距离 $d=5.00\times10^{-3}\text{m}$。

将上述数据代入式（17-10）可得，$k=1.43\times10^{-14}\text{kg}\cdot\text{m}^2/\text{s}^{1/2}$，$k'=0.0196\text{s}^{1/2}$，则

$$ne=\frac{1.43\times10^{-14}}{[t(1+0.02\sqrt{t})]^{3/2}}\cdot\frac{1}{U_n} \tag{17-11}$$

显然，上面的计算是近似的。但是，一般情况下，误差仅在1%左右，对于工科学生的物理实验来讲是可以的。

将式（17-11）所得数据除以电子电荷的公认值 $e = 1.602 \times 10^{-19}$ C，所得整数就是油滴所带的电荷数 n，再用 n 去除实验测得的电荷值，就可得到电子电荷的测量值。对不同油滴测得的电子电荷值不能再求平均值。

（二）数据表格

油滴编号	U_n/V	t/s	$\overline{U}_n$/V	$\bar{t}$/s	$q/10^{-19}$ C	n	$e/10^{-19}$ C
1							
2							
3							
4							
5							

（续）

油滴编号	U_n/V	t/s	$\overline{U}_n$/V	$\bar{t}$/s	$q/10^{-19}$C	n	$e/10^{-19}$C
6							
7							
8							
9							
10							

八、思考题

1）为什么对选定油滴进行跟踪时，油滴有时会变得模糊起来？

2）通过实验数据进行分析，指出做好本实验关键要抓住哪几步？造成实验数据测量不准的原因是什么？

3）为什么对不同油滴测得的电子电荷值最后不能再求平均值来得到电子电荷的测量值？

（刘文军）

实验 18 光电效应的研究

一、实验目的

1）了解光电效应及其规律，理解爱因斯坦光电方程的物理意义。

2）用减速电位法测量光电子初动能，求普朗克常数。

二、实验器材

GD-Ⅲ型光电效应实验仪。

三、实验原理

1887 年赫兹发现光电效应，此后许多物理学家对光电效应做了深入的研究，总结出光电效应的实验规律。

当光照射在物体上时，光的能量只有部分以热的形式被物体所吸收，而另一部分则转换为物体中某些电子的能量，使这些电子逸出物体表面，这种现象称为光电效应。在光电效应现象中，光显示出它的粒子性，所以深入观察光电效应现象，对认识光的本性具有极其重要的意义。普朗克常数 h 是 1900 年普朗克为了解决黑体辐射能量分布时提出的“能量子”假设中的一个普适常数，是基本作用量子，也是粗略地判断一个物理体系是否需要用量子力学来描述的依据。

1905 年爱因斯坦为了解释光电效应现象，提出了“光量子”假设，即频率为 ν 的光子其能量为 $h\nu$。当电子吸收了光子能量 $h\nu$ 之后，一部分消耗为电子的逸出功 W_S，另一部分转换为电子的动能$\frac{1}{2}mv^2$，即

$$\frac{1}{2}mv^2 = h\nu - W_S$$

上式称为爱因斯坦光电效应方程。1916 年密立根首次用油滴实验证实了爱因斯坦光电效应方程，并在当时的条件下，较为精确地测得普朗克常数为：$h = 6.57\times10^{-34}\text{J}\cdot\text{s}$，其不确定度大约为 0.5%。这一数据与现在的公认值比较，相对误差也只有 0.9%。为此，密立根荣获 1923 年诺贝尔物理学奖。

目前利用光电效应制成的光电器件和光电管、光电池、光电倍增管等已成为生产和科研中不可缺少的重要器件。

1. 光电效应

对于光电效应，根据爱因斯坦的“光量子概念”，每一个光子具有能量 $E = h\nu$，当光照射到金属上时，其能量被电子吸收，一部分消耗于电子的逸出功 W_S，

另一部分转换为电子逸出金属表面后的动能。由能量守恒定律得

$$h\nu = \frac{1}{2}mv^2 + W_S \tag{18-1}$$

式（18-1）称为爱因斯坦光电方程。式中，h 为普朗克常数；ν 为入射光的频率；m 为电子质量；v 为电子的最大速度；$\frac{1}{2}mv^2$ 为电子的最大初动能。用光电方程圆满解释了光电效应的基本实验事实：

电子的初动能与入射光频率成线性关系，与入射光的强度无关；任何金属都存在一截止频率 ν_0，$\nu_0 = W_S/h$，ν_0 又称红限，当入射光的频率小于 ν_0 时，不论光的强度如何，都不产生光电效应。此外，光电流大小（即电子数目）只决定于光的强度。

2. 验证爱因斯坦光电方程，求普朗克常数

本实验采用“减速电位法”测定电子的最大初动能，并由此求出普朗克常数 h。实验原理如图 18-1 所示。图中 K 为光电管阴极，A 为阳极。实验时用的单色光是从低压汞灯光谱中用干涉滤色片过滤得到的，其波长分别为 365nm、405nm、436nm、546nm、577nm。无光照到阴极时，由于阳极和阴极是断路的，所以 G 中无电流通过。当频率为 ν 的单色光入射到光电管阴极上时，电子从阴极逸出，向阳极运动，形成光电流。当 $U_{AK} = U_A - U_K$ 为正值时，U_{AK}越大，光电流 I_{AK}越大，当电压 U_{AK}达到一定值时，光电流饱和，如图 18-2 中虚线所示。若 U_{AK}为负（即在光电管上加减速电位），光电流逐渐减小，直到 U_{AK}达到某一负值 U_S 时，光电流为零，U_S 称为遏止电位或截止电压。这是因为从阴极逸出的具有最大初动能的电子不能穿过反向电场到达阳极，即

$$eU_S = \frac{1}{2}mv^2 \tag{18-2}$$

将式（18-2）代入式（18-1）得

$$h\nu = e\,|\,U_S\,| + W_S$$

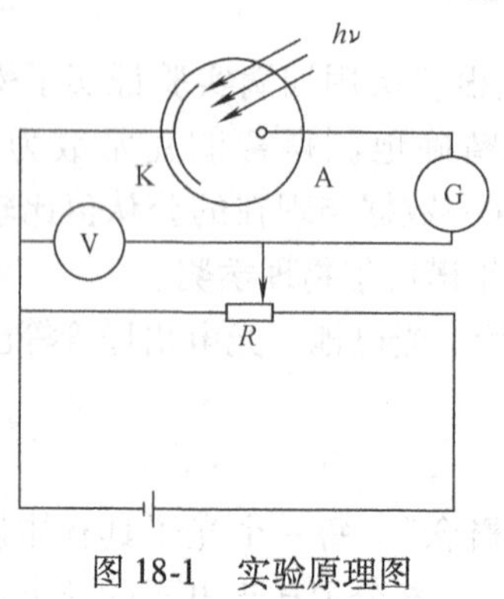

图 18-1　实验原理图

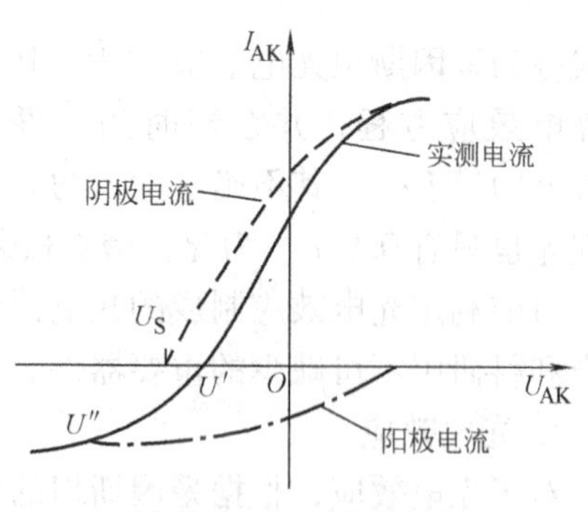

图 18-2　U-I 特性曲线

当用不同频率的单色光照射时，有

$$h\nu_1 = e|U_{S1}| + W_S$$

$$h\nu_2 = e|U_{S2}| + W_S$$

联立其中任意两个方程，得

$$h = \frac{e(U_{Si} - U_{Sj})}{\nu_i - \nu_j} \tag{18-3}$$

由此可见，爱因斯坦光电方程提供了一种测量普朗克常数的方法，如果从实验所得的 $|U_S| - \nu$ 关系是一条直线（图 18-3），其斜率 $k = h/e$，e 为电子电荷量，由此可求出普朗克常数 h。这也就证实了光电方程的正确性。

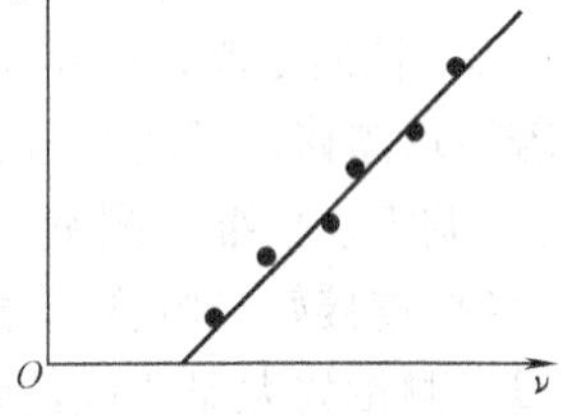

图 18-3　$|U_S|$-ν 关系

3. 光电管的实际 *U-I* 特性曲线

由于下述原因，光电管的实测 *U-I* 特性曲线如图 18-2 中实线所示，光电流没有一个锐截止点。

1）在光电管制造过程中，有些光阴极物质溅射到阳极上，受光照射（包括漫反射光）时，阳极也会发射光电子，使光电管极间出现反向电流（阳极电流）。

2）无光照射时，在外加电压下，光电管中仍有微弱电流流过，称为暗电流。这是由于光电管电极在常温下的热电子发射以及管座和管壳外表面的漏电造成的。

3）阳极和阴极材料不同引起的接触电位差。

4. 遏止电位的确定

由于上述原因使遏止电位 U_S 的确定带有很大的任意性。实验时应根据光电管的不同结构与性能，采用不同方法确定 U_S。

1）阴极是平面电极、阳极做成大环形可加热结构的光电管（如国产 1997 型或 GDh-1 型）其阴极电流上升很快，反向电流较小，特性曲线与横轴的交点 U' 可近似当作遏止电压，这种方法称为“交点法”。

2）阴极为球壳形、阳极为半径比阴极小得多的同心小球的光电管（如 GD-4 型），反向电流容易饱和，可以把反向电流进入饱和时的拐点电压（图 18-2 中 U''）近似作为遏止电位，这种方法叫作“拐点法”。

不过，不论采用什么方法，均在不同程度上引进系统误差，使测量 h 的误差较大。

四、实验内容步骤

1）开机前的准备。将光源、光电管暗盒、微电流放大器安放在适当位置，暂不连线，并将微电流测量放大器面板上的各开关旋钮置于下列位置：“电流调节”开关置［短路］，“电压调节”逆时针调到底。

2）打开微电流测量放大器电源开关，预热20～30min，调节光阑转盘，使光不能入射到光电管，打开光源开关，让汞灯预热。

3）待微电流测量放大器充分预热后，“调零、校准测量”转换开关置［调零标准］档，“电流调节”开关置［短路］档，调节“调零”旋钮使电流表指示为零，置“电流调节”开关于［校准］档，调“校准”旋钮使电流指示100，“调零”和“校准”反复调整，使之都能满足要求。然后置“调零、校准、测量”开关于［测量］档，旋动“电流调节”开关于各档，电流表指示都应为零（在10^{-7}档因零漂，指示不大于4）。仪器调整好后，可以开始测量。在测量过程中若零点漂移，可随时进行调零和校准操作，这时要断开电流输入电缆。调好后，“调零、校准、测量”开关仍置［测量］档进行测量。

4）连接好光电管暗盒与微电流测量放大器之间的屏蔽电缆及地线和阴极电源线，测量放大器“电流调节”旋钮置［10^{-7}］或［10^{-6}］，顺时针旋转“电压调节”旋钮读出相应的电压、电流值，此即光电管的暗电流值。

5）让光源出射孔对准暗盒窗口，并让暗盒距离光源约20～30cm，调节光阑转盘，使光阑直径为5mm，换上滤色片，测量放大器“电流调节”置［10^{-5}］或［10^{-6}］，“电压调节”从最小值（－3V）调起，滤色片从短波长起逐次更换，每换一枚滤色片读出一组I-U值。

6）测出不同光频率的U-I值之后，用坐标纸作出U-I曲线，利用“交点法”得出截止电压U_S，再用坐标纸作出U_S-ν曲线，从曲线的斜率k求出普朗克常数h。

$$h = ek = (\Delta U_S / \Delta \nu) e$$

五、实验数据处理

1）在同一张坐标纸上，作不同波长的单色光照射时的U-I特性曲线，确定ν_i对应的U_S。

2）作$|U_S|$-ν图线，验证爱因斯坦方程。

3）由$|U_S|$-ν图线的斜率求出普朗克常数h，并与h的公认值比较，估计h的测量误差。

六、注意事项

1）本实验中使用仪器是精密测量仪器，使用时应小心轻放，按实验要求进行操作。

2）仪器不可在温度变化很快及有强电磁场干扰的环境中工作。

3）使用时，不要在靠近仪器的地方走动，以免使入射到光电管的光强有变化。

4）仪器不用时，调节光阑转盘，使光不能入射到光电管，以免光电管长期受光照而老化。

5）仪器在短路调零和校准都能满足要求，而在高灵敏档（$\times 10^{-5}$以上），在无光电流输入（不接屏蔽线）不为零，则应更换仪器内屏蔽盒内的干燥剂。更换时，只需旋下仪器底部的圆盖，更换好后一定要旋紧，平时也应注意检查不要让其松开，以免干燥剂失效。

6）光电管随着时间的推移，截止电压会向正的方向偏移，这时，只要能测出相应的 U-I 曲线，就不会影响仪器的使用。

七、思考题

1）为什么在光电管暗盒窗口上装小孔光阑？

2）如何从本实验中求出逸出功以及确定截止频率？

3）实验误差产生的主要原因是什么？如何减少实验误差？

（刘文军）

实验19　弗兰克-赫兹实验

一、实验目的

1）学习测定原子激发电势的方法。

2）体会设计新实验的物理构思和设计技巧。

3）训练用最小二乘法处理数据的技巧。

4）通过测定氩原子的第一激发电势来证明原子能级的存在。

5）加深对弹性碰撞和非弹性碰撞的理解。

6）加深对原子内部能量量子化概念的理解。

二、实验仪器

1）THQFH-1 型弗兰克-赫兹实验仪（含 F-H 管、扫描电源、微电流放大器等）。

2）DS-500 数字示波器。

三、实验原理

20 世纪初，人类对原子光谱的研究逐步深入，人们发现卢瑟福于 1911 年提出的原子核结构模型与经典电磁理论存在深刻的矛盾。按照经典理论，原子应当是一个不稳定的系统，原子光谱应为连续光谱。但事实上，原子是稳定的，原子光谱是具有一定规律性的分立谱线。

为了解决这一矛盾，1913 年丹麦物理学家玻尔（N. Bohr）以卢瑟福的核式原子模型为基础，根据光谱学研究的成就，结合普朗克、爱因斯坦的量子论思想，提出了半经典的氢原子理论，指出原子中存在能级。根据玻尔理论，原子光谱中的每条谱线表示原子从一个能级跃迁到另一个较低能级时产生的辐射。玻尔因提出原子结构的量子理论，并建立了玻尔原子模型理论，认为有原子能级存在，从而解释了原子的稳定性和原子的光谱理论，并于 1922 年获诺贝尔物理学奖。玻尔理论是原子物理学发展史的一个重要里程碑。

由光谱研究可推得这一结论，该模型的预言在氢光谱的观察中取得了显著成功。而直接证明原子能级存在的是德国物理学家弗兰克（J. Franck）和赫兹（G. Hertz）在 1914 年所做的用慢电子（加速电压较低）与稀薄气体原子碰撞的实验，即弗兰克-赫兹实验。

弗兰克和赫兹在研究气体放电现象中低能电子与原子间相互作用时，在充汞的放电管中发现：透过汞蒸气的电子流随电子的能量改变而呈现有规律的周期性变化，间隔为 4.9 eV，并拍摄到与能量 4.9 eV 相对应的波长为 253.7 nm 的光谱线，测定了汞原子的第一激发电位，直接证明了原子能级的存在。1920 年，弗兰克及其合作者对原先实验装置做了改进，提高了分辨率，测得了汞的除 4.9eV 以外的较高激发能级和电离能级，得到了与原子光谱测量一致的结果，从实验上证实了原子内部能量的分立、不连续性，进一步证实了原子内部能量是量子化的，验证了玻尔理论，为量子理论的创立奠定了实验基础。1925 年弗兰克和赫兹共同获得诺贝尔物理学奖。他们的实验方法至今仍是探索原子的重要手段之一。

弗兰克-赫兹（F-H）实验与玻尔原子理论在物理学的发展史中起到了重要的作用。

1. 玻尔原子理论要点

原子是由原子核和以核为中心沿各种不同直径的轨道运动的一些电子构成的。对于不同的原子，这些轨道上的电子数分布各不相同。一定轨道上的电子具有一定的能量。当同一原子的电子从低能量的轨道跃迁到较高能量的轨道上时（如从轨道 1 跃迁到轨道 2），原子处于受激状态，电子处在轨道 2 上，称为第一受激态，处在轨道 3 上，称为第二受激态，以此类推。玻尔原子理论的前提是如下两条基本假设：

（1）定态假设　原子只能较长久地停留在一些称之为能级的不连续的稳定状态，简称定态。不同的定态是彼此分立的，具有不同的能量 E_i（$i=1，2，3，\cdots，m，\cdots$ 且 $E_1<E_2<E_3<\cdots<E_m<\cdots$），它们的数值是不连续的。如果原子的

能量变化，不管采用什么形式，它只能使原子从一个定态跃迁到另一个定态。

（2）频率定则　原子从一个定态跃迁到另一个定态时，要吸收或辐射一定频率的电磁波。原子吸收（获得）能量时可以从低能态跃迁到高能态，而发射能量时可从高能态跃迁回低能态。但不管是从具有能量为 E_n 的定态到具有能量为 E_m 的定态，还是反之，其吸收或辐射电磁波频率 ν 都是一定的，并满足

$$h\nu = E_n - E_m \tag{19-1}$$

式中，$h = 6.626 \times 10^{-34}\,\mathrm{J \cdot s}$，为普朗克常数；$\nu$ 为电磁波频率。

在正常情况下原子所处的定态是低能态，称为基态，其能量为 E_1。当原子以某种形式获得能量时，它可由基态跃迁到较高能量的定态，称为激发态。能量为 E_2 的激发态称为第一激发态，从基态跃迁到第一激发态所需的能量称为临界能量，数值上等于 $E_2 - E_1$。

通常在两种情况下可让原子状态改变：一是当原子吸收或发射电磁波时；二是用其他粒子碰撞原子而交换能量时。用电子轰击原子实现能量交换最方便，因为电子的能量 eV 可通过改变加速电势 V 来控制。F-H 实验就是用这种方法证明了原子能级的存在。

如果电子的能量 eV 很小时　电子和原子只发生弹性碰撞，几乎不发生能量交换；当电势增加到 V_0 使电子能量 eV_0 达到临界能量时，电子与原子发生非弹性碰撞，实现能量交换，使原子从基态跃迁到第一激发态，V_0 称为第一激发电势，又称中肯电势。第一激发电势与临界能量的关系可由下式表示：

$$eV_0 = E_2 - E_1 \tag{19-2}$$

只要测出第一激发电势 V_0，就可以得到基态与第一激发态的能量差，即临界能量。不同的元素第一激发电势不同，见表 19-1。

表 19-1　几种元素的第一激发电势

元素名称	钠（Na）	钾（K）	氩（Ar）	镁（Mg）	氖（Ne）	汞（Hg）
第一激发电势 V_0/V	2.12	1.63	13.1	3.20	18.6	4.90

2. F-H 实验原理

F-H 实验是通过弗兰克－赫兹（F-H）管来实现的，其实验原理如图19-1所示。

F-H 管是一种充氩气或其他气体（如氖、汞等）的特制三极或四极管，其结构如图 19-1 所示。在玻璃管壳内同轴安装着灯丝 F_1、F_2、间热式氧化物阴极 K、网状栅极 G_1、G_2 和平面状板极（阳极）A。管内抽成高度真空后，充入高纯氩气或其他气体。另外，管内还施放有长效消气剂，以吸收管内残余杂质气体。为了保证有较高碰撞概率，阴极、栅极间的距离比所充气体的平均自由程小。

此实验中 F-H 管是一只充有氩原子气体的四极管。在灯丝 F_1、F_2、阴极 K、第一栅极 G_1、第二栅极 G_2 和板极 A 间分别加有灯丝电压 $U_{F_1F_2}$（U_1）、栅极电压 U_{G_1K}（U_2）、加速电压 U_{G_2K}（U_3）和拒斥电压 U_{G_2A}（U_4）。$U_{F_1F_2}$用于加热灯丝使其发射热电子，U_{G_1K}用于控制管内电子流的大小以抵消阴极附近电子云形成的负电势的影响，它的变化将引起空间电荷的变化，U_{G_2K}和 U_{G_2A}空间电势分布如图 19-2 所示。电子由热阴极发射出来进入 KG_2 空间后，将受到加速电压 U_{G_2K}的作用而穿过栅极进入 G_2A 空间，进入此空间的电子又将受到反向拒斥电压 U_{G_2A}的作用。如果加速后电子的能量大于或等于 eU_{G_2A}时，它将到达板极 A，形成板流，由微电流放大器 PA 测出。显然，在没有其他情况发生的条件下，随加速电压 U_{G_2K}的增加，到达板极的电子越多，电流就越大。但实验结果并不完全如此，板流 I_A 与加速电压 U_{G_2K}的关系曲线如图 19-3 所示。

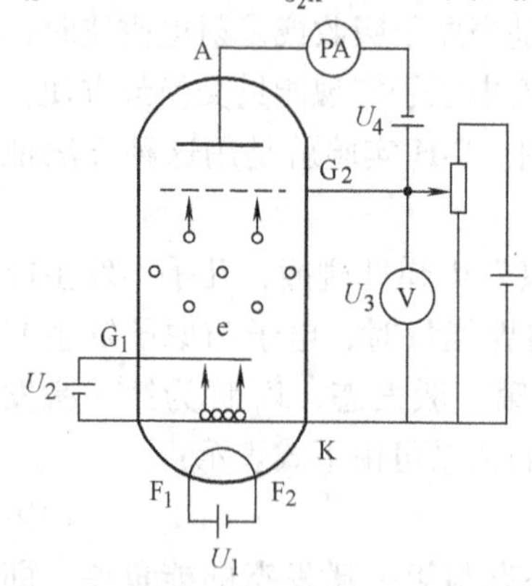

图 19-1　F-H 实验原理图

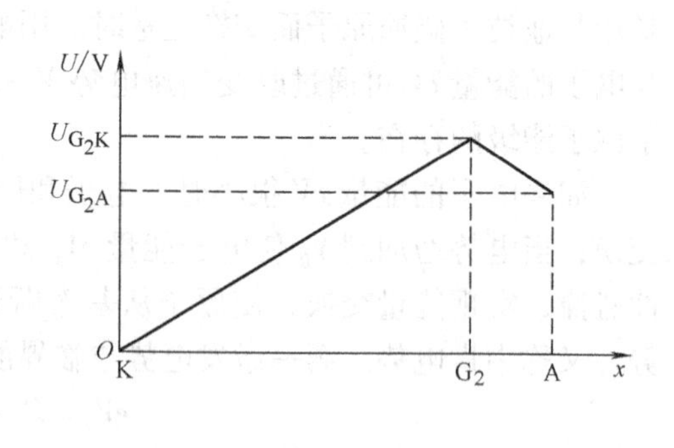

图 19-2　F-H 管内空间电势分布图

图 19-3 中的曲线有如下规律：①板流 I_A 随加速电压 U_{G_2K}的增加不是单调的上升，而是出现一系列的极大值（峰值）和极小值（谷值）；②相邻的峰值之间对应的加速电压均为 13.1V 左右，只有第一个峰值的电压不是 13.1V。

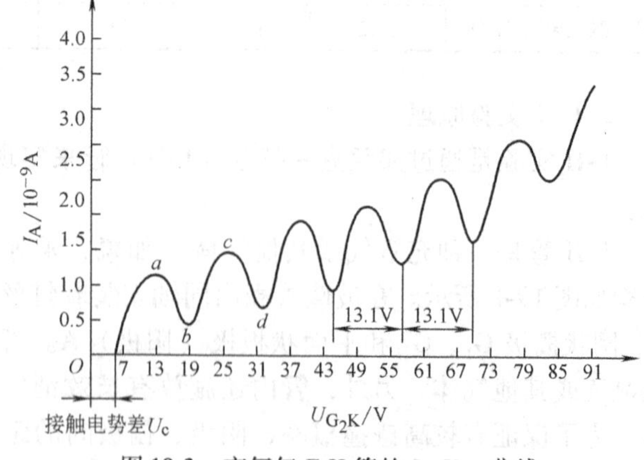

图 19-3　充氩气 F-H 管的 I_A-U_{G_2K}曲线

现对图 19-3 中的曲线进行分析。当加速电压 U_{G_2K}逐渐增加时，电子在 KG_2 空间被加速而获得越来越大的能量。在初始阶段，由于电压相对较低，电子的能量较小，即使在运动过程中与氩原子相碰撞，也只能是弹性碰撞，几乎没有能量交换，U_{G_2K}从零逐渐增加，空间电荷区域减弱，导致阴极发射电子流增加，而且电子速度增加，所以板流 I_A 随加速电压 U_{G_2K}的增加而增大，如图 19-3 中 Oa 段所示。当电子的能量随 U_{G_2K}的增加达到或超过氩原子的临界能量，即 U_{G_2K}达到氩原子的第一激发电势 V_0 时，电子与氩原子将发生非弹性碰撞，实现能量交换，使氩原子跃迁到第一激发状态，而电子能量减小。此种电子即使穿过第二栅极也不能克服反向拒斥电压 U_{G_2A}所形成的电场而被排斥折回第二栅极。此时，板流 I_A 将明显减小，如图 19-3 中 ab 段所示。随加速电压 U_{G_2K}的增加，在碰撞中失去大部分能量的电子，其能量又将随之增加，可以克服反向拒斥电场而到达板极 A，这时，板流 I_A 又开始上升，如图 19-2 中 bc 段所示。当 KG_2 空间中的电压 U_{G_2K}两倍于氩原子的第一激发电势 $2V_0$，即电子能量再一次达到氩原子的临界能量时，电子与氩原子在 KG_2 空间又将发生非弹性碰撞而失去能量，造成板流 I_A 第二次下降，如图 19-3 中 cd 段所示。以后，凡在

$$U_{G_2K}=nV_0\ (n=1,\ 2,\ 3,\ \cdots) \tag{19-3}$$

的地方，被加速电子在向第二栅极 G_2 运动过程中，都会与氩原子发生非弹性碰撞，板流 I_A 都会下降，形成有规律的起伏变化（有峰和谷）的 I_A-U_{G_2K}曲线，即图 19-3 所示的曲线。而与各次板流 I_A 下降到最低点相对应的相邻加速电压差 $U_{m+1}-U_m$ 就是氩原子的第一激发电势 V_0。

通过对氩原子第一激发电势的测量，就可证实原子能级的存在。氩原子第一激发电势的公认值是 13. 1V。

原子处于激发态是不稳定的。在实验中被慢电子轰击到第一激发态的原子要跳回基态，进行这种反跃迁时，就有 eV_0 的能量发射出来。反跃迁时，原子是以放出光量子的形式向外辐射能量，对应光辐射的波长为

$$eV_0=h\nu=h\frac{c}{\lambda} \tag{19-4}$$

对于氩原子，有

$$\lambda=\frac{hc}{eV_0}=\frac{6.626\times10^{-34}\times3.00\times10^{8}}{1.602\times10^{-19}\times13.1}\text{m}=94.7\text{nm}$$

在光谱学的研究中人们确实观测到了 $\lambda=94.7\text{nm}$ 的光。

需要说明，实验 I_A-U_{G_2K}曲线中板流 I_A 的下降并不是完全突然的，即并不十分陡峭，I_A 的极大值附近出现的“峰”总有一定的宽度，这主要是由于管中阴极发出的热电子的能量具有统计分布规律。另外，板流 I_A 并不下降到零，这主要是由于电子与氩原子的碰撞有一定的几率，就会有一些电子逃避了碰撞。而峰高递增现象可由热电子发射的理查逊定律解释。随着 U_{G_2K}的增加，电子获得的能量越大，速度越快，它在氩原子附近停留的时间很短，来不及进行能量交换，从

而降低了电子与氩原子碰撞的几率，因此，穿过第二栅极的高能电子增多，I_A增加。

应当指出，由于阴极、板极以及连接导线一般采用不同材料制成，从而产生接触电位差，这样对 I_A 的第一个峰值位置有影响，使 I_A-U_{G_2K} 曲线沿电压轴偏移，即第一个吸收“谷”对应的电压值大于 13.1V，但相邻峰值或谷值（极小值）的间隔仍然是 13.1V 左右。

灯丝电压 $U_{F_1F_2}$ 对曲线的影响较大。灯丝电压过大，阴极发射的电子数目过多，易使微电流放大器饱和，引起 I_A-U_{G_2K} 曲线阻塞；灯丝电压过小，参加碰撞的电子数少，反映不出非弹性碰撞的能量交换，造成曲线峰谷很弱，甚至得不到峰谷。一般灯丝电压取 2.5 ~ 3.5V 较好。

拒斥电压 U_{G_2A} 对曲线也有较大的影响。偏小时，起不到对非弹性碰撞失去能量的电子的筛刷作用，峰谷差小；太大时，衰减作用太明显，使本来很多能达到板极的电子筛去，导致峰谷差小。实验表明 U_{G_2A} 取 5V 左右较好。

四、实验内容及步骤

1. 预热

接通实验仪电源，扫描方式选择“手动”，电压测量选择“U_1”，调节灯丝电压 $U_{F_1F_2}$（U_1）调节电位器，使 U_1 = 3 ~ 4V，按同样方法使栅极电压 U_{G_1K}（U_2）= 1.8V、加速电压 U_{G_2K}（U_3）= 80V、拒斥电压 U_{G_2A}（U_4）= 5V，预热 5 ~ 10min。

2. 手动逐点测量

扫描方式选择“手动”，微电流量程选择“10^{-9}A”，调节面板上微电流调零电位器，使微电流显示值为 0。缓慢调节加速电压调节电位器，电压 U_3 每隔 1 ~ 5V（具体电压值由实验者定）读一次数，并根据微电流显示值选择合适的微电流量程（10^{-9}A、10^{-8}A 或 10^{-7}A），仔细读出相应微电流显示值即板流 I_A，为把峰值和谷值测准，在峰、谷值附近可多测几组 U_{G_2K} 和 I_A 值（电压 0.5V 变化一次），共记录 40 组数据，将实验所得 U_{G_2K}、I_A 值记录在表 19-2 中。

表 19-2 F-H 实验数据

$U_{F_1F_2}$ = V，U_{G_1K} = V，U_{G_2A} = V

U_{G_2K}/V																				…
I_A/A																				…

需要说明的是，F-H 管响应很慢，频率响应在 0.1 ~ 1Hz，不可短时间内大幅度调节加速电压 U_{G_2K}，否则要等微电流显示值稳定时再读数。

3. 自动扫描观察

1）扫描方式选择“自动”，加速电压 U_3 自动在 0 ~ 80V 按时递增扫描，手动不能调节，微电流量程选择“10^{-9}A”，调节电压 $U_1=3\sim4$V，$U_2=1.8$V，$U_4=5$V。用双 Q9 头连接线将“信号输出”接至数字示波器“CH1”，“同步信号”接至示波器“外接输入 EXT”，按数字示波器 AUTO 键，再旋转水平（HORIZONTAL）控制区域的旋钮（SCALE），使屏幕下方的水平时基 Time = 500ms，使示波器处于慢扫描状态。调节示波器垂直（VERTICAL）通道 CH1 电压档位（SCALE）旋钮，使示波器显示屏上能显示整个波形，观察波浪式爬坡曲线，可观察谱峰数大于或等于 6 个。拍下图形并与图 19-3 对照，如果观察到的波形不理想，峰谷现象不明显，可适当调节灯丝电压 U_1、栅极电压 U_2、拒斥电压 U_4，以获得理想的波形。

2）改变灯丝电压 U_1，U_2 和 U_4 保持不变，重复实验步骤（1），分析灯丝电压对波形的影响。

3）改变栅极电压 U_2，U_1 和 U_4 保持不变，重复实验步骤（1），分析栅极电压对波形的影响。

4）改变拒斥电压 U_4，U_1 和 U_2 保持不变，重复实验步骤（1），分析拒斥电压对波形的影响。

五、实验报告

1）用逐差法处理表 19-2 记录的实验数据。在坐标纸上用作图法测绘 I_A-U_{G_2K} 曲线，并对所得曲线进行分析，得出结论和求出 U_0 值。分析改变 U_1、U_2、U_4 对实验结果的影响，并和自动扫描观察到的 I_A-U_{G_2K} 波形进行比较。

因实验数据组数较多，建议用 Excel 电子表格处理实验数据。具体方法选择菜单中“插入”→“图表”，在弹出对话框中选择“自定义类型”→“平滑直线图”，填好相关内容，即可得到 I_A-U_{G_2K} 坐标曲线。根据峰、谷点的坐标值即可求出 V_0 值。

2）由于金属电极存在接触电势差 U_C，故测得的第一激发电势不是 13.1V。可用最小二乘法求出金属电极的接触电势差和第一激发电势。可令 $U_C=a$、$V_0=b$，X 为峰值点的顺序，各峰值点的加速电压 U_{G_2K} 为 Y，则有线性函数关系

$$Y=a+bX\ (X=1,\ 2,\ 3,\ \cdots) \tag{19-5}$$

计算待定系数 a 和 b 及线性相关系数 γ，从而求出第一激发电势 V_0 和接触电势差 U_C，并验证线性关系

$$U_{G_2K}=U_C+V_0X \tag{19-6}$$

是否成立。验证是通过相关系数 γ 来进行的，其表达式是

$$\gamma = \frac{\sum_{i=1}^{k}(X_i - \overline{X})(Y_i - \overline{Y})}{\sqrt{\sum_{i=1}^{k}(X_i - \overline{X})^2 \sum_{i=1}^{k}(Y_i - \overline{Y})^2}} \tag{19-7}$$

当$\gamma \to 1$时（一般达到0.999即可）表示Y和X的线性关系好，即线性函数形式正确；当$\gamma \to 0$时说明实验数据分散，即线性关系不存在。最小二乘法的统计不确定度与相关系数密切相关：当$\gamma \to 1$时，统计不确定度变小；当$\gamma \to 0$时，统计不确定度变大。

六、注意事项

1）实验仪内含昂贵的F-H管，搬动时应轻拿轻放，以防损坏。

2）若电压显示或微电流显示“溢出”，应换较大量程。

3）实验过程中，若微电流显示值突然剧增，表明F-H管有可能被击穿，应立即把加速电压U_{G_2K}降下来，否则会损坏F-H管。

七、思考题

1）灯丝电压、拒斥电压的改变对F-H实验有何影响？对第一激发电势有何影响？

2）由于有接触电势差存在，因此第一个峰值不在13.1V，那么它会影响第一激发电势的值吗？

3）为什么随着加速电压U_{G_2K}的增加，I_A的峰值越来越高？

4）如何测定较高能级激发电势或电离电势？

（刘文军）

第四章 综合性与设计性物理实验

实验20 生物膜电位的研究

一、实验目的

1）了解跨膜电位（能斯特电位）的产生机制。

2）学会使用电位差计测量跨膜电位。

二、实验器材

半透膜、水槽、电解质溶液、电极和温度计、UJ36 箱式电位差计。

三、实验原理

1. 膜电位的产生

大多数动物以及人体的神经和肌肉由于细胞膜内、外液体的离子浓度不同，使得细胞膜对不同种类离子的通透性不一样。因此，在细胞膜内、外之间存在着电位差。

如图 20-1 所示，有一半透膜将容器分隔开，膜两侧分别装有浓度不同的 KCl 电解质溶液 c_1 和 c_2，且 $c_1 > c_2$。设半透膜只允许 K^+通过而不允许 Cl^-通过，由于浓度不同，K^+从浓度大的 c_1 侧向浓度小的 c_2 侧扩散，结果使右侧正电荷逐渐增加，左侧出现过剩的负电荷。这些电荷在膜的两侧聚集起来，产生一个阻碍离

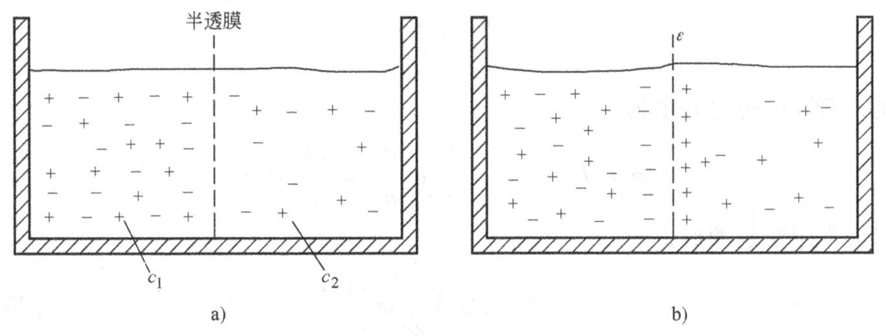

图 20-1 能斯特电位的形成

a）离子扩散前 b）动态平衡

子继续扩散的电场，最后达到平衡时，膜的两侧产生了电位差 ε，称 ε 为跨膜电位或能斯特电位。

对于稀溶液，离子在电场中的分布类似于气体分子在重力场中的分布，满足玻耳兹曼能量分布定律，即

$$n = n_0 e^{\frac{-E_p}{KT}}$$

式中，n 为电势能是 E_p 的离子平均密度；n_0 为势能是 0 的离子平均密度；$k = 1.381 \times 10^{-23} J/K^{-1}$为玻耳兹曼常数；$T$ 为热力学温度。

设平衡时膜两侧 K^+ 离子密度分别为 n_1 和 n_2 电位为 U_1 和 U_2，K^+ 离子价数为 Z、电子电荷量为 e，则 K^+ 离子在膜两侧的电势能分别为

$$E_{P1} = ZeU_1$$
$$E_{P2} = ZeU_2$$

分别代入玻耳兹曼能量分布定律中，则

$$n_1 = n_0 e^{-\frac{E_{P1}}{KT}} = n_0 e^{-\frac{ZeU_1}{kT}}$$
$$n_2 = n_0 e^{-\frac{E_{P2}}{KT}} = n_0 e^{-\frac{ZeU_2}{kT}}$$

上两式相除，得

$$\frac{n_1}{n_2} = e^{\frac{Ze(U_2 - U_1)}{kT}}$$

取自然对数后得

$$\ln \frac{n_1}{n_2} = \frac{Ze}{kT}(U_2 - U_1)$$

经实验研究表明，从扩散开始到动态平衡的过程中，实际上只有数量极少的离子穿过了半透膜（约占离子总数的几万分之一），因此离子的扩散还不致改变膜两侧的溶液浓度，即

$$\frac{n_1}{n_2} = \frac{c_1}{c_2}$$

于是，跨膜电位可表示为

$$\varepsilon = U_2 - U_1 = \frac{kT}{Ze}\ln \frac{n_1}{n_2} = \frac{kT}{Ze}\ln \frac{c_1}{c_2}$$

改写成常用对数的形式

$$\varepsilon = \pm 2.3 \frac{kT}{Ze}\lg \frac{c_1}{c_2} \tag{20-1}$$

若正离子通透取正号，则负离子通透取负号，此式称为能斯特方程。能斯特方程给出了半透膜扩散平衡时，膜两侧的离子浓度与跨膜电位的关系。式中，

$k = 1.381 \times 10^{-23}$J/K、$T =$（273 + t）K、$e = 1.6 \times 10^{-19}$C，对于K^+离子，$Z = 1$。

2. 电位差计原理和使用

UJ36型直流电位差计是一种高精度测量电动势的仪器，其最大测量值为120mV，最小读数为0.01mV。其内部线路结构由步进读数盘和滑线读数盘以及晶体管放大检流计G、电键开关S、标准电池E_N等组成。UJ36型电位差计的原理图见图20-2，其面板图如图20-3所示。

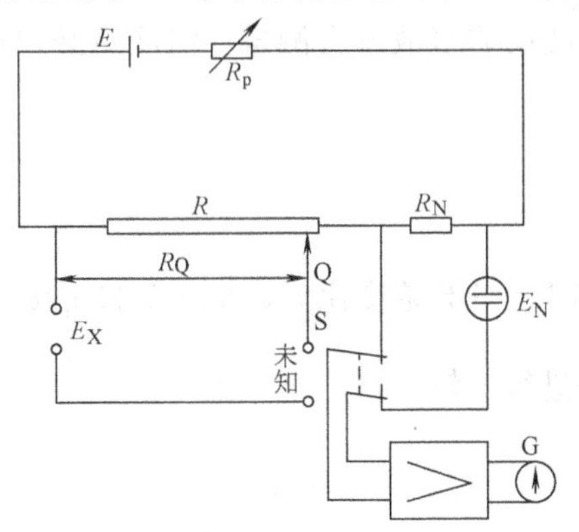

图20-2　UJ36型电位差计原理图

E—工作电流　E_N—标准电池的电动势　E_X—被测电动势（或电压）　G—晶体管放大检流计　R_p—工作电流调节电阻　R—被测电动势的补偿电阻　S—电键开关

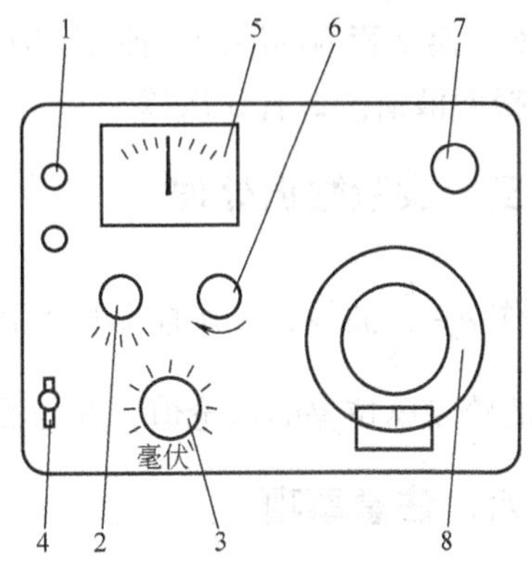

图20-3　UJ36型电位差计面板图

1—未知正负待测电位差计线柱　2—X1断×0.2倍率旋钮　3—毫伏读数盘步进旋钮　4—标准未知测量转换开关S　5—检流计G　6—调零检流计调零旋钮　7—电流调节校准平衡调节旋钮　8—毫伏滑线读数盘旋钮

四、实验内容及步骤

1）把浓度为c_1、c_2（$c_1 > c_2$）的KCl溶液分别装入水槽和包有半透膜的试管内。

2）将两电极分别插入管内、外的电解质溶液中，另一端接入电位差计中“未知”的正、负接线柱上，不可接反（图20-4）。

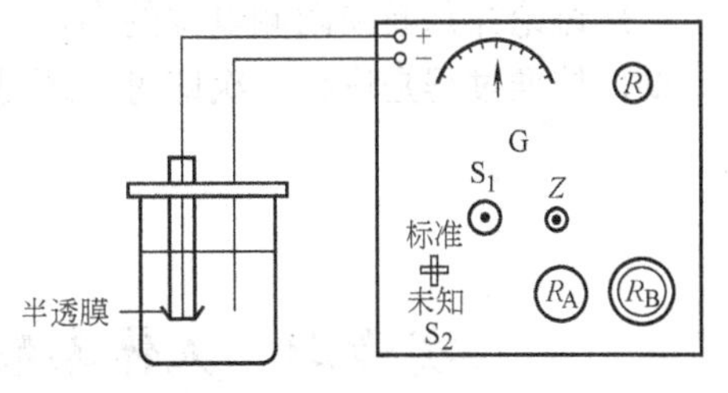

图20-4　实验接线图

3）把倍率旋钮2旋向所需要的位置上，该旋钮也是电位差计的电源开关，旋到指定的倍率位置上同时也即接通了电位差计的工作电流和检流计放大器的电源。待仪器通电5min后，然后才可调节检流计“调零”旋钮使指针准确指零。

4）将开关S拨向“标准”位置，调节旋钮7（在面板的右上角），使检流计指向零。

5）开关S拨向“未知”，调节步进读数盘3，使指向所测电压范围，再调节滑线读数盘8，使检流计再次指零，即可读下被测跨膜电位 ε 的值。

跨膜电位按下式读出：

$$\varepsilon = (\text{步进盘读数} + \text{滑线盘读数}) \times \text{倍率}$$

6）换试管内的溶液，改用四种不同浓度比的溶液进行测量。但注意必须用待更换溶液清洗试管3次以上。

五、实验数据处理

作 $\varepsilon_x\text{-}\dfrac{c_1}{c_2}$ 曲线，并用能斯特方程式（20-1）计算浓度比为 $c_1/c_2=2$ 和 $c_1/c_2=4$ 时的跨膜电位差的理论值，并与测量结果进行比较。

六、注意事项

1）在测量时，要求测量每个读数前，开关S均应先拨向“标准”，看一下检流计指针是否准确指零（即核对电位差计校准电流是否漂移变动），如无变动（指针仍指零），开关S方可拨向“未知”测量电压。如开关S拨向“标准”时，检流计指针不指零而有偏移，则需再调节旋钮7，使检流计指针恢复准确指零，然后才可拨向“未知”，测量外接待测电动势。

2）UJ36型电位差计的最大测量值为120mV，校准过程应尽快完成，以免消耗标准电池的电量。

3）测量完毕时，应尽快断开供电电源。

七、思考题

1）讨论并判断膜两侧电位的高低。

2）校准过程是进行一次即可，还是应在每次测量前进行？为什么？

（刘文军）

实验21　人体参数的测量与相关分析

一、实验目的

1）了解定极求积仪、读数显微镜结构原理，学会使用这些仪器的方法。

2）进一步掌握有效数字的概念，并熟悉其运算方法。

3）掌握人体参数的测量和相关系数的运算。

二、实验器材

定极求积仪、读数显微镜、体重-身高秤。

三、仪器结构和原理

（一）定极求积仪

求积仪是用来测量不规则面积的，它的构造是使得只要沿着图形的边缘描迹，读出与仪器相连的滚轮的读数，再乘以一常数便可求出该图形的面积。求积仪的原理涉及平动、转动知识和一些微积分知识，然而，它的操作却很简单。下面以本实验所使用的 Q811 型求积仪作一介绍。

1. 求积仪的构造

求积仪主要由定极杆 *OA* 和带刻度滚轮的描迹杆 *BC* 组成，其结构如图 21-1 所示。极针是用来固定极锤，描迹针是用来描图形的边缘，平面刻度盘、刻度滚轮和游标是用来计量滚轮滚过的净线位移。

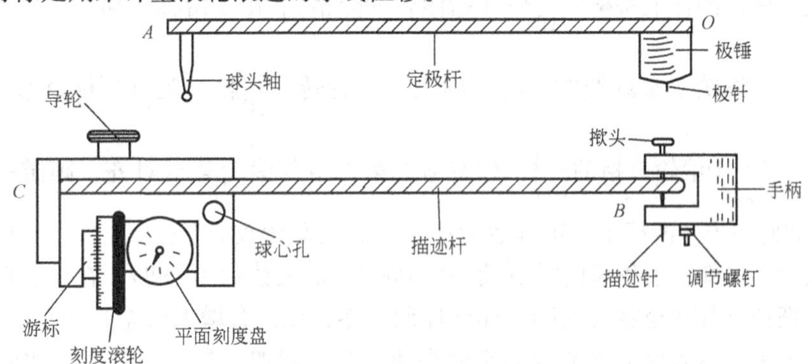

图 21-1　Q811 型求积仪结构图

2. 求积仪的操作方法

求积仪在描迹前的放置位置如图 21-2 所示。即将仪器放在图板上，描迹针放在被测图形中心，球头轴放入球心孔内，一手拿着极锤，并轻轻移动两杆，使滚轮直径方向的延长线通过极锤中心（即使得描迹杆与滚轮径向延长线构成直角），然后固定极锤。

使用时右手握住手柄，把描迹针移到图形边缘，描迹时应使滚轮转动较小的地方作为起点，如某段边线正好在描迹杆右方延长线上的地方，按下撳头，抬起描迹针，使描迹针靠纸面按顺时针方向绕图形边线一周，记下初读 N_0，然后再绕一周，记下末读数 N_1。则滚轮转过的净读数 N 为

$$N = N_1 - N_0 \tag{21-1}$$

3. 求积仪的分度原理与读数方法

求积仪有三个相互联系的分度，总读数为四位数，是个无单位的数。

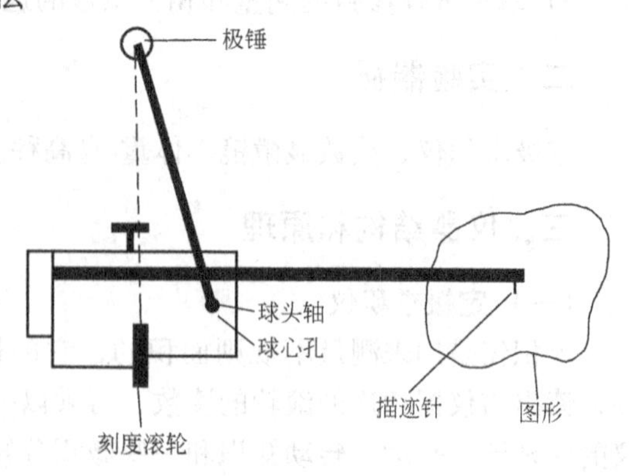

图 21-2　描迹前的放置位置

平面刻度盘上有 10 个分格，指针所指的可读整数为 0 ~ 9，作为总读数的千位。滚轮上的刻度有 100 个分格，可读数为 00 ~ 99，滚轮转动一周，同时带动平面刻度盘转动一个分格，游标零线所指的滚轮上的整读数作为总该数的百位和十位。游标固定不动，它有 10 个分格，与滚轮上 9 个分格等长，故游标上每分格的长度是滚轮上每分格的$\frac{9}{10}$，即滚轮上每格比游标上每格大$\frac{1}{10}$格（指滚轮的分格），由于游标不动，所以当游标上第一格与滚轮上某刻线对齐时，则表示滚轮转了$\frac{1}{10}$格，此时游标读数定为 1 $\left(\text{实际长度等于滚轮分格的}\frac{1}{10}\right)$，如游标上第二格与滚轮某格对齐，则游标读数为 2，如此类推。游标上的可读数为 0 ~ 9，作为总读数的个位。

从以上可知，求积仪的零点读数为 0000，最大读数为 9999。在测量时，无必要先把初读数调至零（实际上如硬性调至零，反而会增大误差），只要把起点读数记下来，然后用末读数减去它便得净读数。例如，起点读数 $N_0 = 4044$，绕一周后末读数 $N_1 = 4678$，则图形在仪器上的净读数 $N = N_1 - N_0 = 4678 - 4044 = 0634$。

4. 图形面积的计算

所测图形面积越大，滚轮转过的圈数越多，测量出的净读数也越大，净读数的大小与图形面积成正比，净读数再乘以一个由仪器设计时决定的比例系数便可得图形的面积。当极针位于图形之外时，图形面积 S 跟求积仪的描迹杆长度 l、滚轮直径 D 及其转过的圈数 n 成正比，即

$$S = l\pi Dn \tag{21-2}$$

由于图形面积越大，滚轮转过的圈数越多，净读数 N 也越大，所以 S 可以用 N 乘以一个比例系数 k 来表示，即

$$S = kN \tag{21-3}$$

可见，$S = kN = l\pi Dn$，得 $k = \frac{S}{N} = \frac{l\pi Dn}{N}$。Q811 型求积仪在设计时使得当 $S = 10\text{mm}^2$ 时，$N = 0001$，即 $k = 10$，故图形面积

$$S = 10N\text{mm}^2 = 10^{-5}N\text{m}^2 \tag{21-4}$$

当从地图上测量某地方的实际面积 S_x 时，就必须将 S 再乘以一个由地图比例尺决定的另一个比例系数，如地图的长度比例尺为 $1:A$，则因面积跟长度的平方成正比，故实际面积为

$$S_x = A^2 \cdot S = A^2 \cdot 10^{-5}N\text{m}^2 \tag{21-5}$$

（注：仪器在出厂时已校正好，如误差超过 ±3‰，可利用校正尺进行校准，方法详见说明书）

（二）读数显微镜

一般显微镜只有放大物体的作用，不能测量物体的大小，如果在显微镜的目镜中装上十字叉丝，并把镜筒固定在一个可以左右或上下移动的拖板上，而拖板移动的距离由千分尺或游标尺读出来，则这样改装的显微镜称为读数显微镜（图 21-3）。它主要用来精确测定微小的或不能用夹持量具测量的物体的尺寸，如毛细管内径，金属杆的线膨胀量，微小钢球的直径等。测量的准确度一般为 0.01mm。

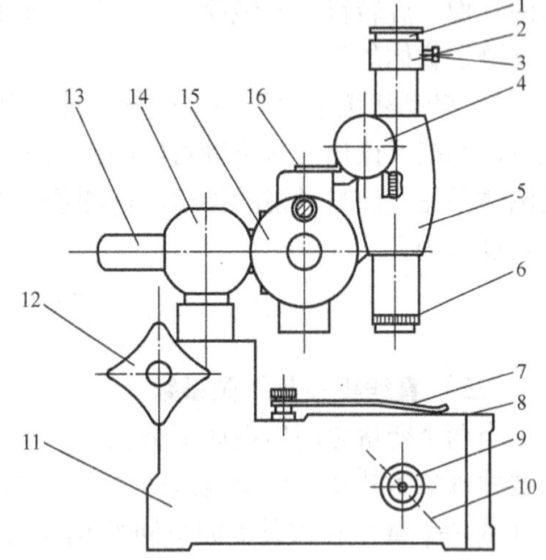

图 21-3　JCD-Ⅱ型读数显微镜外形图

1—目镜　2—锁紧筒圈　3—锁紧螺钉　4—调焦手轮　5—镜筒支架　6—物镜　7—弹簧压片　8—台面玻璃　9—旋转手轮　10—反光镜　11—底座　12—旋手　13—方轴　14—接头轴　15—测微手轮　16—标尺

1. 读数显微镜的结构原理

主要部分为放大待测物体的显微镜和读数用的主尺及附尺，其读数的原理和千分尺的读数原理相同。

显微镜由物镜、目镜和镜筒构成，目镜 1 用锁紧筒圈 2 和锁紧螺钉 3 固紧于镜筒内，物镜 6 用丝扣拧入镜筒内，镜筒可用调焦手轮 4 调焦。镜筒上装有游标刻度尺，作为垂直方向的测量，目镜内有一个十字叉丝，作为测量标线。旋转测微手轮 15 时，镜筒支架 5 带动镜筒沿导轨作水平移动，其位移可由标尺 16 和测微鼓轮上读出

位置读数 = 主尺读数 + 鼓轮读数

位移 = | 终读数 − 初读数 |

待测物可以通过弹簧压片 7 固定在物镜下面的台面玻璃 8 上。台面玻璃下面有反光镜 10，其方位可通过旋转手轮 9 来调节。测量架上的方轴 13 插入接头轴 14 的十字孔内，用旋手 12 固定。根据插入方位不同，可以使显微镜筒保持垂直或者水平。接头轴 14 插在底座内，它可在底座内旋转、升降，其位置用旋手 12 固定。

2. 读数显微镜的使用方法

1）根据测量对象的具体情况，决定读数显微镜的安放位置。把待测物体放在显微镜的物镜的正下方或正前方。

2）上下或前后移动目镜，使十字叉丝成像清楚。

3）调节调焦手轮，可以改变镜筒跟物体的间距，以便在目镜中看到一个清晰的物像。旋转目镜的镜筒，使十字叉丝的一条丝和主尺的位置平行，另一条丝用来测定物体的位置。

4）转动测微手轮，使显微镜内十字叉丝中的一条丝和待测物体一边相切，从主尺和附尺读出与这位置对应的读数 x。然后，保持待测物体的位置不变，转动测微手轮，使显微镜的叉丝与待测物体的另一边相切，读得 x'。于是待测物体的长度 L 为

$$L = |x - x'| \tag{21-6}$$

（三）直线相关与相关系数

当两个变量之间出现如下情况：一个增大，另一个也增大（或减小），我们称这种现象为共变，也就是这两个变量之间有“相关关系”。如果两种事物或现象（或两变量）在数量上的协同变化呈直线趋势，这种关系称为直线相关，又称为线性相关（关系）。

用来表示相关关系的统计学指标称为相关系数，亦称积差相关或总相关，它的符号是 r。相关系数有正有负，r 等于 $+1$ 或 -1 的时候，称为完全相关，r 等于 0 的时候，称为零相关或无相关。相关系数总在 -1 与 $+1$ 之间，不会超过这个范围相关系数只是一个数值，并没有单位。

在生物现象中，很少有完全相关的，故 r 的数值一般也不会达到 $+1$ 或 -1。相关系数绝对值的大小，反映了变量 x 与变量 y 之间关系的密切程度，在相关图上，各对（x，y）的坐标点称为观察点，观察点的分布越呈直线趋势，表示 x 与 y 之间关系越密切，r 的绝对值也越大，如果 r 接近于 1，就是很高的相关。反之，r 的绝对值越小，相关程度就越低。如果 r 接近 0，就说明 x 与 y 之间看不出有什么相关关系了。对于一元线形回归，相关系数的计算公式为

$$r = \frac{\Sigma(x - \bar{x})(y - \bar{y})}{\sqrt{\Sigma(x - \bar{x})^2 \cdot \Sigma(y - \bar{y})^2}} \tag{21-7}$$

式中的分母部分皆取正值，而分子则可能为正值、也可能为负值，并由它决定 r 的正负。

四、实验内容及步骤

（一）用求积仪测定自己手掌面积

1）将求积仪按图 21-2 放置后，固定好极锤。将手掌放置到白纸上，用铅笔画出手掌的轮廓线。

2）轻轻将描迹针移到手掌的轮廓线适当处作为起点，按下揿头，抬起迹针，使迹针靠近纸面沿顺时针方向试绕两圈，记下初读数 N_0，然后细心地绕一周，记下末读数 N_1，算出净读数 $N = N_1 - N_0$。重复做三次，求出 N 的平均值。

3）算出 S，即 $S = 10N\text{mm}^2$。

注意事项：

1）Q811 型求积仪只适用于极锤在图形之外，如图形较大，一次测不完，可将图形分割成若干份来测算。使用前先检查一下滚轮转动是否灵活。

2）描迹针不要直接摩擦纸面，以免划破纸面，其高度可由调节螺钉来调整。

3）当滚轮上的读数在 80 ~ 90 之间时，平面刻度盘上的指针近于下一个数字，此时千万不要去读高一位的数字。例如，滚轮上和游标上的读数是 927，刻度盘上的指针接近于数字 6，那么，正确的读数是 5927，而不是 6927。

（二）用读数显微镜测定头发丝的直径

1）将头发丝放在读数显微镜的载物台上显微镜镜筒的正下方，调节调焦手轮，使目镜上观察到的像最清晰为止。

2）转动测微手轮和目镜，使目镜上的黑十字叉的一条竖线与所成的像（头发丝的像）一侧边缘对齐，从主尺和测微鼓轮上读出初读数。

3）再转动测微手轮，使目镜上的黑十字叉的这条竖线移到像的另一侧边缘并对齐，并在主尺和测微鼓轮上读出终读数。测量时，目镜黑十字叉的竖线如果与像边缘不平行，可以转动目镜，使之平行。

4）头发丝直径 $D = |$终读数 − 初读数$|$。重复做三次，求出 D 的平均值。

注意事项：

1）当眼睛注视目镜时，只准使镜筒移离待测物体，以防止碰破显微镜物镜。

2）在整个测量过程中，十字叉丝的一条丝必须和主尺平行。

3）在每次测量（如 x 和 x' 的测量）中测微手轮只能向一方转动，不能时而正转，时而反转。如果正向前行的拖板突然停下来朝反向进行，原测微手轮（丝杆）一定要在空转（即转动丝杆而拖板不动）几圈后才能重新推动拖板后退。这是因为丝杆和螺母套筒之间有间隙的缘故。

（三）用体重-身高秤测定自己的体重和身高

重复做三次，求出体重和身高平均值。

将记录的数据填入下表

人体量	1	2	3	平均值	绝对误差	相对误差	测量结果
身高/cm							
体重/kg							
头发丝直径/mm							
手掌面积/cm^2							

五、实验结果处理

取同一实验班全体同学（多于30人）的体重、身高、头发丝的直径、手掌面积中的任两个参数进行回归分析，计算相关系数 r。

六、思考题

1）用定极求积仪测量面积时，遇到图外图（如我国地图的台湾岛）怎么测？

2）在用读数显微镜测量的过程中，微分筒的手轮为什么不能中途倒转？

（刘文军）

实验22　液体表面张力系数的测定

一、实验目的

1）掌握用拉脱法测量室温下液体的表面张力系数的方法。

2）学习力敏传感器的定标方法。

二、实验仪器

DH4607液体表面张力测定仪。

三、实验原理

图22-1为实验装置图，其中，液体表面张力系数测定仪包括硅扩散电阻非平衡电桥的电源和测量电桥失去平衡时输出电压大小的数字电压表。其他装置包括铁架台、微调升降台、装有力敏传感器的固定杆、盛液体的玻璃皿和圆环形吊

片。实验证明，当环的直径在 3cm 附近而液体和金属环接触的接触角近似为零时，运用式（22-1）测量各种液体的表面张力系数的结果较为正确。

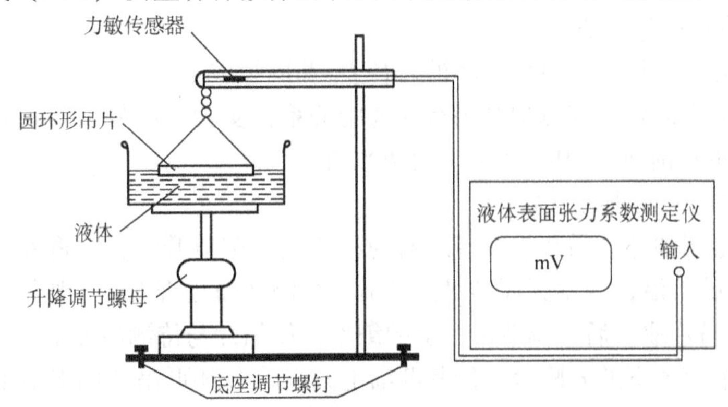

图 22-1　液体表面张力系数测定装置

测量一个已知周长的金属片从待测液体表面脱离时需要的力，求得该液体表面张力系数的实验方法称为拉脱法。若金属片为圆环形吊片时，考虑一级近似，可以认为脱离力为表面张力系数乘上脱离表面的周长，即

$$F = a\pi(D_1 + D_2) \tag{22-1}$$

式中，F 为脱离力；D_1、D_2 分别为圆环的外径和内径；a 为液体的表面张力系数。

硅压阻式力敏传感器由弹性梁和贴在梁上的传感器芯片组成，其中芯片由四个硅扩散电阻集成一个非平衡电桥，当外界压力作用于金属梁时，在压力作用下，电桥失去平衡，此时将有电压信号输出，输出电压大小与所加外力成正比，即

$$\Delta U = KF \tag{22-2}$$

式中，F 为外力的大小；K 为硅压阻式力敏传感器的灵敏度；ΔU 为传感器输出电压的大小。

四、实验内容

1. 力敏传感器的定标

每个力敏传感器的灵敏度都有所不同，在实验前，应先将其定标，定标步骤如下：

1）打开仪器的电源开关，将仪器预热。

2）在传感器梁端头小钩中，挂上砝码盘，调节调零旋钮，使数字电压表显示为零。

3）在砝码盘上分别加 0.5g、1.0g、1.5g、2.0g、2.5g、3.0g 等质量的砝

码，记录相应这些砝码力 F 作用下，数字电压表的读数值 U。

4）用最小二乘法作直线拟合，求出传感器灵敏度 K。

2. 环的测量与清洁

1）用游标卡尺测量金属圆环的外径 D_1 和内径 D_2。

2）环的表面状况与测量结果有很大的关系，实验前应将金属圆环形吊片在 NaOH 溶液中浸泡 20～30s，然后用净水洗净。

3. 液体的表面张力系数

1）将金属圆环形吊片挂在传感器的小钩上，调节升降台，将液体升至靠近圆环形吊片的下沿，观察圆环形吊片下沿与待测液面是否平行，如果不平行，将金属圆环形吊片取下后，调节吊片上的细丝，使吊片与待测液面平行。

2）调节容器下的升降台，使其渐渐上升，将圆环形吊片的下沿部分全部浸没于待测液体中，然后反向调节升降台，使液面逐渐下降，这时，金属圆环形吊片和液面间形成一环形液膜，继续下降液面，测出环形液膜即将拉断前一瞬间数字电压表读数值 U_1 和液膜拉断后一瞬间数字电压表读数值 U_2。

$$\Delta U = U_1 - U_2$$

3）将实验数据代入式（22-2）和式（22-1），求出液体的表面张力系数，并与标准值进行比较。

4. 选做部分

测出其他待测液体，如酒精、乙醚、丙酮等在不同浓度下的表面张力系数。

五、实验数据处理

（1）传感器灵敏度的测量

表 22-1

砝码/g	0.500	1.000	1.500	2.000	2.500	3.000
电压/mV						

经最小二乘法拟合得 $K=$ ____mV/N，拟合的线性相关系数 $r=$ ____

（2）水的表面张力系数的测量

金属环外径 $D_1=$ ____cm，内径 $D_2=$ ____cm，水的温度：$t=$ ____℃。

表 22-2

编号	U_1/mV	U_2/mV	ΔU/mV	F/N	α/N·m^{-1}
1					
2					
3					
4					
5					

平均值：$\bar{\alpha}$ = ________ N/m

附：水的表面张力系数的标准值：

水温 t/℃	10	15	20	25	30
α/N·m^{-1}	0.07422	0.07322	0.07275	0.07197	0.07118

（钟晓燕）

实验23　变温度液体黏度的测量

一、实验目的

1）了解落针法测量液体黏度的原理。

2）测量加热液体（蓖麻油）的黏度，并作出黏度与温度变化的关系曲线。

二、实验器材

一体化PH-IV型变温度黏度实验仪。

三、实验原理

（一）仪器结构

仪器由本体、落针、霍尔传感器、控温计时系统四部分组成。

1. 黏度计本体

黏度计本体结构如图23-1所示。用透明玻璃管制成的内外两个圆筒容器，竖直固定在水平机座上，机座底部有调水平的螺钉。内筒长550mm，内筒内直径（$2R_1$）约40mm，外筒外直径约60mm。内筒盛放待测液体（如蓖麻油），内外筒之间通过控温系统灌水，用以将内筒水浴加热。外筒的一侧上、下端各有一接口，用橡胶管与控温系统的水泵相连，机座上竖立一块铝合金支架，其上装有霍尔传感器和取针装置。圆筒容器顶部盒子上装有投针装置（发射器），它包括喇叭形的导环和带永久磁铁

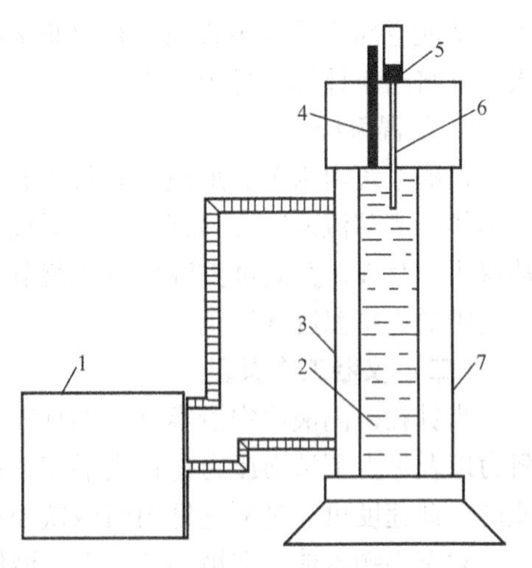

图23-1　变温度黏度实验仪

1—水泵　2—待测液体　3—水　4—酒精温度计　5—控杆　6—落针　7—霍尔传感器

的拉杆。装此导环为便于取针和让针沿容器中轴线下落。用取针装置把针由容器底部提起，针沿导环到达盖子顶部，被拉杆的磁铁吸住。拉起拉杆。针因重力作用而沿容器中轴线下落。

2. 针

它是用有机玻璃制成的细长空心圆柱体，外半径为 R_2，有效密度为 ρ_s。它的下端为半球形。上端为圆台状，便于拉杆相吸。内部两端装有永久磁铁，异性磁极相对。磁铁的同性磁极间的距离为 L（170mm），内部有配重的铅条，改变铅条的数量，可改变针的有效密度 ρ_s。

3. 霍尔传感器

它是灵敏度极高的开关型霍尔传感器，做成圆柱状，外部有螺纹，可用螺母固定在仪器本体的铝板上。输出信号通过屏蔽电缆、航空插头接到单板机计时器上。传感器由 5V 直流电源供电，外壳用非磁性金属材料（铜）封装，每当磁铁经过霍尔传感器前端时，传感器即输出一个矩形脉冲，同时有 LED（发光二极管）指示。这种磁传感器的使用，为非透明液体的测量带来方便。

4. 单板机计时器

以单板机为基础的 SD-A 型多功能毫秒计用以计时和处理数据，硬件采用 MCS-51 系列微处理芯片，配有并行接口，驱动电路，输入由 4×4 键盘实现。显示为 6 个数码管，软件固化在 2764EPROM 中，霍尔传感器产生的脉冲经整形后，从航空插座输入单板机，由计时器完成两次脉冲之间的计时，接受参数输入，并将结果计算和显示出来。

5. 控温系统

控温系统由水泵、加热装置及控温装置组成。微型水泵运转时，水流自黏度计本体的底部流入，自顶部流出，形成水循环，对待测液体进行水浴加热，加热功率为 100 W，并通过控温装置的调节，达到预定温度。待测液体的温度则用置于其中的酒精温度计测量。

（二）仪器工作原理

当针在待测液体中沿容器中轴垂直下落时，经过一段时间，针受重力与黏滞阻力以及针上下端面压力差达到平衡，针变为匀速运动，这时针的速度称为收尾速度，此速度可通过测量针内两磁铁经过传感器的时间间隔 T 求得。

对于牛顿液体，在恒温条件下，液体黏度公式为

$$\eta = \frac{g \times R_2^2(\rho_s - \rho_L)}{2 \times V_\infty} \times \frac{1 + \dfrac{2}{3Lr}}{1 - \dfrac{3}{2C_w L_r} \times \left(\ln \dfrac{R_1}{R_2} - 1\right)} \times \left(\ln \frac{R_1}{R_2} - 1\right) \quad (23\text{-}1)$$

式中，R_1 为容器内筒半径；R_2 为落针外半径；V_∞ 为针下落收尾速度；g 为重力

加速度；ρ_s 为落针的有效密度；ρ_L 为液体密度；η 为液体黏度。其中壁和针长的修正系数为

$$C_w = 1 - 2.04k + 2.09k^3 - 0.95k^5 \text{（其中 } k = R_2/R_1\text{）}$$

$$L_r = (L - 2R_2)/2R_2$$

因为计算结果由计算机程序完成，且计算机的程序已固化在单板机的 EPROM 中，所以，利用单板机可计算黏度 η 并显示，实现了智能化。

（三）使用方法

1）加热液体：接通控温系统的电源，按下控温按钮，启动水泵，将温度控制器编码开关调到某一温度（例如高于室温 5℃），呈现指示灯亮，对待测液体水浴加热，到达设定温度后，红色指示灯熄灭进行保温，由于热惯性，需待一段时间后，才能达到平衡，数码显示器显示待测液体温度。

2）开机后，控温机箱上的数显表显示“PH-2”，霍尔传感器上的 LED 应亮。

3）按控温机箱上的“复位”键，显示“PH-2”，表示已经进入复位状态。

4）按“2”键，数码显示“H”表示毫秒计进入计时待命状态。

5）将投针装置的磁铁拉起，让针落下，稍待片刻，数显表显示落针经过霍尔传感器的时间（单位：ms），按 A 键，显示落针的有效密度（2260 kg/m^3），第二次按 A 显示蓖麻油的有效密度（950 kg/m^3），第三次按 A 键显示该设定温度下的液体粘度，单位为 $10^{-3}Pa \cdot s$。

6）用取针装置将针拉起，重复测量。

7）设定其他温度，继续加热液体，测定该温度下液体的黏度，作黏度与温度关系曲线。

四、实验内容及步骤

1）用漏斗向控温系统水箱注水，使水位管达到管高度的 2/3，取下容器盖子，向内圆管注满待测液蓖麻油。(实验前已准备完毕)。

2）插上 220V 的交流电源，打开温控和单片机测量系统的电源开关，它们的指示灯（一红一绿），分别点亮。这时，水泵启动，向外圆管注水，用以对内管中待测液体水浴加热。

3）将温度控制器编码开关调到低于室温，其红色指示灯熄灭，没有对待测液水浴加热，按使用方法中 3）、4）、5）步骤，测出室温下蓖麻油的黏度。

4）将温度控制器编码开关调到高于室温 5℃以下，并且温度个位数是 0 或 5 的某个温度，这时红色指示灯亮，对待测蓖麻油进行水浴加热，到达设定温度后（可能有误差），指示红灯熄灭，停止加热保温，由于热惯性，需一段时间才能达到平衡，此时数码显示器显示为蓖麻油黏度，重复使用方法中的步骤 3）、4）、

5)，测出该温度下蓖麻油的黏度。

5）将温度调高3℃，重复上述步骤测出室温到50℃（温差为3℃）的各温度蓖麻油的黏度。

6）以温度为横坐标，蓖麻油黏度为纵坐标，（单位为10^{-3}Pa·s)，在直角坐标纸上描出上述温度下所测出蓖麻油黏度所对应的点，并联成一条平滑曲线——蓖麻油黏度与温度的关系曲线。

五、注意事项

1）应让针沿圆筒中心轴线落下。

2）落针过程中，针应保持竖直状态，若针头部偏向霍尔探头，数据偏大；若针尾部偏向霍尔探头，数据偏小。

3）用取针装置将针拉起悬挂在容器上端后，由于液体受到扰动，处于不稳定状态，应稍待片刻，再将针投下，进行测量。

4）取针装置将针拉起并悬挂后，应将取针装置上的磁铁旋转，离开容器，以免对针的下落造成影响。

5）建议实验者先在复位后用计停键手动测量落针时间，然后用霍尔探头作自动测量，训练实验技巧。

6）取针和投针时均需小心操作，以免把仪器本体弄倒，打坏圆筒容器。

7）实验完毕，测出的液体黏度η在存在系统误差、环境误差等一系列误差的情况下，误差范围在8%～15%之间。

六、思考题

1）为什么温度控制编码器设置温度和平衡以后数码显示器所显示的温度一般都不一致，待测液体的温度以哪个温度为准?

2）在落针测量时，为什么取针装置上的磁铁要向外旋转，使它离开圆筒容器?

（刘文军）

实验24 医学数码摄影

一、实验目的

1）了解数码相机的基本原理和构造及其使用方法。

2）初步掌握拍摄医学标本和室外物体的操作技术。

二、实验器材

医学标本、数码相机、U 盘、计算机、打印机。

三、实验原理

（一）数码相机简介

1. 数码相机的工作原理

图 24-1 为数码相机工作原理图。

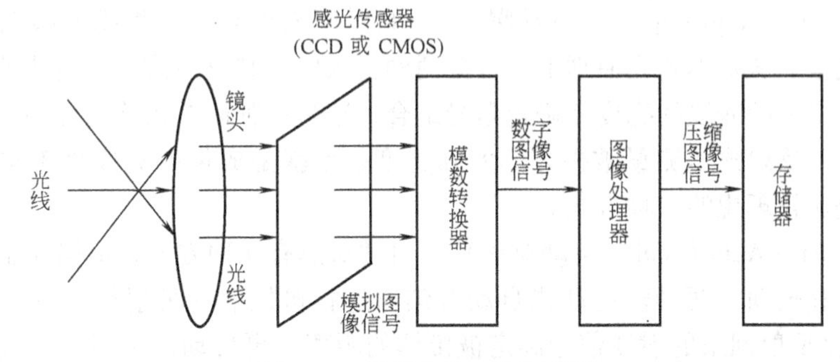

图 24-1　数码相机工作原理图

1）物体通过镜头（通常由多组透镜组成）将物体成像投放到光电传感器上（现有 CCD 和 CMOS 两大类型），其作用相当于光学相机的胶卷。

2）光电传感器将图像转换成模拟电信号，传送到相机的图像处理系统，该系统实际上是由微型中央处理器（CPU）及其处理电路和图像处理软件组成。

3）图像处理系统将模拟电信号转换为数字信号。

4）经过信号压缩电路后将信号储存到相机的储存器上。

5）照片的冲洗是将储存器的数据通过数码输出设备（冲印或打印）输出为图像。

2. 数码相机的主要组件

数码相机主要的组成部件是镜头、图像传感器、数码储存器、LCD 屏。

（1）镜头　相比起传统相机，数码相机的镜头很小，制造得非常精细。

（2）图像传感器（即光电传感器）　数码相机的主要感光传感器有 CCD（电荷耦合器件）和 CMOS（互补型金属氧化物）两种半导体构成。

（3）LCD 显示屏　绝大多数数码相机都有一个 LCD（彩色液晶显示）屏。它就像一台微型的计算机监视器，能显示相机中存储的图像。LCD 也用来显示菜单，使用户可以修改照相机的设置，并从相机的存储器中删除不想要的图像。在照相机中观看和删除图像的功能非常有用，因为节省了下载不想要的图像所花费的时间。如果照出来的相片不理想，可以把它删掉重拍。

（4）数据储存器　通常的储存器有 CF 卡、MMS、XD、SD 和 SONY 标准的 Memory Stick 等。

3. 数码相机主要技术参数

（1）白平衡　由于不同的光照条件的光谱特性不同，拍出的照片常常会偏色。例如，在荧光灯下会偏蓝、在白炽灯下会偏黄等。为了消除或减轻这种色偏，数码相机和摄像机可根据不同的光线条件调节色彩设置，以使照片颜色尽量不失真，使颜色还原正常。因为这种调节常常以白色为基准，故称白平衡。

（2）AE（Auto Expose，自动曝光）　自动曝光就是相机根据光线条件自动确定曝光量。从根本测光原理上分可分两种：入射式和反射式。入射式就是测量照射到相机上的光线的亮度来确定曝光组合，这是一种简单粗略的控制，多用于低档相机。反射式是测量被摄体的实际亮度，也就是成像的亮度来确定曝光组合，这是比较理想的一种方式。

（3）AF（Auto Focus，自动对焦）　自动对焦有几种方式，根据控制原理分为主动式和被动式两种。主动式自动对焦通过相机发射一种射线（一般是红外线），根据反射回来的射线信号确定被摄体的距离，再自动调节镜头，实现自动对焦。这是最早开发的自动对焦方式，比较容易实现，反应速度快，成本低，多用于中档“傻瓜相机”。这种方式精确度有限，且容易产生误对焦，例如当被摄体前有玻璃等反射体时，相机不能正确分辨。被动式对焦有一点仿生学的味道，是分析物体的成像判断是否已经聚焦，比较精确，但技术复杂，成本高，并且在低照度条件下难以准确聚焦，多用于高档专业相机。一些高智能相机还可以锁定运动的被摄物体甚至眼控对焦。

（4）焦距　相机的镜头是一组透镜。焦距固定的镜头，称为定焦镜头；焦距可以调节变化的镜头，称为变焦镜头。在摄影领域，焦距主要反映了镜头视角的大小。对于传统 135 相机而言，50mm 左右的镜头的视角与人眼接近，拍摄时不变形，称为标准镜头，一般涵盖 40～70mm 的范围，18～40mm 称为广角或称为短焦镜头，70～135mm 称为中焦镜头，135～500mm 称为长焦镜头，500mm 以上称为望远镜头，18mm 以下称为鱼眼或超广角镜头，这种范围的划分只是人们的习惯，并没有严格的定义。数码相机的 CCD 一般比 135 胶片小得多，所以相同视角，其镜头焦距也短很多，例如，使用 0.33in（1in = 2.54cm）CCD 的数码相机，使用约 13mm 镜头时，其视角大概相当于 135 相机 50mm 的标准镜头。所以，各数码相机生产厂商所采用的 CCD 规格型号不同，所以，大家都采用“相当于 35mm 相机（即 135 相机）焦距”的说法。光学变焦镜头有助于方便的改变焦距，放大突出所需的图像细节，并略去不需要的背景，当然这增加了相机的成本。现在大部分中高档数码相机使用了 2～3 倍光学变焦镜头，有些还在镜头中使用了非球面镜片，这样有效的减少了像差和色散。

（5）景深　在进行拍摄时，调节相机镜头，使距离相机一定距离的景物清晰成像的过程，称为对焦；那个景物所在的点，称为对焦点，因为“清晰”并不是一种绝对的概念，所以，对焦点前（靠近相机）、后一定距离内的景物的成像都可以是清晰的，这个前后范围的总和，即为景深，意思是只要在这个范围之内的景物，都能清楚地拍摄到。景深的大小，首先与镜头焦距有关，焦距长的镜头，景深小，焦距短的镜头景深大。其次，景深与光圈有关，光圈越小（数值越大，例如 f16 的光圈比 f11 的光圈小），景深就越大，光圈越大（数值越小，例如 f2. 8 的光圈大于 f5. 6）景深就越小。其次，前景深小于后景深，也就是说，精确对焦之后，对焦点前面只有很短一段距离内的景物能清晰成像，而对焦点后面很长一段距离内的景物，都是清晰的。

（6）像素　影响数码相机成像质量的因素与镜头质量、像素、拍摄技巧以及软件有关，像素就是在一个图片中所包含的有效色点的个数，如 1 台 15in 的显示器如果我们设定为 1024×768 模式时，其像素为 78. 6432 万，如果是 17in 还是用 1024×768 模式，其像素是多少？还是 78. 6432 万像素，但是我们看到的效果会怎样？显示的图像就显得比较粗糙了，如果要显示细腻一点，我们会采取什么动作呢？我们会将其显示模式设置为 1600×1024，这时其像素就变为 163. 84 万。从实际应用角度来看，现在普遍使用的 200 万至 500 万像素已经能够满足日常使用，继续提高像素数会造成数码相机连拍性能下降、文件体积过大等负面影响，而对成像质量带来的提升反而很小。200 万像素可以达到大约 1600×1200 的分辨率，而 500 万像素更可以达到 2580×1936 的分辨率。按照一般相机 150dpi 的标准来计算，200 万像素就可以完美的输出 10in 的照片，而 500 万像素更是可以完美地输出 16in 的照片，但在输出 10in 以下的照片时 200 万像素和 500 万像素相机图像效果没有区别。

（二）富士 AX205 数码相机使用方法

富士 AX205 数码相机为 1220 万像素、5 倍光学变焦的相机，最高分辨率为 4000×3000，其外形如图 24-2 所示，其拍摄模式见表 24-1。

表 24-1　拍摄模式

拍摄模式	用　　途
智能场景识别模式	只要将相机对准拍摄对象，相机会使用智能场景识别模式自动分析并选择理想的设定
自动	适用于拍摄清晰、明丽的快照。在大多数情况下推荐使用
程序自动曝光	程序 AE 设定快门速度和镜头光圈组合。该相机可以控制曝光补偿、白平衡和 ISO 感光度

（续）

拍摄模式	用　途
自然光	该模式有助于确保当拍摄对象背光或其他光线较差的情况下取得良好的拍摄效果
肖像	用于拍摄色调柔和、肤色自然的肖像
婴儿	选择此模式可在拍摄婴儿肖像时获取自然肤色。闪光灯自动关闭
风景	用于在白天拍摄清晰、亮丽的建筑物和风景照片
全景	在此模式下，最多可拍摄 3 张照片，并将它们连接起来合成一张全景照片
运动	用于拍摄移动中的主体。优先使用较高快门速度
夜景	自动选择高感光度设定，在拍摄夜景或黄昏场景时将模糊降低到最低程度
烟火	使用低速快门捕捉烟花四散的瞬间。向左或向右按下选择器选择快门速度。建议使用三脚架以避免模糊。闪光灯自动关闭
日落	用于拍摄日出和日落时鲜艳的色彩
雪景	用于拍摄清晰、亮丽的雪景，捕捉以耀眼的白雪为主景的场景中明亮的色彩
海滩	用于拍摄清晰、亮丽的海景，捕捉阳光海滩上明亮的色彩
聚会	用于捕捉室内昏暗照明下的背景灯光
花卉	用于拍摄艳丽的花卉特写。相机在微距拍摄范围对焦，且闪光灯自动关闭
文字	用于拍摄印刷物中文字或图画的清晰照片。相机在微距拍摄对焦

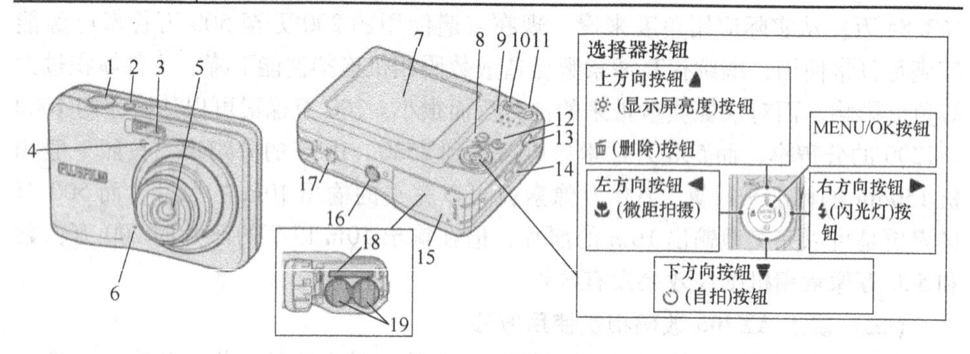

图 24-2　富士 AX205 数码相机视图

1—快门按钮　2—ON/OFF 按钮　3—闪光灯　4—自拍指示灯　5—镜头和镜头盖　6—麦克风　7—显示屏　8—DISP/BACK 按钮　9—指示灯　10—W(缩小)按钮　11—T(放大)按钮　12—回放按钮　13—USB 多功能连接器　14—手带穿孔　15—电池盒盖　16—三脚架安装座　17—扬声器　18—存储卡插槽　19—电池盒

四、实验步骤

(一) 拍摄医学标本照片

1）按下 ON/OFF 按钮开启相机，镜头将外伸且镜头盖会打开。将图 24-2 中所示选择器按钮的左方向按钮按下，选择微距拍摄模式。

2）将像素调到最高，针对医学标本或手掌正面（约 10cm）使用相机屏幕为主体取景。请使用变焦按钮进行构图。

3）将快门按钮按下一半，并保持不动，以便自动设置曝光和焦距。

4）当相机屏幕中的方框由蓝色变为红色，且就绪指示灯变绿时，保持相机平稳，将快门按钮完全按下进行拍照。改变拍照距离按上步骤再拍一张。也可根据需要选择文字拍摄模式进行标本拍摄。

（二）拍摄室外人物和风景照片

将相机带到室外，将模式拨盘设置为“自动”或其他模式，分别拍摄远（6m 以上）、中（2～6m）、近（2m 以下）景物或人物相片各两张。

（三）拍摄有声短片

拍摄有声短片，可通过内置麦克风录音，录音过程中请勿遮盖麦克风。按下 MENU/OK 按钮显示拍摄菜单并选择拍摄模式的动画，使用变焦按钮取景，完全按下快门按钮开始录制。要停止录制，请再次按下快门按钮。当动画达到最大长度或存储器已满时，录制将自动结束。个人互相拍一段 5s 左右的短片。

如不满意，可选择删除照片或短片：在查看模式下显示照片或短片时，按 Delete（删除）按钮。

（四）查看刚刚拍摄的照片或录像

拍摄完照片或短片后，将相机带回实验室，将相机拍摄的照片或短片传输到计算机，也可复制进 U 盘（自带），自行分析照片或短片。

五、思考题

1）数码相机与传统相机比较，哪种效果更好？

2）数码相机分辨率、像素及有效像素之间有何关系？

3）什么叫数码相机的 DSP、ISO？

（王淑珍）

实验 25　人的肢体电阻和皮肤电阻的测量

一、实验目的

1）掌握用全肢法测人体肢体电阻和皮肤电阻的方法。

2）实测若干组数据并进行误差分析。

二、实验器材

超低频信号发生器、晶体管毫伏表、胶带电极板、5% NaCl 溶液、夹子和导线等。

三、实验原理

在心电和脑电等人体电信号的检测中，经常要用到人的肢体电阻、皮肤电阻以及皮肤与电极的接触电阻。这些电阻在人体电信号检测中，不可避免地要被引入到测量仪器的输入回路中去。因此，准确地测量这些电阻，正确地选择和配置平衡电阻，尽可能地减少接触电阻，就成为最大限度地获取有用信号，尽可能地抑制干扰信号的不可缺少的步骤。

过去由于测量方法的不同，在许多书上和学者们对人体的阻抗和皮肤电阻的大小说法不一，甚至相差很大。为了更准确地测定其阻值，本实验在分析过去一些实验中存在的缺点的基础上，提出了用全肢法测量肢体电阻和皮肤电阻的方法。

人体是由多种有机导体和电解质组成的复合体，各种组织和器官的电阻率（或电导率）各不相同，见表25-1。

表 25-1　人体某些组织和器官的电阻率

组织或器官	电阻率/Ω · cm	组织或器官	电阻率/Ω · cm
血液	162	肺	2100
肝脏	700	脂肪	2500
心脏	562（高） 252（低）	骨骼肌	2300（高） 150（低）

肢体是由骨骼、肌肉、脂肪、血液、淋巴和神经等组成，而皮肤则是由角质、汗、腺和毛孔等组成，而且人体机能状态不同，情绪、气候以及是否出汗等因素均对人的肢体及皮肤电阻有明显的影响。尽管如此，同一人体其上肢、下肢和躯干总有一定的阻抗，皮肤也是如此。此外，人体电信号一般是超低频信号，所以人体阻抗不同于直流阻抗或高频阻抗。为符合人体实际情况，测量过程中必须使用超低频电源。

所谓全肢法，就是把上肢、下肢、躯干各看成一段电阻，进行单独和组合测量，如图25-1所示。

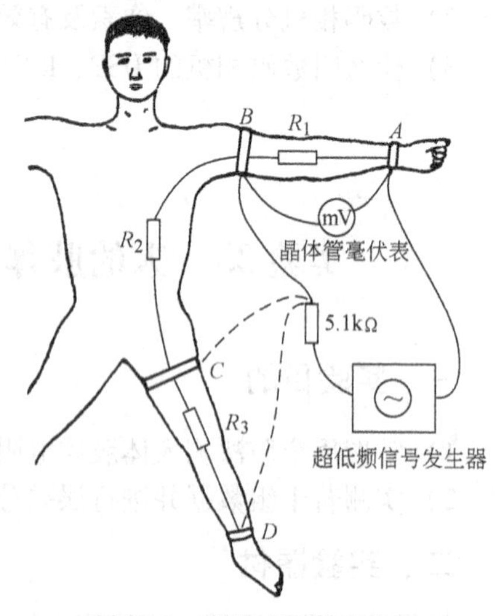

图 25-1　全肢法测量示意图

图中 A、B、C、D 为四个测量点，为保证良好的接触应避开关节点和韧带。设各测量点的皮肤电阻和皮肤与电极之间不可避免的接触电阻之和皆相等，并用 r 表示。用 R_1、R_2 和 R_3 分别表示上肢、躯干和下肢的电阻。把四片板状电极串联在一起，并固定在胶带上构成一个环状电极，以保证良好的接触和尽量减少接触电阻。

由超低频信号发生器输出 20mV、20Hz 的交流电压作为电源，并串联一个 5.1kΩ 的电阻再接到人体上，分别测出 AB、BC、CD 和 AD 四段电阻 R_1+2r、R_2+2r、R_3+2r、$R_1+R_2+R_3+2r$ 上的电压 U_2、U_3、U_4 和 U_1，则不难列出下列四个分压方程：

$$\frac{R_1+R_2+R_3+2r}{U_1}=\frac{5.1\text{k}\Omega}{20\text{mV}-U_1} \tag{25-1}$$

$$\frac{R_1+2r}{U_2}=\frac{5.1\text{k}\Omega}{20\text{mV}-U_2} \tag{25-2}$$

$$\frac{R_2+2r}{U_3}=\frac{5.1\text{k}\Omega}{20\text{mV}-U_3} \tag{25-3}$$

$$\frac{R_3+2r}{U_4}=\frac{5.1\text{k}\Omega}{20\text{mV}-U_4} \tag{25-4}$$

联立解之可得

$$R_1=\frac{5.1}{2}\left(\frac{U_1}{20\text{mV}-U_1}+\frac{U_2}{20\text{mV}-U_2}-\frac{U_3}{20\text{mV}-U_3}-\frac{U_4}{20\text{mV}-U_4}\right)(\text{k}\Omega) \tag{25-5}$$

$$R_2=\frac{5.1}{2}\left(\frac{U_1}{20\text{mV}-U_1}-\frac{U_2}{20\text{mV}-U_2}+\frac{U_3}{20\text{mV}-U_3}-\frac{U_4}{20\text{mV}-U_4}\right)(\text{k}\Omega) \tag{25-6}$$

$$R_3=\frac{5.1}{2}\left(\frac{U_1}{20\text{mV}-U_1}-\frac{U_2}{20\text{mV}-U_2}-\frac{U_3}{20\text{mV}-U_3}+\frac{U_4}{20\text{mV}-U_4}\right)(\text{k}\Omega) \tag{25-7}$$

$$r=\frac{5.1}{4}\left(\frac{-U_1}{20\text{mV}-U_1}+\frac{U_2}{20\text{mV}-U_2}+\frac{U_3}{20\text{mV}-U_3}+\frac{U_4}{20\text{mV}-U_4}\right)(\text{k}\Omega) \tag{25-8}$$

四、实验步骤

1）先检查所用仪器并通电预热后把超低频信号发生器输出调到 20Hz 和 20mV（用晶体管毫伏表准确测量）。

2）将受试者的被测部位（如 A 和 B 两点）先用清水和肥皂清洗干净，擦干后再用酒精擦拭，并用5% NaCl溶液擦拭后垫上含饱和的5% NaCl溶液的棉球做浮置电极，最后把串联环状电极固定在A、B两点处，并用胶带捆紧，使皮肤与电极保持良好的接触。

注意：这一步骤一定要认真做好，电极一定要避开关节及韧带处；每次测量尽量保持位置不变，松紧程度相同及干湿程度相同，否则结果便不可靠。

3）通电并用晶体管毫伏表测出20mV总电压，再测出$U_{AB}=U_2$，此时5.1kΩ电阻上的压降就是（$20-U_2$）mV。

4）重复步骤2）和3）测出$U_{BC}=U_3$、$U_{CD}=U_4$及$U_{AD}=U_1$，将U_1、U_2、U_3及U_4代入式（25-5）~式（25-8）式，算出R_1、R_2、R_3和r得出一组数据。

5）重复上述2）、3）、4）步骤测出至少20组数据。

6）将所得20组（或20组以上）数据填入表25-2中，并对结果作误差分析和统计处理。

表25-2 U、R及r的数值表

U_1/mV	U_2/mV	U_3/mV	U_4/mV	R_1/kΩ	R_2/kΩ	R_3/kΩ	r/kΩ

数据处理和误差分析：

严格按照上述实验步骤进行实验后，本实验的误差主要是偶然误差。造成偶然误差的主要原因是人体处于机能状态，其阻值有一些小的变化。每次测量时电极与皮肤的接触阻抗有一定的差别；皮肤的干湿及清洁程度每次也有微小的差别等。

由于测量次数$n=20$为有限值，故应当用有限次数测量的偶然误差理论来求待测电阻N的误差ΔN，即

$$\Delta N=\frac{S}{\sqrt{n}}t(\tau)\cdots \tag{25-9}$$

式中，τ为置信度（测量N_i在$N\pm\Delta N$之内的概率），一般可取$r=90\%$。$t(\tau)$为"t"分布的分布函数；当$n=20$，$r=90\%$时，查表可得$t(\tau)=17.3$；S为待测

量的标准误差，N 为其平均值，均可用表 25-2 中的数据算出

$$\overline{N} = \frac{1}{20}\sum_{i=1}^{20} N_i \tag{25-10}$$

$$S = \sqrt{\frac{\sum_{i=1}^{20}(N_i - \overline{N})^2}{20 - 1}} \tag{25-11}$$

式中，N 可分别为 R_1、R_2、R_3 和 r；N_i 为第 i 次测量值。最后，可得到表 25-3 所示的测量结果及误差。

表 25-3　待测电阻的平均值、样本方差（或标准误差）及绝对误差

（$n=20$，$r=90\%$）

	R_1	R_2	R_3	r
平均值 N				
标准误差 S				

五、思考题

测量误差的来源有哪些？应如何处理这些误差？

（刘文军）

实验 26　热敏电阻温度计的制作

一、实验目的

1）了解热敏电阻的温度特性。
2）了解热敏电阻温度计的原理及制作方法。
3）学会作热敏电阻温度计的标度曲线。

二、实验器材

热敏电阻、电流表、水银温度汁、酒精灯、烧杯、电位器、电阻和电池等。

三、实验原理

1. 热敏电阻的特性

热敏电阻是用对温度极为敏感的半导体制成的电阻，是一种非线性电阻，其电阻值随温度变化呈指数关系，且电压、电流及电阻三者的变化关系不服从欧姆定律。

热敏电阻常应用在温度测量、温度控制、温度补偿等多个方面。作为测温用的热敏电阻，一般采用负温度系数的半导体材料。图 26-1 所示为负温度系数热敏电阻随温度变化的曲线。温度系数定义为温度每升高 1℃时电阻的相对变化值，通常用百分数表示为

$$\alpha_t = \frac{\Delta R}{R} \times 100\%$$

一般的热敏电阻温度系数在 -3% ~ -9%之间。

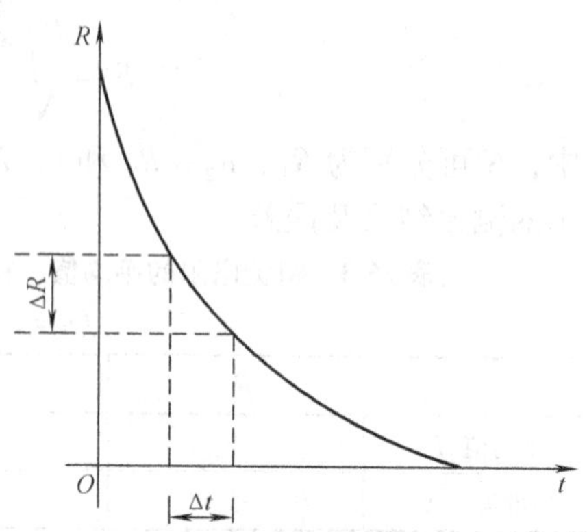

图 26-1　负温度系数热敏电阻随温度变化曲线

热敏电阻还具有随周围温度变化而自身温度迅速变化的特性。一般称热敏电阻从一个稳定温度到另一个稳定温度所需的时间为时间常数。在临床应用中，希望时间常数尽可能小，以便减少测温时间，作为温度计用热敏电阻的时间常数约为 3 ~6s。

用不同半导体材料制成的热敏电阻适用的温度范围不同。如 CuO 和 MnO_2 制成的热敏电阻适用于 -70 ~120℃，适于测量人的体温。

2. 热敏电阻温度计

热敏电阻温度计最常用的是桥式电路，使热敏电阻成为电桥的一个臂，利用电阻随温度的变化破坏电桥的平衡而产生不平衡电流来测量温度。其工作原理简单说明如下：电阻 R_1、R_2、R_3、R_t（热敏电阻）联成电桥，其中 $R_1 = R_2$、$R_3 = R_{ot}$，（R_{ot}表示热敏电阻在 0℃时的阻值），如图 26-2 所示。当所测温度为 0℃时，若电流表指针不偏转，此时必满足电桥平衡条件：$\frac{R_1}{R_2} = \frac{R_{ot}}{R_3}$。若所测温度高于 0℃，热敏电阻的阻值减小，平衡条件被破坏，此时 D 点电位高于 C 点，电流表中有电流通过。随着温度升高，电流增大，即可由通过电流的大小来指示出温度的高低。

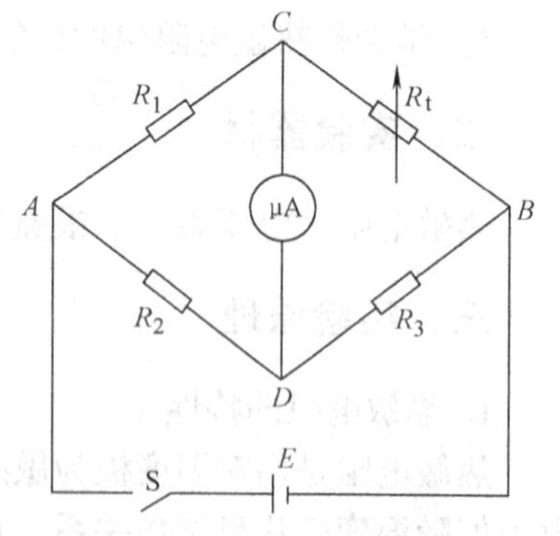

图 26-2　热敏电阻温度计原理图

热敏电阻温度计的优点：①灵敏度很高，最灵敏的热敏电阻温度计可精确地测出 0.0005℃的变化，而一般水银温度计最多只能测出 0.1℃的变化；②由于热敏电阻体积可以做得很小（其线度可小到万分之一米），因此可被用来测量很小范围内的温度变化。如针灸

穴位附近的温度变化；③由于热敏电阻的阻值比较大，可连接较长的导线而不必考虑导线的电阻，这样可以远距离测量病房里病人体温的变化。

本实验使用的热敏电阻在0～50℃内的电阻值与温度之间接近直线关系。

四、实验步骤

1）按图26-3连接线路，经教师检查后方可接通电源。

2）调整零点。将开关$S_{1\text{-}2}$置"1"档，把热敏电阻和水银温度计一起放入冰水混合的烧杯中，当杯中温度计指为0℃时，调节RP_2使微安表指示为零。这样就基本上保证了电桥处于平衡状态。

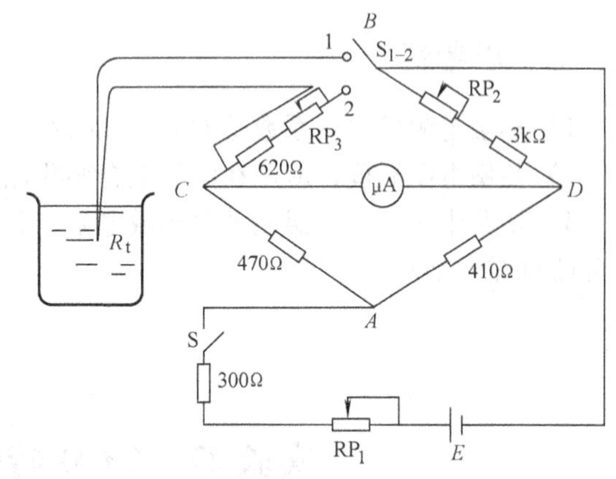

图26-3　实验电路图

3）调整满度电流$S_{1\text{-}2}$仍置"1"档，把烧杯中的水换成50℃以上的热水，热敏电阻与温度计仍放入杯中。当水银温度计指示为50℃时，调节RP_1使*CD*两点有一确定电压，使微安表指为100μA的满度值。然后将$S_{1\text{-}2}$置"2"档，调节RP_3使微安表仍指示100μA。

4）温度计的定标。调整好零点和满度电流后，将$S_{1\text{-}2}$仍置"1"档。将热敏电阻和温度计再放入0℃的冰水混合物中，烧杯放在酒精灯架上缓慢加热，烧杯中水的温度每升高5℃，记录一次电流表的读数，直到50℃时为止。

五、实验数据处理

1）热敏电阻温度计的定标测量数据填入下表，以温度t为横坐标，电流I为纵坐标，作t-I曲线。

温度/℃	0	5	10	15	20	25	30	35	40	45	50
电流/μA											

2）将热敏电阻分别与手心、额头的皮肤接触，读出电流表中各自电流值，从已作出的t-I曲线上标出位置，查出它们的温度值，数据填入下表。

测量部分	电流/μA	温度/℃
手心		
额头		

六、注意事项

1）将热敏电阻从0℃水拿到50℃水之前，要用手握一下，以防炸裂。

2）用酒精灯加热冰水混合物时，要用搅棒不断将水温搅匀，水银温度计与热敏电阻要尽量放在烧杯中部同一个位置上，以减小测量误差。测量时同组同学要密切合作，观察水温、读数、记录和搅拌。

七、思考题

1）热敏电阻的温度系数是如何定义的?

2）热敏电阻温度计应用在医学上有哪些优点?

3）实验中用的是负温度系数热敏电阻，若热敏电阻为正温度系数，则实验线路哪处需改动?

（刘文军）

实验27 CCD特性实验

一、实验目的

1）学习和掌握CCD的基本工作原理，CCD正常工作所需的外部条件及这些条件的改变对CCD输出的影响。

2）测量曝光时间、驱动周期、照明情况对输出的影响，并根据实验原理对输出进行说明。

3）测量CCD的光电转换特性曲线，根据曲线得到CCD的灵敏度、饱和输出电压及饱和曝光量。

4）测量并计算CCD的暗信号电压、暗噪声、动态范围、像敏单元不均匀度等参数。

5）比较CCD输出信号经AD转换或二值化处理后输出信号的差异，了解各自的应用领域。

二、实验仪器

仪器由线阵CCD、CCD驱动电路、CCD信号处理电路、接口电路、专用软件、照度计、减光镜，柔光镜，灰度板等组成。

CCD、CCD驱动电路、CCD信号处理电路以及接口电路装在主机里。仪器面板如图27-1所示。

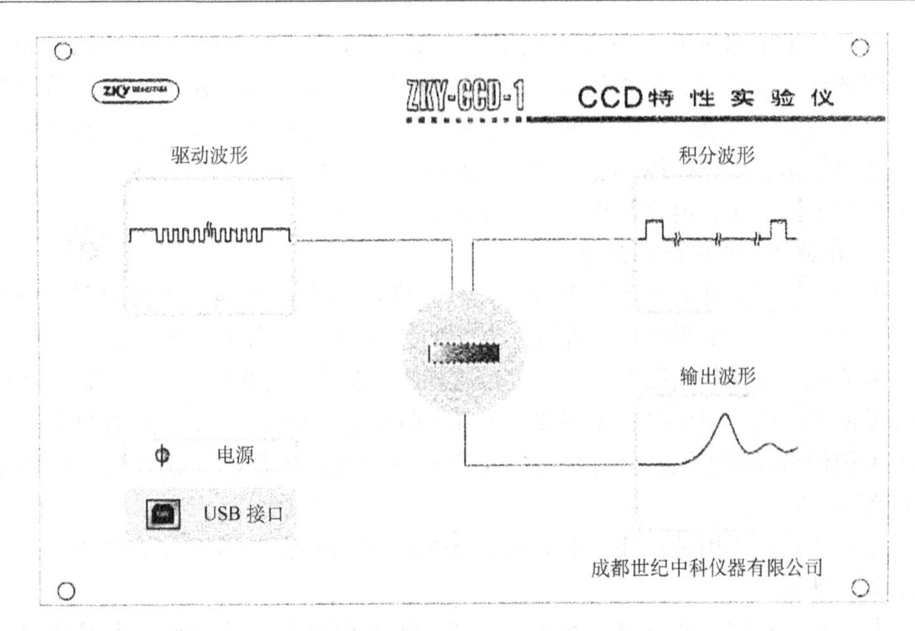

图 27-1　CCD 特性实验仪面板

仪器设计了强大的软硬件功能，通过计算机设置工作参数，并显示 CCD 输出情况。选择实验（一）后计算机界面如图 27-2 所示。

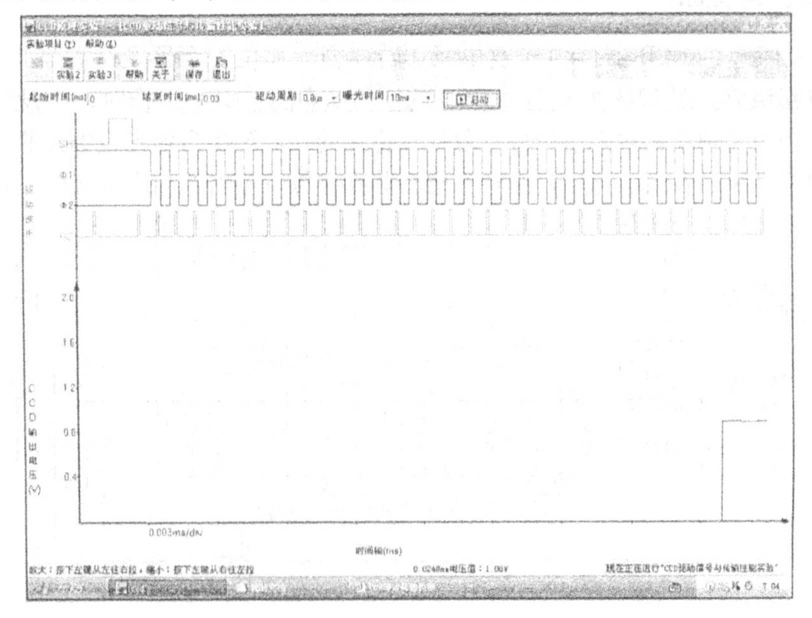

图 27-2　CCD 的操作与显示界面

由菜单栏可输入起始时间、结束时间、选择驱动周期以及曝光时间，确定显示信号的时间范围和 CCD 的工作参数。屏幕上半部显示 CCD 工作时的各路驱动信号波形，下半部显示 CCD 输出电压值。按“启动”按钮后仪器开始采样并显示实时图形，按“停止”按钮后显示屏上保持最后采集到的图形。停止后用鼠标对准显示屏上一点，屏幕下方将会显示鼠标纵线对应的时间值和鼠标横线对应的输出电压值，用鼠标拖动还可放大或缩小图形，便于做进一步的研究。其他界面和使用方法在实验内容和步骤中予以陈述。

CCD 特性实验仪配件介绍

照度计：照度计的作用是实验时，测量照射 CCD 的光强。测量的照度值有的只作为参考，有的则需代入进行计算（如计算 CCD 的饱和曝光量）。

减光镜：由两片偏振片组成，旋转调节两偏振片的透光轴夹角，可调节透过减光镜的光强度。使用时，先将减光镜置于照度计通光窗口上，依据照度计显示的照度值调节好减光镜，再将减光镜放置于 CCD 窗口上使用（必须完全把 CCD 窗口覆盖）。

柔光镜：其作用是将外界不均匀的光改变为均匀光，在实验中必须配在减光镜上同时使用。

灰度板：在同一外界照度条件下，可表现出 CCD 每个像元感应并输出电压同该像元对应光照强度之间的变化。

三、实验原理

一个完整的 CCD 器件由光敏单元、转移栅、移位寄存器及一些辅助输入、输出电路组成。图 27-3 为某型号 CCD 的结构示意图。CCD 工作时，在设定的积分时间内由光敏单元对光信号进行取样，将光的强弱转换为各光敏单元的电荷多少。取样结束后各光敏元电荷由转移栅转移到移位寄存器的相应单元中。移位寄

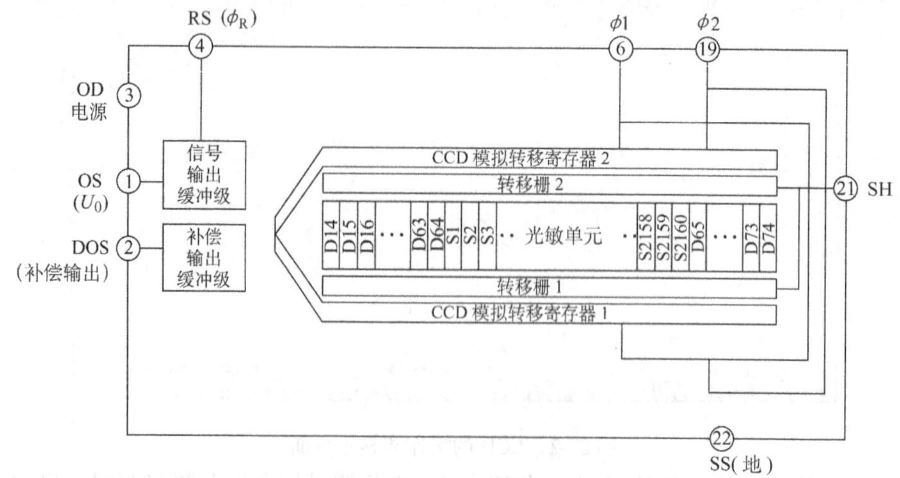

图 27-3　CCD 结构示意图

存器在驱动时钟的作用下，将信号电荷顺次转移到输出端。将输出信号接到计算机、示波器、图像显示器或其他信号存储、处理设备中，就可对信号再现或进行存储处理。由于 CCD 光敏元可做得很小（约 10μm），所以它的图像分辨率很高。

（一）CCD 的 MOS 结构及存储电荷原理

CCD 的基本单元是 MOS 电容器，这种电容器能存储电荷，以 P 型硅为例，其结构如图 27-4 所示。在 P 型硅衬底上通过氧化在表面上形成 SiO_2 层，然后在 SiO_2 上淀积一层金属为栅极，P 型硅里的多数载流子是带正电荷的空穴，少数载流子是带负电荷的电子，当金属电极上施加正电压时，其电场能够透过 SiO_2 绝缘层对这些载流子进行排斥或吸引。于是，带正电的空穴被排斥到远离电极处，形成耗尽区，带负电的少数载流子在紧靠 SiO_2 层形成负电荷层（电荷包），这种现象便形成对电子而言的陷阱，电子一旦进入就不能复出，故又称为电子势阱，势阱深度与电压成正比，如图 27-5 所示。

当 MOS 电容器受到光照时（光可从各电极的缝隙间经过 SiO_2 层射入，或经衬底的薄 P 型硅射入），光子的能量被半导体吸收，产生电子-空穴对，这时出现的电子被吸引存储在势阱中，光越强，势阱中收集的电子越多，光弱则反之，这样就把光的强弱变成电荷的数量，形成了光电转换，实现了对光照的记忆。

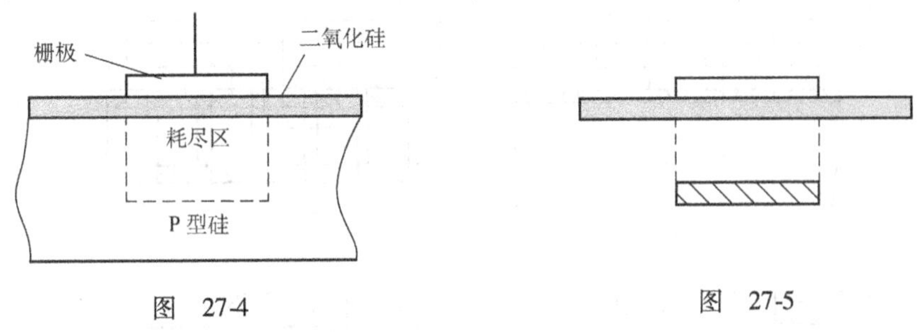

图　27-4　　图　27-5

早期的 CCD 器件用 MOS 电容器实现光电转换，现在的 CCD 器件为了改善性能，用光敏二极管取代 MOS 电容器做光敏单元，实现光电转换，移位寄存器（实现电荷转移）为 MOS 电容器。

（二）电荷的转移与传输

CCD 的移位寄存器是一列排列紧密的 MOS 电容器，它的表面由不透光的铝层覆盖，以实现光屏蔽。由上面讨论可知，MOS 电容器上的电压越高，产生的势阱越深，当外加电压一定，势阱深度随阱中的电荷量增加而线性减小。利用这一特性，通过控制相邻 MOS 电容器栅极电压高低来调节势阱深浅。制造时将 MOS 电容紧密排列，使相邻的 MOS 电容势阱相互“沟通”。当相邻 MOS 电容两电极之间的间隙足够小（目前工艺可做到 0.2μm），在信号电荷自感生电场的库仑力推动下，就可使信号电荷由浅处流向深处，实现信号电荷转移。

为了保证信号电荷按确定路线转移，通常 MOS 电容阵列栅极上所加电压脉冲为严格满足相位要求的二相、三相或四相系统的时钟脉冲。下面我们分别介绍三相和二相 CCD 结构及工作原理。

1. 三相 CCD 传输原理

简单的三相 CCD 结构如图 27-6 所示。对应每一个光敏单元为一个像元，每个像元有三个相邻电极，每隔两个电极的所有电极（如 1、4、7、…，2、5、8、…，3、6、9、…）都接在一起，由 3 个相位相差 120°的时钟脉冲 ϕ_1、ϕ_2、ϕ_3 来驱动，故称三相 CCD，图 27-6a 为剖面图，图 27-6b 为俯视图，图 27-6d 给出了三相时钟随时间的变化。在 t_1 时刻，第一相时钟 ϕ_1 处于高电压，ϕ_2、ϕ_3 处于低压。这时第一组电极 1、4、7、…下面形成深势阱，在这些势阱中可以储存信号电荷形成“电荷包”，如图 27-6c 所示。在 t_2 时刻，ϕ_1 电压线性减少，ϕ_2 为高电压，在第一组电极下的势阱变浅，而第二组（2、5、8、…）电极下形成深势阱，信息电荷从第一组电极下面向第二组转移，直到 t_3 时刻，ϕ_2 为高压，ϕ_1、ϕ_3 为低压，信息电荷全部转移到第二组电极下面。重复上述类似过程，信息电荷可从 ϕ_2 转移到 ϕ_3，然后从 ϕ_3 转移 ϕ_1 电极下的势阱中，当三相时钟电压循环一个时钟周期时，电荷包向右转移一级（一个像元），依次类推，信号电荷一直由电极 1、2、3、…、N 向右移，直到输出。

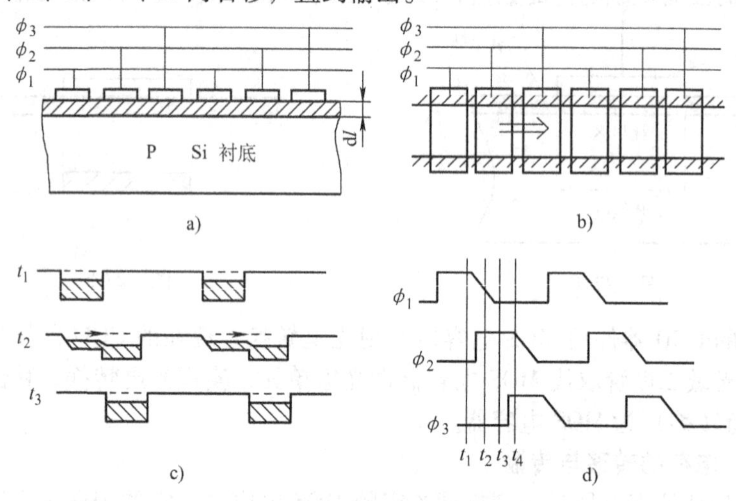

图 27-6 三相 CCD 传输原理图

2. 二相 CCD 传输原理

CCD 中的电荷定向转移是靠势阱的非对称性实现的。在三相 CCD 中是靠时钟脉冲的时序控制来形成非对称势阱，但采用不对称的电极结构也可以引进不对称势势阱，从而变成二相驱动的 CCD，目前实用 CCD 中多采用二相结构。实现二相驱动的方案有：

（1）阶梯氧化层电极　阶梯氧化层电极结构参见图 27-7。由图可见，此结构中将一个电极分成两部分，其左边部分电极下的氧化层比右边的厚，则在同一电压下，左边电极下的势阱浅，自动起到了阻挡信号倒流的作用。

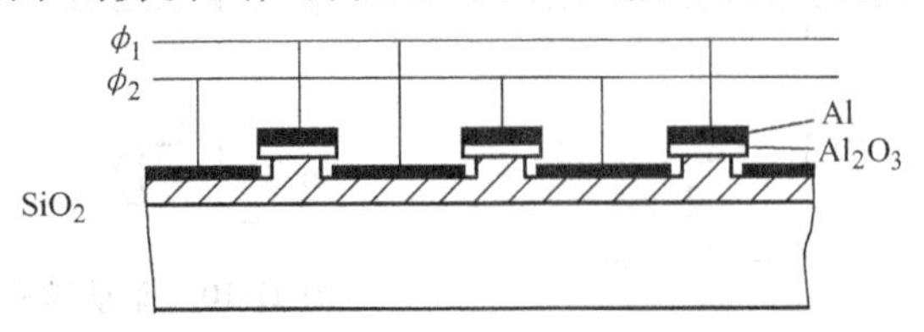

图 27-7　采用阶梯氧化层电极形成的二相结构

（2）势垒注入区　对于给定的栅压，位阱深度是掺杂浓度的函数，掺杂浓度高，则位阱浅。采用离子注入技术使转移电极前沿下衬底浓度高于别处，则该处位阱就较浅，任何电荷包都将只向位阱的后沿方向移动。

由图 27-8b 可见，驱动脉冲 ϕ_1、ϕ_2 反向，当 ϕ_1 为低电位时，它们在移位寄存器中形成的势阱如图 27-8a 所示。当 ϕ_1 由低电位变为高电位，ϕ_2 由高电位变为低电位时，相当于势阱曲线右移一个单元，信号电荷也向右转移一位。

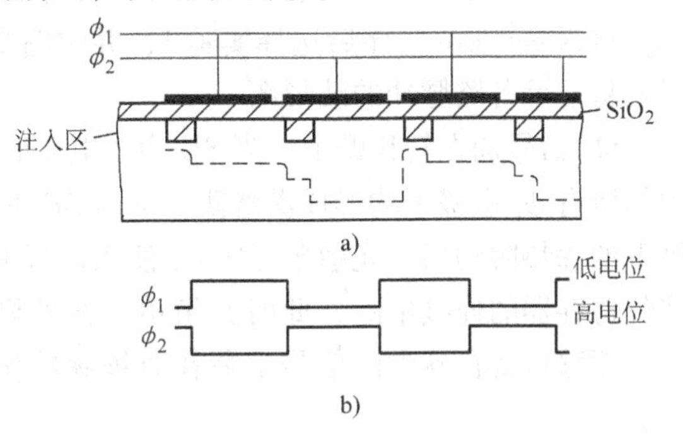

图 27-8　采用势垒注入区形成二相结构
a）结构示意　b）驱动脉冲

（三）电荷读出方法

CCD 的信号电荷读出原理可用图 27-9、图 27-10 说明。

图 27-9 中 VT_1、VT_2 为场效应晶体管，它的源级，漏极之间的电流受栅极电压控制。以二相驱动为例，驱动脉冲、复位脉冲、输出信号波形之间的关系如图 27-10 所示。在 t_1 时刻，加在场效应管 VT_1 栅极上的复位脉冲 RS 为高电平，VT_1 导通，结电容 C 被充电到一个固定的直流电平，源极跟随器 VT_2 的输出电平 U_o 被复位到略低于输入电压 U_i 的复位电平上。在 t_2 时刻，复位脉冲为低电平，VT_1 截止，仅有很小的漏电流，使输出电平有一个下跳。在 t_3 时刻，ϕ_2 脉冲变为低电平，信号电荷从 ϕ_2 电极下进入 VT_2 管栅极，这些电荷（电子，带负电）使 VT_2 管的栅极电位下降，输出电平也跟随下降，电荷越多，输出电平下降越多，其下降幅度代表信号电压。将信号电压取样，就得到与光敏单元曝光量成正比的输出电压。

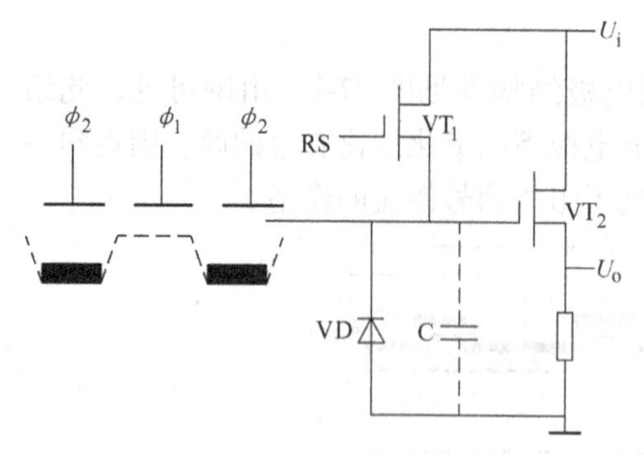

图 27-9 电荷读出原理图

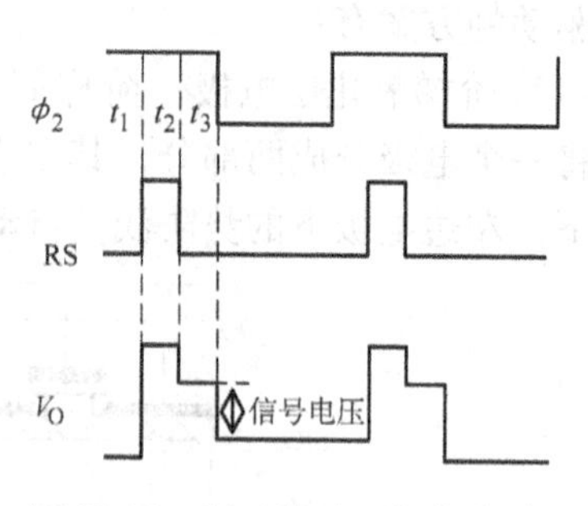

图 27-10 驱动脉冲、复位脉冲、输出信号波形图

四、实验内容及步骤

（一）CCD 驱动信号与传输性能的实验

CCD 要在若干时序严格配合的外界脉冲驱动下才能正常工作。

进入 ccd. exe 程序后选择实验 1，并按图 27-2 中的参数选择结束时间，显示屏上将显示各路脉冲的波形图。

SH 信号加在转移栅上。当 SH 为高电平时，正值 ϕ_1 为高电平。移位寄存器中的所有 ϕ_1 电极下均形成深势阱，同时 SH 的高电平使光敏单元与各像元 ϕ_1 电极下的深势阱沟通，光敏单元向 ϕ_1 注入信号电荷。SH 为低电平时，光敏单元与移位寄存器的连接中断，此时光敏单元在外界光照作用下产生与光照对应的电荷，而移位寄存器中的信号电荷在时钟脉冲作用下向输出端转移，由输出端输出。

ϕ_1、ϕ_2 及 RS 脉冲的时序与作用在实验原理中已有叙述，CP 为像元同步脉冲。

由于工艺上的原因，本实验仪所用 CCD 在靠近输出端设有 32 个虚设单元（哑元），然后是 2048 个有效光敏单元，最后又是 8 个虚设单元，共 2088 个单元。必须经过 2088 个驱动周期后才能把一幅完整的信号传送出去。

适当地改变设置，可以显示若干有效光敏单元的输出情况。当设置的显示时间大于 2088 乘以驱动周期时，可显示若干积分周期内每周期采样后光敏单元的总体输出情况。

按表 27-1 设置实验条件和灰度板位置，记录输出波形，并根据实验原理对输出波形进行说明（参见附录）。在做完表 27-1 内容后，也可自行设置参数，观测参数设置对输出的影响，加深对实验原理的理解。

说明：表 27-1 中的初始照度和曝光时间需根据每个 CCD 的自身特性参数进行设置，表中设置参数只为示例。

表 27-1　曝光时间，驱动周期，照明情况对输出的影响

（起始时间 0，照度约 1Lx）

结束时间 /ms	曝光时间 /ms	驱动周期 /μs	灰度板位置	CCD 输出电压图形	对输出的说明
2	2	0.8			
4	2	0.8			
4	2	0.8			
4	4	0.8			
4	4	1.6			
4	4	3.2			
8	8	3.2			

（二）CCD 特性参数的测量

影响 CCD 性能的基本参量有：像敏单元数、像元尺寸、响应度、饱和曝光量、饱和输出电压、暗信号电压、动态范围、像敏单元不均匀度、驱动频率、传输效率、光谱响应范围以及功率损耗等。这些参量，有的完全由 CCD 的材料及制造工艺确定，如像元数、像元尺寸以及光谱响应范围等。有的与使用条件、外围电路与信号处理电路的参数、光学系统的优劣有关系，可用实验的方法测量。

在实验项目中选择实验 2，屏幕上将显示输出电压，不再显示驱动信号。

1. CCD 的光电转换特性

光电转换特性是 CCD 最基本的特性。实验中，改变 CCD 的曝光量（照度与曝光时间的乘积），测量相应的输出电压，以曝光量为横轴、输出电压为纵轴，就可作出 CCD 的光电转换特性曲线，如图 27-11 所示。

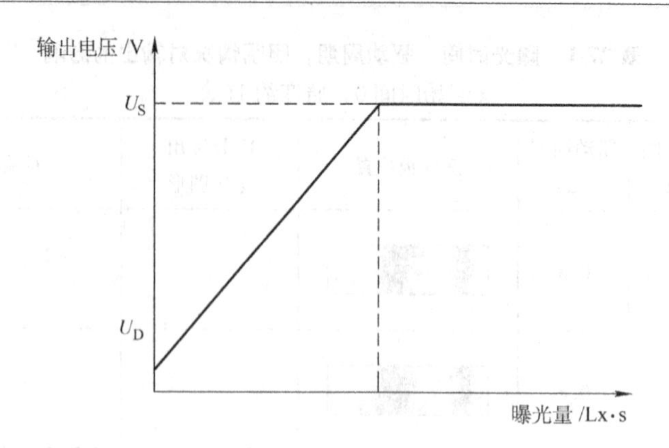

图 27-11　CCD 的光电转换特性

特性曲线线性段的斜率，即为 CCD 的响应度或称灵敏度（V/Lx · s），它表征曝光量改变时输出电压的改变程度。

特性曲线的拐点对应的输出电压 U_S 为饱和输出电压，即 CCD 输出的最大电压。

拐点对应的曝光量称为饱和曝光量，CCD 使用时必须保证最大曝光量低于饱和曝光量，否则会导致信号严重失真。

特性曲线的起始点对应的电压 U_D 为暗信号电压，即一定曝光时间下，无光照时的输出电压。一只良好的 CCD 传感器，应具有高的响应度和低的暗信号输出。

按表 27-2 数据设置参数，用减光镜和柔光镜调整照度（通常可设置为 0.2 ~1.5Lx 之间）。如果外界环境光线较暗，可适当增加照度值或增加外界光照强度，其他实验也可以采用类似处理方法，并记录测量到的照度值。在不同曝光时间时单击启动按钮，可观察到由于噪声的影响，各单元的输出值在小范围内波动。单击停止后，用鼠标横线对准各输出单元的输出平均值，屏幕下方将会显示横线对应的电压值，将测量到的输出电压数据记录至表 27-2 中。

表 27-2　光电转换特性的测量

起始像素 1000，结束像素 1050，驱动周期 0.8μs，照度 =　　Lx

曝光时间/μs	2	4	6	8	10	12	14	16	18	20
输出电压/V										

用表 27-2 数据作图，并由图计算出 CCD 的灵敏度、饱和输出电压以及饱和曝光量。

2. 暗信号电压、暗噪声、动态范围、像敏单元不均匀度

暗信号电压是由于积分暗电流，以及时钟脉冲通过寄生电容耦合等因素产

生。暗电流的存在，限制了 CCD 的曝光（积分）时间。实验中，通过改变 CCD 的曝光时间，观测暗信号输出幅度的变化以及噪声大小。一般手册上给出的暗信号电压，是在 10ms 的曝光时间下测量得到。

暗电流与温度密切相关，温度每升高 7℃，暗电流约增加 1 倍，当需要用 CCD 探测微弱信号时，将 CCD 制冷，能大大延长积分时间。

暗信号一般是不均匀的，存在着热噪声、转移噪声等各种噪声因素。暗噪声定义为暗信号电压平均值与最大值之间的差值。

动态范围一般定义为饱和输出电压与暗信号电压的比值。由于暗信号电压与曝光时间有关，因此曝光时间越短，动态范围越大。动态范围决定了 CCD 在不失真状态下能探测的最强与最弱信号的比值，在光谱测量等应用领域中，为了测量出较弱的谱线，就需选用动态范围大的 CCD。

CCD 的各个像元在均匀光照下，有可能输出不相等的信号电压。这是由于材料的不均匀性以及工艺条件、制造误差等因素导致的。

像敏单元不均匀度 NU 值是使 CCD 在均匀白光照射下，使其输出电压等于 1/2 饱和输出电压时测量得到，定义为 $\Delta U/U$，其中 U 为输出电压的平均值，ΔU 为输出电压平均值与最大值之间的差值。实用的 CCD 不均匀度应在 10% 以下。

用不透光材料遮盖 CCD 窗口，在不同的曝光（积分）时间测量暗信号及暗噪声电压，记录于表 27-3 中。

用均匀白光照明，用减光镜调整 CCD 的照度，使曝光时间 10ms 时的输出电压约为饱和输出电压的一半，测量输出电压的平均值 U 及输出电压平均值与最大值之间的差值 ΔU，记录于表 27-3 中。

表 27-3　暗信号电压及不均匀度的测量

起始像素 500，结束像素 1500，驱动周期 0.8μs

暗信号测量				不均匀度测量	
曝光时间/ms	10	70	500	曝光时间/ms	10
暗信号电压/V				输出电压 U/V	
暗噪声/V				ΔU/V	

用饱和输出电压除以 10ms 时的暗信号电压，计算 CCD 的动态范围。

用表 27-3 中测量的 U 及 ΔU，计算 CCD 的像敏单元不均匀度。

（三）CCD 输出信号的处理方式

当用数字设备（如计算机）接收、显示 CCD 采集的模拟信号时，需对信号进行数字化处理。CCD 用于图像采集时，一般是用 AD 转换器将模拟信号转换为数字信号进行传输、处理，在显示时再还原出原来的模拟信号。

在某些不要求图像灰度的应用中，如图样、文件的输入，物体尺寸、位置的检测等，只需把信号作为分离的二值（0，1）处理，这样可提高图像边缘的锐度，还可提高处理速度，降低成本。

在实验项目中选择实验3。实验中，用灰度板作为采集对象，适当调整CCD照度，比较经两种不同方法处理后输出信号的异同，将图像记录至表27-4中。用鼠标纵线对准二值化图像边缘，读取对应的CCD输出电压值，将其记录至表27-4中。

表27-4　AD转换或二值化处理后输出信号的测量

起始像素0，结束像素2047，驱动周期0.8μs，照度约1Lx

曝光时间/ms	灰度板位置	CCD输出电压图形	二值化图像	二值化图像边缘对应的输出电压值/V
2				
4				
4				

说明：表27-4中的初始照度和曝光时间需根据每个CCD的自身特性参数进行设置，表中设置参数只为示例。

根据表27-4记录的图形及输出电压值，说明二值化处理的原理。

五、注意事项

CCD实验的光源应为自然光、直流电源供电的照明光源或采用电子镇流器（频率高达几千赫兹）的荧光灯。

附录：

表27-5　对表27-1输出波形的说明

起始时间0，照度约1Lx

结束时间/ms	曝光时间/ms	驱动周期/μs	灰度板位置	CCD输出电压图形	对输出的说明
2	2	0.8		2.0 1.6 1.2 0.8 0.4	曝光时间等于显示时间，显示一幅完整图形。各光敏单元输出电压幅度与透过灰度板的照度成正比。由于显示时间大于驱动周期的2088倍，有效信号传送完后有一段时间传送空信号

（续）

结束时间/ms	曝光时间/ms	驱动周期/μs	灰度板位置	CCD 输出电压图形	对输出的说明
4	2	0.8		2.0 1.6 1.2 0.8 0.4	由于显示时间是曝光时间的2倍，显示的是2幅图形。横坐标（时间轴）上每格对应的时间是结束时间为2ms时的2倍
4	2	0.8		2.0 1.6 1.2 0.8 0.4	挡光片位置改变，光敏单元照明情况改变，输出也随之改变
4	4	0.8		2.0 1.6 1.2 0.8 0.4	曝光时间延长，输出电压也随之增加。由于驱动周期未变，只需1.67ms就将所有信号传送到输出端，剩余时间传送的是空信号
4	4	1.6		2.0 1.6 1.2 0.8 0.4	驱动周期延长，传送信号的时间相应延长
4	4	3.2		2.0 1.6 1.2 0.8 0.4	曝光时间小于驱动周期的2088倍，移位寄存器中信号尚未全部传送到输出端，转移栅又再次开启，信号电荷混杂，导致输出失真。CCD应用中应避免这种情况出现
8	8	3.2		2.0 1.6 1.2 0.8 0.4	曝光量大于饱和曝光量，信号失真。CCD应用中应避免这种情况出现

说明：表 27-5 中的初始照度和曝光时间需根据每个 CCD 的自身特性参数进行设置，表中设置参数只为示例。

（刘文军）

实验 28 人耳听阈曲线的测定

一、实验目的

1）掌握听觉实验仪的使用方法。
2）测定人耳的听阈曲线。
3）了解响度级与听阈曲线的物理意义。

二、实验器材

听觉实验仪和立体声耳机等。

三、实验原理

1. 响度级和听阈曲线

描述声波能量大小的物理量为声强和声强级，单位时间内通过垂直于声波传播方向的单位面积的声波能量称为声强，用 I 来表示。声强级是声强的对数标度，它是根据人耳对声音强弱变化的分辨能力来定义的，用 L 来表示，单位为分贝，记为 dB。L 与 I 的关系为

$$L = 10\lg\frac{I}{I_0} \tag{28-1}$$

无论是声强还是声强级，都是声波能量的客观描述。人耳对声音强弱的主观感觉称为响度。它随声强的增加而增加，但两者并没有简单的线形关系，因为响度不仅取决于声强的大小，而且还与声波的频率有关，不同频率的声波在人耳中引起相等的响度时，它们的声强级并不相等。为了区分各种不同声音响亮程度，定义了响度级：选取频率为 1000Hz 纯音的响度级在数值上就等于该频率的声强级，但响度级的单位不是分贝而是方（phon）。将欲测的不同频率的声音与此基强声音比较，若被测声音听起来与基准音的某个声强级一样响，这是基准声的声强级就是该被测声音的响度级。例如：频率为 100Hz、声强级为 72dB 的声音，与 1000Hz、声强级为 60dB 的基准声音等响，则频率为 100Hz 声强级为 72dB 的声音，其响度级为 60phon；1000Hz、40dB 的声音其响度级为 40phon，以频率的常用对数为横坐标，声强级为纵坐标，绘出不同频率的声音与 1000Hz 的基准声

音等响时的声强级与频率的关系曲线，得到的曲线称为等响曲线。图 28-1 所示为正常人耳的等响曲线。

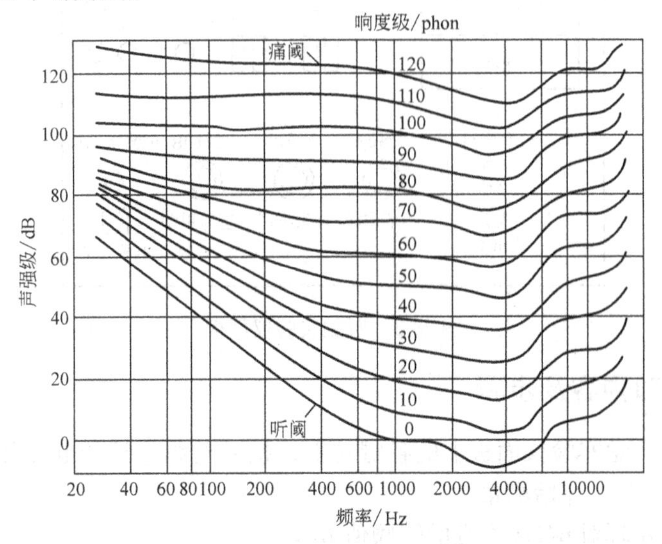

图 28-1　乐音的听觉域和等响曲线

能引起听觉的声音，不仅在频率上有一定范围，而且在声强上也有一定范围。就是说，频率在 20～20000Hz 以内的声波，其声强还必须达到某一量才能引起人耳听觉。可闻声波频率范围内，引起听觉所需要的听阈值是不同的，听阈值依赖频率变化关系的等响曲线叫听阈曲线。随着声强的增加，人耳感到声音的响度也提高了，当声强超过某一最大值时，声音在人耳中会引起痛觉，把人耳可容忍的最大声强刺激量叫痛阈。对于不同频率的声波，痛阈大致相等，痛阈值依赖频率变化关系的等响曲线叫做痛阈曲线。在图 28-1 中，由听阈曲线、痛阈曲线，20Hz 和 20000Hz 线所围成的区域称为听觉区域。

2. 听觉实验仪原理

听觉实验仪采用微型计算机控制，产生的正弦信号，经衰减器送到功率放大器，就得到最大衰减为 0dB、断续分档可调的电功率送到耳机，经耳机将电功率转变为同频率机械波，通过改变频率和衰减器的衰减量，就可以分别测量不同人的左、右耳对不同频率乐音的响度级。听觉实验仪的原理如图 28-2 所示，其面板如图 28-3 所示。

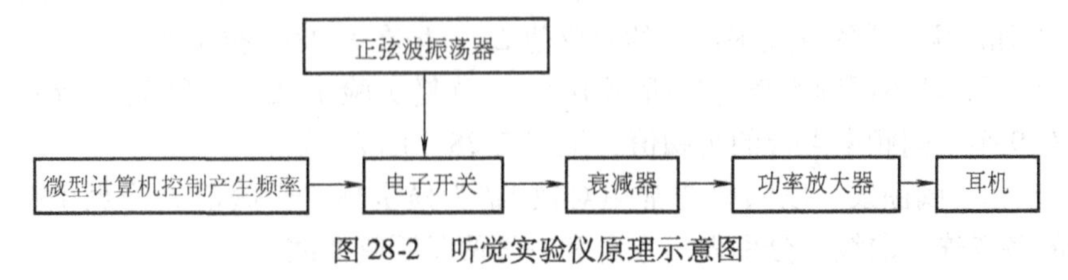

图 28-2　听觉实验仪原理示意图

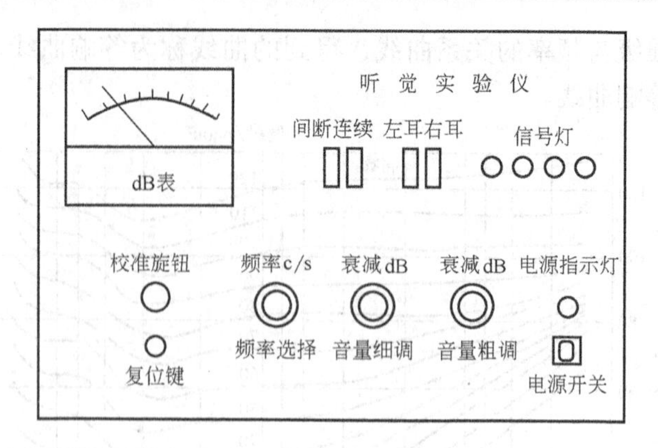

图 28-3 听觉实验仪面板

四、实验内容及步骤

1）熟悉听觉实验仪面板上的各键功能，接通电源，打开电源开关，指示灯亮后，预热5min，开始测量。

2）测量左耳对64Hz声音的听阈值$L_{左}$。

①将频率选择旋钮到64Hz处。

②调校准旋钮，使分贝表指示0dB刻度。

③按下左耳按钮和断续（或连续）按钮。

④响度渐增法测定：将音量粗调旋钮衰减到被测者左耳听不到声音处开始，逐渐减少衰减量，即逐渐增大声音的响度。当左耳刚刚听到声音时，记录下此时面板上音量旋钮（粗调+细调）的衰减分贝值L_1。

⑤用响度渐减法测定：将音量粗调旋钮衰减到被测者左耳能听到的某一响度后，再逐渐增大衰减量，即逐渐减少声音的响度。当左耳刚刚听不到声音时，记录下此时面板上音量旋钮（粗调+细调）的衰减分贝值L_2。

⑥令$L_{测}=(L_1+L_2)/2$，求出平均值$L_{测}$。

⑦将$L_{测}$的数值与表28-1所给0dB衰减时各耳机声响的分贝数中64Hz对应的数值68dB相减得$L_{左}=68-L_{测}$，即被测者左耳对64Hz声音的听阈值，记在表28-2中。

3）测左耳对其他8个不同频率声音的听阈值$L_{左}$。将频率选择旋钮分别旋到128Hz、256Hz、512Hz、1kHz、2kHz、4kHz、8kHz、16kHz处，重复实验步骤2），分别测得左耳各自频率声音的听阈值$L_{左}$，记在表28-2相应处。

4）测右耳不同频率声音的听阈值$L_{右}$。重复实验步骤2）和3），分别测得右耳对9个不同频率声音的听阈值，记在表28-2的$L_{右}$处。

5）作听阈曲线。以频率的常用对数$\lg f$为横坐标，听阈值L为纵坐标，将测到的各点连成曲线，分别做出左耳和右耳两条听阈曲线。

五、实验数据处理

表 28-1　0dB 衰减时各耳机声强分贝数

f/Hz	64	128	256	512	1000	2000	4000	8000	16000
L/dB	68	72	79	83	85	82	74	70	48

表 28-2　左耳、右耳对不同频率乐音的听阈值

f/Hz	64	128	256	512	1000	2000	4000	8000	16000
lg$f$	1.8	2.1	2.4	2.7	3.0	3.3	3.6	3.9	4.2
左耳听阈值 $L_{左}$									
右耳听阈值 $L_{右}$									

六、注意事项

每次变频后都要按一下“复位”键，并调校准钮使 dB 表指示 0dB 刻度。

七、思考题

1）图 28-1 中，等响曲线是一组曲线而并不是一组直线，这说明了什么？

2）有人说 40dB 的声音听起来一定比 30dB 的声音更响一些，你认为对吗？

（刘文军）

实验 29　空气比热容比的测定

一、实验目的

1）测量空气的质量定压热容与质量定容热容之比。

2）观测热力学过程中空气状态变化的基本规律。

3）学习用传感器精确测量气体压强和温度的原理和方法。

二、实验仪器

THQKB-1 型空气比热容比测定仪、玻璃容器。

三、实验原理

本仪器主要由三部分构成：

1）储气瓶：由玻璃瓶、进气活塞、橡胶塞组成。

2）传感器：扩散硅压力传感器和电流型集成温度传感器 AD590 各一只。

3）数字电压表两只：三位半数字电压表作硅压力传感器的二次仪表（测量空气压强）、四位半数字电压表作集成温度传感器二次仪表（测量空气温度）。扩散硅压力传感器配三位半数字电压表，它的测量范围大于环境气压 0 ~ 10kPa，灵敏度为 20mV/kPa，实验时，储气瓶内的空气的压强变化范围约 6kPa，空气温度测量采用电流型集成温度传感器 AD590，该半导体温度传感器灵敏度高、线性好，其灵敏度为 1μA/℃。

其中，玻璃容器的结构如图 29-1 所示。

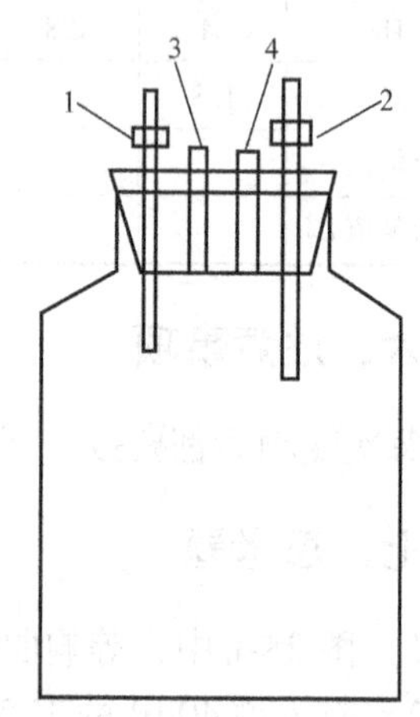

图 29-1 玻璃容器示意图
1—进气活塞 C_1 2—放气活塞 C_2
3—气体压强传感器 4—AD590

气体的质量定压热容 c_p 与质量定容热容 c_V 之比称为气体的比热容比，用符号 γ 表示，对理想气体，其值即为气体的等熵指数（也称绝热指数），是一个很重要的参量，经常出现在热力学方程中。通过测量 γ，可以加深对绝热、等体、等压、等温等热力学过程的理解。

对于理想气体：

$$c_p - c_V = R \qquad (R\text{ 为摩尔气体常数})$$

如图 29-1 所示，以储气瓶内的空气（近似为理想气体）作为研究对象进行如下实验过程：

1）首先打开放气阀 C_2，使储气瓶与大气相通，再关闭 C_2，瓶内充满与周围空气同温同压的气体。

2）打开气阀 C_1，用充气球向瓶内打气，充入一定量的气体，然后关闭气阀 C_1。此时瓶内原来的气体被压缩，压强增大，温度升高。等待内部气体温度稳定，即达到与周围温度平衡，此时气体处于状态Ⅰ（p_1，V_1，T_0）。

3）迅速打开放气阀 C_2，使瓶内的气体与大气相通，当瓶内压强降到 p_0 时，立即关闭放气阀 C_2，将有体积为 ΔV 的气体喷泻出储气瓶。由于放气过程较快，瓶内的气体来不及与外界进行热交换，可以认为是一个绝热过程。在此过程中作为研究对象的气体由状态Ⅰ（p_1，V_1，T_0）转变为状态Ⅱ（p_0，V_2，T_1）。

4）由于瓶内温度 T_1 低于外界温度 T_0，所以瓶内气体慢慢的从外界吸热，直到达到外界温度 T_0 为止，此时瓶内的压强也随之增大为 p_2，即稳定后的气体状态Ⅲ（p_2，V_2，T_0）。从状态Ⅱ到状态Ⅲ为等体吸热过程。

Ⅰ→Ⅱ为绝热过程，有绝热过程方程得

$$p_1 V_1^{\gamma} = p_0 V_2^{\gamma} \tag{29-1}$$

Ⅰ→Ⅲ为等温过程，由等温过程方程得

$$p_1V_1 = p_2V_2 \tag{29-2}$$

由式（29-1）、式（29-2）可得

$$\gamma = \frac{\ln p_1 - \ln p_0}{\ln p_1 - \ln p_2} \tag{29-3}$$

由式（29-3）可以看出，只要测得 p_0、p_1、p_2 就可以得空气的 γ。

如果由于环境温度的变化我们测量到状态Ⅳ（p_3，V_2，T_2），则可以把状态Ⅳ转化到状态Ⅲ（p_2，V_2，T_0），因为状态Ⅳ→状态Ⅲ是等体过程，由等体过程方程知

$$\frac{p_2}{p_3} = \frac{T_0}{T_2} \tag{29-4}$$

四、实验内容

1）接好仪器电路，开启电源，预热20min，然后调零。

2）把活塞 C_2 关闭，活塞 C_1 打开，用充气球缓慢地将一定量的气体(20～60mV)压入储气瓶内并关闭 C_1，等气体稳定后记录瓶内的压强 p_1 对应的电压值 Δp_1（mV）和温度 T_0 对应的电压值 T_1'（mV）。

3）突然打开 C_2，当储气瓶内的空气压强降低到环境大气压强 p_0 时（此时放气声音消失），迅速关闭活塞 C_2。

4）当储气瓶内的温度和环境温度平衡时，记录瓶内气体的压强 p_2 对应的电压值 Δp_2（mV）和温度 T_0 对应的电压值 T_2'（mV）。

5）用式（29-3）进行计算，求得空气的比热容比 γ 的值。

6）用不同的充气量重复做 6 次，求比热容比的平均值，并与理论值相比较。

五、数据处理（见表29-1）

表 29-1　空气比热容比的测量记录

次数	测量值				计算值		
	Δp_1/mV	T_1'/mV	Δp_2/mV	T_2'/mV	p_1	p_2	γ
1							
2							
3							
4							
5							
6							

说明：表中 Δp_1、Δp_2 分别为绝热压缩过程和等体吸热过程气体压强的增量，实验时直流数字电压表测得值记录单位为 mV，实验计算中再由换算因子 1mV 相当于 50Pa 将之化为压强值（单位 Pa），$p = p_0 + 50U$（mV），其中 $p_0 = 10^5$Pa。

干燥空气的比热容比理论值 $\gamma_0 = 1.402$

六、注意事项

1）实验中在打开活塞 C_2 放气时，当听到放气声结束时应迅速关闭活塞。提早或推迟关闭活塞 C_2 都将影响实验结果（由于数字电压表有滞后性，经过多次实验测量，放气时间约为零点几秒，与放气声音消失基本一致，所以关闭活塞用听声音更可靠）。

2）实验要求环境温度基本保持不变（如果环境温度发生了比较大的变化，可以先转化到与状态 I 相同的温度再进行计算）。

3）压力传感器与主机要配套使用，仪器之间不可互相换用。

4）密封装配后必须等胶水变干且不漏气，方可做实验。

5）橡胶管在插入玻璃管前可先沾清水或者肥皂水，然后轻轻推入，以免玻璃管断裂。

七、思考题

1）会有哪几种因素影响到实验测量结果的正确性？

2）本次实验是用何种方法测量空气比热容比的？

（田辉勇）

实验 30　铁磁材料磁滞回线的研究

一、实验目的

1）认识铁磁材料的磁化规律，比较两种典型的铁磁材料的动态磁化特性。

2）掌握铁磁材料磁滞回线的概念。

3）学会用示波器测绘动态磁滞回线的原理和方法。

4）测定样品的基本磁化曲线，作 μ-H 曲线。

5）测定样品的 H_D、B_r、H_s 和 B_s 等参数。

6）测绘样品的磁滞回线，估算其磁滞损耗。

二、实验原理

1. 铁磁材料的磁滞特性

铁磁材料是一种性能特异、用途广泛的材料。铁、钴、镍及其众多合金以及含铁的氧化物（铁氧体）均属铁磁材料。其特性之一是在外磁场作用下能被强烈磁化，故磁导率 $\mu = B/H$ 很高。另一特征是磁滞，铁磁材料的磁滞现象是反复磁化过程中磁场强度 H 与磁感应强度 B 之间关系的特性。即磁场作用停止后，铁磁材料仍保留磁化状态，图 30-1 所示为铁磁材料的磁感应强度 B 与磁场强度 H 之间的关系曲线。

将一块未被磁化的铁磁材料放在磁场中进行磁化，图中的原点 O 表示磁化之前铁磁材料处于磁中性状态，即 $B = H = 0$，当磁场强度 H 从零开始增加时，磁感应强度 B 随之从零缓慢上升，如曲线 Oa 所示，继之 B 随 H 迅速增长，如曲线 ab 所示，其后 B 的增长又趋缓慢，并当 H 增至 H_s 时，B 达到饱和值 B_s，这个过程的 $OabS$ 曲线称为起始磁化曲线。如果在达到饱和状态之后使磁场强度 H 减小，这时磁感应强度 B 的值也要减小。图 30-1 表明，当磁场从 H_s 逐渐减小至零时，磁感应强度 B 并不沿起始磁化曲线恢复到“O”点，而是沿另一条新的曲线 SR 下降，对应的 B 值比原先的值大，说明铁磁材料的磁化过程是不可逆的过程。比较线段 OS 和 SR 可知，H 减小 B 相应也减小，但 B 的变化滞后于 H 的变化，这种现象称为磁滞。磁滞的明显特征是当 $H = 0$ 时，磁感应强度 B 值并不等于 0，而是保留一定大小的剩磁 B_r。

当磁场反向从 0 逐渐变至 $-H_D$ 时，磁感应强度 B 消失，说明要消除剩磁，可以施加反向磁场。当反向磁场强度等于某一定值 H_D 时，磁感应强度 B 值才等于 0，H_D 称为矫顽力，它的大小反映铁磁材料保持剩磁状态的能力，曲线 RD 称为退磁曲线。如再增加反向磁场的磁场强度 H，铁磁材料又可被反向磁化达到反方向的饱和状态，逐渐减小反向磁场的磁场强度至 0 时，B 值减小为 $-B_r$。这时再施加正向磁场，B 值逐渐减小至 0 后又逐渐增大至饱和状态。

图 30-1 还表明，当磁场按 $H_s \to O \to H_D \to -H_s \to O \to H_D' \to H_s$ 次序变化时，相应的磁感应强度 B 则沿闭合曲线 $SRDS'R'D'S$ 变化，可以看出，磁感应强度 B 值的变化总是滞后于磁场强度 H 的变化，这条闭合曲线称为磁滞回线。当铁磁材料处于交变磁场中时（如变压器中的铁心），将沿磁滞回线反复被磁化→去磁→反向磁化→反向去磁。磁滞是铁磁材料的重要特性之一，研究铁磁材料的磁性就必须知道它的磁滞回线。各种不同铁磁材料有不同的磁滞回线，主要是磁滞回线的宽、窄不同和矫顽力大小不同。

当铁磁材料在交变磁场作用下反复磁化时将会发热，要消耗额外的能量，因为反复磁化时磁体内分子的状态不断改变，所以分子振动加剧，温度升高。使分子振动加剧的能量是产生磁场的交流电源供给的，并以热的形式从铁磁材料中释放，这种在反复磁化过程中能量的损耗称为磁滞损耗，理论和实践证明，磁滞损耗与磁滞回线所围面积成正比。

应该说明，当初始状态为 $H=B=0$ 的铁磁材料，在交变磁场强度由弱到强依次进行磁化时，可以得到面积由小到大向外扩张的一簇磁滞回线，如图 30-2 所示，这些磁滞回线顶点的连线称为铁磁材料的基本磁化曲线。

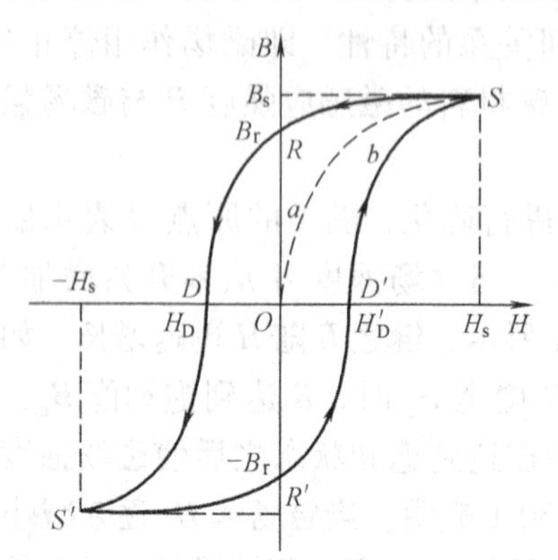

图 30-1 铁磁材料 B 与 H 的关系曲线

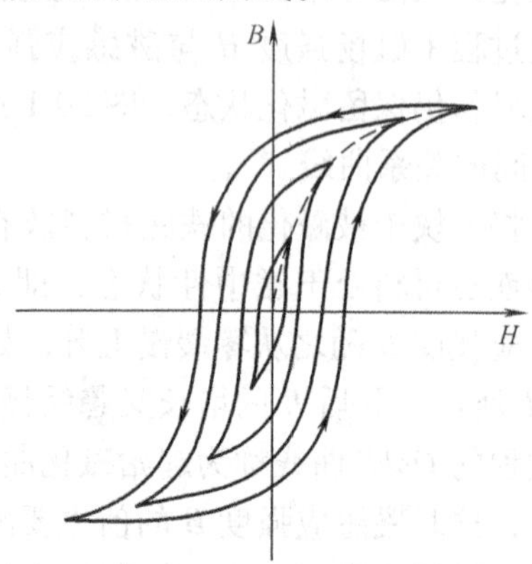

图 30-2 铁磁材料的基本磁化曲线

基本磁化曲线上点与原点连线的斜率称为磁导率，由此可近似确定铁磁材料的磁导率 $\mu=\dfrac{B}{H}$，它表征在给定磁场强度条件下单位 H 所激励出的磁感应强度 B，直接表示材料磁化性能的强弱。从磁化曲线上可以看出，因 B 与 H 非线性，铁磁材料的磁导率 μ 不是常数，而是随 H 而变化，如图 30-3 所示。当铁磁材料处于磁饱和状态时，磁导率减小较快。曲线起始点对应的磁导率称为初始磁导率，磁导率的最大值称为最大磁导率，这两者反映 μ-H 曲线的特点。另外铁磁材料的相对磁导率 $\mu_0=B/B_0$ 可高达数千乃至数万，这一特点是它用途广泛的主要原因。

可以说磁化曲线和磁滞回线是铁磁材料分类和选用的主要依据，图 30-4 为常见的两种典型的磁滞回线，其中软磁材料的磁滞回线狭长、矫顽力小（$<10^2$ A/m）、剩磁和磁滞损耗均较小、磁滞特性不显著，可以近似地用它的起始磁化曲线来表示其磁化特性，这种材料容易磁化，也容易退磁，是制造变压器、继电器、电机、交流磁铁和各种高频电磁元件的主要材料。而硬磁材料的磁滞回线较宽、矫顽力大（$>10^2$ A/m）、剩磁强、磁滞回线所包围的面积肥大、磁滞特性显著，因此，硬磁材料经磁化后仍能保留很强的剩磁，并且这种剩磁不易消除，可用来制造永磁体。

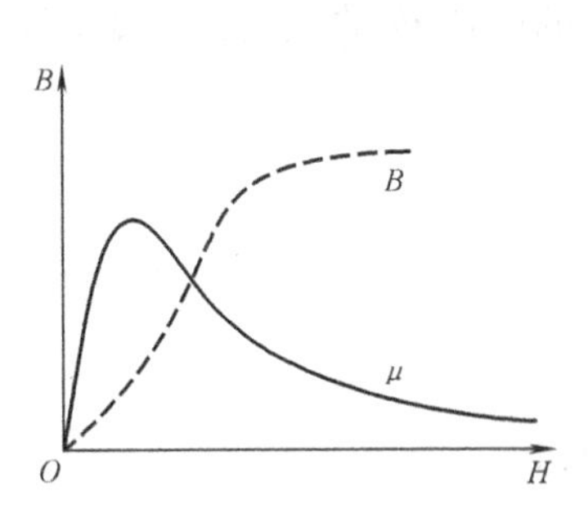

图 30-3　铁磁材料 μ 与 H 的关系曲线

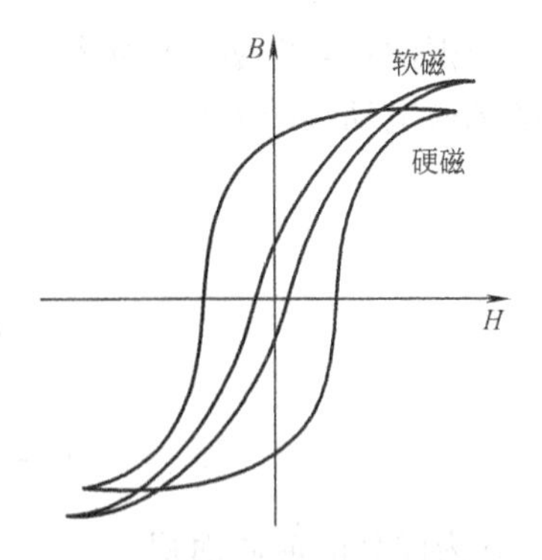

图 30-4　不同铁磁材料的磁滞回线

2. 示波器测绘磁滞回线原理

待测样品为 EI 型矽钢片，N 为励磁绕组，n 为用来测量磁感应强度 B 而设置的绕组。R_1 为励磁电流取样电阻，设通过 N 的交流励磁电流为 i，根据安培环路定理，样品的磁场强度为

$$H = \frac{Ni}{L}$$

式中，L 为样品的平均磁路。观察和测量磁滞回线和基本磁化曲线的线路如图 30-5 所示。

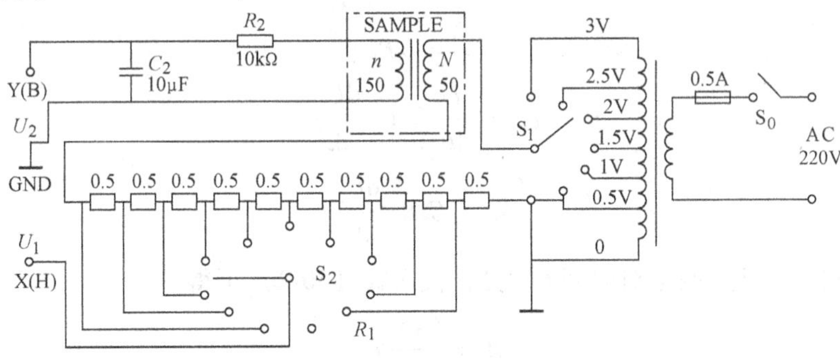

图 30-5　智能磁滞回线实验线路

$$i = \frac{U_1}{R_1}$$

$$H = \frac{N}{LR_1} \cdot U_1 \tag{30-1}$$

式中，N、L、R_1 均为已知常数，磁场强度 H 与示波器 X 的输入 U_1 成正比，所以由 U_1 可确定 H。

在交变磁场下，样品的磁感应强度瞬时值 B 是由测量绕组 n 和 R_2C_2 电路确

定的。根据法拉第电磁感应定律，由于样品中的磁通 Φ 的变化，在测量线圈中产生的感应电动势的大小为

$$\mathscr{E}_2 = n\frac{\mathrm{d}\Phi}{\mathrm{d}t}$$

$$\Phi = \frac{1}{n}\int \mathscr{E}_2 \mathrm{d}t$$

$$B = \frac{\Phi}{S} = \frac{1}{nS}\int \mathscr{E}_2 \mathrm{d}t \tag{30-2}$$

式中，S 为样品的横截面积。

考虑到测量绕组 n 较小，如果忽略自感电动势和电路损耗，则回路方程为

$$\mathscr{E}_2 = i_2 R_2 + U_2$$

式中，i_2 为感生电流；U_2 为积分电容 C_2 两端电压。设在 Δt 时间内，i_2 向电容 C_2 充的电荷量为 Q，则

$$U_2 = \frac{Q}{C_2}$$

所以

$$\mathscr{E}_2 = i_2 R_2 + \frac{Q}{C_2}$$

如果选取足够大的 R_2 和 C_2，使得 $i_2 R_2 >> \frac{Q}{C_2}$，则上式可以近似改写为

$$\mathscr{E}_2 = i_2 R_2$$

因为

$$i_2 = \frac{\mathrm{d}Q}{\mathrm{d}t} = C_2\frac{\mathrm{d}U_2}{\mathrm{d}t}$$

所以

$$\mathscr{E}_2 = C_2 R_2\frac{\mathrm{d}U_2}{\mathrm{d}t} \tag{30-3}$$

将式（30-3）两边对时间 t 积分，代入式（30-2）可得

$$B = \frac{C_2 R_2}{nS}U_2 \tag{30-4}$$

式中，C_2、R_2、n 和 S 均为已知常数。磁感应强度 B 与示波器 Y 的输入 U_2 成正比，所以由 U_2 可确定 B。

在交流磁化电流变化的一个周期内，示波器的光点将描绘出一条完整的磁滞回线，并在以后每个周期都重复此过程，这样，在示波器的荧光屏上可以看到稳定的磁滞回线。综上所述，将图 30-5 中的 U_1 和 U_2 分别加到示波器的“X 输入”和“Y 输入”便可观察样品的 B-H 曲线；如将 U_1 和 U_2 加到测试仪的信号输入端可测定样品的饱和磁感应强度 B_s、剩磁 B_r、矫顽力 H_D、磁滞损耗 BH 以及磁导率 μ 等参数。

三、实验内容

1）电路连接：选样品 1 按实验仪上所给的电路图连接线路，并令 R_1 = 2.5Ω，“U 选择”置于 0 位。U_H 和 U_B（即 U_1 和 U_2）分别接示波器的“X 输入”和“Y 输入”，插孔⊥为公共端。

2）样品退磁：开启实验仪电源，对试样进行退磁，即顺时针方向转动“U 选择”旋钮，令 U 从 0 增至 3V，然后逆时针方向转动旋钮，将 U 从最大值降为 0，其目的是消除剩磁，确保样品处于磁中性状态，即 $B=H=0$，如图 30-6 所示。

3）观察磁滞回线：开启示波器电源，调节示波器，令光点位于荧光屏坐标网格中心，令 U=2.2V，并分别调节示波器 X 和 Y 轴的灵敏度，使荧光屏上出现图形大小合适的磁滞回线（若图形顶部出现编织状的小环，如图 30-7 所示，这时可降低励磁电压 U 予以消除）。

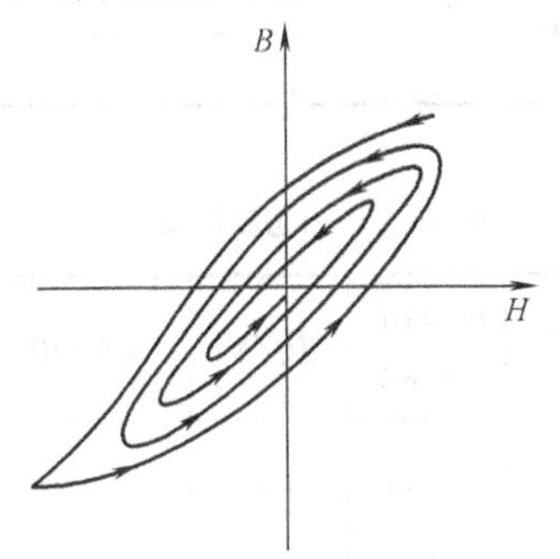

图 30-6　退磁示意图

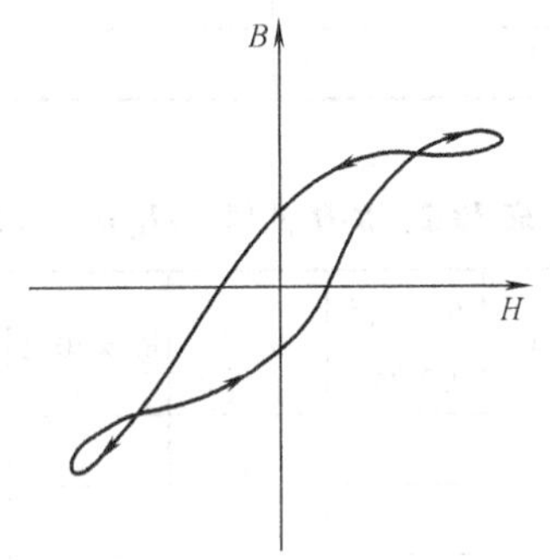

图 30-7　U_2 和 B 的相位差等因素引起的畸变

4）观察基本磁化曲线：按步骤 2）对样品进行退磁，从 U=0 开始，逐档提高励磁电压，将在荧光屏上得到面积由小到大一个套一个的一簇磁滞回线。这些磁滞回线顶点的连线就是样品的基本磁化曲线，借助长余辉示波器，便可观察到该曲线的轨迹。

5）观察、比较样品 1 和样品 2 的磁化性能。

6）测绘 μ-H 曲线：仔细阅读测试仪的使用说明，连接实验仪和测试仪之间的信号连线。开启电源，对样品进行退磁后，依次测定 U=0.5V，1.0V，…，3.0V 时的 10 组 H_s 和 B_s 值，作 μ-H 曲线。

7）令 U=3.0V，R_1=2.5Ω 测定样品 1 的 H_D、B_r、H_s、B_s 和［BH］等参数。

8）取步骤 7）中的 H 和其相应的 B 值，用坐标纸绘制 B-H 曲线（如何取数？取多少组数据？自行考虑），并估算曲线所围面积。

四、实验数据记录（表30-1、表30-2）

表30-1 基本磁化曲线与μ-H曲线

U/V	U_1/V	$H\times10^4$/（A/m）	U_2/V	$B/\times10^2$T	$\mu=B/H$/（$H\cdot m^{-1}$）
0.5					
1.0					
1.2					
1.5					
1.8					
2.0					
2.2					
2.5					
2.8					
3.0					

表30-2 B-H曲线 H_D= B_r= H_s= B_s= [BH] =

NO	U_1/V	$H/\times10^4$（A/m）	U_2/V	$B/\times10^2$T	NO	U_1/V	$H/\times10^4$（A/m）	U_2/V	$B/\times10^2$T

五、思考题

1）为什么有时磁滞回线图形顶部出现编织状的小环，如何消除？

2）在测绘磁滞回线和基本磁化曲线时，为什么要先退磁？如果不退磁对测绘结果有什么影响？

（王淑珍）

实验31　混 沌 实 验

长期以来，物理学用两类体系描述材料世界：以经典力学为核心的完全确定论描述一幅完全确定的材料及其运动图像，过去、现在和未来都按照确定的方式稳定而有序地运行；统计物理和量子力学的创立，提示了大量微观粒子运动的随机性，它们遵循统计规律，因为大多数的复杂系统是随机和无序的，只能用概率论方法得到某些统计结果。确定论和概率论是相互独立的两套体系，分别在各自领域里成功地描述世界。混沌（Chaos）的英文意思是混乱的、无序的。由于长久以来世界各地的物理学家都在探求自然的秩序，而面对无秩序的现象如大气、骚动的海洋、野生动物数目的突然增减及心脏跳动和脑部的变化等，却都显得相当无知。这些大自然中不规则的部分，既不连续也无规律，在科学上一直是个谜。但是在20世纪70年代，美国和欧洲有少数的科学家开始穿越混乱来开辟一条出路。包括数学家、物理学家、生物学家及化学家等，所有的人都在找寻各种不规则间的共相。混沌的研究表明，一个完全确定的系统，即使非常简单，由于自身的非线性作用，同样具有内在的随机性。绝大多数非线性动力学系统，既有周期运动，又有混沌运动，而混沌既不是具有周期性和对称性的有序，又不是绝对的无序，而是可用奇怪吸引子来描述的复杂的有序，混沌是非周期的有序性。本实验将借助非线性电阻，从实验上对这一现象进行一番探索。混沌研究是20世纪物理学的重大事件。

混沌研究最先起源于Lorenz研究天气预报时用到的三个动力学方程。后来的研究表明，无论是复杂系统（如气象系统、太阳系等），还是简单系统（如钟摆、滴水龙头等），皆因存在着内在随机性而出现类似无轨，但实际是非周期有序运动，即混沌现象。现在，混沌研究涉及的领域包括数学、物理学、生物学、化学、天文学、经济学及工程技术的众多学科，并对这些学科的发展产生了深远影响。混沌包含的物理内容非常广泛，研究这些内容更需要比较深入的数学理论，如微分动力学理论、拓扑学、分形几何学等。目前混沌的研究重点已转向多维动力学系统中的混沌、量子及时空混沌、混沌的同步及控制等方面。

一、实验目的

1）实验研究混沌电路，分析其电路特性和产生周期与非周期振荡的条件。

2）分析*RLC*电路中混沌现象的基本特性和混沌产生的方法。

3）对所观察的奇怪吸引子的各种图像进行探讨和说明。

4）测量有源非线性电路的负阻特性。

二、实验器件

ZKY-FD 型混沌通信电路实验仪、DS-500 数字示波器。

三、实验原理

混沌电路原理图如图 31-1 所示，电路中电感 L 和电容 C_1 并联构成一个振荡电路。非线性元件电阻 R 的特性为分段线性，且呈现负阻特性，其伏安特性如图 31-2 所示。耦合电阻 R_w（实际是电导）呈现正阻性，它将振荡电路与非线性电阻 R 和电容 C_2 组成的电路耦合起来并且消耗能量，以防止由于非线性线路的负阻效应使电路中的电压、电流不断增大。

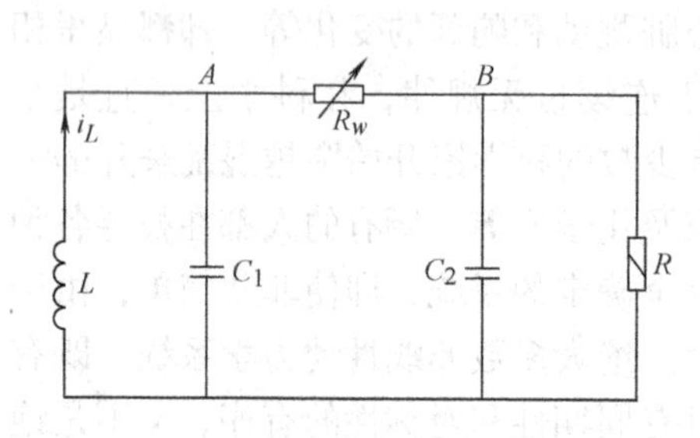

图 31-1 混沌电路

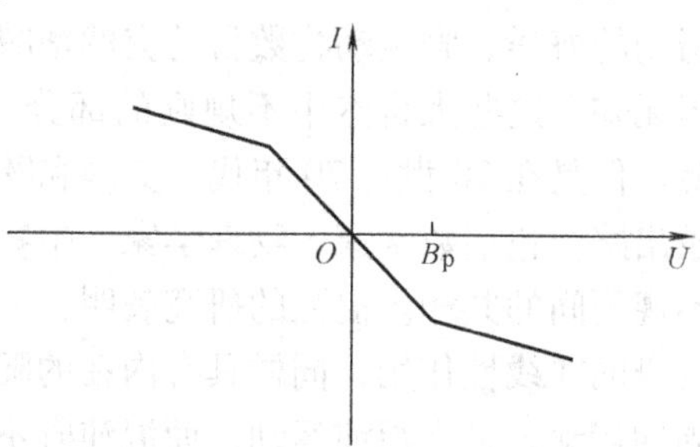

图 31-2 非线性元件伏安特性

电路的状态方程式（即电路中节点的电流、电压关系式）为

$$C_1 \frac{\mathrm{d}U_{c_1}}{\mathrm{d}t} = G(U_{c_2} - U_{c_1}) + i_L$$

$$C_2 \frac{\mathrm{d}U_{c_2}}{\mathrm{d}t} = G(U_{c_1} - U_{c_2}) - f(U_{c_2})$$

$$L \frac{\mathrm{d}i_L}{\mathrm{d}t} = -U_{c_1}$$

式中，G 是 R_0 的电导；U_{c_1}、U_{c_2} 分别是 C_1、C_2 上的电压；函数 $f(U_{c_2})$ 是非线性电阻 R 的特征函数，它的分段表达式为

$$f(U_{c_2}) = \begin{cases} m_0 U_{c_1} + (m_1 - m_0) B_{\mathrm{p}} & U_{c_1} \geqslant B_{\mathrm{p}} \\ m_1 U_{c_1} & |U_{c_1}| \leqslant B_{\mathrm{p}} \\ m_0 U_{c_1} - (m_1 - m_0) B_{\mathrm{p}} & U_{c_1} \leqslant -B_{\mathrm{p}} \end{cases}$$

式中，m_0、m_1 为常数，量纲与电导相同。

非线性元件 R 是产生混沌现象的必要条件，实验中用于产生非线性电阻的方法很多，如单结晶体管、变容二极管以及运算放大电路等。为了使选用的非线性元件特性接近图 31-2 的形状，实验中选用图 31-3 中所示的一个运算放大器电路作为产生非线性元件的电路，其伏安特性如图 31-4 所示。比较图 31-2 和图 31-4，可以认为这个电路在分段线性方面与图 31-2 要求的理论特性相近，而当 U_R 过大或过小时都出现了负阻向正阻的转折。这是由于外加电压超过了运算放大器工作在线性区要求的电压值（接近电源电压）后的非线性现象。这个特性导致在电路中产生附加的周期轨道，但对混沌电路产生吸引子和鞍形周期轨道没有影响。

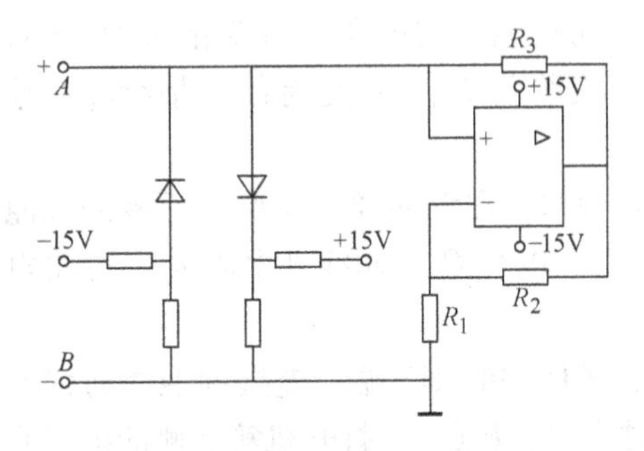

图 31-3 产生非线性的电路

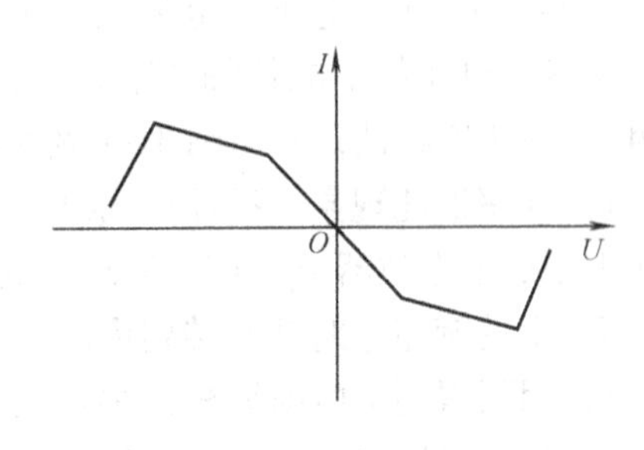

图 31-4 伏安特性

图 31-1 电路中 L、C_1 并联构成振荡电路，C_2 的作用是分相，使 A、B 两处输入示波器的信号产生相位差，可得到 X、Y 两个信号的合成图形。运放 OP07 的前级和后级正负反馈同时存在，正反馈的强弱与比值 R_3/R_0 有关，负反馈的强弱与比值 R_2/R_1 有关，当正反馈大于负反馈时，LC_1 振荡电路才能维持振荡。若调节 R_0，正反馈就发生变化。因为运放 OP07 处于振荡状态，所以是一种非线性应用，从 A、B 两点看，OP07 与电阻、二极管的组合等效于一个非线性电路。

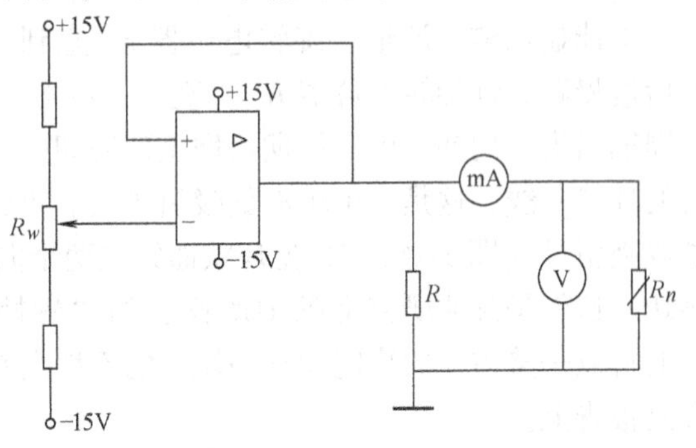

图 31-5 非线性电阻伏安特性测量电路

图 31-5 所示为非线性负阻 R_n 伏安特性测量电路，由于 R_n 是负电阻，为了保证运放的负载为一正电阻，与它并联了一个电阻值比它小的正电阻，实验时调节可变电位器 R_w 的大小，使运放输出从 -15V 变化到 +15V，即以上述电压加到待测非线性负阻网络，测量 R_n 两端的电压和电流，注意其方向，测量图 31-4 所示的负阻非线性特性。

四、实验步骤

1）仪器采用模块设计，在混沌通信实验仪面板的混沌单元1中插上跳线模块J01、J02、电位器 R_w（22kΩ）、非线性电阻 R_n，就构成了图31-5所示的一个非线性混沌电路，并将电位器 R_w 上的旋钮顺时针旋转到头。

2）连接混沌通信实验仪电源，打开机箱后侧的电源开关。

3）旋转电位器 R_w，先将电压调到最小（－13V），电压每升高1V记录一次电流，共记录30组电压和电流值，注意有拐点地方的电压，每变化0.2V记录一次电流，电压如不能精细调节，可将 R_w 更换为 R_{w1}。在坐标纸上描绘非线性电阻 R_n 的伏安特性，并与图31-4做对照。

4）观察混沌现象。拆掉跳线模块J01、J02，在混沌通信实验仪面板的混沌单元1中插上电位器 R_{w1}（2.2kΩ）、电容 C_1、电容 C_2、非线性电阻 R_n，并将电位器 R_{w1} 上的旋钮逆时针旋转到头。

5）用两根同轴电缆线分别将示波器的CH1和CH2端口连接到混沌通信实验仪面板上标号Q8和Q7处（即图31-1中的 A、B 点）。打开机箱后侧的电源开关和示波器电源。

6）按数字示波器AUTO按键，再按水平（HORIZONTAL）控制区域的MENU菜单按键，然后按显示屏右边的时基菜单按键选择X－Y方式。调节示波器垂直（VERTICAL）通道CH1和CH2电压档位的旋钮（SCALE）使示波器显示屏上能显示整个波形，旋转电位器 R_{w1} 直到示波器上的混沌波形变为一个点，然后慢慢顺时针旋转电位器 R_{w1} 并观察示波器，可见曲线作倍周期变化，曲线由一周期增为二周期，由二周期倍增至四周期……直至变为一系列难以计数的无首尾的环状曲线，这是一个单涡旋吸引子集。再细微调节 R_{w1}，单吸引子突然变成了双吸引子（图31-6），只见环状曲线在两个向外涡旋的吸引子之间不断填充与跳跃，这就是混沌研究文献中所描述的“蝴蝶”图像，也是一种奇怪吸引子，它的特点是整体上的稳定性和局域上的不稳定性同时存在。给图形拍照并描绘在实验报告上。

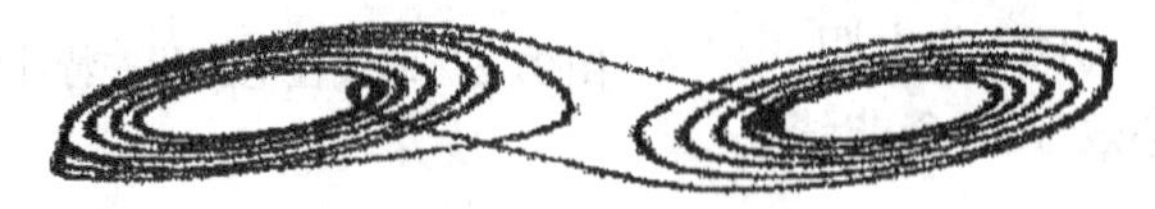

图31-6 双吸引子

在调试出双吸引子图形时，注意感觉调节电位器的可变范围，即在某一范围内变化，双吸引子都会存在，最终应该将调节电位器调节到这一范围的中间点，这时双吸引子最为稳定，并易于观察清楚。

五、思考题

1）负电阻与正电阻有何不同？

2）为什么混沌电路中要采用分段非线性电阻？

（刘文军）

实验32　各向异性磁阻传感器与磁场测量

一、实验目的

1）了解各向异性磁阻传感器的原理并对其特性进行实验研究。

2）学会测量亥姆霍兹线圈的磁场分布。

3）学习测量地磁场的方法。

二、实验仪器

各向异性磁阻传感器实验仪。

三、实验原理

各向异性磁阻传感器（Anisotropic Magneto-Resistive sensors，AMR）由沉积在硅片上的坡莫合金（$Ni_{80}Fe_{20}$）薄膜形成电阻。沉积时外加磁场，形成易磁化轴方向。铁磁材料的电阻与电流与磁化方向的夹角有关，电流与磁化方向平行时电阻 R_{max} 最大，电流与磁化方向垂直时电阻 R_{min} 最小，电流与磁化方向成 θ 角时，电阻可表示为

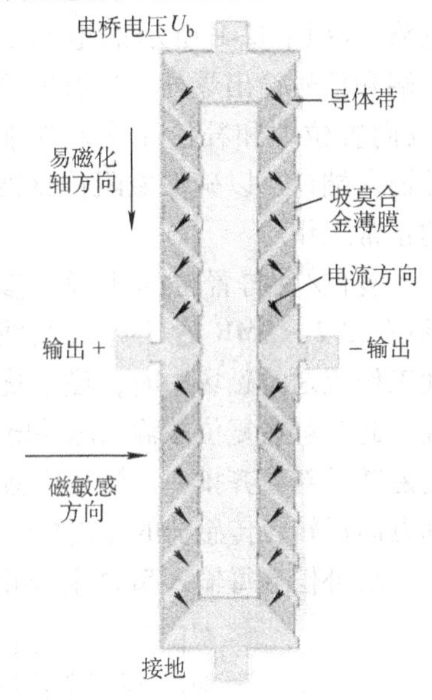

图 32-1　磁阻

$$R = R_{min} + (R_{max} - R_{min})\cos^2\theta$$

在磁阻传感器中，为了消除温度等外界因素对输出的影响，由4个相同的磁阻元件构成惠斯通电桥，结构如图32-1所示。图32-1中，易磁化轴方向与电流方向的夹角为45°。理论分析与实践表明，采用45°偏置磁场，当沿与易磁化轴垂直的方向施加外磁场，且外磁场强度不太大时，电桥输出与外加磁场强度成线性关系。

无外加磁场或外加磁场方向与易磁化轴方向平行时，磁化方向即易磁化轴方向，电桥的4个桥臂电阻阻值相同，输出为零。当在磁敏感方向施加如图32-1

所示方向的磁场时，合成磁化方向将在易磁化方向的基础上逆时针旋转。结果使左上和右下桥臂电流与磁化方向的夹角增大，电阻减小 ΔR；右上与左下桥臂电流与磁化方向的夹角减小，电阻增大 ΔR。通过对电桥的分析可知，此时输出电压可表示为

$$U = U_b \times \Delta R/R$$

式中，U_b 为电桥工作电压；R 为桥臂电阻；$\Delta R/R$ 为磁阻阻值的相对变化率，与外加磁场强度成正比。故 AMR 输出电压与磁场强度成正比，可利用磁阻传感器测量磁场。

商品磁阻传感器已制成集成电路，除图 32-1 所示的电源输入端和信号输出端外，还有复位/反向置位端和补偿端两对功能性输入端口，以确保磁阻传感器的正常工作。

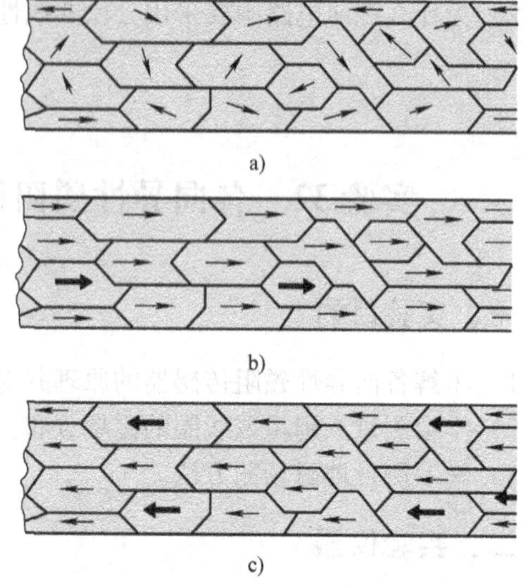

图 32-2　置位/反向置位的机理

a）磁干扰使磁畴排列紊乱　b）复位脉冲使磁畴沿易磁化轴整齐排列　c）反向置位脉冲使磁畴排列方向反转

复位/反向置位的机理可参见图 32-2。AMR 置于超过其线性工作范围的磁场中时，磁干扰可能导致磁畴排列紊乱，改变传感器的输出特性。此时可在复位端输入脉冲电流，通过内部电路沿易磁化轴方向产生强磁场，使磁畴重新整齐排列，恢复传感器的使用特性。若脉冲电流方向相反，则磁畴排列方向反转，传感器的输出极性也将相反。

从补偿端每输入 5mA 补偿电流，通过内部电路将在磁敏感方向产生 1Gs 的

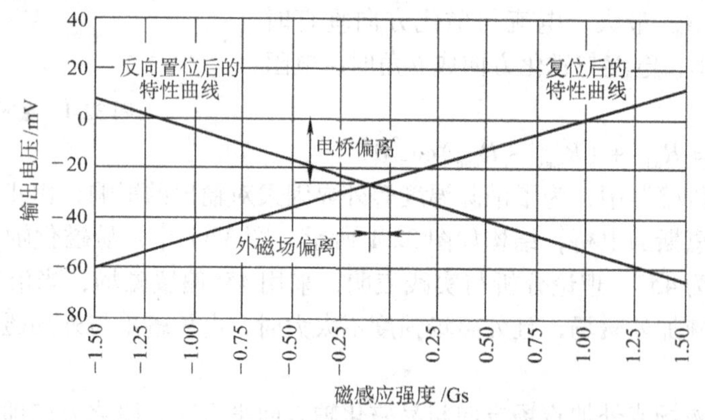

图 32-3　AMR 的磁电转换特性

磁场，可用来补偿传感器的偏离。

图 32-3 为 AMR 的磁电转换特性曲线。其中电桥偏离是在传感器制造过程中，4 个桥臂电阻不严格相等带来的，外磁场偏离是测量某种磁场时，外界干扰磁场带来的。不管要补偿哪种偏离，都可调节补偿电流，用人为的磁场偏置使图 32-5 中的特性曲线平移，使所测磁场为零时输出电压为零。

实验仪结构如图 32-4 所示，核心部分是磁阻传感器，辅以磁阻传感器的角度、位置调节及读数机构，亥姆霍兹线圈等。

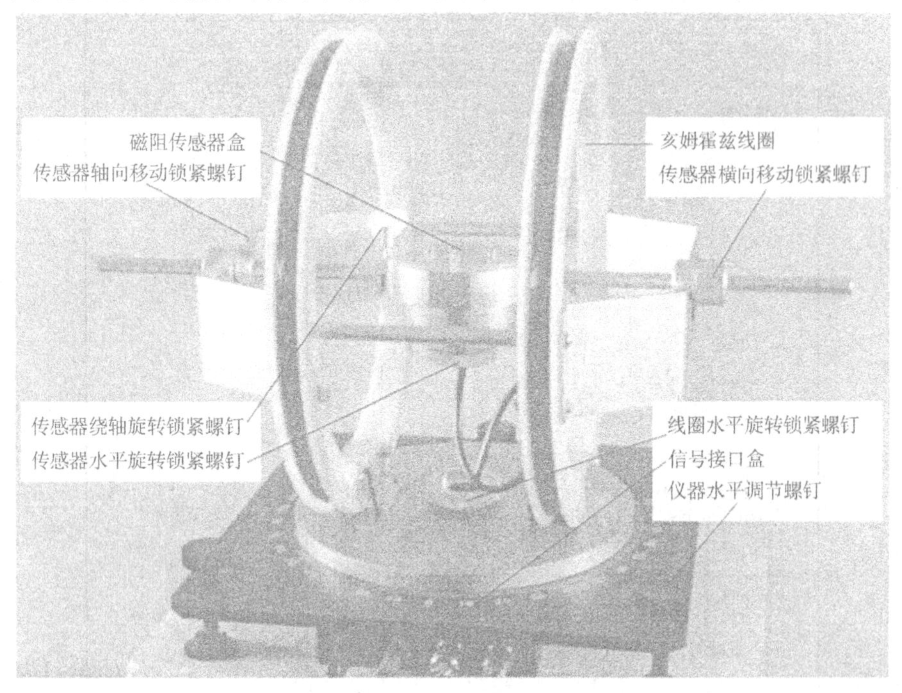

图 32-4　磁场实验仪

本仪器所用磁阻传感器的工作范围为 ±6Gs，灵敏度为 1mV/V/Gs。灵敏度表示，当磁阻电桥的工作电压为 1V，被测磁场磁感应强度为 1Gs 时，输出信号为 1mV。

磁阻传感器的输出信号通常需经放大电路放大后，再接显示电路，故由显示电压计算磁场强度时还需考虑放大器的放大倍数。本实验仪电桥工作电压 5V，放大器放大倍数 50，磁感应强度为 1Gs 时，对应的输出电压为 0.25V。

亥姆霍兹线圈是由一对彼此平行的共轴圆形线圈组成。两线圈内的电流方向一致，大小相同，线圈之间的距离 d 正好等于圆形线圈的半径 R。这种线圈的特点是能在公共轴线中点附近产生较广泛的均匀磁场，根据毕奥-萨伐尔定律，可以计算出亥姆霍兹线圈公共轴线中点的磁感应强度为

$$B_0 = \frac{8}{5^{3/2}} \cdot \frac{\mu_0 NI}{R}$$

式中，N为线圈匝数；I为流经线圈的电流，R为亥姆霍兹线圈的平均半径；$\mu_0 = 4\pi \times 10^{-7}$H/m 为真空中的磁导率。采用国际单位制时，由上式计算出的磁感应强度单位为特斯拉（1T = 10000Gs）。本实验仪 $N = 310$，$R = 0.14$m，线圈电流为 1mA 时，亥姆霍兹线圈中部的磁感应强度为 0.02Gs。

AMD 实验仪的前面板如图 32-5 所示。

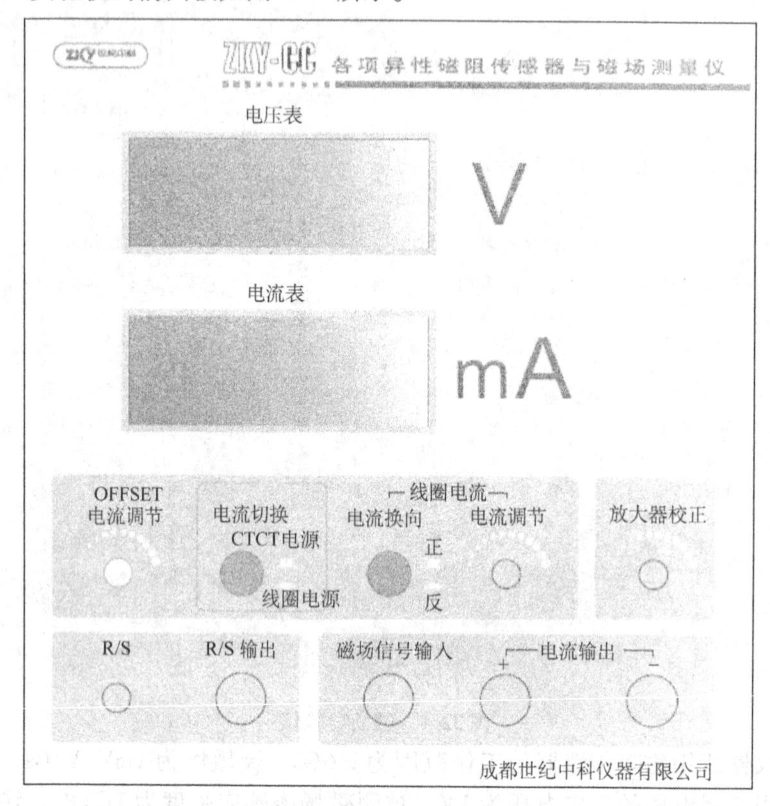

图 32-5 仪器前面板示意图

恒流源为亥姆霍兹线圈提供电流，电流的大小可以通过旋钮调节，电流值由电流表指示。电流换向按钮可以改变电流的方向。

补偿（OFFSET）电流调节旋钮调节补偿电流的方向和大小。电流切换按钮使电流表显示亥姆霍兹线圈电流或补偿电流。

传感器采集到的信号经放大后，由电压表指示电压值。放大器校正旋钮在标准磁场中校准放大器放大倍数。

复位（R/S）按钮每按下一次，向复位端输入一次复位脉冲电流，仅在需要时使用。

四、实验内容及步骤

测量准备：

连接实验仪与电源，开机预热20min。

将磁阻传感器位置调节至亥姆霍兹线圈中心，传感器磁敏感方向与亥姆霍兹线圈轴线一致。

调节亥姆霍兹线圈电流为零，按复位键（见图32-2，恢复传感器特性），调节补偿电流（见图32-3，补偿地磁场等因素产生的偏离），使传感器输出为零。调节亥姆霍兹线圈电流至300mA（线圈产生的磁感应强度6Gs），调节放大器校准旋钮，使输出电压为1.500V。

（一）磁阻传感器特性测量

1. 测量磁阻传感器的磁电转换特性

磁电转换特性是磁阻传感器最基本的特性。磁电转换特性曲线的直线部分对应的磁感应强度，即磁阻传感器的工作范围，直线部分的斜率除以电桥电压与放大器放大倍数的乘积，即为磁阻传感器的灵敏度。

按表32-1数据从300mA逐步调小亥姆霍兹线圈电流，记录相应的输出电压值。切换电流换向开关（亥姆霍兹线圈电流反向，磁场及输出电压也将反向），逐步调大反向电流，记录反向输出电压值。注意：电流换向后，必须按复位按键消磁。

表32-1　AMR磁电转换特性的测量

线圈电流/mA	300	250	200	150	100	50	0	-50	-100	-150	-200	-250	-300
磁感应强度/Gs	6	5	4	3	2	1	0	-1	-2	-3	-4	-5	-6
输出电压/V													

以磁感应强度为横轴、输出电压为纵轴，将上表数据作图，并确定所用传感器的线性工作范围及灵敏度。

2. 测量磁阻传感器的各向异性特性

AMR只对磁敏感方向上的磁场敏感，当所测磁场与磁敏感方向有一定夹角α时，AMR测量的是所测磁场在磁敏感方向的投影。由于补偿调节是在确定的磁敏感方向进行的，实验过程中应注意在改变所测磁场方向时，保持AMR方向不变。

将亥姆霍兹线圈电流调节至200mA，测量所测磁场方向与磁敏感方向一致时的输出电压。

松开线圈水平旋转锁紧螺钉，每次将亥姆霍兹线圈与传感器盒整体转动10°后锁紧，松开传感器水平旋转锁紧螺钉，将传感器盒向相反方向转动10°（保持AMR方向不变）后锁紧，记录输出电压数据于表32-2中。

表 32-2　AMR 方向特性的测量　　　　磁感应强度 4Gs

夹角 α/（°）	0	10	20	30	40	50	60	70	80	90
输出电压/V										

以夹角 α 为横轴、输出电压为纵轴，将上表数据作图，检验所作曲线是否符合余弦规律。

（二）亥姆霍兹线圈的磁场分布测量

亥姆霍兹线圈能在公共轴线中点附近产生较广泛的均匀磁场，在科研及生产中得到广泛的应用。

1. 亥姆霍兹线圈轴线上的磁场分布测量

根据毕奥-萨伐尔定律，可以计算出通电圆线圈在轴线上任意一点产生的磁感应强度矢量垂直于线圈平面，方向由右手螺旋法则确定，与线圈平面距离为 x_1 的点的磁感应强度为

$$B(x_1) = \frac{\mu_0 R^2 I}{2(R^2 + x_1^2)^{3/2}}$$

亥姆霍兹线圈是由一对彼此平行的共轴圆形线圈组成。两线圈内的电流方向一致，大小相同，线圈匝数为 N，线圈之间的距离 d 正好等于圆形线圈的半径 R，若以两线圈中点为坐标原点，则轴线上任意一点的磁感应强度是两线圈在该点产生的磁感应强度之和，即

$$B(x) = \frac{\mu_0 N R^2 I}{2\left[R^2 + \left(\frac{R}{2} + x\right)^2\right]^{3/2}} + \frac{\mu_0 N R^2 I}{2\left[R^2 + \left(\frac{R}{2} - x\right)^2\right]^{3/2}}$$

$$= B_0 \frac{5^{3/2}}{16}\left\{\frac{1}{\left[1 + \left(\frac{1}{2} + \frac{x}{R}\right)^2\right]^{3/2}} + \frac{1}{\left[1 + \left(\frac{1}{2} - \frac{x}{R}\right)^2\right]^{3/2}}\right\}$$

式中，B_0 是 $x = 0$ 时，即亥姆霍兹线圈公共轴线中点的磁感应强度。表 32-3 列出了 x 取不同值时 $B(x)/B_0$ 值的理论计算结果。

表 32-3　亥姆霍兹线圈轴向磁场分布测量　　　　$B_0 = 4\text{Gs}$

位置 x	$-0.5R$	$-0.4R$	$-0.3R$	$-0.2R$	$-0.1R$	0	$0.1R$	$0.2R$	$0.3R$	$0.4R$	$0.5R$
$B(x)/B_0$ 计算值	0.946	0.975	0.992	0.998	1.000	1	1.000	0.998	0.992	0.975	0.946
$B(x)$ 测量值/V											
$B(x)$ 测量值/Gs											

调节传感器磁敏感方向与亥姆霍兹线圈轴线一致，位置调节至亥姆霍兹线圈中心（$x=0$），测量输出电压值。

已知 $R=140\text{mm}$，将传感器盒每次沿轴线平移 $0.1R$，记录测量数据。

将表 32-3 数据作图，讨论亥姆霍兹线圈的轴向磁场分布特点。

2. 亥姆霍兹线圈空间磁场分布测量

由毕奥-萨伐尔定律，同样可以计算亥姆霍兹线圈空间任意一点的磁场分布，由于亥姆霍兹线圈的轴对称性，只要计算（或测量）过轴线的平面上两维磁场分布，就可得到空间任意一点的磁场分布。

理论分析表明，在 $x\leqslant0.2R$、$y\leqslant0.2R$ 的范围内，$(B_x-B_0)/B_0$ 小于百分之一，B_y/B_x 小于万分之二，故可认为在亥姆霍兹线圈中部较大的区域内，磁场方向沿轴线方向，磁场大小基本不变。

按表 32-4 数据改变磁阻传感器的空间位置，记录 x 方向的磁场产生的电压 V_x，测量亥姆霍兹线圈空间磁场分布。

表 32-4　亥姆霍兹线圈空间磁场分布测量　　$B_0=4\text{Gs}$

y \ V_x \ x	0	0.05R	0.1R	0.15R	0.2R	0.25R	0.3R
0							
0.05R							
0.1R							
0.15R							
0.2R							
0.25R							
0.3R							

由表 32-4 数据讨论亥姆霍兹线圈的空间磁场分布特点。

（三）地磁场测量

地球本身具有磁性，地表及近地空间存在的磁场称作地磁场。地磁的北极、南极分别在地理南极、北极附近，彼此并不重合，可用地磁场强度、磁倾角、磁偏角三个参量表示地磁场的大小和方向。磁倾角是地磁场强度矢量与水平面的夹角，磁偏角是地磁场强度矢量在水平面的投影与地球经线（地理南北方向）的夹角。

在现代的数字导航仪等系统中，通常用互相垂直的三维磁阻传感器测量地磁场在各个方向的分量，根据矢量合成原理，计算出地磁场的大小和方位。本实验学习用单个磁阻传感器测量地磁场的方法。

将亥姆霍兹线圈电流调节至零，将补偿电流调节至零，传感器的磁敏感方向调节至与亥姆霍兹线圈轴线垂直（以便在垂直面内调节磁敏感方向）。

调节传感器盒上平面与仪器底板平行，将水准气泡盒放置在传感器盒正中，调节仪器水平调节螺钉使水准气泡居中，使磁阻传感器水平。松开线圈水平旋转锁紧螺钉，在水平面内仔细调节传感器方位，使输出最大。此时，传感器磁敏感方向与地理南北方向的夹角就是磁偏角。

松开传感器绕轴旋转锁紧螺钉，在垂直面内调节磁敏感方向，至输出最大时转过的角度就是磁倾角，记录此角度。

记录输出最大时的输出电压值 U_1 后，松开传感器水平旋转锁紧螺钉，将传感器转动180°，记录此时的输出电压 U_2（负值），将 $U=(U_1-U_2)/2$ 作为地磁场磁感应强度的测量值（此法可消除电桥偏离对测量的影响）。

表 32-5　地磁场的测量

磁倾角/(°)	磁感应强度计算			
	U_1/V	U_2/V	$U=(U_1-U_2)/2$/V	$B=U/0.25$/Gs

在实验室内测量地磁场时，建筑物的钢筋分布、同学携带的铁磁物质，都可能影响测量结果，因此，此实验重在掌握测量方法。

五、思考题

亥姆霍兹线圈的作用是什么？为什么两线圈的距离选择正好等于圆形线圈的半径 R？

（刘文军）

实验 33　光纤特性及传输实验

一、实验目的

1）了解光纤通信的原理及基本特性。

2）熟悉半导体电光/光电器件的基本性能及主要特性的测试方法。测量激光二极管的伏安特性，电光转换特性。

3）测量光敏二极管的伏安特性。

4）基带（幅度）调制传输实验。

5）频率调制传输实验。

6）音频信号传输实验。

7）数字信号传输实验。

二、实验仪器

ZKY-GQC 光纤特性及传输实验仪、示波器。

三、实验原理

1. 光纤

光纤是由纤芯、包层、防护层组成的同心圆柱体，横截面如图 33-1 所示。纤芯与包层材料大多为高纯度的石英玻璃，通过掺杂使纤芯折射率大于包层折射率，形成一种光波导效应，使大部分的光被束缚在纤芯中传输。若纤芯的折射率分布是均匀的，在纤芯与包层的界面处折射率突变，则称为阶跃型光纤。若纤芯从中心的高折射率逐渐变到边缘与包层折射率一致，则称为渐变型光纤。若纤芯直径小于 10μm，则只有一种模式的光波能在光纤中传播，称为单模光纤。若纤芯直径 50μm 左右，则有多个模式的光波能在光纤中传播，称为多模光纤。防护层由缓冲涂层、加强材料涂覆层及套塑层组成。通常将若干根光纤与其他保护材料组合起来构成光缆，便于工程上敷设和使用。

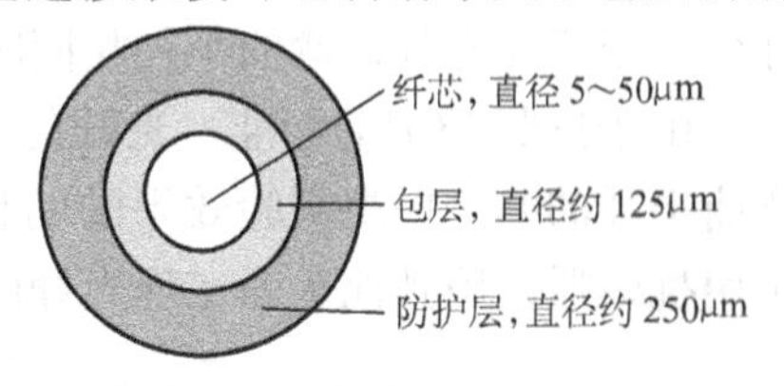

图 33-1 光纤的基本结构

衡量光纤性能好坏的主要是它的损耗特性与色散特性。

损耗特性决定光纤传输的中继距离。光在光纤中传输时，由于材料的散射及吸收，会使光信号衰减，当信号衰减到一定程度时，就必须对信号进行整形放大处理，再进行传输，才能保证信号在传输过程中不失真，这段传输的距离叫作中继距离。损耗越小，中继距离越长。光纤的损耗与光的波长有关，通过研究发现，石英光纤在 0. 85μm、1. 30μm、1. 55μm 附近有 3 个低损耗窗口，实用的光纤通信系统光波长都在低损耗窗口区域内。

损耗用损耗系数表示。光在有损耗的介质中传播时，光强按指数规律衰减，在通信领域，损耗系数用单位长度的分贝值（dB）表示，定义为

$$\alpha = \frac{10}{L}\lg\frac{P_0}{P_1} \quad \text{dB/km} \tag{33-1}$$

已知损耗系数，可计算光通过任意长度 L 后的强度

$$P_1 = P_0 10^{-\frac{\alpha L}{10}} \tag{33-2}$$

上两式中，L 是传播距离；P_0 是入射光强；P_1 是损耗后的光强。

对于单模光纤而言，随着波长的增加，其弯曲损耗也相应增大，因此对 1550nm 波长的使用，要特别注意弯曲损耗的问题。随着光纤通信工程的发展，最低衰减窗口 1550nm 波长区的通信必将得到广泛的运用。CCITT 对 G. 652 光纤

和 G. 653 光纤在 1550nm 波长的弯曲损耗作了明确的规定：对 G. 652 光纤，用半径为 37. 5mm 松绕 100 圈，在 1550nm 波长测得的损耗增加应小于 1dB；对 G. 653 而言，要求增加的损耗小于 0. 5dB。

弯曲损耗的测量，要求在具有较为稳定的光源条件下，将几十米被测光纤耦合到测试系统中，保持注入状态和接收端耦合状态不变的情况下，分别测出松绕 100 圈前后的输出光功率 P_1 和 P_2，弯曲损耗可由下式计算得出：

$$A = 10\lg(P_1/P_2) \tag{33-3}$$

相同光纤，传输相同波长光波信号，弯曲半径不同时其损耗也必定不同。同样，对于相同光纤，弯曲半径相同时，传输不同光波信号，其损耗也不同。

由于按照 CCITT 标准，光纤的弯曲损耗比较小，在实际测试中可采用减小弯曲半径的办法提高实验效果的明显性。实验测试框图如图 33-2 所示。此处可不用扰模器，用其他东西实现光纤的弯曲也可。扰模器缠绕方法如图 33-3 所示。

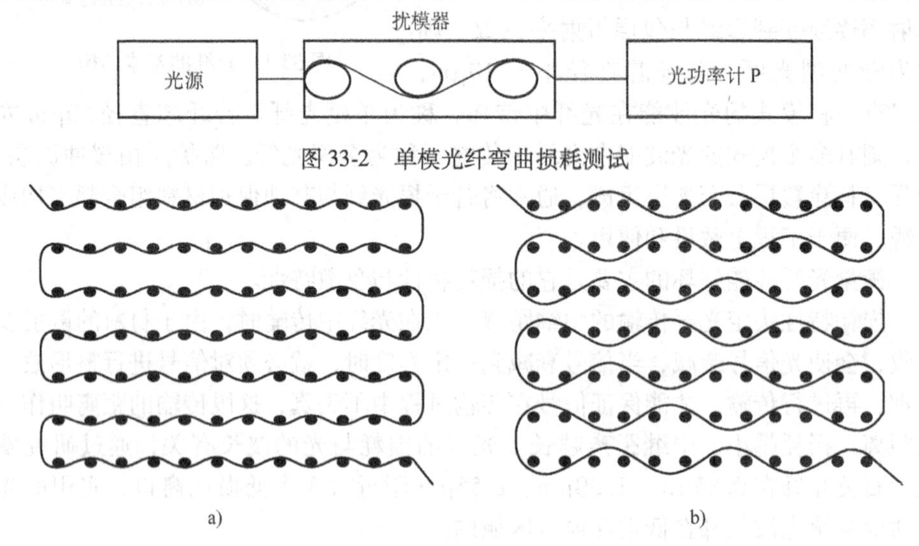

图 33-2 单模光纤弯曲损耗测试

图 33-3 扰模器缠绕方法

a）弯曲半径 R_1 缠绕方法 b）弯曲半径 R_2 缠绕方法

2. 半导体激光器

光通信的光源为半导体激光器（LD）或发光二极管（LED），本实验采用半导体激光器管。

半导体激光器通过受激辐射发光，是一种阈值器件。处于高能级 E_2 的电子在光场的感应下发射一个和感应光子一模一样的光子，而跃迁到低能级 E_1，这个过程称为光的受激辐射，所谓一模一样，是指发射光子和感应光子不仅频率相同，而且相位、偏振方向和传播方向都相同，它和感应光子是相干的。由于受激辐射与自发辐射的本质不同，导致了半导体激光器不仅能产生高功率(≥10mW)

辐射，而且输出光发散角窄（垂直发散角为30°~50°，水平发散角为0°~30°），与单模光纤的耦合效率高（约30%~50%），辐射光谱线窄($\Delta\lambda=0.1\sim1.0$nm)，适用于高比特工作，载流子复合寿命短，能进行高速信号（>20GHz）直接调制，非常适合于做高速长距离光纤通信系统的光源。

LD和LED都是半导体光电子器件，其核心部分都是PN结。因此，它们具有与普通二极管相类似的*V-I*特性，如图33-4所示。

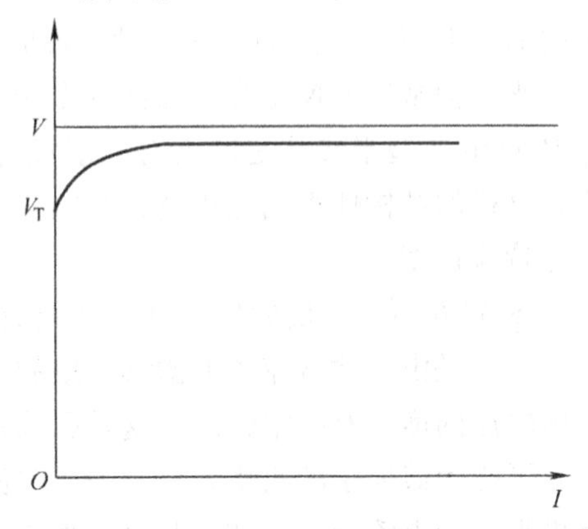

图33-4　LD激光器输出*V-I*特性示意图

由于结构不同，LD和LED的*P-I*特性曲线有很大的差别。LED的*P-I*曲线基本上是一条近似的直线，而LD半导体激光器的*P-I*曲线，如图33-5所示，有一阈值电流I_{th}，只有在工作电流$I>I_{th}$部分，*P-I*曲线才近似一条直线。而在$I<I_{th}$部分，LD输出的光功率几乎为零。

阈值电流是非常重要的特性参数。图33-5中*A*段与*B*段的交点表示开始发射激光，它对应的电流就是阈值电流I_{th}。半导体激光器可以看作为一种光学振荡器，要形成光的振荡，就必须要有光放大机制，即激活介质处于粒子数反转分布，而且产生的增益足以抵消所有的损耗。将开始出现净增益的条件称为阈值条件。一般用注入电流值来标定阈值条件，即阈值电流I_{th}。

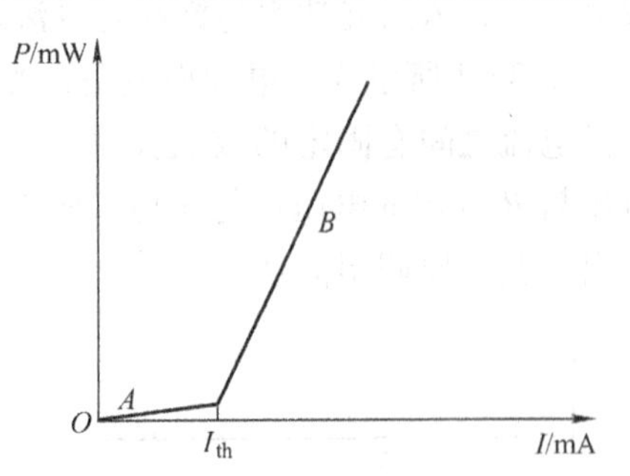

图33-5　LD半导体激光器*P-I*特性示意图

当注入电流增加时，输出光功率也随之增加，在达到I_{th}之前半导体激光器输出荧光，到达I_{th}之后输出激光，输出光子数的增量与注入电子数的增量之比

$$\eta_d=\left(\frac{\Delta P}{h\nu}\right)\Bigg/\left(\frac{\Delta I}{e}\right)=\frac{e}{h\nu}\cdot\frac{\Delta P}{\Delta I}\tag{33-4}$$

式中，$\Delta P/\Delta I$就是图33-5激射时的斜率；h是普朗克常数（6.625×10^{-34}J·s）；ν为辐射跃迁情况下，释放出的光子的频率。

*P-I*特性是选择半导体激光器的重要依据。在选择时，应选阈值电流I_{th}尽可能小，I_{th}对应*P*值小，而且没有扭折点的半导体激光器。这样的激光器工作电流小，工作稳定性高，消光比大，而且不易产生光信号失真，并且要求*P-I*曲线的斜率适当。斜率太小，则要求驱动信号太大，给驱动电路带来麻烦；斜率太大，

则会出现光反射噪声及使自动光功率控制环路调整困难。

3. 光敏二极管

光通信接收端由光敏二极管完成光电转换与信号解调。光敏二极管是工作在无偏压或反向偏置状态下的PN结，反向偏压电场方向与势垒电场方向一致，使结区变宽，无光照时只有很小的暗电流。当PN结受光照射时，价电子吸收光能后挣脱价键的束缚成为自由电子，在结区产生电子-空穴对，在电场作用下，电子向N区运动，空穴向P区运动，形成光电流。

光通信常用PIN型光敏二极管作光电转换。它与普通光敏二极管的区别在于在P型和N型半导体之间夹有一层没有渗入杂质的本征半导体材料，称为I型区。这样的结构使得结区更宽，结电容更小，可以提高光敏二极管的光电转换效率和响应速度。

图33-6所示为反向偏置电压下光敏二极管的伏安特性。无光照时的暗电流很小，它是由少数载流子的漂移形成的。有光照时，在较低反向电压下光电流随反向电压的增加有一定升高，这是因为反向偏压增加使结区变宽，结电场增强，提高了光生载流子的收集效率。当反向偏压进一步增加时，光生载流子的收集接近极限，光电流趋于饱和，此时，光电流仅取决于入射光功率。在适当的反向偏置电压下，入射光功率与饱和光电流之间呈较好的线性关系。

图33-7所示为光电转换电路，光敏二极管接在晶体管基极，集电极电流与基极电流之间有固定的放大关系，基极电流与入射光功率成正比，则流过 R 的电流与 R 两端的电压也与光功率成正比，若光功率随调制信号变化，R 两端的电输出解调出原调制信号。

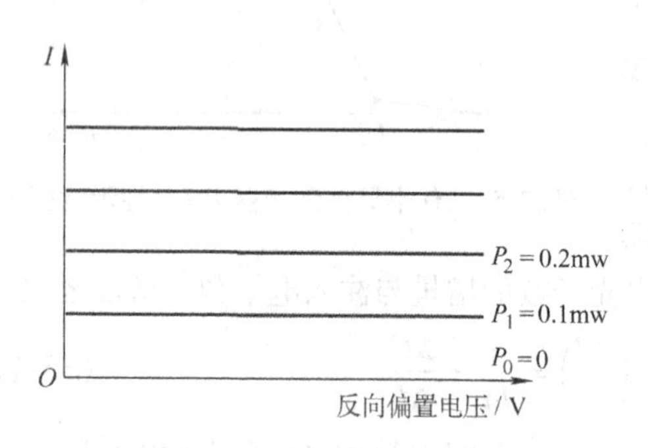

图33-6 光敏二极管的伏安特性

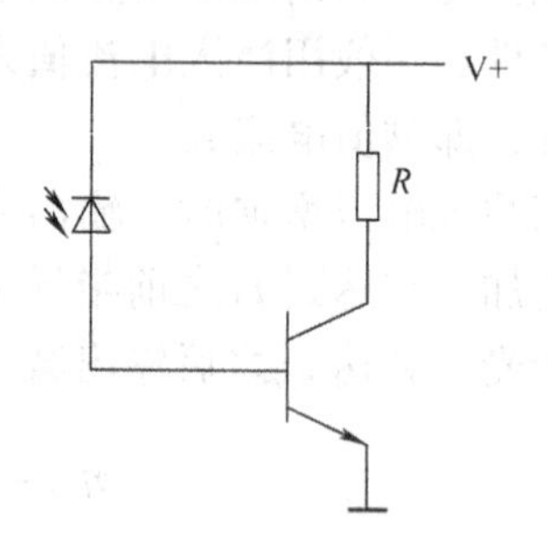

图33-7 简单的光电转换电路

4. 光源的调制

对光源的调制可以采用内调制或外调制。内调制用信号直接控制光源的电流，使光源的发光强度随外加信号变化，内调制易于实现，一般用于中低速传输系统。外调制时光源输出功率恒定，利用光通过介质时的电光效应，声光效应或磁光效应实现信号对光强的调制，一般用于高速传输系统。本实验采用内调制。

图 33-8 所示为简单的调制电路。调制信号耦合到晶体管基极，晶体管作共发射极连接，流过发光二极管的集电极电流由基极电流控制，R_1、R_2 提供直流偏置电流。图 33-9 是调制原理图，由图 33-9 可见，由于光源的输出光功率与驱动电流是线性关系，在适当的直流偏置下，随调制信号变化的电流变化由发光二极管转换成了相应的光输出功率变化。

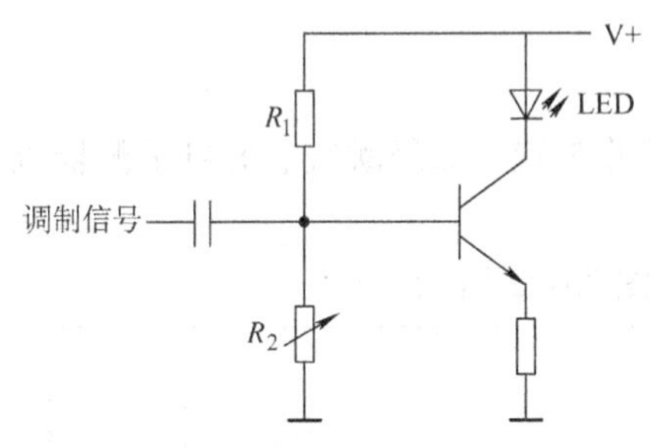

图 33-8　简单的调制电路

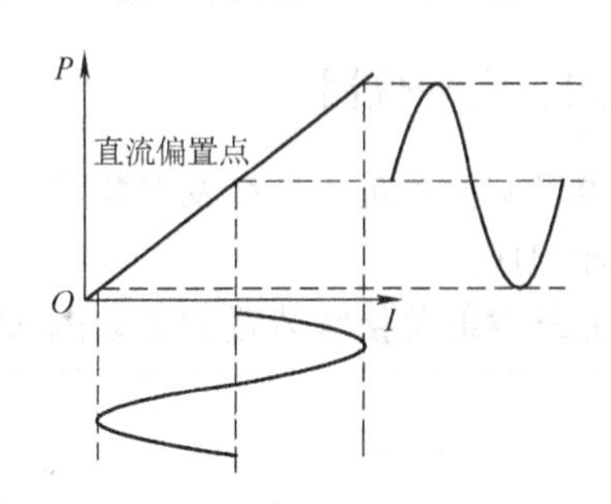

图 33-9　调制原理图

5. 副载波调频调制

对副载波的调制可采用调幅、调频等不同方法。调频具有抗干扰能力强、信号失真小的优点，本实验采用调频法。

图 33-10 所示为副载波调制传输框图。

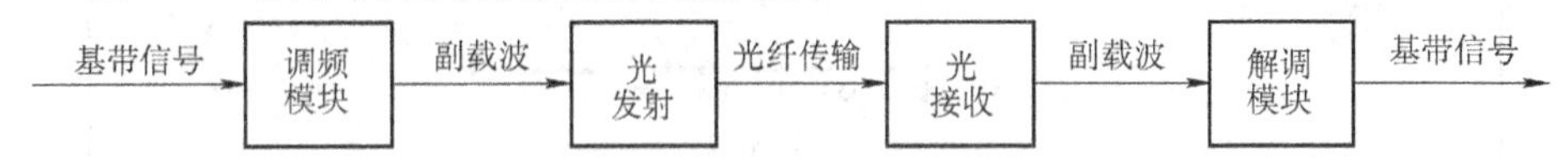

图 33-10　副载波调制传输框图

如果载波的瞬时频率偏移随调制信号 $m(t)$ 线性变化，即

$$\omega_d(t) = k_f m(t) \tag{33-5}$$

则称为调频，k_f 是调频系数，代表频率调制的灵敏度，单位为 2πHz/V。

调频信号可写成下列一般形式：

$$u(t) = A\cos\left[\omega t + k_f\int_0^t m(t)\,dt\right] \tag{33-6}$$

式中，ω 为载波的角频率；$k_f\int_0^t m(t)\,dt$ 为调频信号的瞬时相位偏移。下面考虑两种特殊情况：

1）假设 $m(t)$ 为电压为 U 的直流信号，则式（33-6）可以写为

$$u(t) = A\cos[(\omega + k_f U)t] \tag{33-7}$$

式（33-7）表明直流信号调制后的载波仍为余弦波，但角频率偏移了 $k_f U$。

2）假设 $m(t) = U\cos\Omega t$，则式（33-6）可以写为

$$u(t) = A\cos\left[\omega t + \frac{k_f U}{\Omega}\sin\Omega t\right] \tag{33-8}$$

可以证明，已调信号包括载频分量 ω 和若干个边频分量 $\omega \pm n\Omega$，边频分量的频率间隔为 Ω。

任意信号可以分解为直流分量与若干余弦信号的叠加，则式（33-7）、式（33-8）两式可以帮助理解一般情况下调频信号的特征。

四、实验仪器

整套实验系统由光纤发射装置、光纤接收装置、光纤跳线、光纤适配器以及示波器组成。

光纤发射及接收装置面板如图 33-11、图 33-12 所示。

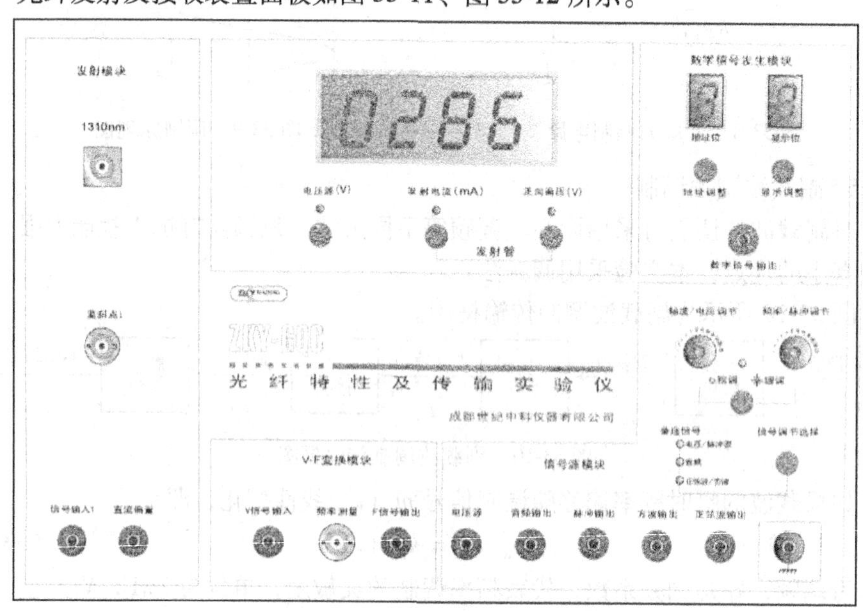

图 33-11　光纤发射装置面板图

光纤发射装置可产生各种实验需要的信号，通过发射管发射出去。发出的信号通过光纤传输后，由接收管将信号传送到光纤接收装置。接收装置将信号处理后，通过仪器面板显示或者示波器观察传输后的各种信号。

发射系统中的信号源模块部分由电压源、音频信号、脉冲信号、方波信号、正弦波信号等组成。这些信号可以通过信号切换键来选择调整参数。当对应信号源的指示灯亮起时，表示可以对该信号进行幅度/电压调节和频率调节了。调节也可以根据所需步进选择“粗调”和“细调”，即当调节的指示灯亮起代表细调，不亮代表粗调。

接收系统中，显示部分的“光功率计”只能调节到“1310”，“1550”作为扩展显示（当前实验仪中没有设置1550nm波长的发射装置）。

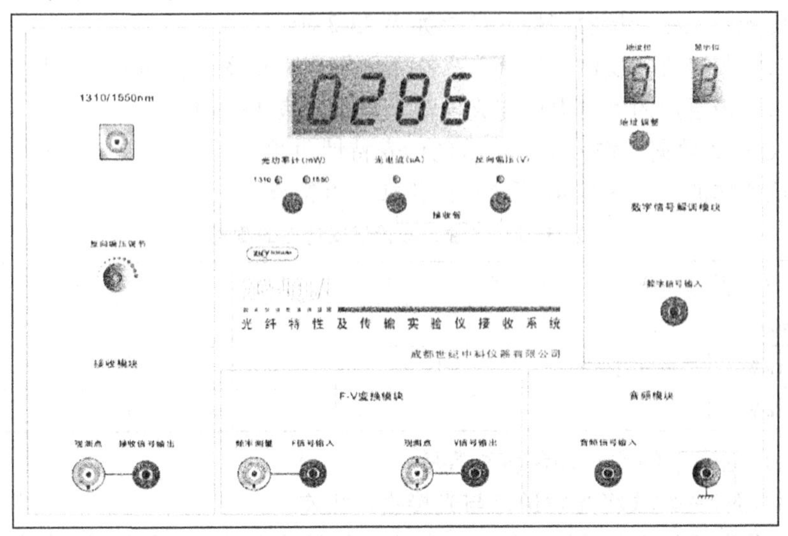

图 33-12　光纤接收装置面板图

实验中使用的光纤为FC-FC光跳线（短光纤）。示波器用于观测各种信号波形经光纤传输后是否失真等特性（学校自备）。

五、实验内容及步骤

（一）半导体激光器的伏安特性与输出特性测量

用FC-FC光跳线将光发送口与光接收口相连。设置发射显示为“发射电流”，接收显示为“光功率计”。

调节电压源以改变发射电流，记录发射电流与接收器接收到的光功率（与发射光功率成正比）。设置发射显示为正向偏压，记录与发射电流对应的发射管两端电压于表33-1中。

依次改变发射电流（可能显示电流值不能精确达到表33-1的设定数值，只要尽量接近即可），将数据记录于表33-1中。

表 33-1　半导体激光器伏安特性与输出特性测量

正向偏压/V										
发射管电流/mA	0	5	6	8	10	15	20	25	30	35
光功率/mW										

以表33-1数据作所测半导体激光器的伏安特性曲线、输出特性曲线。

讨论所作曲线与图33-4、图33-5所描述的规律是否符合。

（二）光敏二极管伏安特性的测量

连接方式同本实验“三、实验原理的 3. 光敏二极管”。调节发射装置的电压源，使光敏二极管接收到的光功率如表 33-2 所示。

调节接收装置的反向偏压调节，在不同输入光功率时，切换显示状态，分别测量光敏二极管反向偏置电压与光电流，记录于表 33-2 中。

以表 33-2 数据，作光敏二极管的伏安特性曲线。

讨论所作曲线与图 33-6 所描述的规律是否符合。

表 33-2 光敏二极管伏安特性的测量

反向偏置电压/V		0	1	2	3	4	
$P=0$	光电流/μA						
$P=0.1\mathrm{mW}$							
$P=0.2\mathrm{mW}$							

（三）基带（幅度）调制传输实验

用 FC-FC 光跳线将光发送口与光接收口相连。

将信号源模块正弦波输出接入发射模块信号输入端 1，将电压源信号接入到发射模块的直流偏置出，调节直流偏置电压为 3.2 ~ 3.5V。

将监测点 1 接入双踪示波器的其中一路，观测输入信号波形。将接收装置信号输出端的观测点接入双踪示波器的另一路，观测经光纤传输后接收模块输出的波形。

观测信号经光纤传输后，波形是否失真，频率有无变化，记入表 33-3 中。

调节正弦波信号幅度，当幅度超过一定值后，可观测到接收信号失真（参见图 33-9），记录信号不失真对应的最大输入信号幅度及对应接收端输出信号幅度于表 33-3 中。

将正弦波信号改为方波信号，重复以上步骤实验，将数据记录于表 33-3 中。

表 33-3 基带调制传输实验

激光二极管调制电路输入信号			光敏二极管光电转换电路输出信号		
波形	频率/kHz	幅度/V	波形	频率/kHz	幅度/V
正弦波					
方波					

对表 33-3 结果作定性讨论。

（四）副载波调制传输实验

1. 观测调频电路的电压频率关系

用 FC-FC 光跳线将光发送口与光接收口相连。

将发射装置中的电压源输出接入 U-f 变换模块的 U 信号输入（用直流信号作

调制信号）。根据调频原理，直流信号调制后的载波角频率偏移 $k_f U$。将 f 信号输出的频率测量接入示波器，观测输入电压与输出频率之间的 U-f 变换关系。调节电压源，通过在示波器上读输出信号的周期来换算成频率。将输出频率 f_V 随电压的变化记入表 33-4 中。

表 33-4　调频电路的 U-f 关系

输入电压/V	0	0.2	0.4	0.6	0.8	1.0	1.2	1.4	1.6	1.8	2.0
输出频率 f_V/kHz											

以输入电压作横坐标，输出角频率 $\omega_V = 2\pi f_V$ 为纵坐标在坐标纸上作图。直线与纵轴的交点为副载波的角频率 ω，直线的斜率为调频系数 k_f。求出 ω 与 k_f。

2. 副载波调制传输实验

用 FC-FC 光跳线将光发送口与光接收口相连。

将信号源模块正弦波输出接入发射装置 U-f 变换模块的 U 信号输入端，再将 U-f 变换模块 f 信号输出接入发射模块信号输入端 1（用副载波信号作激光二极管调制信号）。将电压源信号接入到发射模块的直流偏置处，调节直流偏置电压为 3.2V。

用示波器观测基带信号（“正弦输出”与“地”之间），在保证正弦波不失真的前提下调节其幅度和频率到一个固定值，记录幅度和频率于表 33-5 中。

此时接收装置接收信号输出端输出的是经光敏二极管还原的副载波信号，将接收信号输出接入 f-U 变换模块 f 信号输入端，在 U 信号输出端输出经解调后的基带信号。

用示波器观测经调频，光纤传输后解调的基带信号波形（f-U 变换模块的“观测点”）；将观测情况记入表 33-5 中。

改变输入基带信号（正弦波）的频率和幅度，观测 U-f 变换模块输出的波形，记录于表 33-5 中。

表 33-5　副载波调制传输实验

基带信号		光纤传输后解调的基带信号		
幅度/V	频率/kHz	幅度/V	频率/kHz	信号失真程度

基带传输实验中，衰减会使输出幅度减小，传输过程的非线性会使信号失真。副载波传输采用频率调制，解调电路的输出只与接收到的瞬时频率有关，可以观察到衰减对输出几乎无影响，表明调频方式抗干扰能力强，信号失真小。

对表33-5结果作定性讨论。

（五）音频信号传输实验

用FC-FC光跳线将光发送口与光接收口相连。

1. 基带调制

将发射装置“音频信号输出”接入发射模块信号输入端1，将2.5V电压源接入到“直流偏置”。

将接收装置接收信号输出端接入音频模块音频信号输入端。

倾听音频模块播放出来的音乐。定性观察光连接、弯曲等外界因素对传输的影响，陈述你的感受。

2. 副载波调制

将发射装置“音频信号输出”接入U-f变换模块的U信号输入端，再将U-f变换模块f信号输出接入发射模块信号输入端1。

将接收信号输出接入f-U变换模块f信号输入端，U信号输出端接入音频模块音频信号输入端。

倾听音频模块播放出来的音乐。定性观察光连接、弯曲等外界因素对传输的影响，陈述你的感受。

（六）数字信号传输实验

若需传输的信号本身是数字形式，或将模拟信号数字化（模数转换）后进行传输，称为数字信号传输。数字传输具有抗干扰能力强，传输质量高；易于进行加密和解密，保密性强；可以通过时分复用提高信道利用率；便于建立综合业务数字网等优点，是今后通信业务的发展方向。

本实验用编码器发送二进制数字信号（地址和数据），并用数码管显示地址一致时所发送的数据。

用FC-FC光跳线将光发送口与光接收口相连。将发射装置数字信号输出接入发射模块信号输入端1，接收装置接收信号输出端接入数字信号解调模块数字信号输入端。

设置发射地址和接收地址，设置发射装置的数字显示。可以观测到，地址一致，信号正常传输时，接收数字随发射数字而改变。地址不一致或光信号不能正常传输时，数字信号不能正常接收。

六、思考题

1）查阅相关文献资料，说明影响单模光纤损耗的因素还有哪些？

2）画出光纤传播数字信号实验框图，并简述数字信号光纤传播过程。

（刘文军）

实验34　红外信道物理特性及应用实验

一、实验目的

1）了解红外通信的原理及基本特性。
2）学会测量部分材料红外特性的方法。
3）测量红外发射管的伏安特性、电光转换特性。
4）测量红外接收管的伏安特性。
5）基带调制传输实验。
6）副载波调制传输实验。
7）音频信号传输实验。
8）数字信号传输实验。

二、实验仪器

红外通信特性实验仪、示波器、信号发生器。

三、实验原理

1. 红外通信

在现代通信技术中，为了避免信号互相干扰，提高通信质量与通信容量，通常用信号对载波进行调制，用载波传输信号，在接收端再将需要的信号解调还原出来。不管用什么方式调制，调制后的载波要占用一定的频带宽度，如音频信号要占用几千赫兹的带宽，模拟电视信号要占用8MHz的带宽。载波的频率间隔若小于信号带宽，则不同信号间要互相干扰。能够用作无线电通信的频率资源非常有限，国际国内都对通信频率进行统一规划和管理，仍难以满足日益增长的信息需求。通信容量与所用载波频率成正比，与波长成反比。目前微波波长能做到厘米量级，在开发应用毫米波和亚毫米波时遇到了困难。红外波长比微波短得多，用红外波作载波，其潜在的通信容量是微波通信无法比拟的，红外通信就是用红外波作载波的通信方式。

红外传输的介质可以是光纤或空间，本实验采用空间传输。

2. 红外材料

光在光学介质中传播时，由于材料的吸收、散射，会使光波在传播过程中逐渐衰减，对于确定的介质，光的衰减 $\mathrm{d}I$ 与材料的衰减系数 α、光强 I、传播距离 $\mathrm{d}x$ 成正比

$$\mathrm{d}I = -\alpha I \mathrm{d}x \tag{34-1}$$

对上式积分，可得

$$I = I_0 e^{-\alpha L} \tag{34-2}$$

式中，L 为材料的厚度。

材料的衰减系数是由材料本身的结构及性质决定的，不同的波长衰减系数不同。普通的光学材料由于在红外波段衰减较大，通常并不适用于红外波段。常用的红外光学材料包括：石英晶体及石英玻璃，它们在 0.14 ~ 4.5μm 的波长范围内都有较高的透射率。半导体材料及它们的化合物如锗、硅、金刚石、氮化硅、碳化硅、砷化镓、磷化镓。氟化物晶体如氟化钙、氟化镁。氧化物陶瓷如蓝宝石单晶（Al_2O_3）、尖晶石（$MgAl_2O_4$）、氮氧化铝、氧化镁、氧化钇、氧化锆。还有硫化锌、硒化锌以及一些硫化物玻璃，锗硫系玻璃等。

光波在不同折射率的介质表面会反射，入射角为零或入射角很小时反射率

$$R = \left(\frac{n_1 - n_2}{n_1 + n_2}\right)^2 \tag{34-3}$$

由式（34-3）可见，反射率取决于界面两边材料的折射率。由于色散，材料在不同波长的折射率不同。折射率与衰减系数是表征材料光学特性的最基本参数。

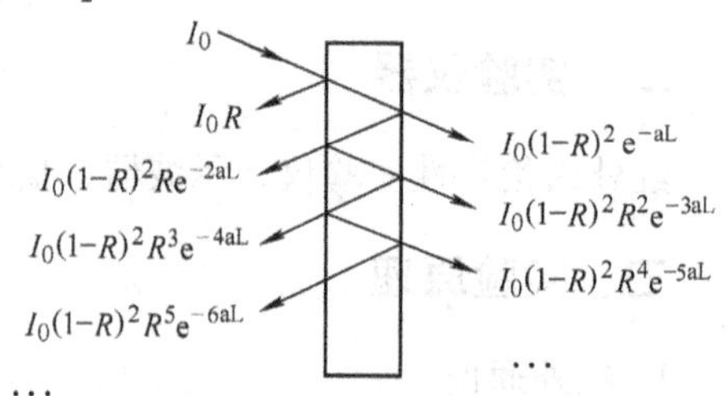

图 34-1 光在两界面间的多次反射

由于材料通常有两个界面，测量到的反射与透射光强是在两界面间反射的多个光束的叠加效果，如图 34-1 所示。

反射光强与入射光强之比为

$$\frac{I_R}{I_0} = R[1 + (1 - R)^2 e^{-2\alpha L}(1 + R^2 e^{-2\alpha L} + R^4 e^{-4\alpha L} + \cdots)]$$

$$= R\left[1 + \frac{(1 - R)^2 e^{-2\alpha L}}{1 - R^2 e^{-2\alpha L}}\right] \tag{34-4}$$

式（34-4）的推导中，用到无穷级数 $1 + x + x^2 + x^3 + \cdots = (1 - x)^{-1}$。透射光强与入射光强之比为

$$\frac{I_T}{I_0} = (1 - R)^2 e^{-\alpha L}(1 + R^2 e^{-2\alpha L} + R^4 e^{-4\alpha L} + \cdots) = \frac{(1 - R)^2 e^{-\alpha L}}{1 - R^2 e^{-2\alpha L}} \tag{34-5}$$

原则上，测量出 I_0、I_R、I_T，联立式（34-4）、式（34-5），可以求出 R 与 α（不一定是解析解）。下面讨论在两种特殊情况下求 R 与 α。

对于衰减可忽略不计的红外光学材料，$\alpha = 0$、$e^{-\alpha L} = 1$，此时，由式（34-4）可解出

$$R = \frac{I_R/I_0}{2 - I_R/I_0} \tag{34-6}$$

对于衰减较大的非红外光学材料，可以认为多次反射的光线经材料衰减后光强接近零，对图 34-1 中所示的反射光线与透射光线都可只取第一项，此时

$$R = \frac{I_R}{I_0} \tag{34-7}$$

$$\alpha = \frac{1}{L}\ln\frac{I_0(1 - R)^2}{I_T} \tag{34-8}$$

由于空气的折射率为 1，所以求出反射率后，可由式（34-3）解出材料的折射率

$$n = \frac{1 + \sqrt{R}}{1 - \sqrt{R}} \tag{34-9}$$

很多红外光学材料的折射率较大，在空气与红外材料的界面会产生严重的反射。例如硫化锌的折射率为 2.2、反射率为 14%，锗的折射率为 4、反射率为 36%。为了降低表面反射损失，通常在光学元件表面镀上一层或多层增透膜来提高光学元件的透过率。

3. 发光二极管

红外通信的光源为半导体激光器或发光二极管，本实验采用发光二极管。

发光二极管是由 P 型和 N 型半导体组成的二极管（图 34-2）。P 型半导体中有相当数量的空穴，几乎没有自由电子。N 型半导体中有相当数量的自由电子，几乎没有空穴。当两种半导体结合在一起形成 PN 结时，N 区的电子（带负电）向 P 区扩散，P 区的空穴（带正电）向 N 区扩散，在 PN 结附近形成空间电荷区与势垒电场。势垒电场会使载流子向扩散的反方向作漂移运动，最终扩散与漂移达到平衡，使流过 PN 结的净电流为零。在空间电荷区内，P 区的空穴被来自 N 区的电子复合，N 区的电子被来自 P 区的空穴复合，使该区内几乎没有能导电的载流子，又称为结区或耗尽区。

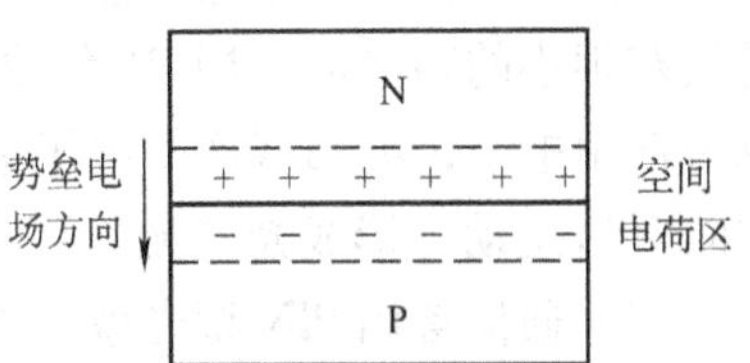

图 34-2　半导体 PN 结示意图

当加上与势垒电场方向相反的正向偏压时，结区变窄，在外电场作用下，P 区的空穴和 N 区的电子就向对方扩散运动，从而在 PN 结附近产生电子与空穴的复合，并以热能或光能的形式释放能量。采用适当的材料，使复合能量以发射光子的形式释放，就构成发光二极管。采用不同的材料及材料组分，可以控制发光二极管发射光谱的中心波长。

图 34-3、图 34-4 分别为发光二极管的伏安特性与输出特性。从图 34-3 可见，

发光二极管的伏安特性与一般的二极管类似。从图 34-4 可见，发光二极管输出光功率与驱动电流近似呈线性关系。这是因为：驱动电流与注入 PN 结的电荷数成正比，在复合发光的量子效率一定的情况下，输出光功率与注入电荷数成正比。

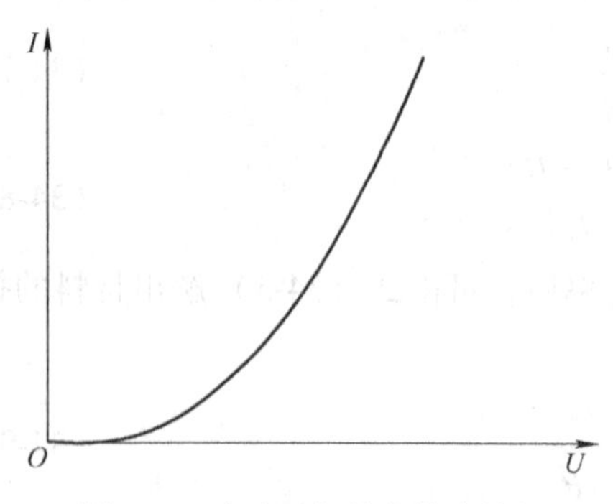

图 34-3　发光二极管的伏安特性

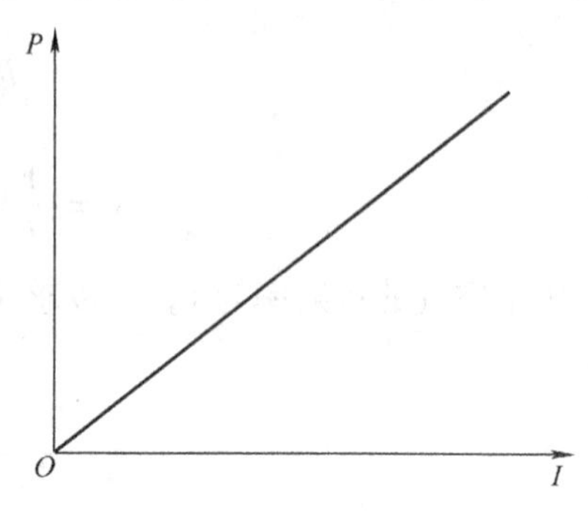

图 34-4　发光二极管输出特性

4. 光敏二极管

红外通信接收端由光敏二极管完成光电转换。光敏二极管是工作在反向偏置状态下的 PN 结，反向偏压电场方向与势垒电场方向一致，使结区变宽，无光照时只有很小的暗电流。当 PN 结受光照射时，价电子吸收光能后挣脱价键的束缚成为自由电子，在结区产生电子-空穴对，在电场作用下，电子向 N 区运动，空穴向 P 区运动，形成光电流。

红外通信常用 PIN 型光敏二极管作光电转换。它与普通光敏二极管的区别在于在 P 型和 N 型半导体之间夹有一层没有渗入杂质的本征半导体材料，称为 I 型区。这样的结构使得结区更宽，结电容更小，可以提高光敏二极管的光电转换效率和响应速度。

图 34-5 所示为反向偏置电压下光敏二极管的伏安特性。无光照时的暗电流很小，它是由少数载流子的漂移形成的。有光照时，在较低反向电压下光电流随反向电压的增加有一定升高，这是因为反向偏压增加使结区变宽，结电场增强，提高了光生载流子的收集效率。当反向偏压进一步增加时，光生载流子的收集接近极限，光电流趋于饱和，此时，光电流仅取决于入射光功率。在适当的反向偏置电压下，入射光功率与饱和光电流之间呈较好的线性关系。

图 34-6 所示为简单的光电转换电路，光敏二极管接在晶体管基极，集电极电流与基极电流之间有固定的放大关系，基极电流与入射光功率成正比，则流过 R 的电流与 R 两端的电压也与光功率成正比。

5. 光源的调制

对光源的调制可以采用内调制或外调制。内调制用信号直接控制光源的电流，使光源的发光强度随外加信号变化；内调制易于实现，一般用于中低速传输系统。外调制时光源输出功率恒定，利用光通过介质时的电光效应，声光效应或磁光效应实现信号对光强的调制，一般用于高速传输系统。本实验采用内调制。

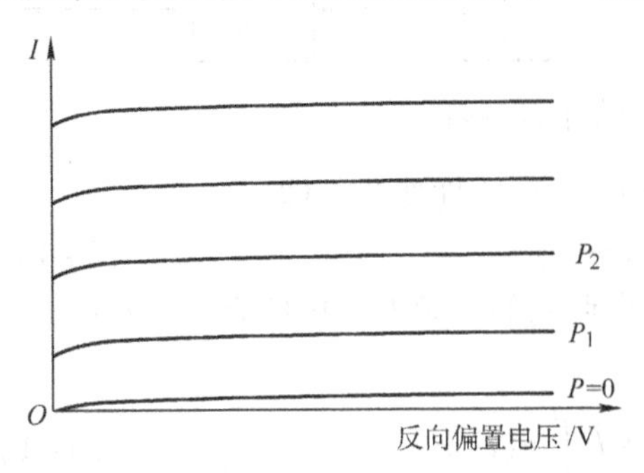

图 34-5 光敏二极管的伏安特性

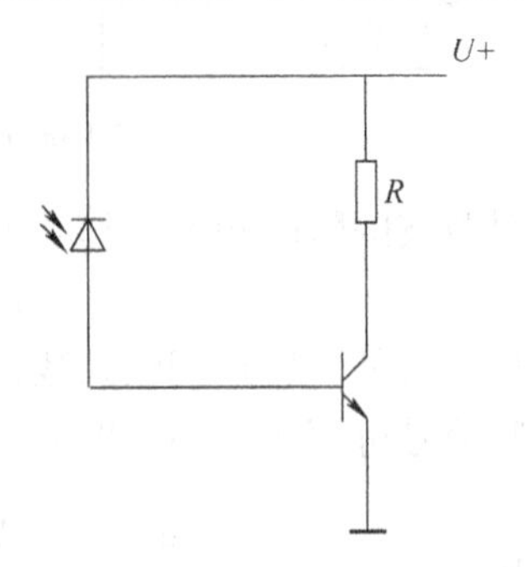

图 34-6 简单的光电转换电路

图 34-7 所示为简单的调制电路。调制信号耦合到晶体管基极，晶体管作共发射极连接，流过发光二极管（LED）的集电极电流由基极电流控制，R_1、R_2 提供直流偏置电流。图 34-8 所示为调制原理图，由图可见，由于光源的输出光功率与驱动电流成线性关系，在适当的直流偏置下，随调制信号变化的电流变化由发光二极管转换成了相应的光输出功率变化。

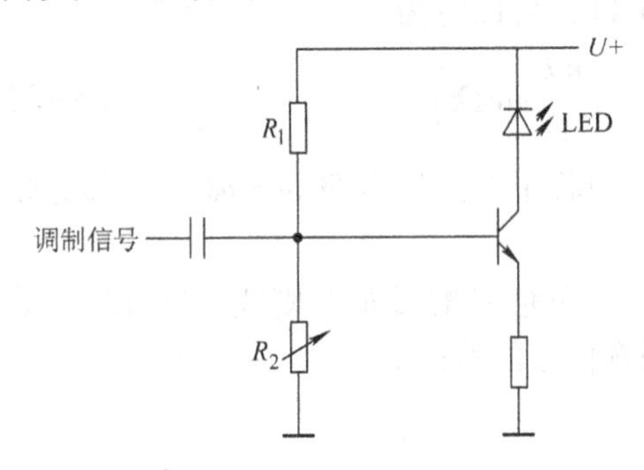

图 34-7 简单的调制电路

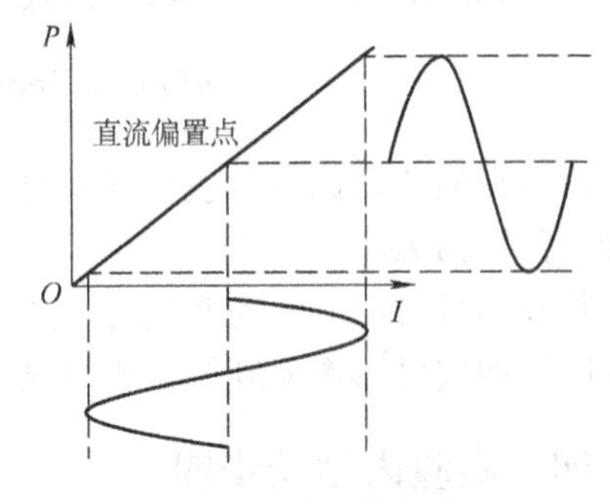

图 34-8 调制原理图

6. 副载波调制

由需要传输的信号直接对光源进行调制，称为基带调制。

在某些应用场合（例如有线电视），需要在同一根光纤上同时传输多路电视信号，此时可用 N 个基带信号对频率为 f_1、f_2、…、f_N 的 N 个副载波频率进行调制，将已调制的 N 个副载波合成一个频分复用信号，驱动发光二极管。在接收端，由光敏二极管还原频分复用信号，再由带通滤波器分离出副载波，解调后得到需要的基带信号。

对副载波的调制可采用调幅、调频等不同方法。调频具有抗干扰能力强，信号失真小的优点，本实验采用调频法。

图 34-9 是副载波调制传输框图。

图 34-9　副载波调制传输框图

如果载波的瞬时频率偏移随调制信号 $m(t)$ 线性变化，即

$$\omega_d(t) = k_f m(t) \tag{34-10}$$

则称为调频，k_f 是调频系数，代表频率调制的灵敏度，单位为 2πHz/V。

调频信号可写成下列一般形式：

$$u(t) = A\cos[\omega t + k_f\int_0^t m(t)\mathrm{d}t] \tag{34-11}$$

式中，ω 为载波的角频率；$k_f\int_0^t m(t)\mathrm{d}t$ 为调频信号的瞬时相位偏移。

下面考虑两种特殊情况：

1）假设 $m(t)$ 为电压为 U 的直流信号，则式（34-11）可以写为

$$u(t) = A\cos[(\omega + k_f U)t] \tag{34-12}$$

式（34-12）表明直流信号调制后的载波仍为余弦波，但角频率偏移了 $k_f V$。

2）假设 $m(t) = U\cos\Omega t$，则式（34-11）可以写为

$$u(t) = A\cos\left[\omega t + \frac{k_f U}{\Omega}\sin\Omega t\right] \tag{34-13}$$

可以证明，已调信号包括载频分量 ω 和若干个边频分量 $\omega \pm n\Omega$，边频分量的频率间隔为 Ω。

任意信号可以分解为直流分量与若干余弦信号的叠加，则式（34-12）、式（34-13）两式可以帮助理解一般情况下调频信号的特征。

四、实验内容及步骤

1. 部分材料的红外特性测量

将发光二极管与功率计相对放置，在未放置样品时测量初始光强 I_0。在发光二极管与功率计连线中间位置垂直放入样品，测量透射光强 I_T。

将功率计移到紧靠发光二极管，微调样品入射角使接收到的反射光最强，测量反射光强 I_R。将测量数据记入表 34-1 中。

对衰减可忽略不计的红外光学材料，用式（34-6）计算反射率，式（34-9）计算折射率。

对衰减严重的材料，用式（34-7）计算反射率，式（34-8）计算衰减系数，式（34-9）计算折射率。

表 34-1　部分材料的红外特性测量　初始光强 I_0 =　（mW）

材料	样品厚度 /mm	反射光强 I_R/mW	透射光强 I_T/mW	反射率 R	折射率 n	衰减系数 α/mm^{-1}
石英玻璃						

2. 发光二极管的伏安特性与输出特性测量

改变发光二极管两端电压，测量正向偏压与流过发光二极管的电流，用功率计测量输出光功率，记录于表 34-2 中。

表 34-2　发光二极管伏安特性与输出特性测量

电压/V								
电流/mA								
输出光功率/mW								

以表 34-2 数据作所测发光二极管的伏安特性曲线、输出特性曲线。

3. 光敏二极管伏安特性的测量

调节发光二极管输出光功率，使光敏二极管接收到的光功率如表 34-3 所示。在不同输入光功率时，分别测量反向偏置电压与流过发光二极管的反向电流之间的关系，记录于表 34-3 中。

表 34-3　光敏二极管伏安特性的测量

反向偏置电压 /V		0	0.2	0.5	1	2	3	4	5
电流 /mA	$P=0$								
	$P=1$mW								
	$P=2$mW								
	$P=3$mW								

以表 34-3 数据，作光敏二极管的伏安特性曲线。

4. 基带调制传输实验

将信号发生器接入发光二极管调制电路，用双踪示波器 1 路观测输入信号波形，另一路观测经红外传输后，光电转换电路输出的波形。

观测信号经红外传输后，波形是否失真，频率有无变化，记入表 34-4 中。

调节信号发生器输出幅度，当幅度超过一定值后，可观测到接收信号明显失真（参见图 34-8），记录信号不失真对应的输入电压范围于表 34-4 中。

在红外传输光路中插入衰减板，或用遮挡物遮挡，观测对输出的影响，记入

表 34-4 中。

表 34-4　基带调制传输实验

发光二极管调制电路输入信号			光敏二极管光电转换电路输出信号			
波形	频率/kHz	输入电压范围	波形	频率/kHz	信号失真程度	衰减对输出的影响
正弦波						
方波						

对表 34-4 结果作定性讨论。

5. 副载波调制传输实验

用直流电压输入调频模块，用示波器观测调频模块输出的波形和频率，将输出频率 f_V 随电压的变化记入表 34-5 中。

表 34-5　调频电路的 f-U 关系

输入电压/V	0	0.1	0.2	0.3	0.4	0.5	0.6	0.7	0.8	0.9	1
输出频率 f_V/kHz											

以输入电压为横坐标、输出角频率 $\omega_V = 2\pi f_V$ 为纵坐标在坐标纸上作图。直线与纵轴的交点为副载波的角频率 ω、直线的斜率为调频系数 k_f。求出 ω 与 k_f。

将信号发生器接入调频模块，调频模块输出接入发光二极管调制电路，用双踪示波器 1 路观测输入信号波形，另一路分别观测调频模块输出的副载波信号以及解调模块输出的波形。将观测情况记入表 34-6 中。

表 34-6　副载波调制传输实验

基带信号		副载波信号	红外传输后解调的基带信号		
波形	频率/kHz	（定性描述）	波形	频率/kHz	信号失真程度
正弦波					
方波					

对表 34-6 结果作定性讨论。

6. 音频信号传输实验

将音频电信号经红外传输，倾听红外接收端还原出来的音乐信号。定性观察衰减、遮挡等外界因素对传输的影响，陈述你的感受。

7. 数字信号传输实验

若需传输的信号本身是数字形式，或将模拟信号数字化（模数转换）后进行传输，称为数字信号传输。数字传输具有抗干扰能力强，传输质量高；易于进行加密和解密，保密性强；可以通过时分复用提高信道利用率；便于建立综合业务数字网等优点，是今后通信业务的发展方向。

本实验用编码器发送二进制数字信号，并用数码管以十进制显示所发送的信号。将数字信号输入红外调制电路，用双踪示波器 1 路观测发送波形，另一路观测红外接收电路接收的波形。接收的数字信号经译码后由数码管以十进制方式显示。观测有衰减或无衰减情况下信号的幅度及失真程度，译码器能否正确还原所传信号，将观测结果记入表 34-7 中。

表 34-7　数字信号传输实验

发送数字	发送波形	接收波形	接收信号幅度/V	信号失真程度	接收数字	

对表 34-7 结果作定性讨论。

（刘文军）

实验 35　温度传感器综合实验

热电式温度传感器是一种将温度变化转化为电量变化的装置，利用敏感传感元件的电磁参数随温度变化的特性来达到测量温度的目的。通常把被测温度变化转化为敏感元件的电阻、磁导或电势变化，再经过相应的测量电路输出电压或电流，然后由这些电参数的变化来表达被测温度的变化。

在各种热电式温度传感器中，以把温度转化为电阻和电势的方法最为普遍。其中将温度转化为电势大小的热电式温度传感器叫作热电偶，将温度转化为电阻值大小的热电式温度传感器叫作热电阻。这两种温度传感器目前在工业生产中已得到广泛应用。另外，利用半导体 PN 结与温度的关系所研制的 PN 结型温度传感器，在窄温场中也已得到十分广泛的应用。

THQWD-1 型温度传感器特性测试实验仪由温度传感器特性测试加热源、温度控制与测量装置、传感器调理电路、热电偶冷端补偿电路、热敏电阻特性测试电路、温度传感器（包括集成温度传感器 AD590、铂热电阻 Pt100、铜热电阻 Cu50、K 型热电偶、E 型热电偶、正温度系数热敏电阻 PTC、负温度系数热敏电阻 NTC）、直流稳压电源及冷却风扇组成。温度控制装置采用 PID 智能温度调节器，具有 PID 智能温度控制加 AI 人工智能调节功能，可控硅调节输出，根据实验要求设定温度控制值，温度控制范围从室温到 120℃，控温精度 ±0.2℃。温度测量装置采用热电阻 Pt100，测温范围 0～200℃，温度显示最小分辨力 0.1℃，测温精度 ±0.1℃。利用本实验仪可以完成如下各种典型温度传感器特性测试实验：

（Ⅰ）温度传感器温度控制实验；
（Ⅱ）集成温度传感器（AD590）特性测试实验；
（Ⅲ）铂热电阻（Pt100）、铜热电阻（Cu50）特性测试实验；
（Ⅳ）K 型热电偶特性测试实验；
（Ⅴ）正、负温度系数热敏电阻特性测试实验。

（Ⅰ）温度传感器温度控制实验

一、实验目的

1）了解 PID 智能模糊 + 位式双重调节温度控制原理。
2）学习 PID 智能温度调节器使用方法，用 Pt100 作为信号输入控制温度。

二、实验仪器

1）THQWD-1 型温度传感器特性测试实验仪。
需用单元：PID 智能温度调节器、风扇电源、加热电源。
2）THQWD-1 型温度传感器特性测试加热源。
3）Pt100 温度传感器。

三、实验原理

（一）位式调节

位式调节（ON/OFF）是一种简单的调节方式，常用于一些对控制精度要求不高场合的温度控制，或用于报警。位式调节仪表用于温度控制时，通常利用仪表内部的继电器控制外部的中间继电器，再通过一个交流接触器来控制电热丝的通断，以达到控制温度的目的。

（二）PID 智能温度调节器

1）PID 智能模糊调节：智能温度调节器采用人工智能调节方式，是采用模糊规则进行 PID 调节的一种先进的新型人工智能算法，能实现高精度控制，先进的自整定（AT）功能使得控制参数无需设置。在误差大时，运用模糊算法进行调节，以消除 PID 饱和积分现象；当误差趋小时，采用 PID 算法进行调节，并能在调节中自动学习和记忆被控对象的部分特征以使效果最优化，具有无超调、精度高、参数确定简单等特点。

2）PID 智能温度调节器面板如图 35-1 所示。

仪表通电后，上方的测量值显示窗（上显示窗）显示测量值（PV），下方的给定值显示窗（下显示窗）显示给定值（SV）。上显示窗显示“HH”时，表示断偶、测量值超载或传感器型号不匹配；显示“LL”时，表示测量值超过下限或传感器接反。

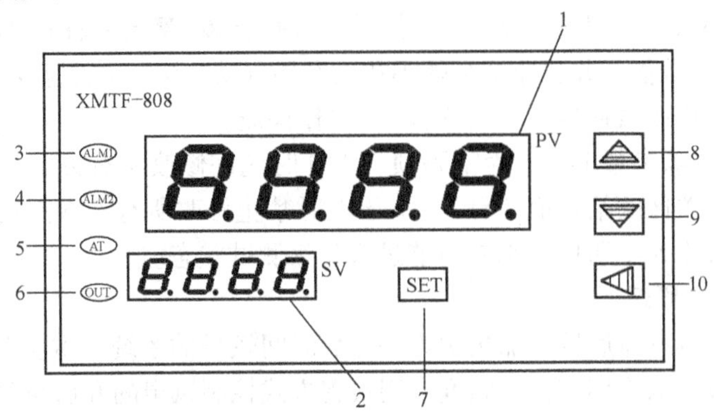

图 35-1　PID 智能温度调节器面板

1—测量值显示窗(红)　2—给定值显示窗(绿)　3—ALM1 指示灯(绿)　4—ALM2 指示灯(红)　5—AT 指示灯(红)　6—OUT 输出指示灯(绿)　7—SET 功能键　8—数据移位(兼手动/自动切换)　9—数据减少键　10—数据增加键

仪表面板上的 4 个 LED 指示灯，其含义分别如下：

OUT 输出指示灯：输出指示灯在移相触发输出时通过亮暗变化反映输出电流的大小。

ALM1 指示灯：当 AL1 事件动作时点亮的灯。

ALM2 指示灯：当 AL2 事件动作时点亮的灯。

AT 灯：自整定灯。

3）基本使用操作

①显示切换：通电后，按 SET 键约 3s，仪表进入第一设置区，可以切换不同的显示状态。仪表将按参数代码 1～20 依次在上显示窗显示参数代码，下显示窗显示其参数值。修改数据：如果参数锁没有锁上，仪表下显示窗显示的数值数据均可通过按◄键、▼键或▲键来修改，修改好后按 SET 键确认保存数据，转到下一参数继续修改。如设置中途间隔 10s 未操作，仪表将自动保存数据，退出设置状态。

②手动/自动切换：通电后，按◄键约 3s 进入手动调节状态，可以使仪表在自动及手动两种状态下进行无扰动切换。手动时下显示窗第一字显示“H”，仪表处于手动状态下，直接按▲键或▼键可增加及减少手动输出值，即输出功率的百分比，再按◄键约 3s 退出手动调节状态。

③设置参数：按 SET 键并保持约 3s，即进入参数设置状态。在参数设置状态下按 SET 键，仪表将依次显示各参数，例如上限报警值 ALM1、参数锁 LOCK 等。用▼、▲、◄（A/M）等键可修改参数值。例如：需要设置给定值时，可

将仪表切换到正常显示状态，即可通过按◀、▼或▲键来修改给定值。仪表同时具备数据快速增减和小数点移位功能。按▼键减小数据，按▲键增加数据，可修改数值位的小数并点同时闪动（如同光标）。按住▲/▼键并保持不放，可以快速地增加/减少数值，并且速度会随小数点右移自动加快（3 级速度）。而按◀键则可直接移动修改数据的位置（光标），操作快捷。

仪表第 20 项参数 LOCK 为密码锁，为 0 时允许修改所有参数，为 1 时只允许修改第二设置区的给定值“SP”，大于 1 时禁止修改所有参数。用户禁止将此参数设置为大于 50，否则，将有可能进入厂家测试状态。

（三）基本原理

由于温度具有滞后性，加热源为一滞后时间较长的系统。本实验仪采用 PID 智能模糊 + 位式双重调节控制温度。用报警方式控制风扇的开启与关闭，使加热源在尽可能短的时间内控制在某一温度值上，并能在实验结束后通过参数设置将加热源温度快速降下来，可以节约实验时间。

当温度源的温度发生变化时，温度源中的铂热电阻 Pt100 的阻值发生变化，将电阻变化量作为温度的反馈信号输给 PID 智能温度调节器，经调节器的电阻-电压转换后与温度设定值比较，再进行数字 PID 运算，输出晶闸管触发信号（加热）和继电器触发信号（冷却），使温度源的温度趋近温度设定值。PID 智能温度控制原理框图如图 35-2 所示。

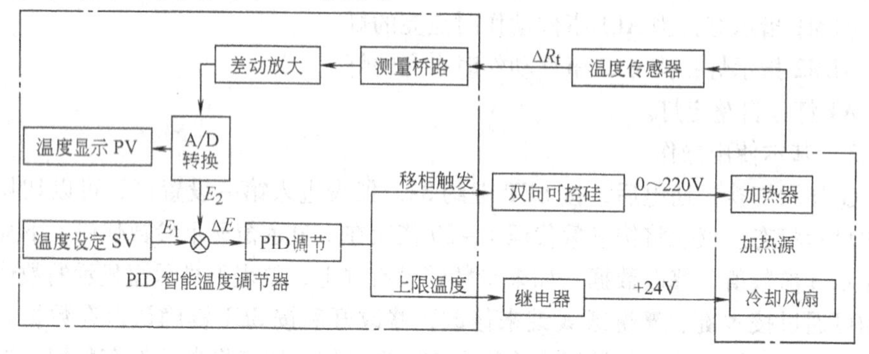

图 35-2 PID 智能温度控制原理框图

四、实验内容及步骤

加热源简介：加热源为一小铁箱，内部装有加热器和冷却风扇。加热器上有两个测温孔，对应上面两个温度传感器插孔，其中一个用于温度控制，另一个用于温度测量；加热器电源线从铁箱后面引出，实验时直接接至实验仪面板上的“加热电源”（AC 0～220V），通过铁箱上面的“加热开关”通断。“加热开关”指示灯的亮灭及明暗程度可以大致反映加热状态。冷却风扇电源为 DC +24V，实验时用弱电连接线接至实验仪面板上的“风扇电源”，“风扇电源”指示灯的亮灭表示风扇运行状态。加热源的设计温度小于或等于120℃。

温度传感器温度控制实验接线示意图如图35-3所示。

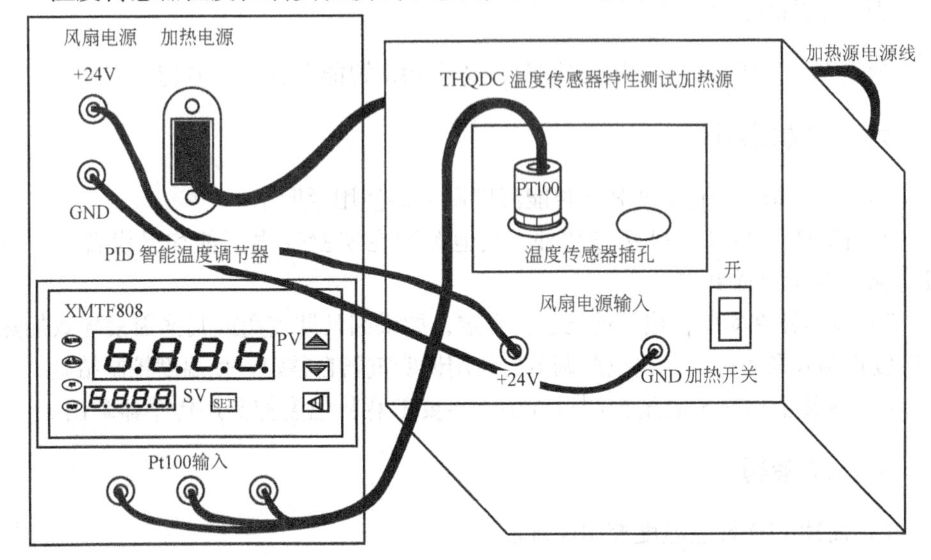

图35-3　温度传感器温度控制实验接线示意图

1）将加热源电源线接至实验仪加热电源输出，将风扇电源（+24V）接至加热源风扇电源输入（注意电源极性不能接错）。

2）将其中一只Pt100（用于温度控制）三端引线按插头颜色（两端蓝色，一端红色）插入调节器“Pt100输入”插孔，Pt100金属护套插入加热源其中一个“温度传感器插孔”（用于温度控制）。

3）将实验仪的“电源开关”置于“开”，实验仪通电，此时，调节器上的显示窗PV显示室温值。将加热源温度给定值SP设定在实验要控制的温度值（加热源温度设定范围为室温到120℃）上，上限报警（第一报警）AL-1、下限报警（第二报警）AL-2值设定在高于温度给定值SV 0.5℃上。

4）将加热源“电源开关”置于“开”，电源指示灯亮，加热源被加热。整个加热过程中，输出指示灯OUT通过亮暗变化来反映加热电压的大小，指示灯越亮，加热电压越大，反之越小。上限报警AL-1指示灯通过亮灭反映冷却风扇运行状态，指示灯亮，风扇开启，反之关闭。

5）调节器经过两三次振荡后，温度显示值（PV）达到动态平衡，稳定在温度给定值（SV）左右。

6）更改SV、AL-1、AL-2参数，根据实验需要将加热源温度控制在要控制的温度值上。

7）如果因环境温度变化或其他因素导致加热源温度控制效果不好，可以使用手动调节，设置输出功率的百分比，使加热源温度稳定。

8）实验结束，关闭所有电源，整理实验仪器。

五、实验报告

画出 PID 智能温度控制原理框图，简述 PID 智能温度控制原理。

六、注意事项

1）实验前应仔细阅读 PID 智能温度调节器使用说明书。

2）除 SV、AL-1、AL-2 参数外，其他参数在实验仪出厂前均已设置好，一般情况下不要随意更改。

3）调节器在实验仪出厂前均已自整定，如果因长期使用或其他因素导致加热源温度控制效果不好，可以按照调节器使用说明重新自整定，使温度控制精确。

4）在整个加热及温度控制过程中，不要随意将温度控制用传感器拿出。

七、思考题

1）简述 PID 智能温度控制原理。

2）温度控制受哪些因素影响?

（Ⅱ）集成温度传感器（AD590）特性测试实验

一、实验目的

1）了解常用的集成温度传感器（AD590）测温基本原理。

2）学习常用的集成温度传感器（AD590）特性与应用。

二、实验仪器

1）THQWD-1 型温度传感器特性测试实验仪。

需用单元：PID 智能温度调节器、风扇电源、加热电源、+5V 直流稳压电源、直流数字电压表、温度传感器调理电路。

2）THQWD-1 型温度传感器特性测试加热源。

3）铂热电阻 Pt100、集成温度传感器 AD590。

三、实验原理

（一）集成温度传感器

集成温度传感器是把温敏器件、偏置电路、放大电路及线性化电路集成在同一芯片上的温度传感器。其特点是使用方便，外围电路简单，性能稳定可靠；不足的是测温范围较小，使用环境有一定的限制。

目前大量生产的集成温度传感器有电流输出型、电压输出型和数字输出型。其工作温度范围为 -50 ~ +150℃。电流输出型具有输出阻抗高的优点，因此可以配合使用双绞线进行数百米远的精密温度遥感与遥测，而不必考虑长馈线上引起的信号损失和噪声问题；也可以用在多点温度测量系统中，而不必考虑选择开关或多路转换器引入的接触电阻造成的误差。电压输出型的优点是直接输出电压，且输出阻抗低，易于读出或与控制电路。数字输出型的优点是便于远传，抗干扰能力强，可直接与计算机测试系统连接。

（二）集成温度传感器 AD590

AD590 能直接给出正比于热力学温度的理想线性输出，在一定温度下，相当于一个恒流源，一般用于 -50 ~ +150℃之间的温度测量。温敏晶体管的集电极电流恒定时，晶体管的基极-发射极电压与温度成线性关系。为克服温敏晶体管 U_b 电压生产时的离散性，均采用了特殊的差分电路。本实验仪采用电流输出型集成温度传感器 AD590，在一定温度下相当于一个恒流源。因此，不易受接触电阻、引线电阻、电压噪声的干扰，具有很好的线性特性。AD590 的灵敏度（标定系数）为 1μA/K，只需要一种 +4 ~ +30V 电源（本实验仪用 +5V），即可实现温度到电流的线性变换，然后在终端使用一个取样电阻（本实验中为传感器调理电路单元中的 R_2 = 1kΩ）实现电流到电压的转换，使用十分方便。电流输出型比电压输出型的测量精度更高。

AD590 的特点有如下几点：

1）集成温度传感器 AD590 是将温敏晶体管与相应的辅助电路集成在同一芯片上，并由生产厂家经过校正的温度传感器，不需要外围温度补偿和线性处理电路，接口简单，使用方便。

2）使用的直流电源范围比较宽，为 +4 ~ +30V。

3）由于生产时对芯片上的薄膜进行过激光校正，器件具有良好的互换性，在 -55 ~ +150℃范围内，精度为 ±1℃。

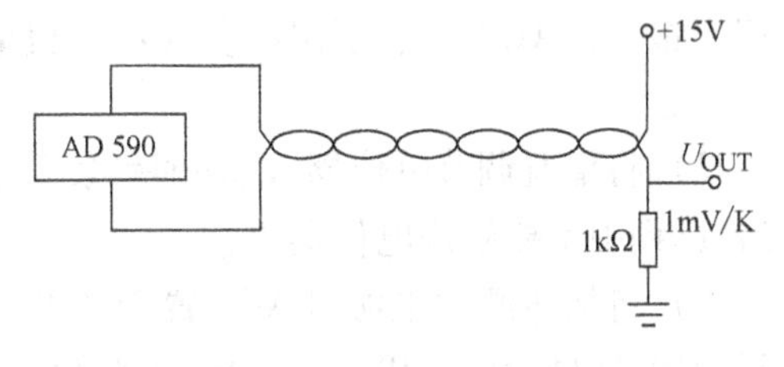

图 35-4　AD590 基本应用电路

4）由于输出阻抗高达 10MΩ 以上，抗干扰能力强，不受长距离传输线电压降的影响，信号传输距离可达 100m 以上。

AD590 基本应用电路如图 35-4 所示。

四、实验内容及步骤

集成温度传感器AD590调理电路如图35-5所示。

1）将加热源电源线接至实验仪加热电源输出，将风扇电源（+24V）接至加热源风扇电源输入（注意电源极性不能接错）。

2）将其中一个Pt100（用于温度控制）三端引线按插头颜色（两端蓝色，一端红色）插入调节器“Pt100输入”插孔，Pt100金属护套插入加热源上的一个插孔。

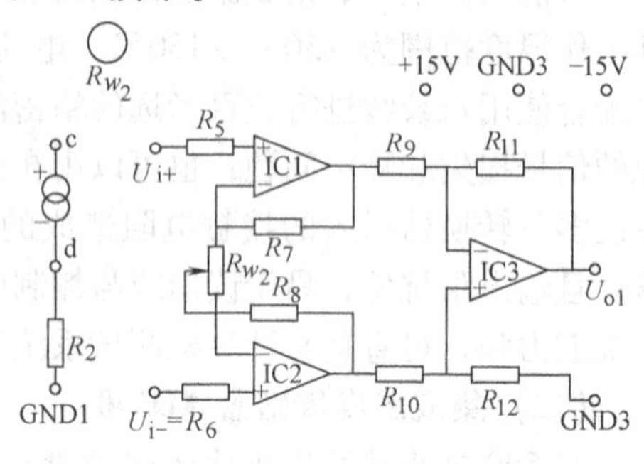

图35-5 集成温度传感器AD590调理电路原理图

3）将AD590两端输出引线按插头颜色（一端红色，一端蓝色）插入温度传感器调理电路单元c、d插孔（红色对应c、蓝色对应d），AD590金属护套插入加热源另一个插孔。

4）将+5V直流稳压电源接至温度传感器调理电路单元c、GND1插孔（+5V对应c，GND1对应GND1），给AD590供电；将±15V直流稳压电源接至+15V、GND3、−15V插孔，给仪器放大器供电。

5）将AD590输出电压（取样电阻$R_2=1\text{k}\Omega$两端电压）接至仪器放大器输入U_i（d对应U_{i-}，GND1对应U_{i+}），将仪器放大器输出U_{o1}接至直流数字电压表输入U_i（U_{o1}对应+，GND3对应−），电压表量程选择20V档。

6）将实验仪“电源开关”置于“开”，实验仪通电，此时调节器上显示窗PV显示室温值，电压表读数显示AD590在室温时的输出电压值。将加热源温度给定值SV设定在40℃（加热源温度设定范围为室温到120℃）上，上限报警（第一报警）AL-1值、下限报警（第二报警）AL-2值设定在高于温度给定值SV 0.5℃上。

7）将增益调节电位器R_{w_2}逆时针旋到底，即增益最小，增益一旦调节好后，实验过程中不要触碰电位器R_{w_2}。

8）将加热源“电源开关”置于“开”，电源指示灯亮，加热源被加热。当调节器温度显示值（PV）达到动态平衡，稳定在温度给定值（SV）左右时，记录电压表读数U_o。

9）按$\Delta t=5$℃设定加热源温度给定值SV，改变加热源温度，记录AD590在40～120℃温度下对应电压输出值U_o。将实验所得数据记录在表35-1中。

10）AD590测温实验。在实验步骤5）中，将AD590输出电压（取样电阻$R_2=1\text{k}\Omega$两端电压）接至直流数字电压表输入U_i（d对应+，GND1对应−），电压表量程选择2V档。重复实验步骤6）~9）。将实验数据记录在表35-2中。

表35-1　AD590特性测试实验数据记录表

t/℃															
U_o/V															

表35-2　AD590测温实验数据记录表

t/℃															
U_o/V															

11）实验结束，关闭所有电源，整理实验仪器。

五、实验报告

1）根据表35-2所记录的实验数据，绘制U_o-t实验曲线，并计算非线性误差。

2）热力学温度用符号T表示，单位是K（开尔文）。热力学温度T与摄氏温度t的数值关系是：$T=273.15\text{K}+t\approx 273\text{K}+t$，热力学温度和摄氏温度的分度值相同，即温度间隔1K相当于1℃。

AD590的灵敏度（标定系数）为1μA/K，实现温度到电流的线性变换，终端使用一个取样电阻$R_2=1\text{k}\Omega$，实现电流到电压的转换，则AD590电压输出灵敏度为$1\mu\text{A/K}\times 1\text{k}\Omega=1\text{mV/K}$。

根据表35-2所记录的实验数据，通过公式$t=1000U_o-273\text{K}$计算摄氏温度值，并与对应实验温度值比较，计算相对误差。

六、注意事项

1）AD590输出有极性，应按插头颜色接线，接反则无输出。

2）增益调节好后，实验过程中不要触碰电位器R_{w_2}，否则会改变仪器放大器的放大倍数，增大非线性误差。

七、思考题

用AD590测量摄氏温度，应注意什么？

（Ⅲ）铂热电阻（Pt100）、铜热电阻（Cu50）特性测试实验

一、实验目的

1）了解铂热电阻测温基本原理。

2）学习铂热电阻特性与应用。

二、实验仪器

1）THQWD-1 型温度传感器特性测试实验仪。

需用单元：PID 智能温度调节器、风扇电源、加热电源、+5V 直流稳压电源、直流数字电压表、温度传感器调理电路。

2）THQWD-1 型温度传感器特性测试加热源。

3）铂热电阻 Pt100。

三、实验原理

（一）工作原理

金属热电阻传感器的感温元件由纯金属组成。当温度变化时，感温元件的电阻值随温度而变化，这样就可将变化的电阻值作为电信号输入测量仪表，通过测量电路的转换，即可得到被测温度。

实验表明，许多纯金属的电阻率在很宽的温度范围内可以用布洛赫-格林爱森公式描述，即

$$\rho(t) = \frac{AT^5}{MH_D^6}\int_0^{H_D}\frac{x^5\mathrm{d}x}{(\mathrm{e}^x-1)(1-\mathrm{e}^x)} \tag{35-1}$$

式中，A 为金属的特性常数；M 为金属的相对原子质量；H_D 为金属的德拜温度；T 为热力学温度，单位 K。

当 $T>0.5H_D$ 时，上式可简化成

$$\rho(t) \approx \frac{A}{4}\frac{T}{MH_D^2} \tag{35-2}$$

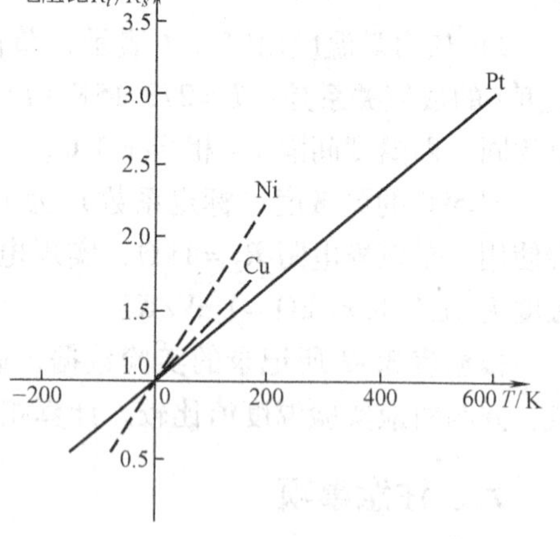

图 35-6 热电阻体材料的温度特性

由式（35-2）可见，在德拜温度附近的“高温”下，金属的电阻率与温度成正比。制作热电阻的理想材料有铂、铜、镍等，它们的温度特性如图 35-6 所示。

（二）热电阻的基本技术参数与规格

（1）分度表与分度号　分度表是以表格形式表示热电阻的分度特性，即电阻-温度对照表。分度号是热电阻的代号，一般用制成热电阻金属的化学元素符号和 0℃ 时的电阻值表示，例如，Pt100，金属材料为铂，0℃ 时的电阻值为 100Ω。

（2）标称电阻　标称电阻是指金属热电阻在 0℃时的电阻值，用 R_0 表示。

（3）温度测量范围及允许偏差范围　铂、铜热电阻的温度测量范围及以温

度表示的允许偏差 E_t，见表 35-3。

表 35-3 热电阻的分度表

热电阻名称		温度测量范围/℃	分度号	0℃的标称电阻值 R_0/Ω	E_t/℃
铂热电阻	A 级	-200 ~ 850	Pt10 Pt100	10 100	$\pm(0.15+0.002\lvert t\rvert)$
	B 级		Pt10 Pt100	10 100	$\pm(0.30+0.005\lvert t\rvert)$
铜热电阻		-50 ~ 150	Cu50 Cu100	50 100	$(0.30+0.006\lvert t\rvert)$

（4）百度电阻比 W_{100}　热电阻在 100℃ 时的电阻与在 0℃ 的电阻比。W_{100} 越大，热电阻的灵敏度越高。

（5）热响应时间　当温度发生阶跃变化时，热电阻的电阻值变化至相当于该阶跃变化的某个规定百分比所需要的时间，通常以 τ 表示。一般记录变化 50% 或 90% 的热响应时间分别以 $\tau_{0.5}$ 或 $\tau_{0.9}$ 表示。热电阻的热响应时间不仅与结构、尺寸及材料有关，还与被测介质的表面传热系数、比热容等工作环境有关。

（6）额定电流　是指连续通过热电阻的最大电流，一般为 2 ~ 5mA。

（三）分类及适用范围

金属热电阻根据感温元件的材料及适用温度范围一般可分为铂热电阻、铜热电阻、镍热电阻和低温用热电阻等。因为感温元件材料的不同，它们各自有不同的特点和使用温度范围。

1. 铂热电阻

铂热电阻以金属铂作为感温元件。它的特点是：线性度好，测量准确，互换性好，抗振动冲击的性能好。铂热电阻的使用温度范围是 -200 ~ 850℃，其电阻与温度的关系为：

对于 -200 ~ 0℃ 的温度范围有

$$R_t = R_0[1 + At + Bt^2 + Ct^3(t - 100℃)] \tag{35-3}$$

对于 0 ~ 850℃ 的温度范围有

$$R_t = R_0(1 + At + Bt^2) \tag{35-4}$$

式中，R_0 为温度为 0℃ 时铂热电阻的电阻值；R_t 为温度为 t 时铂热电阻的电阻值。

上式中 R_0 的阻值对两线制铂热电阻不包括内引线的阻值。当 $W_{100} = 1.385$ 时，其常数 A、B、C 分别为

$$A = 3.90802 \times 10^{-3}℃^{-1}$$

$$B = -5.80195 \times 10^{-7} ℃^{-2}$$
$$C = -4.27350 \times 10^{-12} ℃^{-4}$$

铂热电阻体结构如图 35-7 所示，一般由直径 0.03 ~ 0.07mm 的纯铂丝绕在平板形支架上，用银导线作引出线。

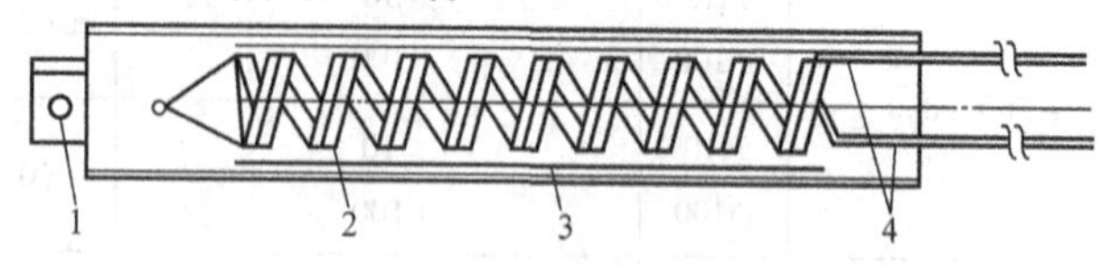

图 35-7 铂热电阻体结构

1—铆钉 2—铂丝 3—骨架 4—银导线

铂热电阻 Pt100 的分度表电阻温度特性见表 35-4。

表 35-4 铂热电阻（分度号：Pt100）分度表 （单位：Ω）

温度/℃	0	1	2	3	4	5	6	7	8	9
0	100.00	100.39	100.78	101.17	101.56	101.95	102.34	102.73	103.12	103.51
10	103.90	104.29	104.68	105.07	105.16	105.85	106.24	106.63	107.02	107.40
20	107.79	108.18	108.57	108.96	109.35	109.73	110.12	110.51	110.90	111.28
30	111.67	112.06	112.45	112.83	113.22	113.61	113.99	114.38	114.77	115.15
40	115.54	115.93	116.31	116.70	117.08	117.47	117.85	118.24	118.62	119.01
50	119.40	119.78	120.16	120.55	120.93	121.32	121.70	122.09	122.47	122.86
60	123.24	123.62	124.01	124.39	124.77	125.16	125.54	125.92	126.31	126.69
70	127.07	127.45	127.84	128.22	128.60	128.98	129.37	129.75	130.13	130.51
80	130.89	131.27	131.66	132.04	132.42	132.80	133.18	133.56	133.94	134.32
90	134.70	135.08	135.46	135.84	136.22	136.60	136.98	137.36	137.74	138.12
100	138.50	138.88	139.26	139.64	140.02	140.39	140.77	141.15	141.53	141.91
110	142.29	142.66	143.04	143.42	143.80	144.17	144.55	144.93	145.31	145.68
120	146.06	146.44	146.81	147.19	147.57	147.94	148.32	148.70	149.07	149.45
130	149.82	150.20	150.57	150.95	151.33	151.70	152.08	152.45	152.83	153.20
140	153.58	153.95	154.32	154.70	155.07	155.45	155.82	156.19	156.57	156.94
150	157.31	157.69	158.06	158.43	158.81	159.18	159.55	159.93	160.30	160.67

铂热电阻由于易于提纯，在氧化介质和高温下的物理化学性能极其稳定，工艺性好，可拉成极细的丝，因此，除用作一般的工业测温外，在国际实用温标中，作为从 -259.34 ~ 630.74℃温度范围内的温度基准。

2. 铜热电阻

铜热电阻以金属铜作为感温元件。它的特点是：电阻温度系数较大，价格便宜，互换性好，固有电阻小，体积大。使用温度范围是 -50 ~ 150℃，在此温度范围内铜热电阻与温度的关系是非线性的。如按线性处理，虽然方便，但误差较大。通常用下式描述铜热电阻的电阻与温度关系

$$R_t = R_0(1 + At + Bt^2 + Ct^3)$$

式中，R_0 为温度为0℃时铜热电阻的电阻值，通常取 $R_0 = 50\Omega$ 或 $R_0 = 100\Omega$；R_t 为温度 t 时铜热电阻的电阻值；t 为被测温度；A、B、C 为常数，当 $W_{100} = 1.428$ 时，$A = 4.28899 \times 10^{-3}$℃$^{-1}$、$B = -2.133 \times 10^{-7}$℃$^{-2}$、$C = 1.233 \times 10^{-9}$℃$^{-3}$。

铜热电阻体结构如图35-8所示，通常用直径0.1mm的漆包线或丝包线双线绕制，而后浸以酚醛树脂成为一个铜电阻体，再用镀银铜线做引出线，穿过绝缘套管。铜电阻的缺点是电阻率较低，电阻体的体积较大，热惯性也较大，在100℃以上易氧化，因此，只能用于低温以及无腐蚀性的介质中。

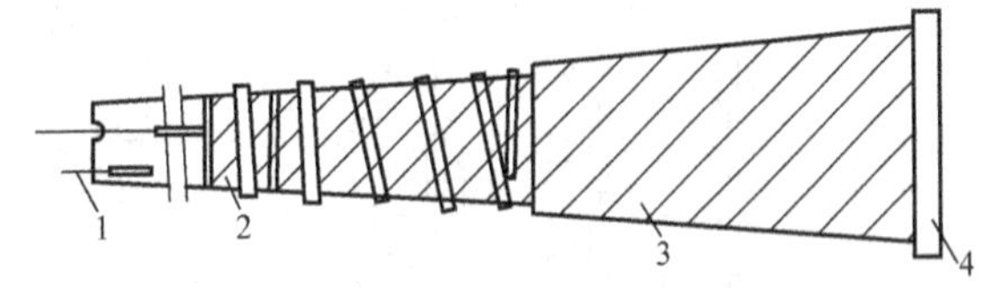

图35-8　铜热电阻体结构

1—引出线　2—补偿线阻　3—铜热电阻丝　4—引出线

铜热电阻Cu50的分度表（电阻温度特性）见表35-5。

表35-5　铜热电阻（分度号：Cu50）**分度表**　　（单位：Ω）

温度/℃	0	1	2	3	4	5	6	7	8	9
0	50.00	50.21	50.43	50.64	50.86	51.07	51.28	51.50	51.71	51.93
10	52.14	52.36	52.57	52.78	53.00	53.21	53.43	53.64	53.86	54.07
20	54.28	54.50	54.71	54.92	55.14	55.35	55.57	55.78	56.00	56.21
30	56.42	56.64	56.85	57.07	57.28	57.49	57.71	57.92	58.14	58.35
40	58.56	58.78	58.99	59.20	59.42	59.63	59.85	60.06	60.27	60.49
50	60.70	60.92	61.13	61.34	61.56	61.77	61.98	62.20	62.41	62.63
60	62.84	63.05	63.27	63.48	63.70	63.91	64.12	64.34	64.55	64.76
70	64.98	65.19	65.41	65.62	65.83	66.05	66.26	66.48	66.69	66.96
80	67.12	67.33	67.54	67.76	67.97	68.19	68.40	68.62	68.83	69.00
90	69.26	69.47	69.68	69.90	70.11	70.33	70.54	70.76	70.97	71.18
100	71.40	71.61	71.83	72.04	72.25	72.47	72.68	72.80	73.11	73.33
110	73.54	73.75	73.97	74.18	74.40	74.61	74.83	75.04	75.26	76.47
120	75.68	75.90	76.11	76.33	76.54	76.76	76.97	77.19	77.40	77.62
130	77.83	78.05	78.28	78.48	78.69	78.91	79.12	79.34	79.55	79.77
140	79.98	80.20	80.41	80.63	80.84	81.05	81.27	81.49	81.70	81.92
150	82.13	—	—	—	—	—	—	—	—	—

四、实验内容及步骤

铂热电阻 Pt100（铜热电阻 Cu50）调理电路如图 35-9 所示。

1）将加热源电源线接至实验仪加热电源输出，将风扇电源（+24V）接至加热源风扇电源输入（注意电源极性不能接错）。

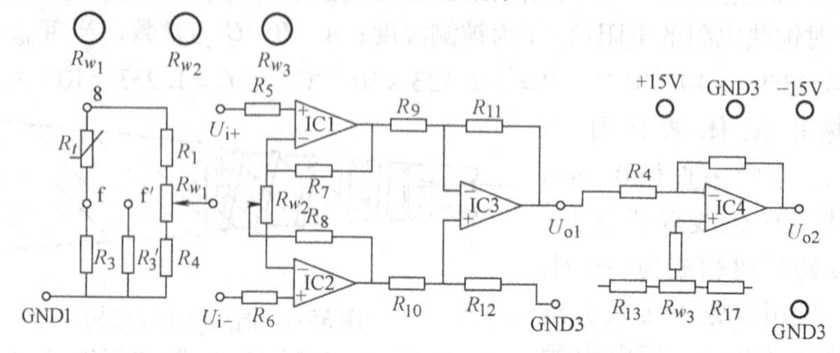

图 35-9　铂热电阻 Pt100 调理电路原理图

2）将其中一只 Pt100（用于温度控制）三端引线按插头颜色（两端蓝色，一端红色）插入调节器“Pt100 输入”插孔，Pt100 金属护套插入加热源上的一个插孔。

3）将另一只 Pt100 或 Cu50（用于温度测量）三端引线按插头颜色（两端蓝色，一端红色）插入温度传感器调理电路单元 e、f 插孔（红色对应 e、两端蓝色短接对应 f），Pt100 金属护套插入加热源另一个插孔。Pt100、R_3、R_1、R_{w_1}、R_4 组成直流惠斯通电桥。

4）将 +5V 直流稳压电源接至温度传感器调理电路单元 e、GND1 插空（+5V 对应 e，GND1 对应 GND1），给直流电桥供电；将 ±15V 直流稳压电源接至 +15V、GND3、-15V 插孔，给仪器放大器供电。

5）将直流电桥输出电压（f、电位器 R_{w_f} 中间抽头两端电压）接至仪器放大器（f 对应 U_{i+}，电位器 R_{w_f} 中间抽头对应 U_{i-}），将仪器放大器输出 U_{o1} 接至直流数字电压表（U_{o1} 对应 +，GND3 对应 -），电压表量程选择 2V 档。

6）将实验仪“电源开关”置于“开”，实验仪上电，此时调节器上显示窗 PV 显示室温值。将加热源温度给定值 SV 设定在 40℃（加热源温度设定范围为室温到 120℃）上，上限报警（第一报警）AL-1 值、下限报警（第二报警）AL-2 值设定在高于温度给定值 SV 0.5℃上。

7）将增益调节电位器 R_{w_2} 逆时针旋到底，即增益最小，增益一旦调节好后，实验过程中不要触碰电位器 R_{w_2}。

8）调节平衡电位器 R_{w_1}，使电压表读数显示为 0，此时电桥灵敏度最大。以室温为相对零点，电桥在室温下输出为零。平衡一旦调节好后，实验过程中不要触碰电位器 R_{w_1}。

9）将加热源“电源开关”置于“开”，电源指示灯亮，加热器被加热。当调节器温度显示值（PV）达到动态平衡，稳定在温度给定值（SV）左右时，记录电压表读数 U_o。

10）按 $\Delta t=5$ ℃设定加热源温度给定值 SV，改变加热源温度，记录 Pt100 在 40～120℃温度下对应电压输出值 U_o。将实验所得数据记录在表 35-6 中。

表 35-6　Pt100 特性测试实验数据记录表

t/℃																
U_o/V																

11）实验结束，关闭所有电源，整理实验仪器。

五、实验报告

根据表 35-6 所记录实验数据，绘制 U_o-t 实验曲线，并计算非线性误差。

六、注意事项

1）本实验用 Pt100（Cu50）为三线制输出，应按插头颜色接线，接入直流电桥时两端蓝色应短接。

2）增益、平衡调节好后，实验过程中不要触碰电位器 R_{w_2}、R_{w_1}，否则会增大非线性误差。

七、思考题

1）用热电阻 Pt100（Cu50）测温，误差主要来源于哪里？

2）如何根据测温范围和精度要求选用热电阻？

（Ⅳ）K 型热电偶特性测试实验

一、实验目的

1）了解 K、E 型热电偶测温基本原理。

2）学习 K、E 型热电偶特性与应用。

二、实验仪器

1）THQWD-1 型温度传感器特性测试实验仪。

需用单元：PID 智能温度调节器、风扇电源、加热电源、+5V 直流稳压电源、直流数字电压表、温度传感器调理电路。

2）THQWD-1 型温度传感器特性测试加热源。

3）铂热电阻 Pt100，K、E 型热电偶。

三、实验原理

（一）热电偶传感器的工作原理

热电偶是一种使用最多的温度传感器，它的原理是基于 1821 年发现的塞贝克效应，即两种不同的导体或半导体 A 或 B 组成一个回路，其两端相互连接，只要两结点处的温度不同，一端温度为 T，另一端温度为 T_0，则回路中就有电流产生，如图 35-10a 所示，即回路中存在电动势，该电动势被称为热电动势。

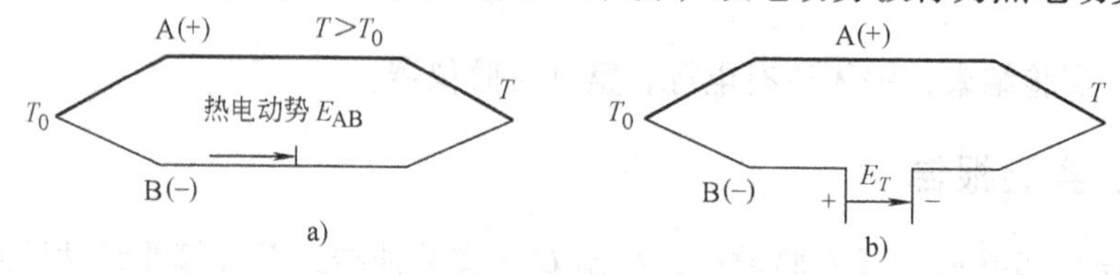

图 35-10　热电偶工作原理图

两种不同导体或半导体的组合被称为热电偶。

当回路断开时，在断开处 a、b 之间便有一电动势 E_T，其极性和量值与回路中的热电动势一致，见图 35-10b，并规定在冷端，当电流由 A 流向 B 时，称 A 为正极，B 为负极。实验表明，当 E_T 较小时，热电动势 E_T 与温度差（$T-T_0$）成正比，即

$$E_T = S_{AB}(T - T_0)$$

S_{AB}为塞贝克系数，又称为热电动势率，它是热电偶的最重要的特征量，其符号和大小取决于热电极材料的相对特性。

热电偶的基本定律有以下三个：

1）均质导体定律：由一种均质导体组成的闭合回路，不论导体的截面积和长度如何，也不论各处的温度分布如何，都不能产生热电动势。

2）中间导体定律：用两种金属导体 A、B 组成热电偶测量温度时，在测温回路中必须通过连接导线接入仪表测量温差电动势 $E_{AB}(T, T_0)$，而这些导体材料和热电偶导体 A、B 的材料往往并不相同。在这种引入了中间导体的情况下，回路中的温差电动势是否发生变化呢？热电偶中间导体定律指出：在热电偶回路中，只要中间导体 C 两端温度相同，那么接入中间导体 C 对热电偶回路总热电动势 $E_{AB}(T, T_0)$ 没有影响。

3）中间温度定律：如图 35-11 所示，热电偶的两个结点温度为 T_1、T_2 时，热电动势为 E_{AB}（T_1、T_2）；两结点温度为 T_2、T_3 时，热电电势为 E_{AB}（T_2、T_3），那么当两结点温度为 T_1、T_3 时的热电动势则为

$$E_{AB}(T_1, T_2) + E_{AB}(T_2, T_3) = E_{AB}(T_1, T_3)$$

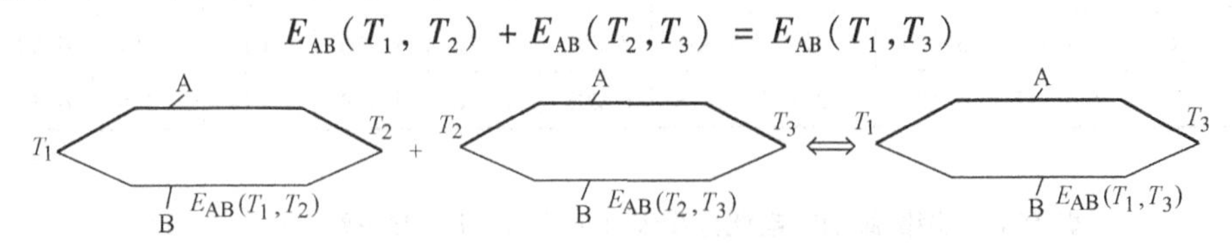

图 35-11　热电偶中间温度定律

（二）热电偶的主要技术参数

1. 分度号

热电偶的分度号是其分度表的代号（一般用大写字母 S、R、B、K、E、J、T、N 表示）。它是在热电偶的参考端为 0℃的条件下，以列表的形式表示热电动势与测量端温度的关系。

镍铬-镍硅（K 型）热电偶分度表见表 35-7，镍铬-康铜（E 型）热电偶分度表见表 35-8。

表 35-7　镍铬-镍硅（镍铬-镍铝）热电偶分度表

（分度号：K，参考端温度：0℃）

	热电动势/mV									
温度/℃	0	1	2	3	4	5	6	7	8	9
0	0	0.039	0.079	0.119	0.158	0.198	0.238	0.277	0.317	0.357
10	0.397	0.437	0.477	0.517	0.557	0.597	0.637	0.677	0.718	0.758
20	0.798	0.858	0.879	0.919	0.960	1.000	1.041	1.081	1.122	1.162
30	1.203	1.244	1.285	1.325	1.366	1.407	1.448	1.480	1.529	1.570
40	1.611	1.652	1.693	1.734	1.776	1.817	1.858	1.899	1.940	1.981
50	2.022	2.064	2.105	2.146	2.188	2.229	2.270	2.312	2.353	2.394
60	2.436	2.477	2.519	2.560	2.601	2.643	2.684	2.726	2.767	2.809
70	2.850	2.892	2.933	2.975	3.016	3.058	3.100	3.141	3.183	3.224
80	3.266	3.307	3.349	3.390	3.432	3.473	3.515	3.556	3.598	3.639
90	3.681	3.722	3.764	3.805	3.847	3.888	3.930	3.971	4.012	4.054
100	4.095	4.137	4.178	4.219	4.261	4.302	4.343	4.384	4.426	4.467
110	4.508	4.549	4.600	4.632	4.673	4.714	4.755	4.796	4.837	4.878
120	4.919	4.960	5.001	5.042	5.083	5.124	5.161	5.205	5.234	5.287
130	5.327	5.368	5.409	5.450	5.190	5.531	5.571	5.612	5.652	5.693

（续）

温度/℃	热电动势/mV									
	0	1	2	3	4	5	6	7	8	9
140	5.733	5.774	5.814	5.855	5.895	5.936	5.976	6.016	6.057	6.097
150	6.137	6.177	6.218	6.258	6.298	6.338	6.378	6.419	6.459	6.499

表 35-8 镍铬-康铜热电偶分度表（分度号：E，参考端温度：0℃）

温度/℃	热电动势/mV									
	0	1	2	3	4	5	6	7	8	9
0	0.000	0.059	0.118	0.176	0.235	0.295	0.354	0.413	0.472	0.532
10	0.591	0.651	0.711	0.770	0.830	0.890	0.950	1.011	1.071	1.131
20	1.192	1.252	1.313	1.373	1.434	1.495	1.556	1.617	1.678	1.739
30	1.801	1.862	1.924	1.985	2.047	2.109	2.171	2.233	2.295	2.357
40	2.419	2.482	2.544	2.057	2.669	2.732	2.795	2.858	2.921	2.984
50	3.047	3.110	3.173	3.237	3.300	3.364	3.428	3.491	3.555	3.619
60	3.683	3.748	3.812	3.876	3.941	4.005	4.070	4.134	4.199	4.264
70	4.329	4.394	4.459	4.524	4.590	4.655	4.720	4.786	4.852	4.917
80	4.983	5.047	5.115	5.181	5.247	5.314	5.380	5.446	5.513	5.579
90	5.646	5.713	5.780	5.846	5.913	5.981	6.048	6.115	6.182	6.250
100	6.317	6.385	6.452	6.520	6.588	6.656	6.724	6.792	6.860	6.928
110	6.996	7.064	7.133	7.201	7.270	7.339	7.407	7.476	7.545	7.614
120	7.683	7.752	7.821	7.890	7.960	8.029	8.099	8.168	8.238	8.307
130	8.377	8.447	8.517	8.587	8.657	8.827	8.842	8.867	8.938	9.008
140	9.078	9.149	9.220	9.290	9.361	9.432	9.503	9.573	9.614	9.715
150	9.787	9.858	9.929	10.000	10.072	10.143	10.215	10.286	10.358	4.429

2. 测量范围

不同材料的热电偶，由于材料熔点的不同，所以有不同的使用温度极限，而且温度极限有长期使用和短期使用之分。测温极限还与热电偶丝粗细有关。

3. 允许误差

是指热电偶的热电势-温度关系对分度表的最大偏差。根据允许误差将热电偶分为 1、2、3 级。

4. 热响应时间

热响应时间也称为时间常数。在温度出现阶跃变化时，热电偶的输出变化至相当于该阶跃变化的63.2%所需的时间，称为热响应时间，用τ表示。也可用$\tau_{0.5}$表示，区别在于后者表示温度出现阶跃变化时，热电偶的输出变化至相当于该阶跃变化的50%所需的时间。

5. 长期稳定性

是指测量条件不变时，在一定的时间区域内热电偶热电动势的变化量，常以热电动势变化量的相应温度变化量的百分数来表示。热电偶不同，对长期稳定性的要求也不同。

6. 热电动势率

热电偶的热电动势率定义为热电动势与温度差的比值，符号为S_{AB}，常用单位为μV/℃。

四、实验内容及步骤

K型热电偶调理电路如图35-12所示。

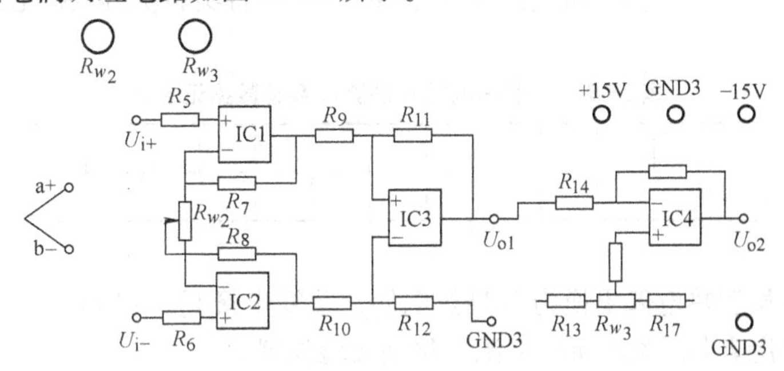

图35-12　K型热电偶调理电路原理图

1）将加热源电源线接至实验仪加热电源输出，将风扇电源接至加热源。

2）将其中一只Pt100三端引线按插头颜色（两端蓝色，一端红色）插入调节器“Pt100输入”插孔，Pt100金属护套插入加热源其中一个插孔。

3）将K型热电偶两端引线按插头颜色（一端红色，一端绿色）插入温度传感器调理电路单元a+、b-插孔（红色对应a+、绿色对应b-），K型热电偶金属护套插入加热源另一个插孔。

4）将±15V直流稳压电源接至+15V、GND3、-15V插孔，给仪器放大器供电。

5）将K型热电偶输出电压接至仪器放大器（a+对应U_{i+}，b-对应U_{i-}），将仪器放大器输出U_{o2}接至直流数字电压表（U_{o2}对应+，GND3对应-），电压表量程选择2V档。

6）将实验仪“电源开关”置于“开”，实验仪上电，此时调节器上显示窗

PV 显示室温值，记录此室温值 t_0。将加热源温度给定值 SP 设定在 40℃（加热源温度设定范围为室温到 120℃）上，上限报警（第一报警）AL-1、下限报警（第二报警）AL-2 值设定在高于温度给定值 SV 0.5℃上。

7）将增益调节电位器 R_{w_2} 顺时针旋到底，即增益最大，增益一旦调节好后，实验过程中不要触碰电位器 R_{w_2}。

8）将仪器放大器输入端 U_{i+}、U_{i-} 短接，调节调零电位器 R_{w_3}，使电压表读数显示为 0，调零后去掉仪器放大器输入端 U_{i+}、U_{i-} 短接线。调零一旦调节好后，实验过程中不要触碰电位器 R_{w_3}。

9）将加热源“电源开关”置于“开”，电源指示灯亮，加热器被加热。当调节器温度显示值（PV）达到动态平衡，稳定在温度给定值（SV）左右时，记录电压表读数 U_o(V)。

10）按 $\Delta t = 5$ ℃设定加热源温度给定值 SV，改变加热源温度，记录 K 型热电偶在 40～120℃温度下对应电压输出值 U_o(V)。将实验所得数据记录在表 35-9 中。

表 35-9　K 型热电偶特性测试实验数据记录表

t/℃																	
U_o/V																	

11）将 K 型热电偶更换为 E 型热电偶，重复步骤 1）～10）。

12）实验结束，关闭所有电源，整理实验仪器。

五、实验报告

1）根据表 35-9 所记录实验数据，绘制 U_o-t 实验曲线，并计算非线性误差。

2）公式计算法补偿

实验时，热电偶冷端温度为环境温度，而分度表是在热电偶的参考端（冷端）为 0℃的条件下，以列表的形式表示热电势与测量端温度的关系。实际应用过程中要对热电偶冷端温度进行修正（补偿）。本实验采用公式计算法补偿。

根据中间温度定律，$E_{AB}(T_1,T_2)+E_{AB}(T_2,T_3)=E_{AB}(T_1,T_3)$，设 T_1 为被测温度，T_2 为环境温度（室温），即热电偶冷端温度，$T_2=t_0$，$T_3=0$℃。查 K 型热电偶分度表，得热电偶在 T_1、T_2 时热电动势 $E_{AB}(T_1,0)$、$E_{AB}(T_2,0)$。则补偿后热电偶对应电压输出值

$$U=\frac{E_{AB}(T_1,0)}{E_{AB}(T_1,0)-E_{AB}(T_2,0)}U_o$$

根据表 35-9 所记录实验数据，计算补偿后 K 型热电偶在 40～120℃温度下

对应电压输出值 U_o(V)。将实验所得数据记录在表35-10中。

表35-10　K型热电偶特性测试实验数据记录表（公式计算法补偿）

t/℃																	
U_o/V																	

根据表35-10所记录实验数据，绘制 U_o-t 实验曲线，并计算非线性误差。

六、注意事项

（1）本实验用热电偶为二线制输出，绿色插头对应冷端，应按插头颜色接线。

（2）增益、调零一旦调节好后，实验过程中不要触碰电位器 R_{w_2}、R_{w_3}，否则会增大非线性误差。

七、思考题

K型热电偶和E型热电偶有什么区别?

（Ⅴ）正、负温度系数热敏电阻特性测试实验

一、实验目的

1）了解正、负温度系数热敏电阻基本原理。

2）学习正、负温度系数热敏电阻特性与应用。

二、实验仪器

1）THQWD-1型温度传感器特性测试实验仪。

需用单元：PID智能温度调节器、风扇电源、加热电源、+9V直流稳压电源、直流数字电压表、热敏电阻特性测试电路。

2）THQWD-1型温度传感器特性测试加热源。

3）铂热电阻Pt100，正、负温度系数热敏电阻PTC。

4）万用表。

三、实验原理

（一）热敏电阻工作原理

热敏电阻工作原理同金属热电阻一样，也是利用电阻随温度变化的特性测量温度。所不同的是热敏电阻用半导体材料做感温元件。热敏电阻的优点是：灵敏度高、体积小、响应快、功耗低、价格低廉，其缺点是：电阻值随温度呈非线性

变化、元件的稳定性及互换性差。热敏电阻主要用于航空、医学、工业及家用电器等方面作为测温、控温、温度补偿、流速测量、液面指示等。

热敏电阻是由某些金属氧化物按不同的配方比例烧结制成的。不同的热敏电阻材料具有不同的电阻-温度特性，按温度系数的正负，将其分为正温度系数热敏电阻（Positive Temperature Coefficient Thermistor）、负温度系数热敏电阻（Negative Temperature Coefficient Thermistor）和临界温度系数热敏电阻（Criticai Temperature Resistor），本实验主要研究前两种。

半导体热敏电阻的工作原理一般用量子跃迁观点进行分析。由于热运动（譬如温度升高），越来越多的载流子克服禁带（或电离能）引起导电，这种热跃迁使半导体载流子浓度和迁移发生的变化，根据电阻率公式可知元件电阻值发生的变化。热敏电阻温度特性曲线如图 35-13 所示。

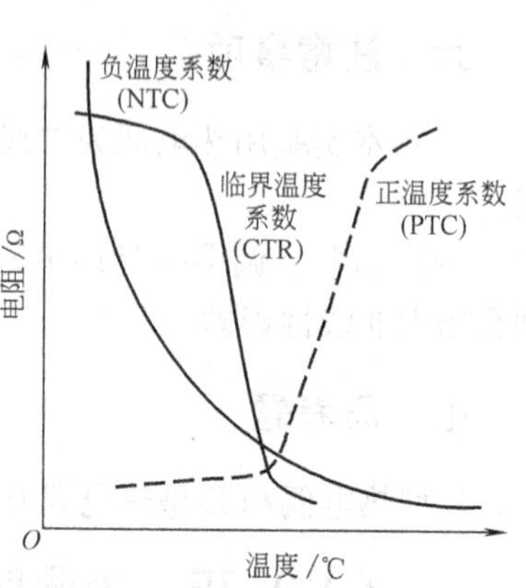

图 35-13　热敏电阻温度特性曲线

（二）热敏电阻的主要技术参数

1. 标称电阻值 R_{25}

它是热敏电阻在环境温度为（25 ± 0.2)℃时的电阻值。通常是指热敏电阻上标注的值，也称为额定零功率电阻值。如果环境温度 t 不是（25 ± 0.2)℃，而在 25 ~27℃，则可按下式换算成基准温度（25℃）的阻值 R_{25}：

$$R_{25} = \frac{R_t}{1 + \alpha_{25}(t - 25)}$$

式中，R_{25} 为标称电阻值；R_t 为温度为 t（℃）时的电阻值；α_{25} 为被测热敏电阻在 25℃时的电阻温度系数。

2. 零功率电阻值 R_T

即在规定温度下，由于电阻体内部发热引起的电阻值变化相对于总的测量误差而言可以忽略不计时测得的热敏电阻的阻值。

3. 零功率电阻温度系数 α_T

在规定温度（T 通常为 20℃）下，热敏电阻的零功率电阻值的相对变化率与引起该变化的相应温度之比，单位为%/℃。用公式表示如下：

$$\alpha_T = \frac{1}{R}\frac{\mathrm{d}R_T}{\mathrm{d}T} = -\frac{B}{T^2}$$

4. 热敏指数 B

它是描述热敏材料物理特性的一个常数。B 值越大，阻值也越大，灵敏度越高。在工作温度范围内，B 值并非是严格的常数，它随温度的升高略有增加。B

值可用公式表示为

$$B = 2.303\frac{T_1T_2}{T_2 - T_1}\lg\frac{R_1}{R_2}$$

式中，B 为热敏指数；R_1、R_2 为在温度 T_1、T_2 时的电阻值，单位为 Ω。

5. 使用温度范围（见表 35-11）

表 35-11　热敏电阻的使用温度范围

热敏电阻种类	使用温度范围	基　本　原　料
NTC	常温 -50 ~ 350℃	锰镍钴铁等过渡族金属氧化物的烧结体
PTC	-50 ~ 150℃	以 $BaTiO_3$ 为主的烧结体
CTR	0 ~ 150℃	BaO，P 与 B 的酸性氧化物，硅的酸性氧化物及碱性氧化物 MgO、CaO、SrO、B、Pb、La 等氧化物。由上述二元或三元系构成的烧结体

(三) 正温度系数的热敏电阻（PTC）

PTC 通常是由在 $BaTiO_3$ 和 $SrTiO_3$ 为主的成分中加入少量 Y_2O_3 和 Mn_2O_3 构成的烧结体，其电阻随温度增加而增加，开关型的 PTC 在居里点附近阻值发生突变，有斜率最大的曲段，即电阻值突然迅速升高。PTC 适用的温度范围为 -50 ~ 150℃，其主要用于过热保护及做温度开关。PTC 电阻与温度的关系可近似表示为

$$R_T = R_{T_0}\exp B_P(T - T_0)$$

式中，R_T 为热力学温度为 T 时热敏电阻的阻值；R_{T_0} 为热力学温度为 T_0 时热敏电阻的阻值；B 为正温度系数热敏电阻的热敏指数。

(四) 临界温度系数热敏电阻（CTR）

CTR 的特点是在某一温度下，电阻急剧降低，因此可作为开关元件。CTR 的温度特性如图 35-13 所示。

四、实验内容及步骤

1）将加热源电源线接至实验仪加热电源输出，将风扇电源接至加热源。

2）将其中一只 Pt100（用于温度控制）三端引线按插头颜色（两端蓝色，一端红色）插入调节器“Pt100 输入”插孔，Pt100 金属护套插入加热源其中一个插孔，PTC 金属护套插入加热源另一个插孔。

3）将实验仪“电源开关”置于“开”，实验仪通电，此时调节器上显示窗 PV 显示室温值。将加热源温度给定值 SP 设定在 40℃（加热源温度设定范围为室温到 120℃）上，上限报警（第一报警）AL-1 值、下限报警（第二报警）AL-

2 值设定在高于温度给定值 SV 0.5℃上。

4）将加热源“电源开关”置于“开”，电源指示灯亮，加热器被加热。当调节器温度显示值（PV）达到动态平衡，稳定在温度给定值（SV）左右时，用万用表欧姆档测量 PTC 阻值 R。

5）按 $\Delta t=5$ ℃设定加热源温度给定值 SV，改变加热源温度，记录 PTC 在 40～120℃温度下的阻值 $R(\Omega)$。将实验所得数据记录在表 35-12 中。

表 35-12　PTC 电阻-温度特性测试实验数据记录表

t/℃																	
R/Ω																	

6）将 PTC 电阻两端输出引线按插头颜色（一端红色，一端蓝色）插入热敏电阻特性测试电路单元 g、h 插孔（红色对应 g、蓝色对应 h）。PTC、R_{w_4} 组成分压器。

7）将 +9V 直流稳压电源接至热敏电阻特性测试电路单元 g、I 插孔（+9V 对应 g、GND2 对应 I），给分压器供电。

8）调节电位器 R_{w_4}，使电位器 h、I 两端电阻阻值等于 PTC 在 80℃时的阻值，将 PTC 两端电压输出接至直流数字电压表（g 对应 +，h 对应 -），电压表量程选择 20V 档。重复实验步骤 3）、4）。

9）按 $\Delta t=5$ ℃设定加热源温度给定值 SV，改变加热源温度，记录 PTC 在 40～120℃温度下对应的电压输出值 $U_o(\mathrm{V})$。将实验所得数据记录至表 35-13 中。

表 35-13　PTC 特性测试实验数据记录表

t/℃																	
U_o/V																	

10）将 g、+9V 短接，I、GND2 短接，给 555 组成的无稳态多谐振荡电路供电。在热敏电阻特性测试电路中，采用 555 时基集成电路，构成温控电路。其输出信号由发光二极管 LED1（红）、LED2（绿）显示。PTC、R_{w_4} 组成分压器，当 PTC 的阻值 R_t 随温度变化而变化时，h 点的电势 V_h 随之发生变化，$V_h=\dfrac{R_{w_4}}{R_t+R_{w_4}}\times 9\mathrm{V}$。电路工作原理是 V_h 与 555 内部阀值电压 $9\mathrm{V}\times\dfrac{2}{3}=6\mathrm{V}$ 比较来控制输出状态。当 $V_h>6\mathrm{V}$ 时，LED1 亮，$V_h<6\mathrm{V}$ 时，LED2 亮。

11）将 PTC 电阻更换为 NTC 电阻，重复步骤 1）～10）。

12）实验结束，关闭所有电源，整理实验仪器。

五、实验报告

1）根据表35-12所记录的实验数据，绘制 R-t 温度特性曲线。

2）根据表35-13所记录的实验数据，绘制 U_o-t 实验曲线，并计算非线性误差。

六、注意事项

加热源温度设定范围为室温到120℃，实验过程中加热源温度不得超过120℃，否则有可能损坏热敏电阻温度传感器。

七、思考题

1）热敏电阻和热电阻有什么区别？

2）PTC、NTC主要有哪些应用，应用PTC、NTC应注意什么？

3）NTC和PTC有什么区别？

（刘文军）

实验36　万用电表的设计

一、实验目的

1）学习掌握电表改装的基本原理和方法，按照实验原理设计测量线路。

2）了解电流计的量程 I_g 和内阻 R_g 在实验中所起的作用，掌握测量它们的方法。

3）掌握毫安表、电压表和欧姆表的改装、校准和使用方法，了解电表面板上符号的含义。

4）学习校准电表的刻度。

5）熟悉电表的规格和用法，了解电表内阻对测量的影响，掌握电表级别的定义。

6）训练按回路接线及电学实验的操作。

7）学习校准曲线的描绘和应用。

二、实验器材

1）可调直流稳压源：0～1.999V输出可调，$3\frac{1}{2}$位数字显示。

被改装指针电流计表头：量程 1mA，内阻 R_g 为 100Ω。

2）470Ω 可调电阻：可变外接电阻；用于把电流表头改装为串接式和并接式欧姆表，用来调零。

3）750Ω 电阻：与上述 470Ω 可调电阻一起用于把电流表头改装为串接式和并接式欧姆表。

4）可变电阻箱：量程 0 ~ 9999.9Ω。

5）校准用标准数字电压表：量程 0 ~ 1.999V，三位半数字显示，精度 1.0 级。

6）校准用标准数字电流表：量程 0 ~ 19.99mA，三位半数字显示，精度 1.0 级。

7）固定电阻若干。

三、实验要求

1）测定电流计 G 的量程 I_g 和内阻 R_g，设计测量电路并测定之内阻 R_g 测量。

2）改装电流计为 10mA 量程的毫安计。

3）改装电流计为 1V 量程的伏特计。

4）确定改装毫安计和伏特计的级别。

5）改装电流计为欧姆计。

四、回答下列问题并写出实验体会

1）校正电流表时发现改装表的读数相对于标准表的读数偏高，试问要达到标准表的数值，改装表的分流电阻应调大还是调小？

2）校正电压表时发现改装表的读数相对于标准表的读数偏低，试问要达到标准表的数值，改装表的分压电阻应调大还是调小？

3）用欧姆表测电阻时，如果表头的指针正好指在满刻度的一半处，则从标尺读出的电阻值是否就是该欧姆表的内阻值？

4）提出保证组装万用表精度的措施。

5）电流表量程扩大后，原表头内允许通过的最大电流是否发生变化？

五、仪器简要说明

THKDG-2 型电表改装与校准实验仪集成了 0 ~ 1.999V 可调直流稳压源 $\left(\text{带}3\dfrac{1}{2}\text{位数显}\right)$，被改装量程 1mA，内阻 R_g 为 100Ω 的指针电流表表头，量程 0 ~ 9999.9Ω 可变电阻箱，校准用三位半标准数字电压表和电流表等部件。

（一）结构

本实验仪是在 TKDG-1 型电表改装与校准实验仪的基础上增加了改装成欧姆表的功能，结构上只将电阻箱由 0～999.9Ω 改为 0～9999.9Ω，增加了 750Ω 电阻，除了能将被改装表改装成电流表和电压表外，还可以将其改装成串接式欧姆表。

实验仪面板结构如图 36-1 所示，实验仪主要集成了三位半标准数字电压表、三位半标准数字电流表，用于对改装后的电流表和电压表进行校准，模拟电流计表头，读数方便，提供一个量程 0～9999.9Ω 可变电阻箱 R_2，在被改装表用内阻大约为 100Ω，100 等分，精度等级为 1.0 级的指针式大面板改装电流表和电压表实验中，供测量电流计 G 的内阻 R_g，学生可以将它与被改装表头串并联来人为地改变表头内阻；在改装欧姆表实验中，作为可变外接电阻。另外，提供可调直流稳压源，输出从 0～1.999V 可调，$3\frac{1}{2}$位数字显示，读数方便。470Ω 可调电阻在改装电流表和电压表实验中，作为可变外接电阻；在改装欧姆表实验中，用来调零。750Ω 电阻与上述 470Ω 可调电阻一起用于把电流计表头改装为串接式欧姆表。

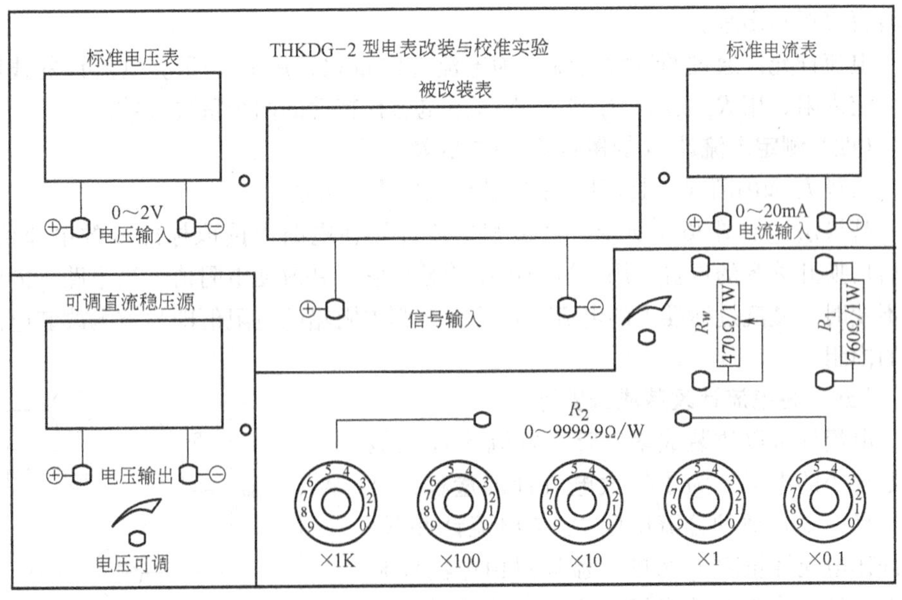

图 36-1　THKDG-2 型电表改装与校准实验仪面板结构图

（二）使用注意事项

1）注意接入改装表电信号的极性与量程的大小，以免指针反偏或过量程时出现“打针”现象。

2）实验仪提供的标准毫安计和标准伏特计仅作校准时的标准。

（三）电流计

常见磁电式电流计构造如图36-2所示，它的主要部分是由放在永久磁场中的由细漆包线绕制成的可以转动的线圈、用来产生机械反力矩的游丝、指示用的指针和永久磁铁组成。当电流通过线圈时，载流线圈在磁场中就产生一磁力矩$M_{磁}$，使线圈转动，由于线圈的转动就扭转与线圈转动轴连接的上下游丝，使游丝发生形变产生机械反力矩$M_{机}$，线圈满刻度偏转过程中的磁力矩$M_{磁}$只与电流有关而与偏转角度无关，因形变产生的机械反力矩$M_{机}$与偏转角度成正比。因此，当接通电流后，线圈在$M_{磁}$作用下偏转角逐渐增大，同时，反力矩$M_{机}$也逐渐增大，直到$M_{磁}=M_{机}$时线圈就很快的停下来。线圈偏转角的大小与通过的电流大小成正比（也与加在电流计两端的电势差成正比），由于线圈偏转的角度通过指针的偏转可以直接指示出来，所以上述电流或电势差的大小均可由指针的偏转直接指示出来。

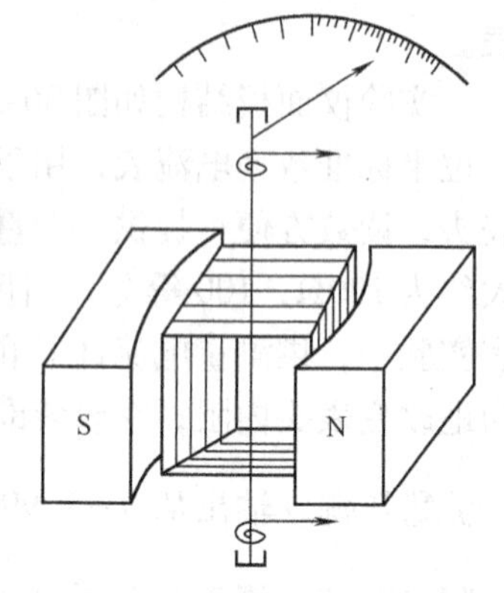

图36-2 电流计结构示意图

电流计允许通过的最大电流称为电流计的量程，用I_g表示。电流计的线圈有一定内阻，用R_g表示，I_g与R_g是表示电流计特性的两个重要参数。

（四）测定电流计G的量程I_g和内阻R_g

量程I_g和内阻R_g测量可以采用替代法等多种方法。

替换法：如图36-3所示，将被测电流计接在电路中读取标准表的电流值，然后切换开关S的位置，用十进位电阻箱替代它，并改变电阻值，当电路中的电压不变时，使流过标准表的电流保持不变，则电阻箱的电阻值即为被测改装电流计的内阻。

（五）将电流计改装成毫安计

电流计可以改装成毫安计。电流计G只能测量很小的电流，为了扩大电流计的量程，可以选择一个合适的分流电阻R_p与电流计并联，允许比电流计量程I_g大的电流通过由电流计和与电流计并联的分流电阻所组成的毫安计，这就改装成为一只毫安计，这时电表面板上指针的指示值就要按预定要求设计的满刻度值I，即毫安计量程I的要求来读取数据。

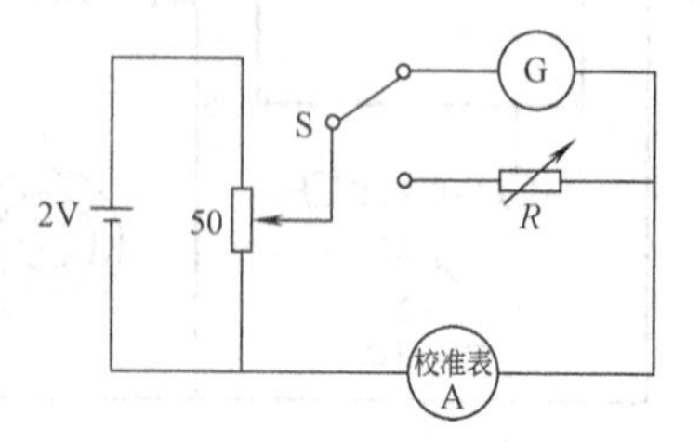

图36-3 替换法测量电表内阻

若测出电流计G的I_g与R_g，则根据图36-4就可以算出将此电流计改装成量程为I的毫安计所需的分流电阻R_p。

由于电流计与 R_p 并联，则有

$$I_g R_g = (I - I_g) R_P \tag{36-1}$$

$$R_P = \left(\frac{I_g}{I - I_g}\right) R_g \tag{36-2}$$

由式（36-2）可见，电流量程 I 扩展越大，分流电阻阻值 R_P 越小。取不同的 R_P 值可以制成多量程的电流表。

（六）将电流计改装成伏特计

电流计也可以改装成伏特计，由于电流计 I_g 很小，R_g 也不大，所以只允许加很小的电位差，为了扩大其测量电位差的量程可与一高阻 R_s 串联，这时，两端的电位差 U 大部分分配在 R_s 上，而电流计中所示的数目与所加电位差成正比。只需选择合适的高电阻 R_g 与电流计串联作为分压电阻，允许比原来 I_gR_g 大的电压加到由电流计和与电流计串联的分压电阻所组成的伏特计上，这就改装成了一只伏特计。这时，电表面板上的指示值就要按预定要求设计的满刻度值 U，即伏特计量程 U 的要求来读取数据。

如果改装后的伏特计量程为 U，则根据图 36-5 就可以算出将此电流计改装成量程为 U 的伏特计所需的分流电阻 R_s。

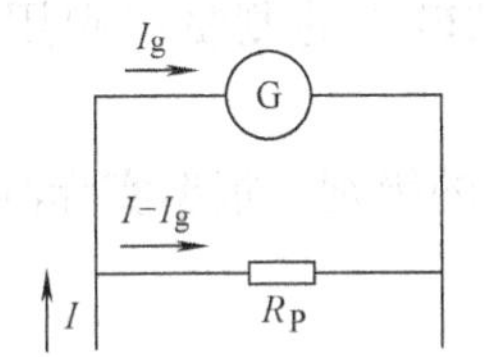

图 36-4　电流计改装毫安计

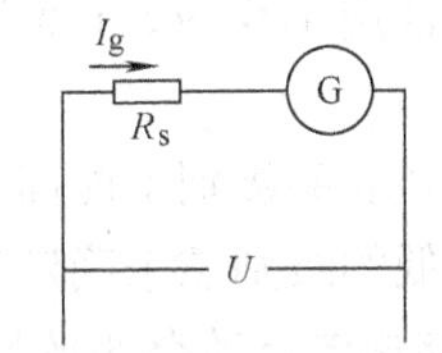

图 36-5　电流计改装伏特计

根据欧姆定律，得

$$I = I_g(R_g + R_s) \tag{36-3}$$

$$R_s = \frac{U}{I_g} - R_g \tag{36-4}$$

由式（36-4）可见，电压量程 U 扩展越大，分压电阻阻值 R_s 越大。取不同的 R_s 值，可以制成多量程的电压表。

说明：在实际应用中，分流电阻和分压电阻均采用线绕电阻，材料是锰铜丝，因其电阻温度系数较小，因而电阻值较为稳定。在要求不高的场合，也可用金属膜电阻或碳膜电阻代替。本实验仪用可变电阻箱。

（七）电表级别确定

在测量电学量时，由于电表本身机构及测量环境的影响，测量结果会有误差。由温度、外界电场和磁场等环境影响而产生的误差是附加误差，可以通过改变环境状况予以消除。而电表本身（如摩擦、游丝残余形变、装配不良及标尺刻度不准确等）产生的误差则为仪表基本误差，它不依使用者不同而变化，因而基本误差就决定了电表所能保证的准确程度。仪表准确度等级定义为仪表的最大绝对误差与仪表量程（即测量上限）比值的百分数，即

$$K\% = \frac{\text{最大绝对误差}(\Delta m)}{\text{量程}(Am)} \times 100\% \tag{36-5}$$

例如某个电流表量程为1A，最大绝对误差为0.01A，那么

$$K\% = \frac{\text{最大绝对误差}(\Delta m)}{\text{量程}(Am)} \times 100\% = \frac{0.01\text{A}}{1\text{A}} \times 100\% = 1\%\text{（级别 1.0 级）}$$

这个电流表准确度等级就定义为1.0级。反之，如果知道某个电流表的准确度等级是0.5级，量程是1A，那么该电流表的最大绝对误差就是0.005A。每个仪表的准确度等级在该表出厂前都经检定并标示在盘上，根据其等级就知道这个表的可靠程度。电表的准确度等级按国家质量技术监督管理局的规定可分为0.1、0.2、0.5、1.0、1.5、2.5、5等七个等级，其中数字越小的准确度越高。由于实验中误差的来源是多方面的，在其他方面的误差比仪表带来的误差还大的情况下，就不应去片面去追求高级别的电表，因为级别提高一级，价格就要贵很多。实验室常用1.0级、1.5级电表，准确度要求较高的测量中则用0.5级或0.1级的。

通常改装表的级别不能高于用来校准的标准表的级别，根据实际测量与计算的结果，向低的级别靠来确定改装表级别。

（八）将电流计改装为欧姆计

串接式欧姆表改装原理如图36-6所示，E 为电源，电流计表头内阻为 R_g，量程即满刻度电流为 I_g，R 和 R_w 为限流电阻，R_x 为待测电阻。由欧姆定律可知，流过表头的电流

$$I_x = \frac{E}{R_x + R_g + R + R_w} \tag{36-6}$$

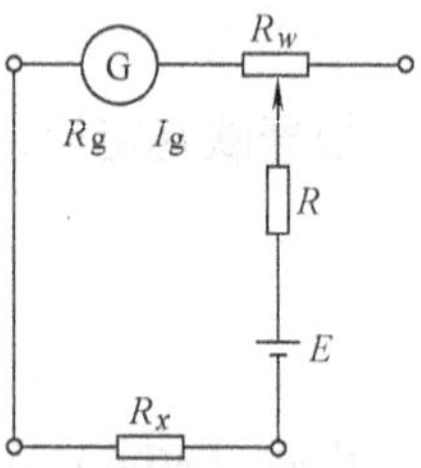

对于给定的欧姆表（R_g、R、R_w、E 已给定），I_x 仅由 R_x 决定，即 I_x 与 R_x 之间有一一对应的关系。在表头刻度上，将 I_x 表示成 R_x，即改装成欧姆表。

图36-6 串接式欧姆表改装原理

由图36-6和式（36-6）可知，当 R_x 为无穷大时，$I_x = 0$；当 $R_x = 0$ 时，回路中电流最大，$I_x = I_g$。

由此可知：

1）当 $R_x = R_g + R + R_w$ 时，$I_x = I_g/2$，指针正好位于满刻度的一半，即欧姆表标尺的中心电阻值，它等于欧姆表的总内阻。这就是串接式欧姆表中心的意义。可将式（36-6）改写成

$$I_x = \frac{E}{R_x + R_中} \tag{36-7}$$

2）改变中心电阻 $R_中$ 的值，即可改变电阻档的量程。如 $R_中 = 100\Omega$，测量范围为 $20\Omega \sim 500\Omega$；$R_中 = 1000\Omega$，测量范围为 $200\Omega \sim 5000\Omega$，以此类推（注：对于大阻值测量应相应提高电源 E 的电压）。

3）I_g 与 $R_中 + R_x$ 是非线性关系。当 $R_x << R_中$ 时，有 $I_x \approx E/R_中 = I_g$，此时偏转接近满刻度，由于 R 的变化不明显，因而测量误差大；当 $R_x >> R_中$ 时，有 $I_x \approx 0$，此时测量误差也大。所以，在实际测量时，只在 $R_中/5 < R_x < 5R_中$ 的范围，测量才比较准确。

4）由于在实际过程中电表多采用干电池，电源电压在使用过程中会变化，因此用 R_w 来调零。但 R_w 变化会改变中心电阻 $R_中$ 的值，引起测量误差，而并联式欧姆表可克服这一缺点。

（刘文军）

实验 37　人体生理参数测量的物理原理与应用

一、实验目的

1）了解人体生理测量的医学基础和意义。

2）掌握人体生理参数测量的物理原理。

3）学会心电、血压和体温和脂肪测量。

4）掌握医疗仪器设计的基本流程。

二、实验器材

1）EDG-11A 心电图机：一台。

2）HDF-3067 人体脂肪测量仪（手握式和脚踏式）：一台。

3）电子血压计（臂式和腕式）：一台。

4）水银血压计：一台。

5）红外耳温枪：一支。

6）P4 2. 8G 计算机：一台。

7）DF4328 型示波器：一台。

8）体温计：一支。

9）电阻、电极：若干。

三、实验要求

自行设计实验方案，要求：

1）掌握心电、血压、体温和脂肪测量的基本原理。

2）学会测量心电，血压体温和脂肪。

3）探索脂肪测量公式。

4）设计几种心率测量的方法。

四、回答下列问题并写出实验体会

1）简述医疗仪器设计的一般流程。

2）什么是生物阻抗法？手握式和脚踏式脂肪测量仪各有什么优缺点？

3）比较电子血压计和水银血压计的测量结果，并分析误差。

4）研究多参数生理监护仪的设计方案。

5）比较红外耳温枪和体温计的测量结果，分析误差。

6）如果要将心电图机的心电信号在计算机上实时显示，提出你的设计方案。

7）探索脂肪测量公式，计算自己的生物阻抗。

五、生理信号测量的物理原理和仪器简要说明

（一）心电测量原理

1. 心电图

心电图是从体表记录心脏电位随时间而变化的曲线，它可以反映出心脏兴奋的产生、传导和恢复过程中的生物电位变化。在心电图记录纸上，横轴代表时间，当标准走纸速度为25mm/s时，每1mm代表0.04s；纵轴代表波形幅度，当标准灵敏度为10mm/mV时，每1mm代表0.1mV。

（1）心电图的典型波形　心电图典型波形如图37-1所示。

以下所述的心电图各波形的参数值，是在心电图机处于标准记录条件下，即走纸速度为25mm/s、灵敏度为10mm/mV时记录得出的值。

P波：由心房的激动所产生。前一半主要由右心房所产生，后一半主要由左心房所产生。正常P波的宽度不超过0.11s，最高幅度不超过2.5mm。

QRS波群：反映左、右心室的电激动过程，称QRS波群的宽度为QRS时限，代表全部心室肌激动过程所需要的时间。正常人最高不超过0.10s。

T波：代表心室激动后复原时所产生的电位。在R波为主的心电图上，T波不应低于R波的1/10。

U波：位于T波之后，反映心肌激动后电位与时间的变化。人们对它的认识

仍在探讨之中。

（2）心电图的典型间期和典型段

P-R 间期：是从 P 波起点到 QRS 波群起点的相隔时间。它代表从心房激动开始到心室开始激动的时间。这一间期随着年龄的增长而有加长的趋势。

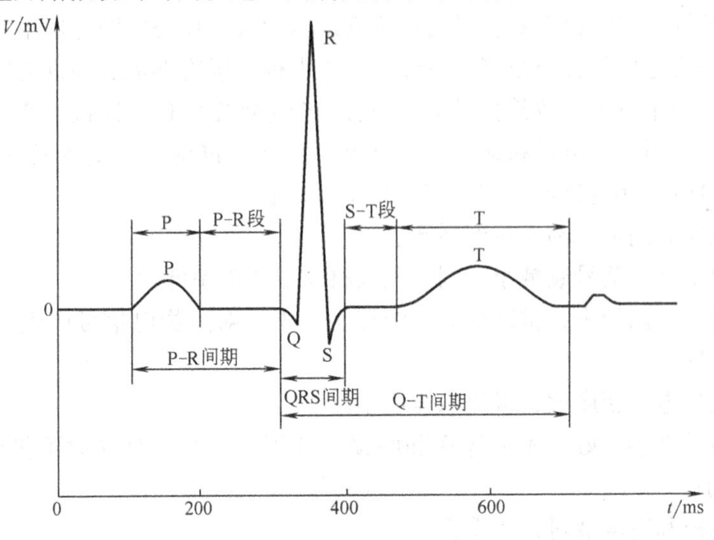

图 37-1　心电图典型波形

QRS 间期：从 Q 波开始至 S 波终了的时间间隔。它代表两侧心室肌（包括心室间隔肌）的电激动过程。

S-T 段：从 QRS 波群的终点到 T 波起点的一段。正常人的 S-T 段是接近基线的，与基线间的距离一般不超过 0.05mm。

P-R 段：从 P 波后半部分起始端至 QRS 波群起点。同样，正常人的这一段也是接近基线的。

Q-T 间期：从 QRS 波群开始到 T 波终结相隔的时间。它代表心室肌除极和复极的全过程。正常情况下，Q-T 间期的时间不大于 0.04s。

（3）正常人的心电图典型值

P 波：0.2mV；

Q 波：0.1mV；

R 波：0.5～1.5mV；

S 波：0.2mV；

T 波：0.1～0.5mV；

P-R 间期：0.1～20.2s；

QRS 间期：0.06～0.1s；

S-T 段：0.12 ~0.16s；

P-R 段：0.04 ~0.8s。

2. 电极

电极是来摄取人体内各种生物电现象的金属导体，也称作导引电极。它的阻抗、极化特性、稳定性等对测量的精确度影响很大。作心电图时选用的电极是表皮电极。表皮电极的种类很多，有金属平板电极、吸附电极、圆盘电极、悬浮电极、软电极和干电极。按其材料又分为有铜合金镀银电极、镍银合金电极、锌银铜合金电极、不锈钢电极和银-氯化银电极等。为了准确、方便地记录心电信号，要求心电电极（用传感器）必须具有以下功能：

1）响应时间快，易于达到平衡。

2）阻抗低，信号衰减小，制造电极材料的电阻率低。

3）电位小而稳定，重现性好，漂移小，不易对生物电信号产生干扰，没有噪声和非线性。

4）交换电流密度大，极化电压值小。

5）力学性能良好，不易擦伤和磨损，使用寿命长，见光时不易分解老化，光电效应小。

6）电极和电解液对人体无害。

根据以上要求，目前国内外供临床广泛使用的电极为银-氯化银电极。它是用银粉和氯化银粉压制而成的，是一种较为理想的体表心电信号检测电极。使用时，电极片和皮肤之间充满导电膏或盐水棉花，形成一薄层电解质来传递心电信号，从而有效地保证了电极片与皮肤直接接触良好，也有利用极化电压的减小。

3. 导联

将两个电极置于人体表面上不同的两点，通过导线与心电图机相连，就可以描出一种心电图波形。描记心电图时的电极安放位置及导线与放大器的联接方式称为心电图导联。对单导心电图机来说，心电图是通过多个导联而得出的体表电位差的不同时间的记录。临床诊断上，为便于统一和比较，对常用的导联做出了严格的规定。

现在广泛应用的是标准十二导联，分别记为Ⅰ、Ⅱ、Ⅲ、aVR、aVL、aVF、V1 ~ V6。Ⅰ、Ⅱ、Ⅲ为双极导联，aVR、aVL、aVF 为单极肢体加压导联，V1 ~ V6 为单极胸导联。获取两个测试点的电位差时，用双极导联；获取某一点相对于参考点的电位时，用单极导联。

（1）标准双极导联　Ⅰ、Ⅱ、Ⅲ为标准双极肢体导联，简称标准导联。它是以两肢体间的电位差为所获取的体表心电。其导联组合方式如图 37-2 所示。电极安放位置以及与放大器的连接为：

Ⅰ导联：左上肢（L）接放大器正输入端，右上肢（R）接放大器负输入端；

Ⅱ导联：左下肢（F）接放大器正输入端，右上肢（R）接放大器负输入端；

Ⅲ导联：左下肢（F）接放大器正输入端，左上肢（L）接放大器负输入端。

使用标准导联时，右下肢（RF）应直接接地。有些机型接右脚电极驱动器的输出端，间接接地。

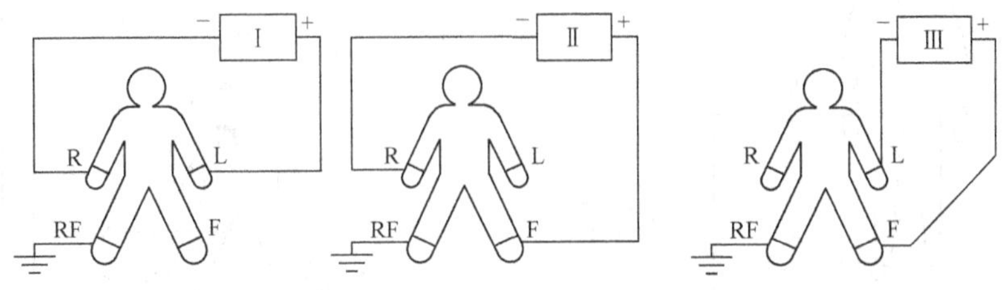

图 37-2　标准导联Ⅰ、Ⅱ、Ⅲ

若以 U_L、U_R、U_F 分别表示左上肢、右上肢、左下肢的电位值，则

$$U_{\mathrm{I}} = U_L - U_R, \qquad U_{\mathrm{II}} = U_F - U_R, \qquad U_{\mathrm{III}} = U_F - U_L$$

每一瞬间都有

$$U_{\mathrm{II}} = U_{\mathrm{I}} + U_{\mathrm{III}}$$

当输入到放大器正输入端的电位比输入到负输入端的电位高时，得到的波形向上；反之，波形向下。

（2）单极胸导联和单极肢体导联　探测心脏某一局部区域电位变化时，将一个电极安放在靠近心脏的胸壁上（称为探查电极），另一个电极放置在远离心脏的肢体上（称为参考电极），探查到的电极所在部位电位的变化即为心脏局部电位的变化。使参考电极在测量中始终保持为零电位，称这种导联为单极性导联。

威尔逊最早将单极性导联的方法引入到了心电检测技术。在实验中发现，当人的皮肤涂上导电膏后，右上肢、左上肢和左下肢之间的平均电阻分别为 1.5kΩ、2kΩ、2.5kΩ。如果将这三个肢体连成一点作为参考电极点，在心脏电活动过程中，这一点的电位并不正好为零。单极性导联法就是设置一个星形电阻网络，即在三个肢体电极（左手、右手、左脚）上各接入一个等值电阻（称为平衡电阻），使三个肢端与心脏间的电阻数值互相接近，三个电阻的另一端接在一起，获得一个接近零值的电极电位端，称它为威尔逊中心点，如图 37-3 所示。

这样，在每一个心动周期的每一瞬间，中心点的电位都为零。将放大器的负输入端接到中心点，正输入端分别接到胸部某些特定点，这样获得的心电图就叫作单极胸导联心电图，如图 37-4 所示。单极性胸导联一般有六个，分别叫作 V_1 ~ V_6。如果放大器的负输入端接中心点，正输入端分别接左上肢 L（1）右上肢

R（1）左下肢 LL（或记为 F），便构成单极性肢体导联的三种方式，记为 VR、VL、VF。

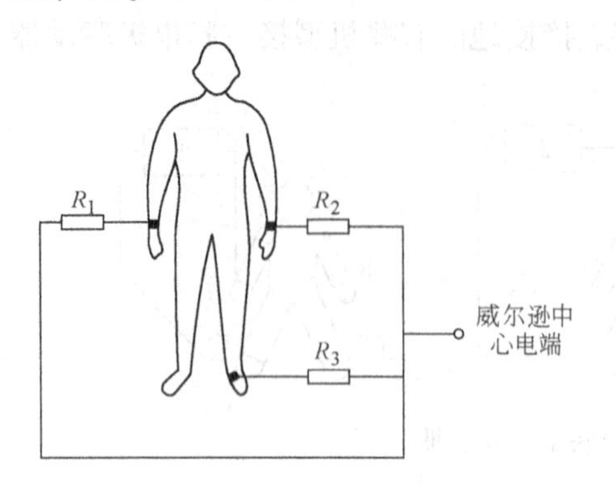

图 37-3 威尔逊中心点的电极连接图

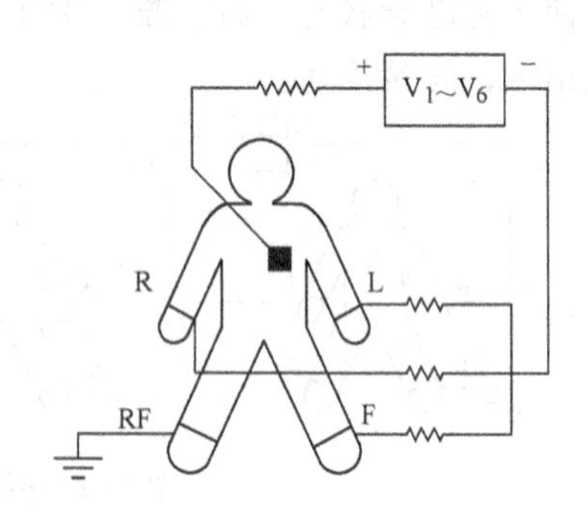

图 37-4 单极胸导联

用上述方法获取的单极性胸导联心电信号是真实的，但所获取的单极性肢体导联的心电信号由于电阻 R 的存在而减弱了，为了便于检测，对威尔逊电阻网络进行了改进，当记录某一肢体的单极导联心电波形时，将该肢体与中心点之间所接的平衡电阻断开，改进成增加电压幅度的导联形式，称为单极肢体加压导联，简称加压导联，分别记作 aVR、aVL、aVF。连接方式如图 37-5 所示。单极肢体加压导联记录出来的心电图波幅比单极肢体导联增大 50%，并不影响波形。

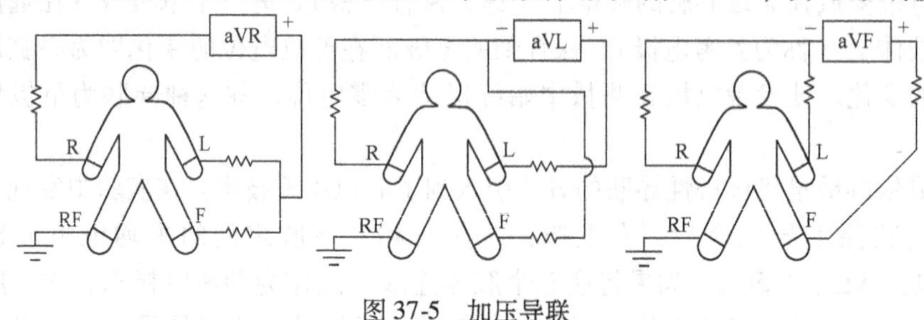

图 37-5 加压导联

（3）双极胸导联 除了标准十二导联之外，还有一种双极胸导联。双极胸导联心电图是测定人体胸部特定部位与三个肢体之间的心电电位差，即探查电极放置于胸部六个特定点，参考电极分别接到三个肢体上。以 CR、CL、CF 表示。CR 为胸部与右手之间的心电电位差；CL 为胸部与左手之间的心电电位差；CF 为胸部与左脚之间的心电电位差，其组合原理由下式来表达：

$$CR = U_{\mathrm{cn}} - UR$$

$$CL = U_{\mathrm{cn}} - UL$$

$$CF = U_{cn} - UF$$

其中，U_{cn} 为胸部电极 $V_1 \sim V_6$ 的心电电位。

双极胸导联在临床诊断上应用较少，这种导联法的临床意义还有待于医务工作者探索和研究。临床上常用的是单极胸导联。

胸部电极安放位置如图 37-6 所示。

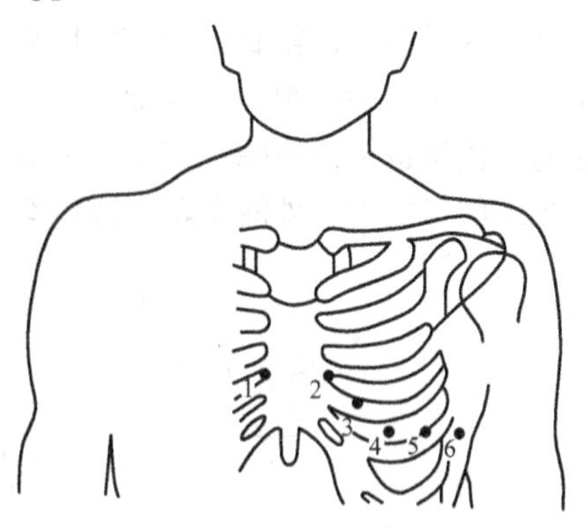

图 37-6　胸导联电极连接部位

4. 东江 ECG-11A 心电图机使用简要说明

（1）操作前准备

1）地线及电源线连接。

2）安装电池。

3）安装卷筒式记录纸。

4）安装折叠式记录纸。

5）电极安装。

（2）仪器操作

1）记录前心电图机工作状态检查。

2）手动操作程序。

3）自动操作程序。

4）肌电、交流干扰滤波器。

5）电池的使用。

（二）脂肪测量原理

1. 基本概念

生物阻抗是反映生物组织、细胞、器官或整个生物机体电学特性的物理量。可以通过将低于兴奋阈值的微弱直流或交变电流施加于生物组织后，测量其上的电位差来间接测量。对生物阻抗的研究的历史可以追溯到 18 世纪，并且先后出现过很多重要的理论，其中以 CROE KS 和 CROE RH 建立的 COLE-COLE 理论以及 Schwan 提出的频散理论为其中的杰出代表。

2. 测量模型

根据 COLE-COLE 理论发展而来的生物组织 R、R、C 三元件电路等效模型为生物组织成分的快速测量提供了一个重要的手段。根据 COLE-COLE 理论，生物组织内单个细胞的等效电路模型如图 37-7a 所示，其中 R_e 是细胞外液的电阻；C_e 是细胞外液的并联电容；R_m 是细胞膜的电阻；C_m 是细胞膜的并联电容；R_i 是细胞内液的电阻；C_i 是细胞内液的并联电容。在低频范围内（低于 1MHz），

细胞膜的漏电阻 R_m 很大，可视为开路，而内外液的并联 C_i、C_e 很小，也可视为开路，这样就可以得到如图 37-7b 所示的简化等效电路模型。对于整个生物组织而言，由于生物组织是由大量细胞组成，可视为许多细胞的集合，因此生物组织的电路模型也可以用图 37-7b 所示的电路等效，此时的 R_i、R_e、C_m 代表整个生物组织的等效内、外液电阻和膜电容，这就是所谓的三元件生物阻抗模型。

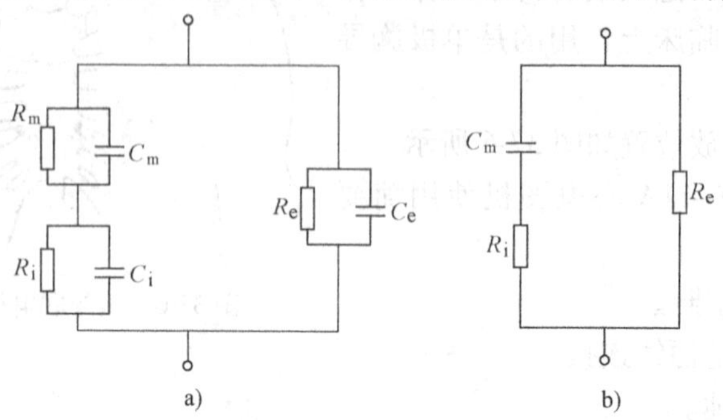

图 37-7 人体等效模型

当给人体施加频率为 f 的交流电流时，人体的阻抗可以表示为

$$Z = \frac{R_e(R_i + 1/j2\pi fC_m)}{R_e + R_i + 1/j2\pi fC_m} = R + jS \tag{37-1}$$

其中，R 表示人体的等效阻抗；S 表示人体的等效容抗。考虑到工频干扰和安全性，一般通过人体的测量电流为 50kHz，800μA 的交流小信号，这时 S 比 R 小得多，在脂肪测量精度要求不是很高的情况下可以把容抗 S 忽略，则这时人体等效为一个电阻，于是测量到的人体的电阻值就是人体的生物阻抗。

另一方面，从宏观出发，把人体看成由两个平行的圆柱体并列而成，其中一个代表脂肪组织，另外一个代表非脂肪组织，如图 37-8 所示。

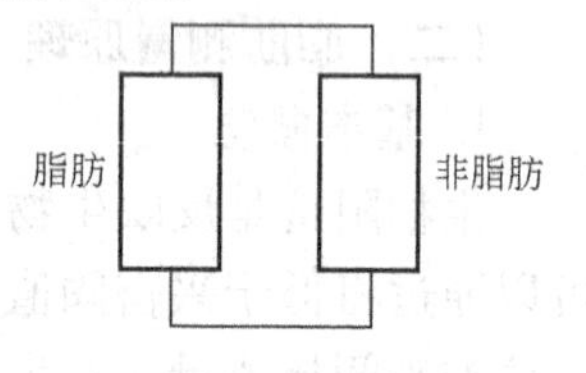

图 37-8 人体脂肪模型

假设圆柱体的电阻率为 ρ，圆柱体的长度为 L，圆柱体的横截面积为 A。则圆柱体的阻抗可以表示为

$$Z = \frac{\rho L}{V} \tag{37-2}$$

把圆柱体的横截面积 $A = V/L$ 代入上式得

$$Z = \frac{\rho L^2}{V} \tag{37-3}$$

如果假设非脂肪组织的阻抗为 Z_1，脂肪组织的阻抗为 Z_2，那么人体阻抗为

$$Z = \frac{1}{1/Z_1 + 1/Z_2} \tag{37-4}$$

因为脂肪组织几乎不导电，则其电阻率很大，Z_2 很大，所以人体的总阻抗 Z 近似等于非脂肪组织的阻抗 Z_1。因而测量到的人体阻抗值也就近似等于非脂肪组织的阻抗。

把测量到的人体阻抗值 Z、人体的电阻率（经验值）、人体的身高 H（代替 L）代入式（37-3）得到人体非脂肪部分的容积

$$V_{非} = \frac{\rho H^2}{Z} \tag{37-5}$$

则人体体积减去 $V_{非}$ 得到人体的脂肪含量。

很明显，人体的脂肪含量与人体的身高和生物阻抗有关。经进一步分析，人体的脂肪含量也受到人的体重和年龄的影响，所以，影响人体脂肪含量的因素主要有以下四个：身高、体重、年龄、生物阻抗。为了便于统计分析和测量，在精度要求不是太高的情况下，可以把人体的脂肪含量用以上 4 个因素线性表示，即

$$\text{FAT} = A * \text{weight} + B * \text{height} + C * \text{age} + D * \text{impedance} + E \tag{37-6}$$

式中，weight 为体重；height 为身高；age 为年龄；impedance 为生物阻抗。A、B、C、D、E 为待定系数，这些系数的确定是通过以下方法：通过实验方法得到一组实验者的参数（包括身高、体重、年龄、生物阻抗），再用标准仪器测量出该组实验者的脂肪量，利用这些数据进行回归分析，最后确定这些系数。

3. OMRON HBF-352 脂肪测量仪（图 37-9）

（1）特点

1）精准：OMRON 的“双手双足”测量点。普遍存在的上半身或下半身肥胖者，容易因采用双点测量（仅双手或双足）而导致脂肪误估。HBF-352 体重体脂肪计采用“双手双足”接触点的测量方式，让安全电流通过全身，可以更精准的测量出脂肪状况，避免测量误估。

2）方便：多组记忆、移动式超大屏幕。可记忆 4 组个人基本数据及 1 组变动数据，高效率管理家庭成员的健康。屏幕超大且可取下移动阅读，方便快速。

3）齐全：一次测量可完整记录 5 个脂肪数值

①体重（WEIGHT）：电子化体重数值。

②身体质量指数（BMI）：评估身体胖瘦之指数 BMI = 体重（kg）÷ 身高^2（m）。

③基础代谢（BMR）：维持正常体温所需最低热量质。

④体脂肪率（FAT）：身体中所含脂肪组织与体重的比率。

⑤内脏脂肪率（VAF）：内脏脂肪是指围绕在腹部重要器官的脂肪。

（2）使用说明

1）输入测量号码、年龄、性别、身高。

2）脚踩底板，手紧握电极。

3）记录 BMI、BMR、FAT、VAF。

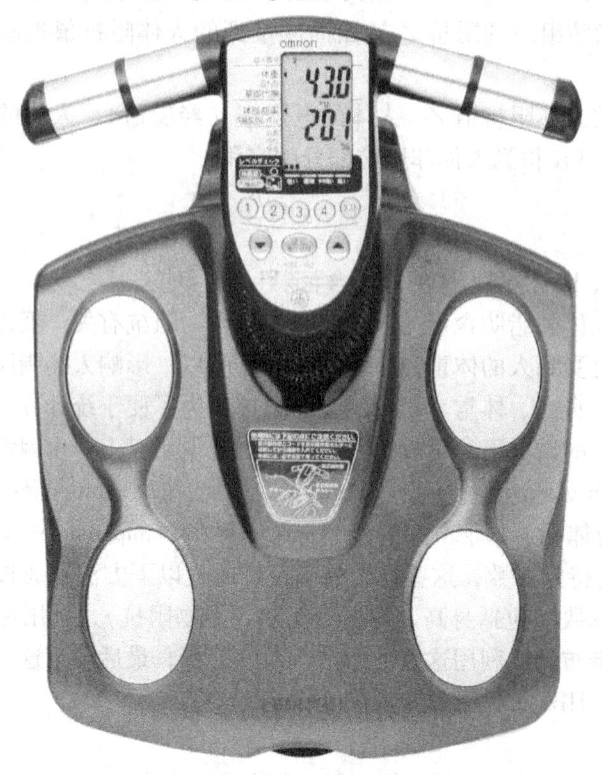

图 37-9 OMRON HBF-352 脂肪测量仪

4. OMRON HBF-306 脂肪测量仪（图 37-10）

（1）特点

1）具有 9 个人的数据存储功能。

2）以 0. 1% 的单位表示身体脂肪率。

3）根据体格脂肪指数与身体脂肪率，正确判定肥胖类型。

4）以基础代谢量为依据指定平衡的运动及饮食计划。

（2）使用说明

1）打开电源。

2）设定个人数据（号码、身高、体重、年龄和性别）。

3）按下测量开关。

4）保持正确测量姿势。

5）显示测量结果。

（三）血压测量原理

自 1905 年俄国军医柯罗特可夫（Korotkoff）创立听诊法起，无创（间接）

血压测量就在临床得到了广泛应用。

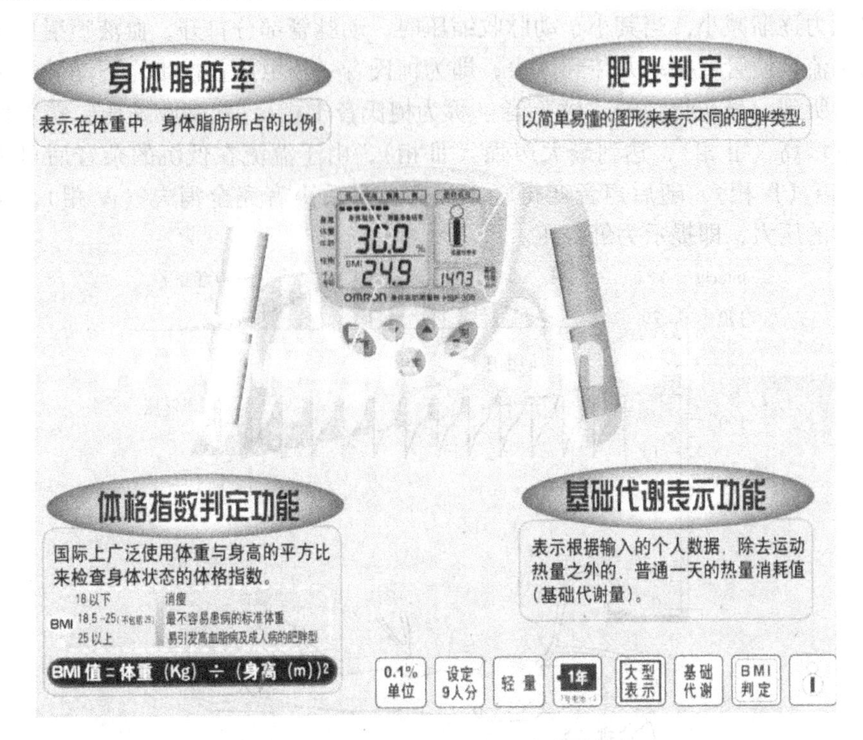

图 37-10　ORMON HBF-306 脂肪测量仪

在此之前，法国生理学家马锐（Marey）发现当用一种压力腔体对手臂施压时，随着施压变化，通过腔体起伏，可以观察到脉搏波动幅度的改变，他据此推出了一种测量血压的方法，叫“示波法”（oscillometry）。但其后一直未能加以应用，直到20世纪60年代后，随着微电子技术的发展，利用充气袖带和压力传感器的自动测量技术，才使“示波法”无创血压测量技术得以应用。如今在家庭保健、临床生理监护及动态血压测量中成为主导方法。

上述两种方法都是基于施加外力 $F(t)$ 经臂部组织加载动脉管而实现血压测量的。$F(t)$ 是随时间变化的力，全部测量往往需耗时1min以上的时间，因此属非连续的测量。

1. 基于柯氏音法的无创血压测量

基于柯氏（Korotkoff）音法的无创血压测量的基本原理和方法如图 37-11 所示，它主要由血压计、袖带和听诊器所组成。袖带内部由无弹性的纤维覆盖的橡皮囊构成，把它在上臂的臂动脉或腿部的大腿动脉绕一周，袖带分别与压力计和充气球相连。操作方法是用充气球给袖带充气，当袖带内压力超过收缩压（一般超过30mmHg）时，打开针形阀，使袖带以2～3mmHg/s的速度缓慢放气，袖带内压力逐渐减小，当其小于动脉收缩压时，动脉管部分打开，血液喷射形成涡流或湍流，使管壁振动并传到体表，即为柯氏音——由放在袖带之下动脉之上的听诊器听到。最初听到的“砰”音（称为柯氏音Ⅰ相），代表收缩压；接着柯氏音声音增高（Ⅱ相），达到最大声强（Ⅲ相），由于湍流在低沉的杂音后可出现“砰”声（Ⅳ相），随后声音变得轻柔无力，最后声音完全消失（Ⅴ相），所以无声时的压力，即提示为舒张压。

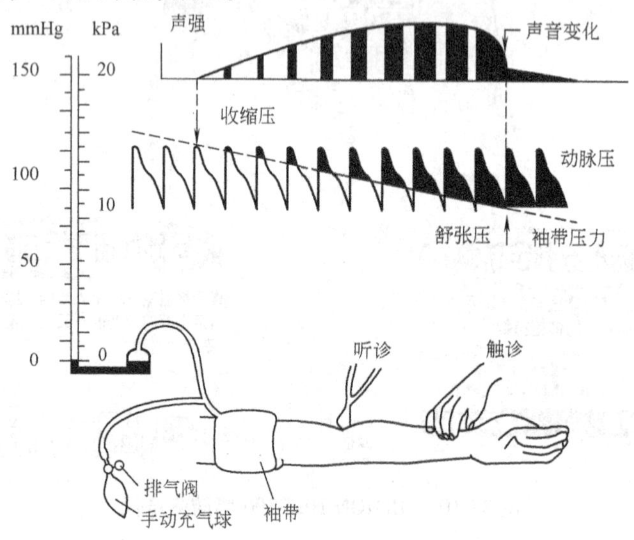

图37-11 柯氏音法的无创血压测量原理图

2. 基于示波法的电子血压计

示波法与柯氏音法均是基于血管卸载原理（vascular unloading principle）实现血压测量的，设p_a为动脉压，p_c为袖带压，则

若$p_a>p_c$，则血管开放；

若$p_a<p_c$，则血管闭合。

示波法是利用压力传感器观察随着p_c的变化，血管从开放到闭合（或相反情况，血管从闭合到开放）时，脉搏波幅度的变化来实现血压测量的，有关原理图分别如图37-12和图37-13所示。

在图37-12中一开始气泵快速对袖带充气，一般充气压p_B高于收缩压p_s30mmHg后开始缓慢放气，脉搏波从无到有，其包络成钟形变化，当检测不到脉搏波时袖带快速放气。

系统设计框图如图37-13所示，图37-14是实际采集袖带放气时的静压力和脉搏压力的波形。

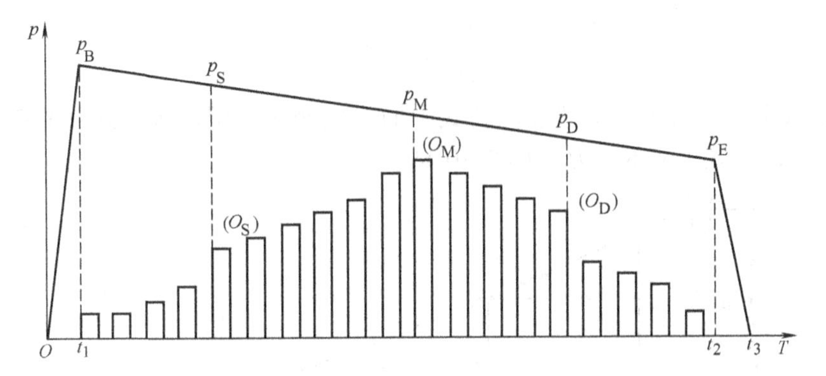

图 37-12　基于放气过程的血压测量波形（p_s：收缩压 p_D：舒张压 p_M：平均压）

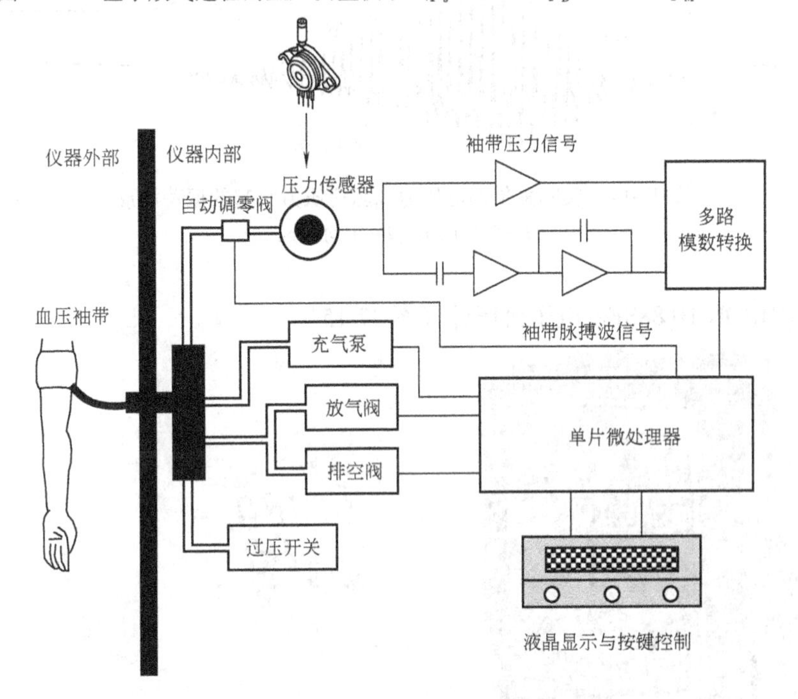

图 37-13　示波法血压测量的系统设计框图

在示波测量中，主要从脉搏波构成的钟形包络中识别特征点获取血压值，目前主要采用由 Geddes 提出的固定比率计算法。首先寻找脉搏波钟形包络的顶点 O_M，其对应的袖带压 p_M 即为平均压；另外，在包络线上升沿存在一点 O_S 和下降沿存在一点 O_D，分别对应收缩压 p_S 和舒张压 p_D。O_S 和 O_D 的大小可根据如下经验公式求得：

$$\frac{O_S}{O_M}=0.55 \tag{37-7}$$

$$\frac{O_D}{O_M} = 0.82 \tag{37-8}$$

临床实际测量中，上述经验公式中的取值变化范围较大，式（37-7）为：0.45～0.57，式（37-8）为：0.69～0.89。

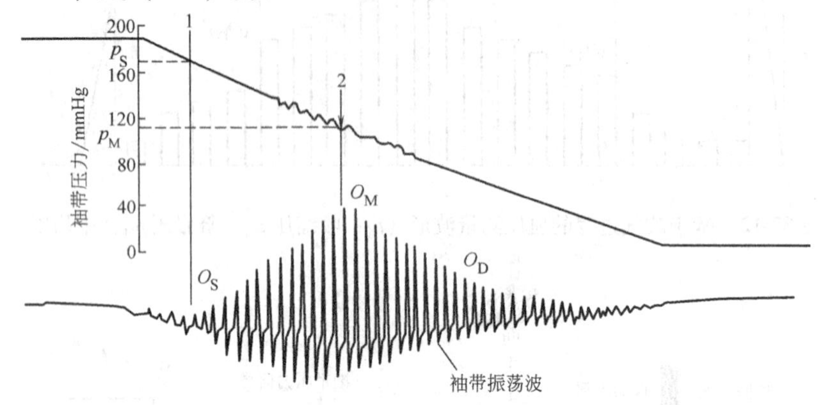

图 37-14　实际采集的静压力和脉搏压力引起的振荡波形

1—收缩压 p_S　2—平均压 p_M

3. OMRON HL888FA 电子血压计（图 37-15）

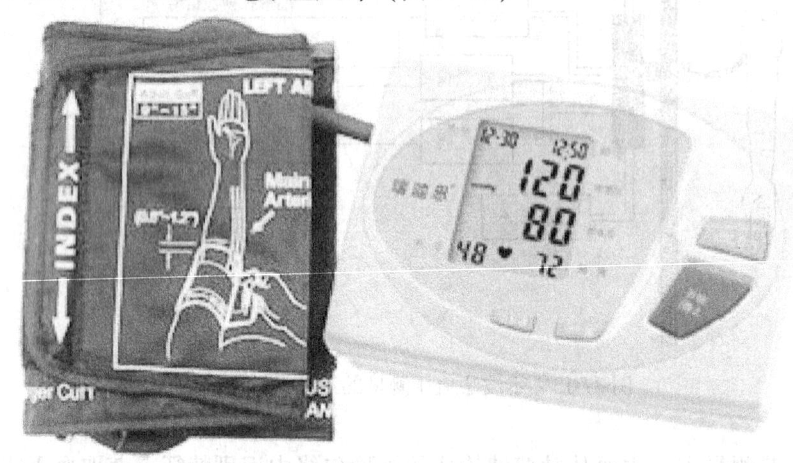

图 37-15　OMRON HL888FA 电子血压计

（1）性能

1）操作简单：自动操作，只需轻轻一按，便可测量血压，有 48 组记忆功能。

2）读取容易：特大液晶显示，能清楚显示日期、时间、血压、脉搏读数。

（2）规格

显示方式：液晶数字显示。

测量范围：压力：0～300mmHg；脉搏：40～199 次/min。

测量精度：压力：±3mmHg 以内；脉搏：读取数值±5%以内。

加压方式：自动加压方式。

减压方式：电子控制方式。

排气方式：自动快速排气方式。

存储容量：48 组带时间、日期记忆功能。

电源：5 号碱性干电池 4 节（可另接交流电源）。

电池寿命：300 次。

使用温湿度：+10～+40℃，30%～85%RH。

保存温湿度：-20～+50℃，10%～95%RH。

本体重量：530g。

外形尺寸：170mm×130mm×70mm。

4. 水银血压计（图 37-16）

水银血压计利用柯氏音法测量血压。测量方法如下：

1）病人取坐位时背部应靠在椅背上，双腿不要交叉，足要放平。无论患者是坐位还是仰卧位，上肢的中点都应位于心脏水平的位置，摆好姿势后静息5min。

2）袖带的气囊应能环绕上臂的 80%和小孩上臂的100%，宽度应覆盖上臂的 40%。

3）袖带应舒适的缚在患者裸露的上臂肘上 1in，将气囊置于肱动脉上方，当充气时可通过触摸肱动脉的波动获取收缩压的估计值，在测到收缩压时搏动将消失。

4）将听诊头置于袖带下缘的动脉上，迅速充气使袖带达到按脉搏所估计的血压值上 2.67～4.00kPa，然后打开放气阀，使气囊以每秒钟 0.267～0.400kPa 的速度放气。

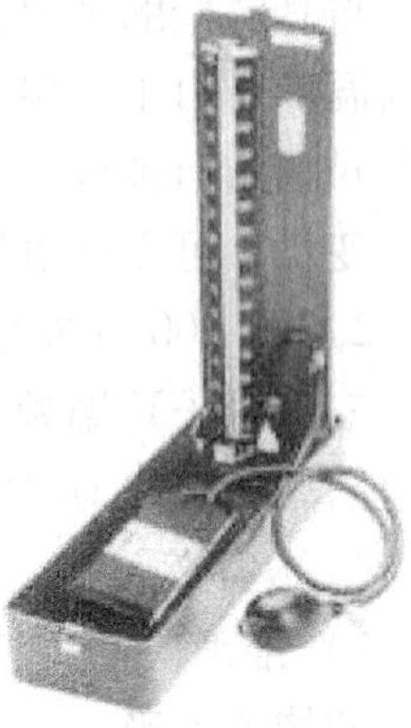

图 37-16　水银血压计

5）注意第一个声音的出现（korotkoff Ⅰ期），如图 37-11 所示，何时出现变音（Ⅳ期）以及何时声音消失，当听到 korotkoff 声音时，应以每搏动 0.267kPa 的速度放气。

6）当听到最后一声 korotkoff 声音时，如图 37-11 所示，应继续缓慢放气达到 1.33kPa 以查明是否存在听诊间隙，然后快速放气。

7）分别记录收缩压和舒张压。

8）休息至少 30s 后，再重复测量同侧或对侧上肢的血压，并将两次的数值加以平均。

（四）红外测温原理

1. 红外测温原理

由于不同温度的物质会辐射出不同频率分布的电磁波，而且所分布不同频率的电磁波中强度最强的电磁波其波长 λ 与热力学温度 T 的乘积为一定值。

$$\lambda T = 2.9\times10^{-3}\mathrm{mK} \tag{37-9}$$

例如：太阳辐射强度最强的电磁波波长约为 $5000\text{Å}=5\times10^{-7}\mathrm{m}$，所以估算太阳表面温度为5800K；温度为723℃ =1000K时辐射的电磁波最强的是波长为 $2.9\times10^{-6}\mathrm{m}=2900\mathrm{nm}$ 属于红外线范围。

不同的物质对于红外线的反应也不同。若是能找出在人的体温范围附近对微量频率分布灵敏的仪器，则可以由所接收的热辐射分布区分反推出身体的体温。

耳温枪是以红外线测量自鼓膜释出的热能，获得正确的温度。

它的优点是方便、准确、实用。相比目前市面上的水银体温计，更安全、快速。在人体内部，有一体温控制中枢——下视丘，其存在一个支配体温的定点，再透过各种回馈机制，使人体的温度在各种环境下可维持在一固定范围内。当人体受到感染时，感染源会和人体的免疫系统作用产生化学物质，当这些化学物质循环到下视丘，会导致下视丘控制的定点温度提升，导致身体温度也跟着提高，这就是发烧。

将耳温枪的侦测口对准耳朵内部，便可以侦测出耳朵内的温度，由于鼓膜位于头骨内接近体温控制中枢“下视丘”位置，且流经之颈动脉备流相通，若人体核心温度有任何变动，可立即由鼓膜温度表现出来。

2. SET-200红外耳温枪（图37-17）

三星电子耳温枪采用ACCU-Fast制造工艺，体温采集快速简单，只需1s时间。

（1）特点

1）准确快速：三星健康生活采用先进的技术确保体温阅读的快速准确。

2）发烧警告：内置独特的报警提示，当体温超出正常体温时马上提醒被测者。

3）人性化设计：舒适细长的设计，易于手握，方便在家中和外出使用。

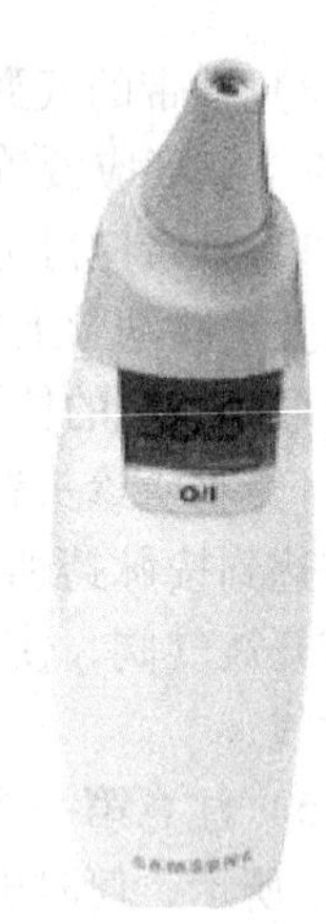

图37-17 SET-200 红外耳温枪

（2）技术指标（表37-1）

表 37-1　SET-200 红外耳温枪技术指标

检测类型	液晶显示
显示分辨率	四位数字
测量范围	93.2～108.0°F（34.0～42.2℃）
测量部位	耳朵
温度类型	°F 或℃
精确度	±0.2°F　89.6～109.4°F ±0.1℃　32.0～43.0℃
发烧警告	大于 99.5°F（37.5℃）发出一声长的哔声并伴随着三声短的哔声
记忆	12 组记忆功能
探针保护	TEP—901S
背景灯	有
感应类型	温差电堆
自动关闭电源	测量完成大约 1min 后
存储器	末次测量记忆
电池	CR2032
操作环境	50.0～104.0°F（10～40℃）
存储环境	−4.0～122.0°F（−20～50℃）
体积	1.50″（*L*）×75″（*W*）×5.5″（*H*）
重量	70g（包括电池）

（田辉勇）

实验 38　数码摄像机（DV）摄像研究

一、实验目的

1）了解数码 DV 的原理和结构。

2）掌握用数码 DV 摄像的技巧。

3）掌握黑体辐射定律、维恩位移定律、色彩学原理、光学变焦、光的偏振、计算机技术。

二、实验器材

1）JVC 摄像机 GZ-MG21AC 一台。

2）P4 2.8G 计算机一台。

3）光源一批。

4）偏振片一批。

5）1394 卡。

6）DVD 刻录机一台。

三、实验要求

自行设计实验方案，要求：

1）熟悉摄像机的操作和使用。特别掌握“白平衡、p 程序模式、数码效果”的设置和拍摄。

2）改变各种条件（如光照、仪器设置、光学变焦、光学偏振片）于室内外摄像 30min。

3）将所拍摄的磁带内容采集到计算机上进行编辑，刻录到 DVD 光盘保存并进行分析。

四、回答下列问题并写出实验体会

1）色温对摄像有何影响？

2）人眼的视觉和白平衡是怎样的关系？

3）像素对摄像有什么影响？

4）光学变焦的原理与应用怎样？

5）光学偏振片对摄像有何影响？

五、仪器简要说明

（一）JVC 摄像机 GZ-MG21AC

JVC 摄像机 GZ-MG21AC 结构如图 38-1 所示。

JVC 摄像机内置大容量硬盘（20G），便于记录大量的视频和静像，具有 80 万像素 CCD 光电传感器、2.5in11 万像素液晶屏幕、32 倍光学变焦、25 倍数字变焦、最大光圈为 F1.8 ~ F3.2、自动（预设）白平衡、自动（手动）对焦、立体声数码录制、电子影像稳定器，体积小、重量轻。

在使用前，将电源开关设置到 OFF，装好电池，通过连接到交流电源适配器对电池进行充电。打开镜头盖和液晶显示屏，将电源开关设到记录，将 MODE 开关设到视频模式，按下 REC/SNAP 键开始记录，即可取景拍摄，再按 REC/SNAP 键可暂停拍摄。使用完毕把摄像机开关设置为 OFF，关闭镜头盖和液晶显示屏。

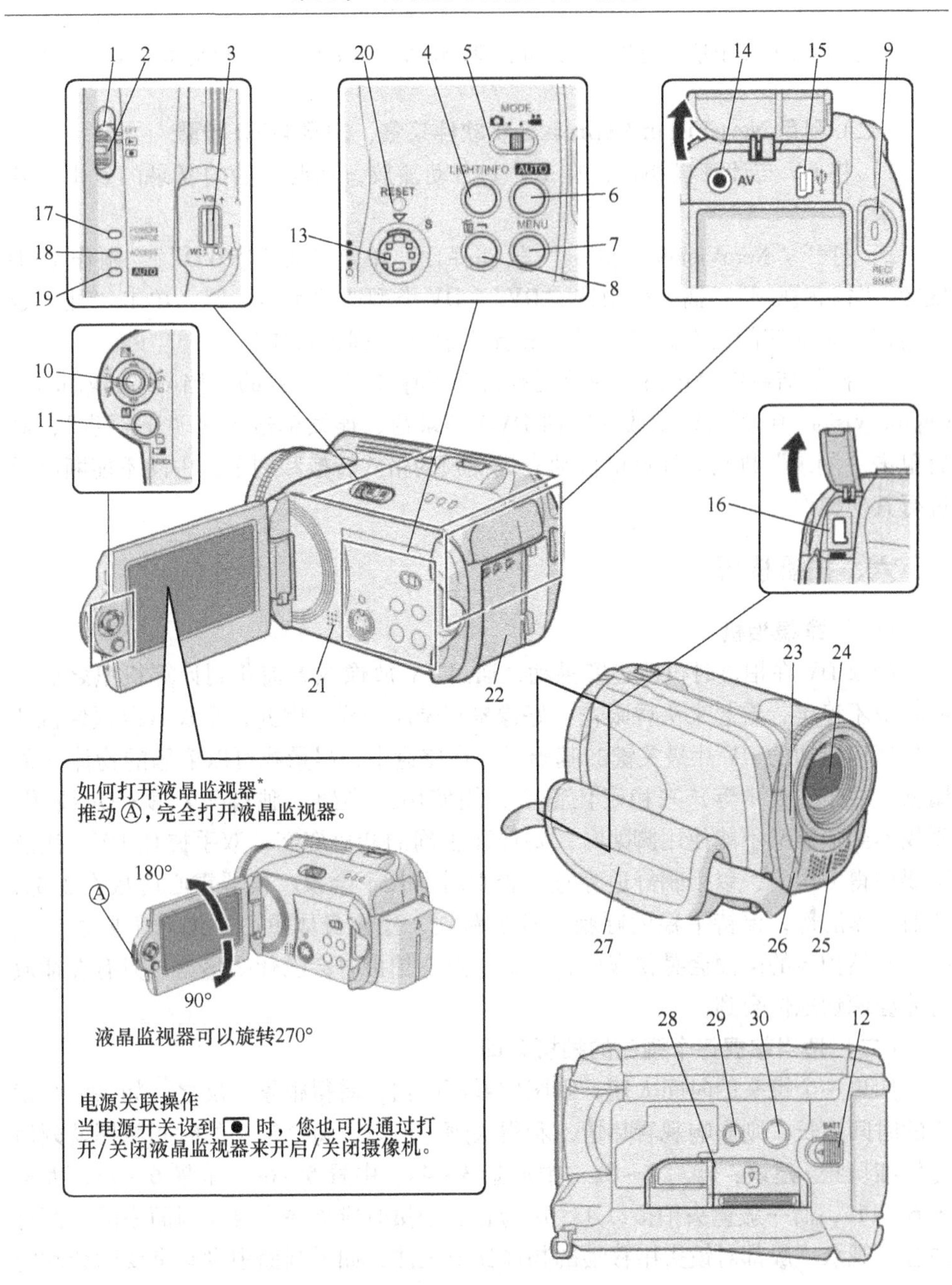

图 38-1　JVC 摄像机 GZ-MG21AC

1—电源开关　2—锁定键　3—变焦杆　4—灯光键　5—模式开关　6—自动/手动模式键　7—菜单键　8—删除键　9—记录开始/停止键　10—控制杆　11—指针键　12—电池释放键　13—S-视频输出接口　14—音频/视频输出接口　15—USB 接口　16—直流电源输入接口　17—电源/充电指示灯　18—存取指示灯　19—自动指示灯　20—重设键　21—扬声器　22—电池支架　23—摄像机感应器　24—镜头　25—立体声麦克风　26—LED 灯　27—手带　28—SD 插卡舱盖　29—销孔　30—三脚架固定槽

注意：摄像机属于精密设备，严禁碰、摔，镜头不能正对太阳，以免将 CCD 传感器损坏。

（二）利用 NeroVision Express 3.0 软件采集、刻录 DVD 步骤

1）将 DV 与计算机相连，在 DV 上启动播放，在要开始的复录的点上，开始记录。

2）打开“NeroVision Express”软件界面，单击“制作 DVD”，“制作 DVD 视频”“捕获视频”，捕获模版选“DV”，DV 类型选“类型—1”，单击“捕获定时器钮（播放钮的最右边）”，按“确定”按钮立即进行捕获。

3）捕获结束按停止钮，捕获视频自动保存在 C：\ 我的文档 \ NeroVision \ CaptureVision 中，刻录机中放入空白 DVD 刻录盘，连续单击 5 次“下一步”，最后单击“刻录”即可。计算机自动完成视频的格式转换和刻录，中间不能断电或进行其他操作。

六、拍摄技巧

（一）拿稳相机

如果 DV 在拍摄时机体过度晃动，通过 TV 放像或者捕获到计算机里之后画面将很不稳定，看起来头昏眼花，好像晕车晕船一样。因此，拿稳数码摄像机几乎是任何成功的 DV 片最关键的基础了。在旅途中，尽量找可以依靠的物体（如墙壁、柱子、树木等）来稳定住重心，能使用三脚架（独脚架）就一定要用。既找不到依靠又不能使用脚架时，要保证正确的持机姿态：双手握住 DV，注意不要握得太用力，以手感舒适为宜，否则时间长了会累。机器重心应放在腕部，两肘夹紧肋部，保持平稳的呼吸，双腿跨立，稳住身体重心。绝对不要边走边拍，不然拍出的画面会晃得很厉害。这一点在拍摄时会没什么感觉，只有在播放时才会深切地体会到。

（二）适当掌握每个镜头的拍摄时间

如果一个镜头的时间太短，则图像看不明白，看得很累。反之，如果一个镜头的时间太长，则影响观看热情，看得很烦。所以，每个镜头的时间掌握就颇值得仔细玩味。建议：特写 2 ~ 3s、中近景 3 ~ 4s、中景 5 ~ 6s、全景 6 ~ 7s、大全景 6 ~ 11s，而一般镜头拍摄以 4 ~ 6s 为宜。拍摄时应该注意要让画面中的东西有内容。观众一般都对镜头中移动的物体比较关注，如果画面中没有重要的会动的东西，那么很长时间的一个长镜头是毫无意义的。但是，也不能说就此不用长镜头了，如果画面中的物体一直在保持运动，那么观众还是会有兴趣的，而且长镜头比较适合表现整个故事发生的全过程，使用恰当会很有效果，可是要用好也是不容易的。建议大家有空的时候可以看看关于摄影的专业书籍或者网上的各种评论文章。

（三）摆平你的 DV

如果是使用 DC，那么拍摄的倾斜照片还可以通过后期的调整将照片轻松转回水平位置。但是 DV 拍摄的画面，如果倾斜严重，在使用电视机播放时图像则无法观看（难道你想把电视机立起来看？除非你可以忍受）。有一些较高级的专业 DV 在取景器及 LCD 上可以显示工具线来帮助你保持 DV 机的水平，如果你的 DV 没有这功能，那么你只要注意将画面中的水平线（比如地平线）及垂直线（如电线杆、大楼等）和取景器或 LCD 的边框保持平行即可。

（四）谨慎使用镜头内变焦

其实每一次变焦可以说是一种镜头运动的特殊效果，如果漫无目的地频繁使用镜头内变焦，观看时图像容易使人感觉不稳定，此外，频繁变焦会使得 DV 耗电增加，大大减少拍摄时间。对于同一个场景的镜头表达，不妨使用不同角度和距离的定焦拍摄，效果或许会更好。

（五）尽量避免逆光拍摄

顺光能使拍摄物体更清晰，绝大部分情况下，你应使拍摄物体处于充分的光线强度下。而逆光拍摄因为 DV 是使用 CCD 感光，宽容度不足，在高反差的情况下很容易使高光部分过曝，阴影部分又看不清楚，结果细节全部丢失。有一种说法：好的摄影者，永远让太阳在自己的背后。

（六）白平衡的掌握

我们在旅行中拍摄，身处的场景往往瞬息万变，这一刻是室外的阳光明媚，下一刻可能就是室内的光影交错，再下一刻可能是山洞内的伸手不见五指。一般 DV 机的自动白平衡基本可以自动适应，不过可能的话，还是要根据相应的色温条件和拍摄对象来调节白平衡。鉴于旅行中自然风光多属于红花绿草，对于绿色的表现，如果将白平衡调整得偏暖一点，会有更好的表现。另外，如果是使用自动白平衡，在从室外进入室内的时候，要把 DV 关掉重开一次，让白平衡启动自动调整。这样的情形在旅行中经常遇到，比如我们在很多风景景点的寺庙拍摄，就要注意这点。

七、编辑和刻录 DVD

有了视频素材，要将其制作成 DVD 影片，还要有软件才行。下面介绍运用友立公司的“DVD 录录烧（DVD MovieFactory）”制作 DVD 影片的方法。

（一）采集素材

1）运行 DVD，在主界面中展示了它的主要功能操作按钮。单击“创建视频光盘”，出现有 DVD、VCD、SVCD 以及 DVD-DR 光盘形式选项，选择“DVD”。将摄像机连接到 IEEE-1394 接口卡。打开它的电源并设置到播放（或 VTR/VCR）模式。

2）在出现的主界面中单击“从视频设备中捕获视频”按钮，打开“捕获视频”对话框。

首先，从“来源”列表中选择您的DV摄像机，然后单击“显示/隐藏”选项，显示捕获选项。在“捕获模式”中选择区间选择选项，其中“固定区间”为要捕获的总区间，“标记区间”为开始标记和结束标记的时间码控件。在此，可以为捕获设置开始标记和结束标记点。

接着，在“格式”选项中选择捕获视频的文件格式，这里有DVD、VCD、AVI以及SVCD等多种格式供选择，要制作DVD影片，当然要选择“DVD”选项了。

再在“捕获文件夹”选择合适的文件，以保存捕获视频的文件。选择完成后单击“导览面板”中的“播放”按钮，在到达要捕获的视频位置时，单击“捕获视频”即可开始捕获。单击“停止捕获”按钮或按＜Esc＞键可以停止捕获，捕获的视频将被添加到“捕获的视频”列表中。

（二）视频处理

可以利用录录烧提供的修整功能对视频进行简单的处理。在“媒体素材”列表中选择视频略图，然后利用导览控件或将飞梭栏拖动到起始点并按＜F3＞键，再用导览控件或将飞梭栏拖动到终止点按＜F4＞键，就可以按住＜Shift＞键并单击“播放”按钮（或按空格键）查看修整过的视频。

当然，还可以利用它的“多重修整视频”功能进行处理，多重修整可以从一个视频中选取多个片段，并将这些片段提取到“媒体素材”列表中。方法为：

首先，在“媒体素材”中选取要修整的视频，单击“多重修整视频”按钮，打开“多重修整”对话框。在“模式”下方可以选取一种修整模式，其中“保留选定范围”可以保留标记过的视频片段，“删除选定范围”可以删除标记过的视频片段。

然后，拖动飞梭栏查找到要保留或删除片段的起始点，按＜F3＞键，再拖动飞梭栏查找要保留或删除片段的终止点，按＜F4＞键，这时提取的片段将被添加到“媒体素材”列表中了。

要选取更多片段，重复上面的步骤即可。

（三）改善视频

1. 添加视频“效果”

“效果”选项卡显示了可以应用到视频素材上的各种选项。可以在视频的任何位置上添加转场效果。

首先，在“效果”选项卡中拖动飞梭栏或使用回放控件在视频的帧之间移动，找到要添加转场效果的位置时停止，然后从列表中选取一个转场效果并输入区间，单击“添加到当前位置”即可，重复上面步骤可以添加更多转场效果。

当然，也可以自动添加转场效果，只需单击“自动添加转场效果”即可，“DVD 录录烧”将扫描此视频的场景变化并在每个场景变化的点添加转场效果，完成后单击“确定”按钮。

2. 为视频添加文字

用“文字”选项卡允许添加并设置文字的格式。

首先，在“文字”选项卡中拖动飞梭栏或使用回放控件，可以在视频的帧之间移动，在到达要添加文字的位置时停止。

然后，双击“预览窗口”可以输入文字，如“天马行空”，然后在区间、字体、大小、色彩和其他属性方面对文字进行调整，使其更适合影片的需要。

重复上述步骤添加更多文字。可以使用回放控件来预览结果，看文字会不会互相重叠。完成后单击“确定”按钮。

3. 添加解说词

在“音频”选项卡中可以为影片录制解说词，方法为：

首先，在“音频”选项卡中单击“添加音频”，可以查找您要添加的音频。只能为每个视频添加一个音频文件。

要为视频添加声音注解，拖动飞梭栏或使用回放控件，在此视频的帧之间移动。在到达要插入声音注解的位置时停止。单击“录音”按钮即可开始录制。

如果要删除先前录制的声音注解，可以先从“录制的声音”列表中选取，然后单击“删除”按钮。完成后可单击“播放”按钮预览结果。最后单击“确定”按钮。

（四）添加/编辑章节

通过此选项可以创建链接到相关视频素材的自定义菜单。观众可以方便地选择章节，然后此视频素材将立刻跳转到此章节的起始帧并开始通过提供可以选择影片的特定部分进行查看。注意，这些小视频略图仅链接到它的“上一级”视频，而不会生成任何额外的视频文件，方法为：

首先，在“媒体素材”列表中选取一个视频，单击“添加/编辑章节”，如果单击“自动”，可以让 DVD MovieFactory 帮您选取章节（如以固定的间隔），或拖动飞梭栏，移动到要用做章节起始帧的场景，单击“添加”按钮即可。

用“删除”或“全部删除”，可以删除不需要的章节。用“显示”或“隐藏”，可以包含到菜单或从菜单中删除所选的章节。完成后，单击“确定”按钮。

（五）设置视频的播放菜单

在此步骤中可以创建主菜单和子菜单。这些菜单可以让观众快速访问视频的特定部分。DVD MovieFactory 提供了一组菜单模板，非常适合于每个菜单的用途。

首先，在“添加/编辑媒体”页面选择“创建菜单”，然后单击“下一步”，可以打开“编辑菜单”页面，在“当前显示的菜单”中选取要修改的菜单。

接着，在“菜单模板”中选取一个模板布局类别，然后双击某个模板布局略图来应用它。

再选取“动态菜单”并为此菜单中的动态元素指定区间，在选取了“动态菜单”时，影片将以固定区间使用此视频的起始部分作为按钮略图，而不是视频的第一帧。此动态菜单的区间可以设置为10s、20s或30s。

另外，还可以自定义菜单的背景图像、背景音乐以及文字描述等。修改完成后单击“确定”按钮即可。

(六) 预览和刻录

现在是预览视频项目并在刻录到光盘之前做最后检查的时候了。如果在菜单中应用了动态菜单或背景视频，请选取“预览动态菜单”来查看它们的作用。

单击“播放”按钮可以在计算机上查看视频项目并测试菜单选项。此导览控件与标准的家用DVD播放机遥控器的用法一样。如果要调整预览视频项目时计算机的音量，可以用“音量控制”命令完成，单击“下一步”进入“完成”步骤，为项目设置输出设置，并将它刻录到光盘中。

在弹出的界面中选择“刻录到光盘”，并指定刻录格式，因为我们是制作DVD影片，这时可选择DVD-Video作为刻录格式，然后单击“高级”按钮，选择“标准”。

然后，选择“创建DVD文件夹”，可以为项目创建文件夹并找到保存它的路径，完成后单击“输出”按钮即可开始刻录。

刻录完成后，制作的DVD影片就成功了。

当然，如果暂时没刻录影片，也可以选择“创建光盘镜像文件”，这样可以为DVD制作ISO镜像文件，以备将来使用。

(王淑珍)

实验39 液晶电光效应研究

液晶是介于液体与晶体之间的一种物质状态。一般的液体内部分子排列是无序的，而液晶既具有液体的流动性，其分子又按一定规律有序排列，使它呈现晶体的各向异性。当光通过液晶时，会产生偏振面旋转、双折射等效应。液晶分子是含有极性基团的极性分子，在电场作用下，偶极子会按电场方向取向，导致分子原有的排列方式发生变化，从而液晶的光学性质也随之发生改变。这种因外电场引起的液晶光学性质的改变称为液晶的电光效应。

1888年，奥地利植物学家Reinitzer在做有机物溶解实验时，在一定的温度范围内观察到液晶。1961年美国RCA公司的Heimeier发现了液晶的一系列电光效应，并制成了显示器件。从20世纪70年代开始，日本公司将液晶与集成电路技术结合，制成了一系列的液晶显示器件，并至今在这一领域保持领先地位。液晶显示器件由于具有驱动电压低（一般为几伏）、功耗极小、体积小、寿命长、环保无辐射等优点，在当今各种显示器件的竞争中有独领风骚之势。

一、实验目的

1）在掌握液晶光开关的基本工作原理的基础上，测量液晶光开关的电光特性曲线，并由电光特性曲线得到液晶的阈值电压和关断电压。

2）测量驱动电压周期变化时液晶光开关的时间响应曲线，并由时间响应曲线得到液晶的上升时间和下降时间。

3）测量由液晶光开关矩阵所构成的液晶显示器的视角特性以及在不同视角下的对比度，了解液晶光开关的工作条件。

4）了解液晶光开关构成图像矩阵的方法，学习和掌握这种矩阵所组成的液晶显示器构成文字和图形的显示模式，从而了解一般液晶显示器件的工作原理。

二、实验仪器

液晶光开关电光特性综合实验仪、双踪示波器。

三、实验原理

1. 液晶光开关的工作原理

液晶的种类很多，现仅以常用的TN（扭曲向列）型液晶为例，说明其工作原理。

TN型光开关的结构如图39-1所示。在两块玻璃板之间夹有正性向列相液晶，液晶分子的形状如同火柴一样，为棍状。棍的长度在十几Å（$1Å = 10^{-10}m$），直径为4～6Å，液晶层厚度一般为5～8μm。玻璃板的内表面涂有透明电极，电极的表面预先做了定向处理（可用软绒布朝一个方向摩擦，也可在电极表面涂取向剂），这样，液晶分子在透明电极表面就会躺倒在摩擦所形成的微沟槽里；电极表面的液晶分子按一定方向排列，且上、下电极上的定向方向相互垂直。上、下电极之间的那些液晶分子因范德瓦尔斯力的作用，趋向于平行排列。然而，由于上、下电极上液晶的定向方向相互垂直，所以从俯视方向看，液晶分子的排列从上电极的沿$-45°$方向排列逐步、均匀地扭曲到下电极的沿$+45°$方向排列，整个扭曲了90°，如图39-1左图所示。

理论和实验都证明，上述均匀扭曲排列起来的结构具有光波导的性质，即偏振光从上电极表面透过扭曲排列起来的液晶传播到下电极表面时，偏振方向会旋转 90°。

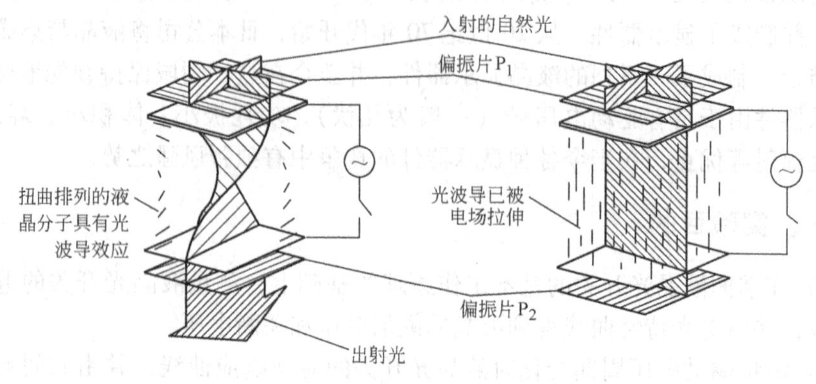

图 39-1 液晶光开关的工作原理

取两张偏振片贴在玻璃的两面，P_1 的透光轴与上电极的定向方向相同，P_2 的透光轴与下电极的定向方向相同，于是 P_1 和 P_2 的透光轴相互正交。

在未加驱动电压的情况下，来自光源的自然光经过偏振片 P_1 后只剩下平行于透光轴的线偏振光，该线偏振光到达输出面时，其偏振面旋转了 90°。这时光的偏振面与 P_2 的透光轴平行，因而有光通过。

在施加足够电压情况下（一般为 1～2V），在静电场的作用下，除了基片附近的液晶分子被基片“锚定”以外，其他液晶分子趋于平行于电场方向排列。于是，原来的扭曲结构被破坏，成了均匀结构，如图 39-1 右图所示。从 P_1 透射出来的偏振光的偏振方向在液晶中传播时不再旋转，保持原来的偏振方向到达下电极。这时光的偏振方向与 P_2 正交，因而光被关断。

由于上述光开关在没有电场的情况下让光透过，加上电场的时候光被关断，因此叫作常通型光开关，又叫作常白模式。若 P_1 和 P_2 的透光轴相互平行，则构成常黑模式。

液晶可分为热致液晶与溶致液晶。热致液晶在一定的温度范围内呈现液晶的光学各向异性，溶致液晶是溶质溶于溶剂中形成的液晶。目前用于显示器件的都是热致液晶，它的特性随温度的改变而有一定变化。

2. 液晶光开关的电光特性

图 39-2 表示光线垂直液晶面入射时本实验所用液晶相对透射率（以不加电场时的透射率为 100%）与外加电压的关系。

由图 39-2 可见，对于常白模式的液晶，其透射率随外加电压的升高而逐渐降低，在一定电压下达到最低点，此后略有变化。可以根据此电光特性曲线图得出液晶的阈值电压和关断电压。

阈值电压：透过率为90%时的驱动电压。

关断电压：透过率为10%时的驱动电压。

液晶的电光特性曲线越陡，即阈值电压与关断电压的差值越小，由液晶开关单元构成的显示器件允许的驱动路数就越多。TN型液晶最多允许16路驱动，故常用于数码显示。在计算机、电视等需要高分辨率的显示器件中，常采用STN（超扭曲向列）型液晶，以改善电光特性曲线的陡度，增加驱动路数。

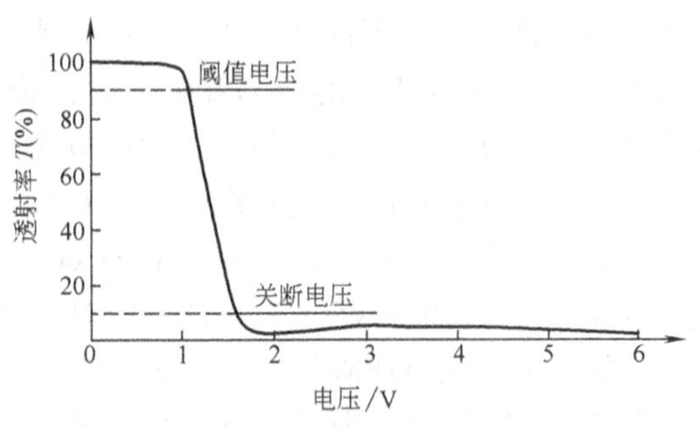

图39-2　液晶光开关的电光特性曲线

3. 液晶光开关的时间响应特性

加上（或去掉）驱动电压能使液晶的开关状态发生改变，是因为液晶的分子排序发生了改变。这种重新排序需要一定时间，反映在时间响应曲线上，用上升时间 τ_r 和下降时间 τ_d 描述。给液晶开关加上一个如图39-3上图所示的周期性变化的电压，就可以得到液晶的时间响应曲线，上升时间和下降时间。如图39-3下图所示。

上升时间：透过率由10%升到90%所需的时间。

下降时间：透过率由90%降到10%所需的时间。

液晶的响应时间越短，显示动态图像的效果越好，这是液晶显示器的重要指标。早期的液晶显示器在这方面逊色于其他显示器，现在通过结构方面的技术改进，已取得很好的效果。

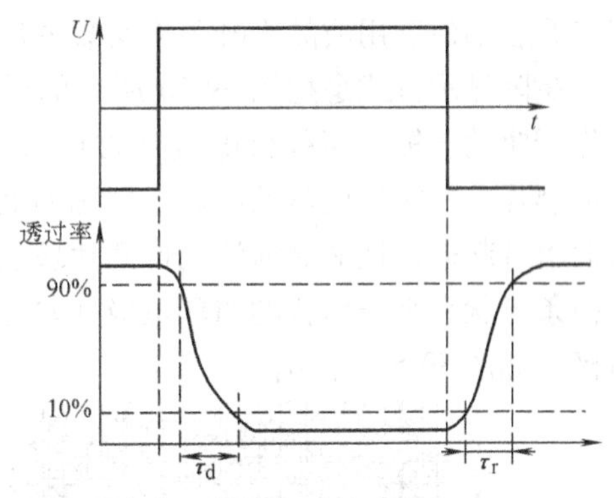

图39-3　液晶驱动电压和时间响应图

4. 液晶光开关的视角特性

液晶光开关的视角特性表示对比度与视角的关系。对比度定义为光开关打开和关断时透射光强度之比，对比度大于5时，可以获得满意的图像，对比度小于2时，图像就模糊不清了。

图39-4表示某种液晶视角特性的理论计算结果。在图39-4中，用与原点的距离表示垂直视角（入射光线方向与液晶屏法线方向的夹角）的大小。

图中3个同心圆分别表示垂直视角为30°、60°和90°。90°同心圆外面标注的数字表示水平视角（入射光线在液晶屏上的投影与0°方向之间的夹角）的大小。图 39-4 中的闭合曲线为不同对比度时的等对比度曲线。

由图 39-4 可以看出，液晶的对比度与垂直和水平视角都有关，而且具有非对称性。若把具有图 39-4 所示视角特性的液晶开关逆时针旋转，以 220°方向向下，并由多个显示开关组成液晶显示屏，则该液晶显示屏的左右视角特性对称，在左、右和俯视 3 个方向，垂直视角接近 60°时对比度为 5，观看效果较好。在仰视方向对比度随着垂直视角的加大迅速降低，观看效果差。

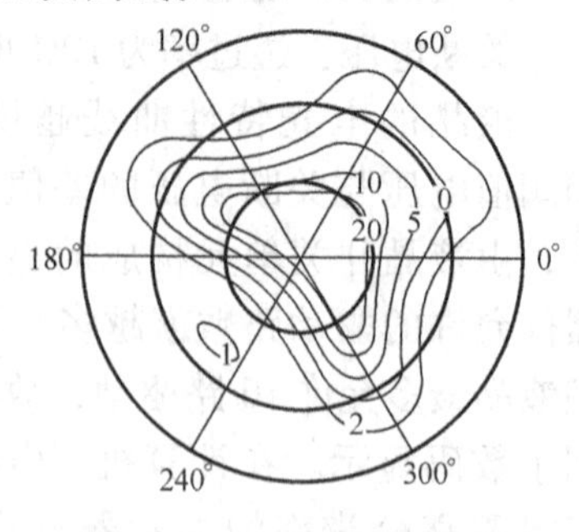

图 39-4　液晶的视角特性

5. 液晶光开关构成图像显示矩阵的方法

除了液晶显示器以外，其他显示器靠自身发光来实现信息显示功能。这些显示器主要有以下一些：阴极射线管显示（CRT）、等离子体显示（PDP）、电致发光显示（ELD）、发光二极管（LED）显示、有机发光二极管（OLED）显示、真空荧光管显示（VFD）、场发射显示（FED）。这些显示器因为要发光，所以要消耗大量的能量。

液晶显示器通过对外界光线的开关控制来完成信息显示任务，为非主动发光型显示，其最大的优点在于能耗极低。正因为如此，液晶显示器在便携式装置的显示方面，例如电子表、万用表、手机、传呼机等具有不可代替的地位。下面我们来看看如何利用液晶光开关来实现图形和图像的显示。

矩阵显示方式是把图 39-5a 所示的横条形状的透明电极做在一块玻璃片上，叫作行驱动电极，简称行电极（常用 Xi 表示），而把竖条形状的电极制在另一块玻璃片上，叫作列驱动电极，简称列电极（常用 Si 表示）。把这两块玻璃片面对面组合起来，把液晶灌注在这两片玻璃之间构成液晶盒。为了画面简洁，通常将横条形状和竖条形状的 ITO 电极抽象为横线和竖线，分别代表扫描电极和信号电极，如图 39-5b 所示。

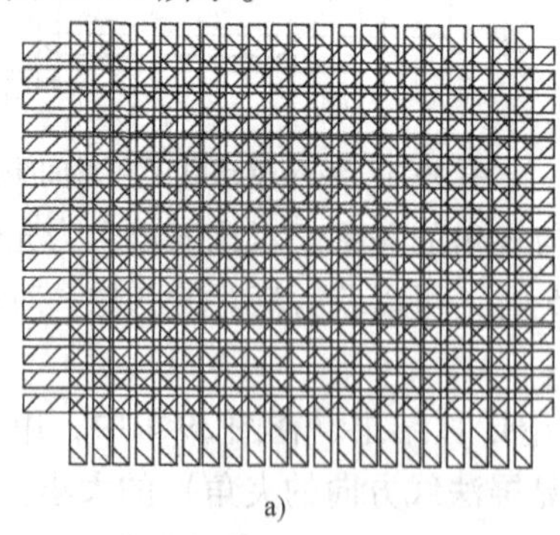

a)

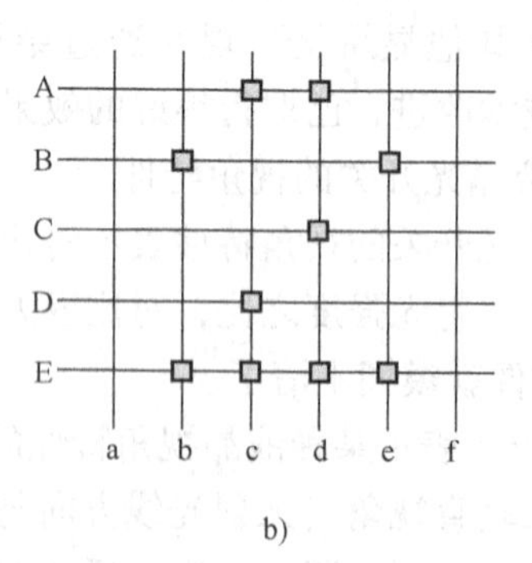

b)

图 39-5　液晶光开关组成的矩阵式图形显示器

矩阵型显示器的工作方式为扫描方式。显示原理可依以下的简化说明作一介绍。

欲显示图39-5b的那些有方块的像素，首先在第A行加上高电平，其余行加上低电平，同时在列电极的对应电极c、d上加上低电平，于是，A行的那些带有方块的像素就被显示出来了。然后，第B行加上高电平，其余行加上低电平，同时在列电极的对应电极b、e上加上低电平，因而B行的那些带有方块的像素被显示出来了。然后是第C行、第D行……依此类推，最后显示出一整场的图像。这种工作方式称为扫描方式。

这种分时间扫描每一行的方式是平板显示器的共同的寻址方式，依这种方式，可以让每一个液晶光开关按照其上的电压的幅值让外界光关断或通过，从而显示出任意文字、图形和图像。

四、实验仪器简介

本实验所用仪器为液晶光开关电光特性综合实验仪，其外部结构如图39-6所示。下面简单介绍仪器各个按钮的功能。

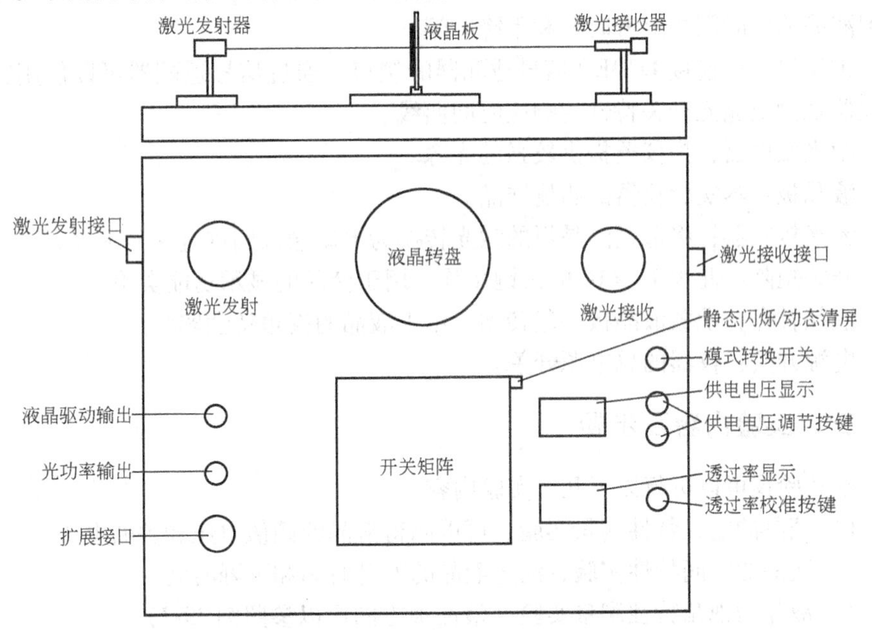

图39-6　液晶光开关电光特性综合实验仪外部结构

模式转换开关：切换液晶的静态和动态（图像显示）两种工作模式。在静态时，所有的液晶单元所加电压相同，在（动态）图像显示时，每个单元所加的电压由开关矩阵控制。同时，当开关处于静态时打开激光发射器，当开关处于动态时关闭激光发射器。

静态闪烁/动态清屏切换开关：当仪器工作在静态的时候，此开关可以切换到闪烁和静止两种方式；当仪器工作在动态时，此开关可以清除液晶屏幕因按动开关矩阵而产生的斑点。

供电电压显示：显示加在液晶板上的电压，范围在0.00～7.60V之间。

供电电压调节按键：改变加在液晶板上的电压，调节范围在0～7.6V之间。其中单击“＋”按键（或“－”按键）可以增大（或减小）0.01V。一直按住“＋”按键（或“－”按键）2s以上可以快速增大（或减小）供电电压，但当电压大于或小于一定范围时需要单击按键才可以改变电压。

透过率显示：显示光透过液晶板后光强的相对百分比。

透过率校准按键：在激光接收端处于最大接收的时候（即供电电压为0V时），如果显示值大于“250”，则按住该键3s可以将透过率校准为100%；如果供电电压不为0，或显示小于“250”，则该按键无效，不能校准透过率。

液晶驱动输出：接存储示波器，显示液晶的驱动电压。

光功率输出：接存储示波器，显示液晶的时间响应曲线，可以根据此曲线来得到液晶响应时间的上升时间和下降时间。

扩展接口：连接LCDEO信号适配器的接口，通过信号适配器可以使用普通示波器观测液晶光开关特性的响应时间曲线。

激光发射器：为仪器提供较强的光源。

液晶板：本实验仪器的测量样品。

激光接收器：将透过液晶板的激光转换为电压输入到透过率显示表。

开关矩阵：此为16×16的按键矩阵，用于液晶的显示功能实验。

液晶转盘：承载液晶板一起转动，用于液晶的视角特性实验。

电源开关：仪器的总电源开关。

五、实验内容及步骤

本实验仪可以进行以下几个实验内容：

1）液晶的电光特性测量实验，可以测得液晶的阈值电压和关断电压。

2）液晶的时间特性实验，测量液晶的上升时间和下降时间。

3）液晶的视角特性测量实验（液晶板方向可以参照图39-7）。

4）液晶的图像显示原理实验。

实验步骤：将液晶板金手指1（图39-7）插入转盘上的插槽，液晶凸起面必须正对激光发射方向。打开电源开关，点亮激光器，使激光器预热10～20min。

在正式进行实验前，首先需要检查仪器的初始状态，看发射器光线是否垂直入射到接收器；在静态0V供电电压条件下，透过率显示是否为“100%”。如果显示正确，则可以开始实验，如果不正确，指导教师可以根据如下的调节方法（图 39-8）将仪器调整好，再让学生进行实验。

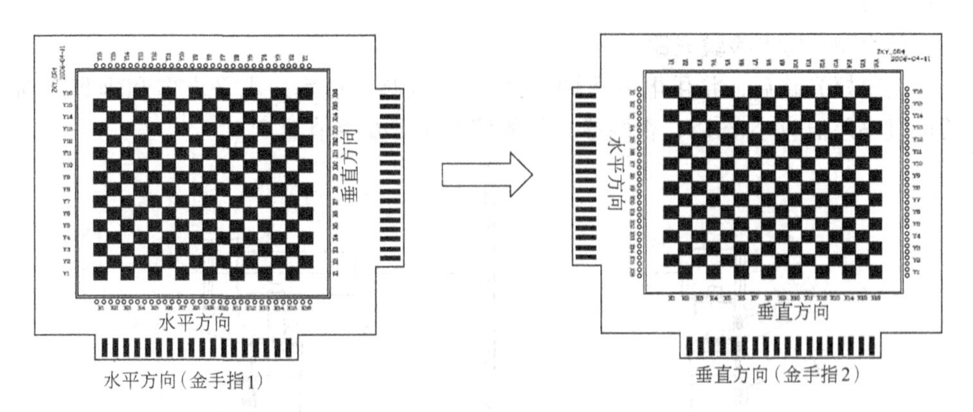

图 39-7　液晶板方向（视角为正视液晶屏凸起面）

第一步：调节激光管和液晶的偏振关系

插上电源，打开电源总开关，点亮激光管（模式转换开关置于静态模式），在激光管预热 10～20min 后，让激光透射过液晶板，旋转激光管，使透过液晶板后的光斑在液晶板的水平方向和垂直方向的光强基本一致。然后，保持激光管的偏振方向，将激光管插入激光发射护套内，用螺钉固定。

第二步：调节激光发射器的高度，使激光照射到液晶板（水平方向）**的 Y9 行**

将液晶板金手指 1（水平方向）插入转盘上的插槽（插取液晶板前要关闭总电源）。将液晶转盘置于零刻度位置固定住。将供电电压调节到 2.00V 以上（方便观测液晶板行列），调节激光发射器装置的高度，让激光射到液晶板上的 Y9 行（且必须是 Y9 行）。用锁紧螺钉固定激光发射器的高度。

第三步：调节激光接收装置，让激光完全射入激光接收孔中

将供电电压调节到 0V，再调节激光接收装置的高度，同时水平转动激光发射器，让激光完全入射到激光接收装置中（为了使调节更方便，可以取掉激光接收器后盖，让激光直接从接收装置孔中射出，并保证射出的激光光斑没有光晕），然后将激光发射器和接收装置固定锁紧。

第四步：调节激光光斑到指定位置，即液晶板水平方向的（X8，Y9）**坐标点上**

将供电电压调节到 2.00V 以上，松动液晶转盘底板上的四颗螺钉，移动底板，让激光光斑射到 X8 列上（且必须是 X8 列）。此时，激光光斑应该照射到液晶板的（X8，Y9）坐标点上，然后固定好底座上的四个螺钉。

第五步：装激光接收器后盖板

将激光接收器后盖旋上接收装置，再将插头插入到主机相应的插座上，完成光路调节。

第六步：初步检验光路

调整好光路后，将供电电压调节到0V，观测透过率，水平方向和垂直方向的透过率差值应小于15，否则激光管的偏振还需要调节。

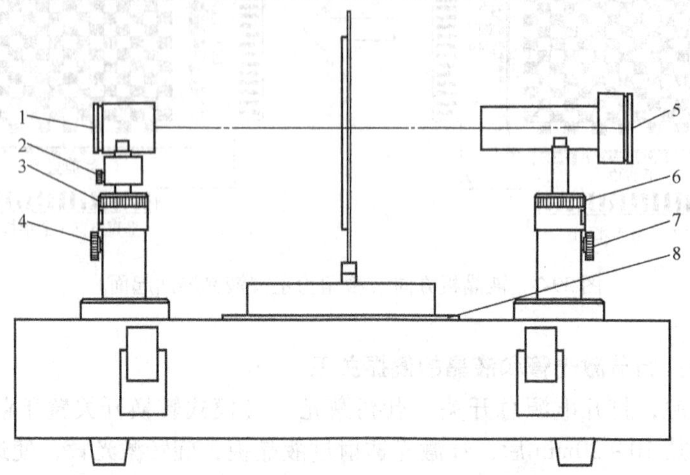

图39-8　仪器调整图

1—激光发射护套　2—固定激光发射器旋转的螺钉　3—升高或降低激光发射器旋钮　4—固定激光发射器高度的螺钉　5—激光接收器后盖板　6—升高或降低激光接收装置旋钮　7—固定激光接收装置高度的螺钉　8—转盘底板

（一）液晶光开关电光特性测量

将模式转换开关置于静态模式，将透过率显示校准为100%，按表39-1的数据改变电压，使得电压值从0V到6V变化，记录相应电压下的透射率数值。重复3次并计算相应电压下透射率的平均值，依据实验数据绘制电光特性曲线，可以得出阈值电压和关断电压。

表39-1　液晶光开关电光特性测量

电压/V		0	0.5	0.8	1.0	1.2	1.3	1.4	1.5	1.6	1.7	2.0	3.0	4.0	5.0	6.0
透射率（%）	1															
	2															
	3															
	平均															

（二）液晶的时间响应测量

将模式转换开关置于静态模式，透过率显示调到100，然后将液晶供电电压调到2.00V，在液晶静态闪烁状态下，用存储示波器观察此光开关时间响应特性曲线，可以根据此曲线得到液晶的上升时间 τ_r 和下降时间 τ_d。

（三）液晶光开关视角特性的测量

1）水平方向视角特性的测量：将模式转换开关置于静态模式。首先将透过率显示调到100%，然后再进行实验。

确定当前液晶板为金手指1插入的插槽，如图39-7所示。在供电电压为0V时，按照表39-2所列举的角度调节液晶屏与入射激光的角度，在每一角度下测量光强透过率的最大值 T_{max}，然后将供电电压置于2V，再次调节液晶屏角度，测量光强透过率最小值 T_{min}，并计算其对比度。以角度为横坐标，对比度为纵坐标，绘制水平方向对比度随入射光入射角而变化的曲线。

2）垂直方向视角特性的测量：关断总电源后，取下液晶显示屏，将液晶板旋转90°，将金手指2（垂直方向）插入转盘插槽，如图39-7所示。重新通电，将模式转换开关置于静态模式。按照与步骤1）相同的方法，可测量垂直方向的视角特性，并记录入表39-2中。

表39-2　液晶光开关视角特性测量

角度/（°）		-85	-80	…	-10	-5	0	5	10	…	80	85
水平方向视角特性	T_{max}（%）											
	T_{min}（%）											
	T_{max}/T_{min}											
垂直方向视角特性	T_{max}（%）											
	T_{min}（%）											
	T_{max}/T_{min}											

（四）液晶显示器的显示原理

将模式转换开关置于动态（图像显示）模式，液晶供电电压调到5V左右。

此时矩阵开关板上的每个按键位置对应一个液晶光开关像素。初始时各像素都处于开通状态，按一次矩阵开光板上的某一按键，可改变相应液晶像素的通断状态，所以可以利用点阵输入关断（或点亮）对应的像素，使暗像素（或点亮像素）组合成一个字符或文字。以此让学生体会液晶显示器件组成图像和文字的工作原理。矩阵开关板右上角的按键为清屏键，用以清除已输入在显示屏上的图形。

实验完成后，关闭电源开关，取下液晶板妥善保存。

六、注意事项

1）绝对禁止用光束照射他人眼睛或直视光束本身，以防伤害眼睛！

2）在进行液晶视角特性实验中，更换液晶板方向时，务必在断开总电源后，再进行插取，否则将会损坏液晶板。

3）液晶板凸起面必须要朝向激光发射方向，否则实验记录的数据为错误数据。

4）在调节透过率100%时，如果透过率显示不稳定，则很有可能是光路没有对准，或者为激光发射器偏振没有调节好，需要仔细检查，调节好光路。

5）在校准透过率100%前，必须将液晶供电电压显示调到0.00V或显示大于“250”，否则无法校准透过率为100%。在实验中，电压为0.00V时，不要长时间按住“透过率校准”按钮，否则透过率显示将进入非工作状态，本组测试的数据为错误数据，需要重新进行本组实验数据记录。

（刘文军）

实验40　超声波实验

声波在介质中的传播速度与介质的特性及状态等因素有关。因而通过介质中声速的测试，可以了解介质的特性及状态变化。例如，测量氯气、蔗糖的浓度，氯丁橡胶乳液的质量密度以及输油管中不同油品的分界面等，这些问题都可以通过测试这些物质中的声速来解决。可见，声速测试在工业生产上具有一定的实用意义。

一、实验目的

1）了解声波在空气中传播的特性。

2）了解压电换能器的功能。

3）了解声波的产生、发射和接受方法。

4）进一步掌握示波器、信号发生器的使用方法。

5）加深对波的传播、干涉、驻波、振动合成等理论知识的理解。

6）学习用驻波法和相位比较法测试超声波在空气中的传播速度。

二、实验仪器

THSS-1型声速测试仪、低频信号发生器（带频率显示）、示波器。

三、实验原理

（一）声波

声波是一种在弹性介质中传播的机械波，它是纵波，其振动方向与传播方向一致。振动状态的传播是通过介质各点间的弹性力来实现的。因此，波速取决于介质的状态和性质（密度和弹性模量）。液体和固体的弹性模量与密度的比值一般比气体大，因而其中的声速也比较大。由于在声波传播过程中波速 v、波长 λ 与频率 f 之间存在着 $v=f\lambda$ 的关系，若能同时测出介质中声波传播的频率 f 及波长 λ，即可求得此种介质中声波的传播速度 v。通过测试也可了解被测介质特性或状态的变化，这在工业生产及科学实验上有广泛的实用意义。

在弹性介质中，频率低于20Hz的声波称为次声波；频率在20Hz～20kHz的振动所激起的机械波称为声波，可以被人听到，也称为可闻声波；频率在20kHz以上的声波称为超声波，一般超声波的频率范围在 $2\times10^4\sim5\times10^8$Hz 之间。超声波的传播速度就是声波的传播速度，超声波具有波长短、易于定向发射等优点。在超声波段进行声速测试比较方便。

（二）超声波的发射和接收——压电换能器

本实验采用压电陶瓷超声换能器来实现声压和电压的转换。压电陶瓷超声换能器做波源具有平面性、单色性好以及方向性强等特点。同时，由于频率在超声波范围内，一般的音频对它没有干扰。频率 f 提高，波长 λ 就变短，在不长的距离内可测到许多个 λ，取其平均值，λ 的测定就较准确。这些都可以使实验的精度大大提高。

压电陶瓷超声换能器由压电陶瓷片和轻重两种金属组成。压电陶瓷片（如钛酸钡、锆钛酸铅等）是由一种多晶结构的压电材料做成的，在一定的温度下经极化处理后，具有压电效应。在简单情况下，压电材料受到与极化方向一致的应力 T 时，在极化方向上产生一定的电场强度 E，它们之间有一简单的线性关系 $E=gT$；反之，当与极化方向一致的外加电压 U 加在压电材料上时，材料的伸缩形变 S 与电压 U 也有线性关系 $S=dU$。比例系数 g、d 称为压电常数，与材料性质有关。由于 E、T、S、U 之间具有简单的线性关系，因此我们就可以将正弦交流电信号转变成压电材料纵向长度的伸缩，成为声波的波源，同样也可以使声压变化转变为电压的变化，用来接受声信号。

在压电陶瓷片的头尾两端胶粘两块金属，组成夹心型振子。头部用轻金属做成喇叭形，尾部用重金属做成锥形或柱形，中部为压电陶瓷圆环，紧固螺钉穿过环中心。这种结构增大了辐射面积，增强了振子与介质的耦合作用，由于振子是以纵向长度的伸缩直接影响头部轻金属作同样的纵向长度伸缩（对尾部重金属作用小），这样所发射的波方向性强、平面性好。

（三）THSS-1 型声速测试仪

THSS-1 型声速测试仪结构如图 40-1 所示，其主要部件由两个压电陶瓷换能器和一个精密丝杆导轨移动装置组成。压电片是由一种多晶结构的压电材料（如石英、锆钛酸铅陶瓷等）做成的。它在电场作用下又能产生应变，称逆压电效应。利用压电陶瓷的逆压电效应可将压电材料制成压电换能器，通过信号发生器信号的激励引起振动，把电能转换为声能，发出一平面声波，做超声波发射器用，在空气中传播出超声波。在应力作用下又能产生电场，这称为正压电效应。

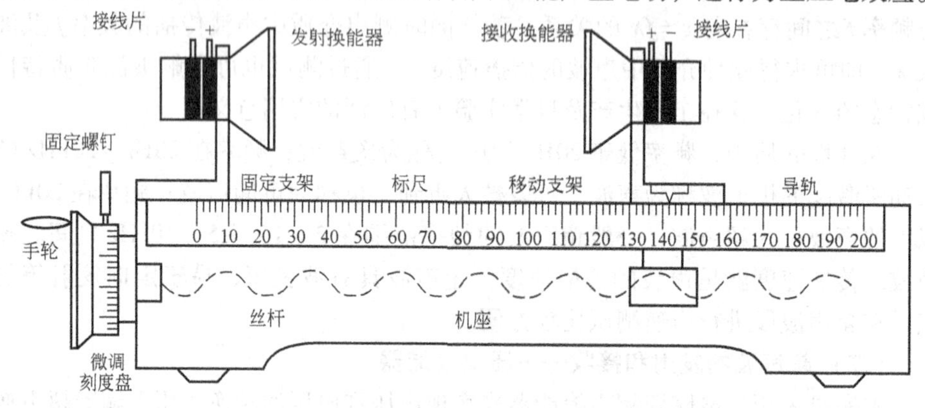

图 40-1　超声波声速测试仪结构图

利用压电陶瓷的正压电效应可将压电材料制成压电换能器，来接受空气的振动，把声能转换为电能，做超声波接收器用，并将转换的电信号输入示波器进行测试，同时还反射一部分超声波。压电陶瓷超声换能器有一定的谐振点，即在某些频率处，其输出最大。我们选用频率特性大致相等的两只压电陶瓷，一只做发射用，另一只做接收用。

本实验仪就是利用上述可逆效应将压电材料制成压电换能器，以实现声能与电能的相互转换。压电换能器有一谐振频率 f_0，当外加电信号的频率等于系统的谐振频率 f_0 时，压电换能器产生机械谐振，这时产生的声波最强。超声波声速测试仪示意图如图 40-2 所示，信号发生器输出的正弦电压加在发射换能器 S_1 上产生声波，换能器 S_2 上接收声波，并将声压转换成电信号输入到示波器，当系统处于谐振时，示波器上显示的信号强度最大，发射换能器 S_1 与接收换能器 S_2 之间的距离可以从导轨上的标尺读出。

（四）驻波法（共振干涉法）测波速

由声源发出的平面波沿 x 方向传播，经前方平面反射后，入射波和反射波叠加。这两列波有相同的振动方向、相同的振幅 A、相同的频率 f 和波长 λ，是一对相干波，在 x 轴上以相反的方向传播。设这两列波在原点的相位相同，则它们

的波动方程分别是

$$y_1 = A\cos 2\pi(ft - x/\lambda)$$

$$y_2 = A\cos 2\pi(ft + x/\lambda)$$

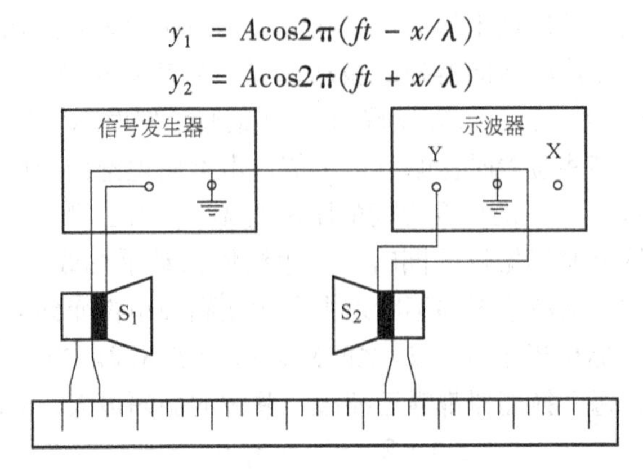

图 40-2　超声波声速测试仪示意图

叠加后合成波为

$$y = y_1 + y_2 = A\cos 2\pi(ft - x/\lambda) + A\cos 2\pi(ft + x/\lambda)$$

$$= 2A\cos 2\pi(x/\lambda)\cos 2\pi ft$$

由上式可以看出，当 x 一定时，即考查平衡位置位于 x 处的质点时，后面的时间因子表示这个质点作简谐振动，考查不同 x 处的所有质点时，可知两波合成后介质中各点都在作同频率的简谐振动。各点的振幅为 $2A\cos 2\pi(x/\lambda)$，与时间 t 无关，是位置 x 的余弦函数。对应于 $|\cos 2\pi(x/\lambda)| = 1$ 的各点振幅最大，称为波腹；对应于 $|\cos 2\pi(x/\lambda)| = 0$ 的各点振幅最小，称为波节。要使 $|\cos 2\pi(x/\lambda)| = 1$，应有

$$2\pi(x/\lambda) = \pm n\pi, n = 0,1,2,3,\cdots$$

因此，在 $x = \pm n(\lambda/2)$（$n = 0, 1, 2, 3, \cdots$）处就是波腹的位置，相邻两波腹间的距离为 $\lambda/2$（半波长）。

同理，可求出波节的位置是

$$x = \pm(2n + 1)(\lambda/4), n = 0,1,2,3,\cdots$$

相邻两波节间的距离也是 $\lambda/2$，所以，只要测得相邻两波腹（或波节）的位置 x_n、x_{n+1}，即可得 $\lambda = |x_{n+1} - x_n|$。

如果把超声波发射换能器 S_1 与接收换能器 S_2 “面对面”放置，两者之间距离是 L，低频信号发生器提供正弦交流电信号，激励发射换能器引起振动，把电能转换为声能，发出一平面超声波。接收换能器接受空气的振动，把声能转换为电能，并将转换的电信号输入示波器，同时还反射一部分超声波，在示波器上可以看到一组由声压信号产生的正弦波形。这时，每个换能器都相当于一个不完全的反射器，发射和反射的声波振幅虽有差异，但二者周期相同且在同一条直线上

沿相反方向传播，于是，发射换能器 S_1 发射的超声波和接收换能器 S_2 反射的超声波在两换能器之间的区域干涉而形成驻波。我们在示波器上观测到的实际上是两个相干波合成后在接收换能器处的振动情况。移动接收换能器 S_2 的位置（即改变 S_1 到 S_2 之间的距离），可以发现当 S_2 在某些位置时示波器上正弦波形振幅有最大值，在另外某些位置时振幅有最小值。由上面理论推导可知，任何两个相邻的振幅最大（或最小）的位置之间的距离为 $\lambda/2$。为了测试声波的波长，可以在一边观测示波器上波形振幅的同时，一边缓慢摇动手柄改变 S_1、S_2 之间的距离，可以看到示波器上波形振幅不断地由最大变到最小再变到最大，而幅度每一次周期性的变化，都相当于 S_1、S_2 之间距离改变了 $\lambda/2$。当两者的距离 L 是半波长的整数倍时，每个换能器都靠近波腹，驻波的振幅最大，此时有

$$\lambda = 2|x_{n+1} - x_n|$$

式中，n 是整数。通过改变距离观测振幅的周期变化，用逐差法处理测量数据，可求出声速

$$v = 2f\frac{\Delta L}{\Delta n}$$

式中，

$$\Delta L = [(x_7 - x_1) + (x_8 - x_2) + (x_9 - x_3) + (x_{10} - x_4) + (x_{11} - x_5) + (x_{12} - x_6)]/6, \Delta n = 6$$

（五）相位比较法测波速

$$v = 2f\frac{\Delta L}{\Delta n}$$

如果把输入发射换能器的正弦波信号与示波器的垂直（Y 轴）输入端连接，同时把接收换能器检测到的声-电转换信号与示波器的水平（X 轴）输入端连接，即将这两个信号分别送至示波器内示波管相互垂直的偏转板合成，就可以利用李萨如图形的相位比较法，观测示波器上当 S_1、S_2 之间距离改变时合成信号的相位变化。在同一时刻，这两个信号的相位差 ϕ、角速度 ω（$\omega = 2\pi f$）、传播时间 t、声速 v、距离 L、波长 λ 之间有下列关系：

$$\phi = \omega t = 2\pi f(L/v) = 2\pi(L/\lambda)$$

可见相位差 ϕ 正比于两个换能器之间的距离 L，S_1、S_2 之间距离每改变一个波长 λ，相位差 ϕ 就改变 2π。如果调整接收换能器的位置，恰好使两个信号同相位，然后移远（或移近）接收换能器，直到两个信号再度同相位，则接收换能器移过的距离正好是一个波长 λ。根据波长与波速的关系有

$$v = f\lambda$$

两个相互垂直的简谐振动的叠加可以得到李萨如图形。如果这两个简谐振动的频率相同，则可得到最简单李萨如图形。当两个同频率的简谐振动的相位差从 0

$\to\pi$ 变化时，图形会由斜率为正的直线变为椭圆继而再变为斜率为负的直线。

（六）理论计算

声波在空气中传播的速度与压强、温度、湿度等有关。一般情况下在干燥的空气中可用下式进行计算：

$$v=\sqrt{\frac{\gamma p_0}{\rho_0}}$$

式中，γ 是空气质量定压热容和质量定容热容之比（$\gamma=c_p/c_V$）；p_0 和 ρ_0 分别为没有声波时的压强和密度。ρ_0 与温度和压强有关。干燥空气在 0℃ 温度，760mmHg[⊖] 时的密度 ρ 为 1.2932kg/m^3，在温度为 t（℃），气压为 HmmHg 时的空气密度 ρ_0 可用下式求得：

$$\rho_0=\frac{1.2932}{1+0.00367\times t}\times\frac{H}{760}$$

当 $p_0=0.1013\text{MPa}$，$H=760\text{mmHg}$，温度 $t=0℃$ 时，有

$$v_{理}=\sqrt{\frac{\gamma p_0}{\rho_0}}=\sqrt{\frac{1.40\times0.1013}{1.2932}}\times10^3\text{m/s}=331.2\text{m/s}$$

在温度 t 时的声速为

$$v_t=v_{理}\sqrt{1+\frac{t}{273.15}}\text{m/s}$$

四、实验内容

（一）寻找系统的谐振频率 f_0

按图 40-2 接线，由于换能器 S_1 和 S_2 的谐振频率在一般情况下不可能做到完全相同，S_1 发射最好时 S_2 不一定接收得最好。为了使换能器 S_2 更有效地接收超声波，转动丝杆先使两换能器有合适的距离，调节正弦信号发生器的频率和幅度。同时调整信号接收端的示波器，使示波器屏幕上有适当的信号幅度。然后转动丝杆寻找信号幅度最强的位置，找到后调节信号发生器的频率，使示波器上的信号幅度最大。再用微调旋钮调节信号发生器的频率，使示波器上的信号幅度更大。此时，信号发生器输出的频率值即为本系统的谐振频率 f_0。可以反复上述过程数次，以寻找本系统准确的谐振频率 f_0，频率值可由信号发生器上读出，也可以由频率计测量。本系统的谐振频率在 35kHz 左右，下面的测量将在谐振频率 f_0

⊖　1mmHg = 133.322Pa。

下进行。

（二）驻波法测波长和声速

按图 40-2 接线，转动丝杆将接收换能器从一端缓慢移向另一端，并来回几次，观察示波器上信号幅度变化，了解波的干涉现象。测量时，S_1 与 S_2 之间的距离可以从近到远或从远到近均可，选择一个示波器上的信号幅度最大处（驻波的波腹）为起点，记下 S_2 的位置，缓慢移动 S_2，依此记下每次信号幅度最大时 S_2 的位置（波腹的位置）x_1、x_2、…、x_{12}，共 12 个值，注意利用游标尺上的微动螺旋准确地确定这些 x 值。要求：

1）用逐差法处理数据，求出 λ，由谐振频率 f_0 和测出的 λ，算出声速 v。

2）记下实验室的室温 t（℃），算出理论值 v_t，与测量值比较，计算误差，并对结果进行讨论。

3）相位比较法测波长和声速。

按图 40-2 接线，将信号发生器输出的信号连接到发射换能器的同时连接到示波器的 X 输入，将示波器 X 扫描旋钮旋至“外接”。调节示波器，使屏上出现李萨如图形，缓慢地增加（或减小）S_1 和 S_2 之间的距离（改变两输入波的相位差），屏上就会反复出现李萨如图形的变化。测量时，S_2 从声源 S_1 附近慢慢移开，依此测出屏上出现直线（每移动半个波长就会出现直线）时所对应的 S_2 的位置 x_1、x_2、…、x_{12}，用逐差法处理数据，求出波长、声速。结果与理论计算值比较，计算误差，并对结果进行讨论。

五、思考题

1）驻波法测波速时示波器信号最小值为什么不为零？

2）风是否会影响声波的传播速度？

3）实验室所在的当地大气压是如何影响声速的？

4）固定两个换能器的距离改变频率来求声速，是否可行？

5）在声速测试试验中采用“逐差法”来处理实验数据有什么好处？

6）在声速测试实验中为什么要在换能器谐振状态下测试空气中的声速？为什么换能器的发射面和接收面要保持互相平行？

注意：

1）两换能器的面应相互平行，移动过程中这种关系仍应保持不变。

2）换能器接出线均应良好屏蔽。

3）用相位比较法测波长时，正弦信号发生器产生的正弦波失真要小。

（刘文军）

实验41　超导磁悬浮列车实验

一、实验目的

通过利用超导体对永磁体的排斥和吸引作用，演示磁悬浮和磁倒挂，理解和掌握磁悬浮原理。

二、实验器材

1）超导磁悬浮列车演示仪，如图41-1所示，它由两部分组成：磁导轨支架、磁导轨。其中，磁导轨是用550mm×240mm×3mm椭圆形低碳钢板做磁轭，按图41-1所示的方式铺以18mm×10mm×6mm的钕铁硼永磁体，形成磁性导轨，两边轨道仅起保证超导体周期运动的磁约束作用。

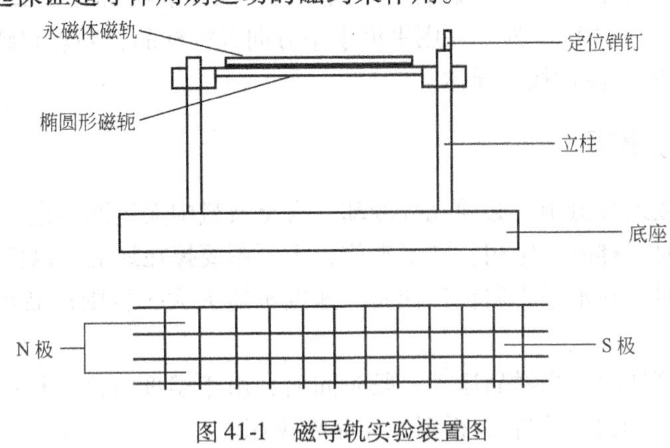

图41-1　磁导轨实验装置图

2）高温超导体是用熔融结构生长工艺制备的，含Ag的YBaCuO系高温超导体。之所以称为高温超导体是因为它在液氮温度77K（-196℃）下呈现出超导性，以区别于以往在液氦温度4K（-269℃）以下呈现超导特性的低温材料。样品形状为圆盘状，直径为18mm左右，厚度为6 mm，其临界转变温度为90K（-183℃）左右。

3）液氮。

三、实验原理

当将一个永磁体移近超导体表面时，因为磁感应线不能进入超导体内，所以在超导体表面形成很大的磁通密度梯度，感应出高临界电流，从而对永磁体产生排斥。排斥力随相对距离的减小而逐渐增大，它可以克服超导体的重力，使其悬浮在永磁体上方的一定高度上。当超导体远离永磁体移动时，在超导体中产生一负的磁通密度，感应出反向的临界电流，对永磁体产生吸力，可以克服超导体的重力，使其倒挂在永磁体下方的某一位置上。

四、实验操作与现象

（一）演示磁悬浮

将超导体样品放入液氮中浸泡3~5min，然后用竹夹子将其夹出放在磁体的中央，使其悬浮高度为10mm，并保持稳定。再用手沿轨道水平方向轻推样品（导体），则看到样品将沿磁轨道作周期性水平运动，直到温度高于临界温度（大约90K），样品落到轨道上。

（二）演示磁倒挂

将超导体样品放入液氮中浸泡3~5min，把磁导轨定位销拔掉，将其翻转180°，使导轨朝下，再将定位销插上，然后用竹夹子将样品夹出放到轨道下方，用手推到距轨道约10mm处，并用手沿水平方向轻推样品，则观察到样品沿磁轨道下方旋转数圈。注意接住导体。

五、注意事项

1）样品放入液氮中，必须充分冷却，直至液氮中无气泡为止。

2）演示时，样品一定用竹夹子夹住，千万不要掉在地上，以免摔碎样品。

3）演示时，沿水平方向轻推样品，速度不能太大，否则样品将沿直线冲出轨道。

4）演示倒挂时，当样品运动一段时间后，由于温度升高，样品失去超导性将下落，这时应用手接住它，否则，样品将摔坏。

5）超导块最好保存在干燥箱内，防止受潮脱落，影响性能。

6）如若演示时间长，可将样品用绝热好、重量轻的材料包起来（如海绵、泡沫等）。同时，可在导轨上加装驱动装置，以维持样品的圆周运动。

六、磁悬浮列车介绍

（一）磁悬浮列车的运行原理

磁悬浮列车是一种采用无接触的电磁悬浮、导向和驱动系统的磁悬浮高速列车系统。用准确的定义来说，磁悬浮列车实际上是依靠电磁吸力或电动斥力将列车悬浮于空中并进行导向，实现列车与地面轨道间的无机械接触，再利用线性电动机驱动列车运行。根据吸引力和排斥力的基本原理，国际上磁悬浮列车有两个发展方向。一个是以德国为代表的常规磁铁吸引式悬浮系统——EMS系统，利用常规的电磁铁与一般铁性物质相吸引的基本原理，把列车吸引上来，悬空运行，悬浮的气隙较小，一般为 10mm 左右。常导型高速磁悬浮列车的速度可达 400～500km/h，适合于城市间的长距离快速运输；另一个是以日本为代表的排斥式悬浮系统——EDS 系统，它使用超导的磁悬浮原理，使车轮和钢轨之间产生排斥力，使列车悬空运行，这种磁悬浮列车的悬浮气隙较大，一般为 100mm 左右，速度可达 500km/h 以上。这两个国家都坚定地认为自己国家的系统是最好的，都在把各自的技术推向实用化阶段。估计在 21 世纪，这两种技术路线将依然并存。

自 1825 年世界上第一条标准轨铁路出现以来，轮轨火车一直是人们出行的交通工具。然而，随着火车速度的提高，轮子和钢轨之间产生的猛烈冲击引起列车的强烈振动，以及发出很强的噪声等，都使乘客感到不舒服。由于列车行驶速度越高，阻力就越大。所以，当火车行驶速度超过 300km/h 时，就很难再提速了。

如果能够使火车从铁轨上浮起来，消除了火车车轮与铁轨之间的摩擦，就能大幅度地提高火车的速度。但如何使火车从铁轨上浮起来呢？科学家想到了两种解决方法：一种是气浮法，即使火车向铁轨地面大量喷气而利用其反作用力把火车浮起，另一种是磁浮法，即利用两个同名磁极之间的磁斥力或两个异名磁极之间磁吸力使火车从铁轨上浮起来。在陆地上使用气浮法不但会激扬起大量尘土，而且会产生很大的噪声，会对环境造成很大的污染，因而不宜采用。这就使磁悬浮火车成为研究和试验的的主要方法。

当今，世界上的磁悬浮列车主要有两种“悬浮”形式，一种是推斥式，另一种为吸力式。推斥式是利用两个磁铁同极性相对而产生的排斥力使列车悬浮起来。在这种磁悬浮列车车厢的两侧安装有磁场强大的超导电磁铁。车辆运行时，这种电磁铁的磁场切割轨道两侧安装的铝环，致使其中产生感应电流，同时产生一个同极性反磁场，并使车辆推离轨面在空中悬浮起来。但是，静止时，由于没有切割电势与电流，车辆不能产生悬浮，只能像飞机一样用轮子支撑车体。当车辆在直线电动机的驱动下前进，速度达到 80km/h 以上时，车辆就悬浮起来了。吸力式是利用两个磁铁异性相吸的原理，将电磁铁置于轨道下方并固定在车体转向架上，两者之间产生一个强大的磁场，并相互吸引，此时列车就能悬浮起来。这种吸力式磁悬浮列车无论是静止还是运动状态，都能保持稳定悬浮状态。这次，我国自行开发的中低速磁悬浮列车就属于这个类型。

“若即若离”是磁悬浮列车的基本工作状态。磁悬浮列车利用电磁力抵消地球引力，从而使列车悬浮在轨道上。在运行过程中，车体与轨道处于一种“若即若离”的状态，磁悬浮间隙约 1cm，因而有“零高度飞行器”的美誉。它与普通轮轨列车相比，具有低噪声、低能耗、无污染、安全舒适和高速高效的特点，被认为是一种具有广阔前景的新型交通工具。特别是中低速磁悬浮列车，由于具有转弯半径小，爬坡能力强等优点，特别适合城市轨道交通。

德国和日本是世界上最早开展磁悬浮列车研究的国家，德国开发的磁悬浮列车 Transrapid 于 1989 年在埃姆斯兰试验线上达到 436km/h 的速度。日本开发的磁悬浮列车 MAGLEV（Magnetically Levitated Trains）于 1997 年 12 月在山梨县的试验线上创造出 550km/h 的世界最高纪录。我国上海已引进德国的磁悬浮列车并投入运营。

（二）磁悬浮列车的种类

1. 德国的常导磁悬浮列车

常导磁悬浮列车工作时，首先调整车辆下部的悬浮和导向电磁铁的电磁吸力，与地面轨道两侧的绕组发生磁铁反作用将列车浮起。在车辆下部的导向电磁铁与轨道磁铁的反作用下，使车轮与轨道保持一定的侧向距离，实现轮轨在水平方向和垂直方向的无接触支撑和无接触导向。车辆与行车轨道之间的悬浮间隙为 10mm，是通过一套高精度电子调整系统得以保证的。此外，由于悬浮和导向实际上与列车运行速度无关，所以即使在停车状态下列车仍然可以进入悬浮状态。

常导磁悬浮列车的驱动运用同步直线电动机的原理。车辆下部支撑电磁铁线圈的作用就像是同步直线电动机的励磁线圈，地面轨道内侧的三相移动磁场驱动绕组起到电枢的作用，它就像同步直线电动机的长定子绕组。从电动机的工作原理可以知道，当作为定子的电枢线圈有电时，由于电磁感应而推动电动机的转子转动。同样，当沿线布置的变电所向轨道内侧的驱动绕组提供三相调频调幅电力时，由于电磁感应作用，承载系统连同列车一起就像电动机的“转子”一样被推动作直线运动。因此，在悬浮状态下，列车可以完全实现非接触的牵引和制动。

2. 日本的超导磁悬浮列车

超导磁悬浮列车的最主要特征就是其超导元件在相当低的温度下所具有的完全导电性和完全抗磁性。超导磁铁是由超导材料制成的超导线圈构成，它不仅电流阻力为零，而且可以传导普通导线根本无法比拟的强大电流，这种特性使其能够制成体积小功率强大的电磁铁。

超导磁悬浮列车的车辆上装有车载超导磁体并构成感应动力集成设备，而列车的驱动绕组和悬浮导向绕组均安装在地面导轨两侧，车辆上的感应动力集成设备由动力集成绕组、感应动力集成超导磁铁和悬浮导向超导磁铁三部分组成。当向轨道两侧的驱动绕组提供与车辆速度频率相一致的三相交流电时，就会产生一个移动的电磁场，因而在列车导轨上产生电磁波，这时列车上的车载超导磁体就会受到一个与移动磁场相同步的推力，正是这种推力推动列车前进。其原理就像冲浪运动一样，冲浪者是站在波浪的顶峰并由波浪推动快速前进的。与冲浪者所面对的难题相同，超导磁悬浮列车要处理的也是如何才能准确地驾驭在移动电磁波的顶峰运动的问题。为此，在地面导轨上安装有探测车辆位置的高精度仪器，根据探测仪传来的信息调整三相交流电的供流方式，精确地控制电磁波形以使列车能良好地运行。

超导磁悬浮列车也是由沿线分布的变电所向地面导轨两侧的驱动绕组提供三相交流电，并与列车下面的动力集成绕组产生电磁感应而驱动，实现非接触性牵引和制动。但地面导轨两侧的悬浮导向绕组与外部动力电源无关，当列车接近该绕组时，列车超导磁铁的强电磁感应作用将自动地在地面绕组中感生电流，因此，在其感应电流和超导磁铁之间产生了电磁力，从而将列车悬起，并由精密传感器检测轨道与列车之间的间隙，使其始终保持100mm的悬浮间隙。同时，与悬浮绕组呈电气连接的导向绕组也将产生电磁导向力，保证列车在任何速度下都能稳定地在轨道中心行驶。

（三）目前存在的技术问题

尽管磁悬浮列车技术有上述许多优点，但仍然存在一些不足：

1）由于磁悬浮系统是以电磁力完成悬浮、导向和驱动功能的，所以断电后磁悬浮的安全保障措施，尤其是列车停电后的制动问题仍然是要解决的问题。其高速稳定性和可靠性还需经很长时间的运行考验。

2）常导磁悬浮技术的悬浮高度较低，因此对线路的平整度、路基下沉量及道岔结构方面的要求较超导技术更高。

3）超导磁悬浮技术由于涡流效应，悬浮能耗较常导技术更大，冷却系统重，强磁场对人体与环境都有影响。

（刘文军）

实验42　光敏传感器实验

一、实验目的

1）了解光敏电阻的基本特性，测出它的伏安特性曲线和光照特性曲线。

2）了解光敏二极管的基本特性，测出它的伏安特性和光照特性曲线。

3）了解硅光电池的基本特性，测出它的伏安特性曲线和光照特性曲线。

4）了解光敏晶体管的基本特性，测出它的伏安特性和光照特性曲线。

5）了解光纤传感器基本特性和光纤通信基本原理。

二、实验仪器

DH-CGOP光敏传感器实验仪由光敏电阻、光敏二极管、光敏晶体管、硅光电池四种光敏传感器及直流恒压源 DH-VC3、发光二极管、ϕ2.2 光纤、光纤座、暗箱（九孔板实验箱）、数字电压表、电阻箱（自备）、低频信号发生器（自备）、示波器（自备）、短接桥和导线等组成，如图 42-1 所示。

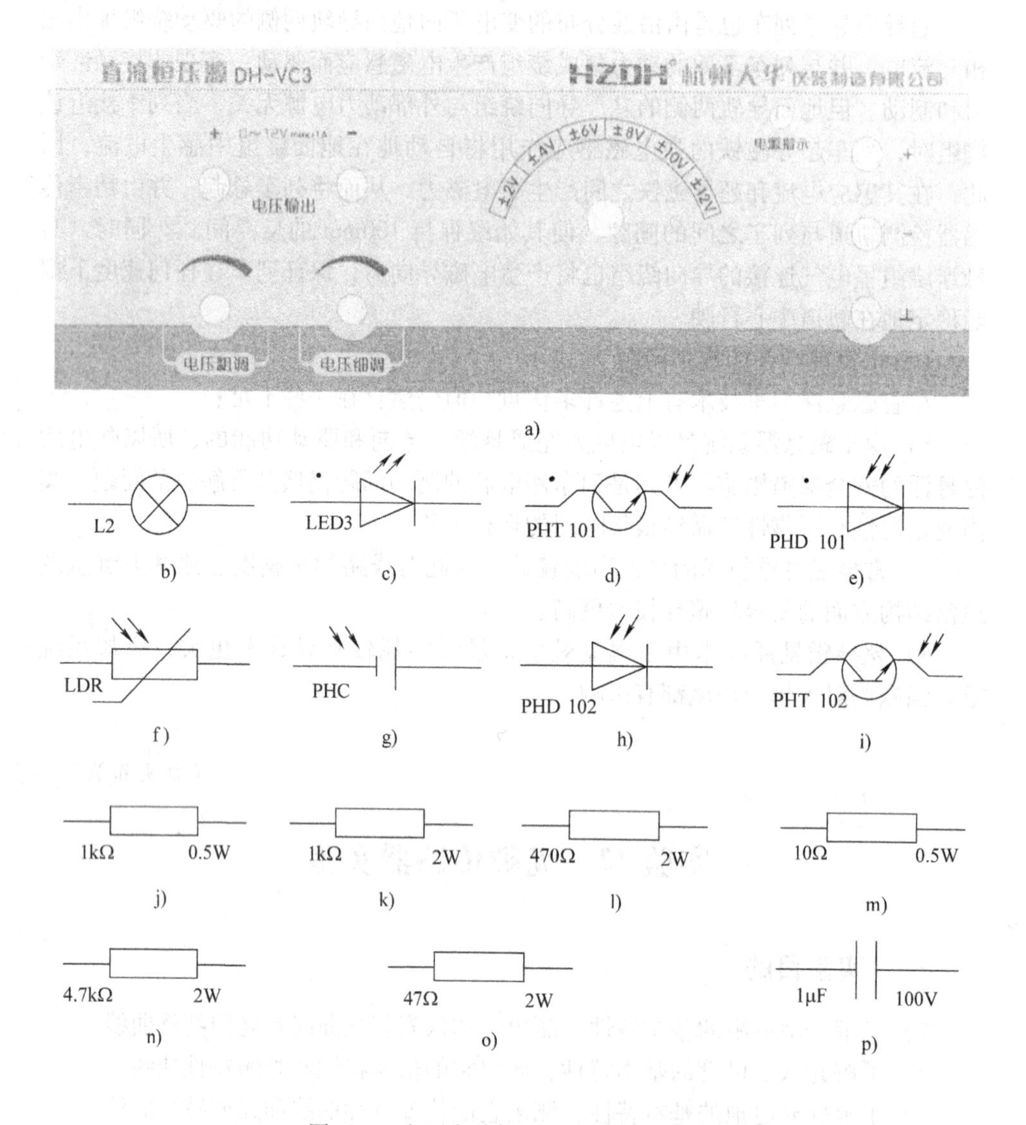

图 42-1　主要实验仪器和元器件示意图

a）DH-VC3 直流恒压源面板图　b）灯泡盒　c）发射管　d）接收管 1　e）接收管 2　f）光敏电阻　g）硅光电池　h）光敏二极管　i）光敏晶体管　j）电阻盒 1（1kΩ）　k）电阻盒 2（1kΩ）　l）电阻盒 3（470Ω）　m）电阻盒 4（10Ω）　n）电阻盒 5（4.7kΩ）　o）电阻盒 6（47Ω）　p）电容盒（1μF）

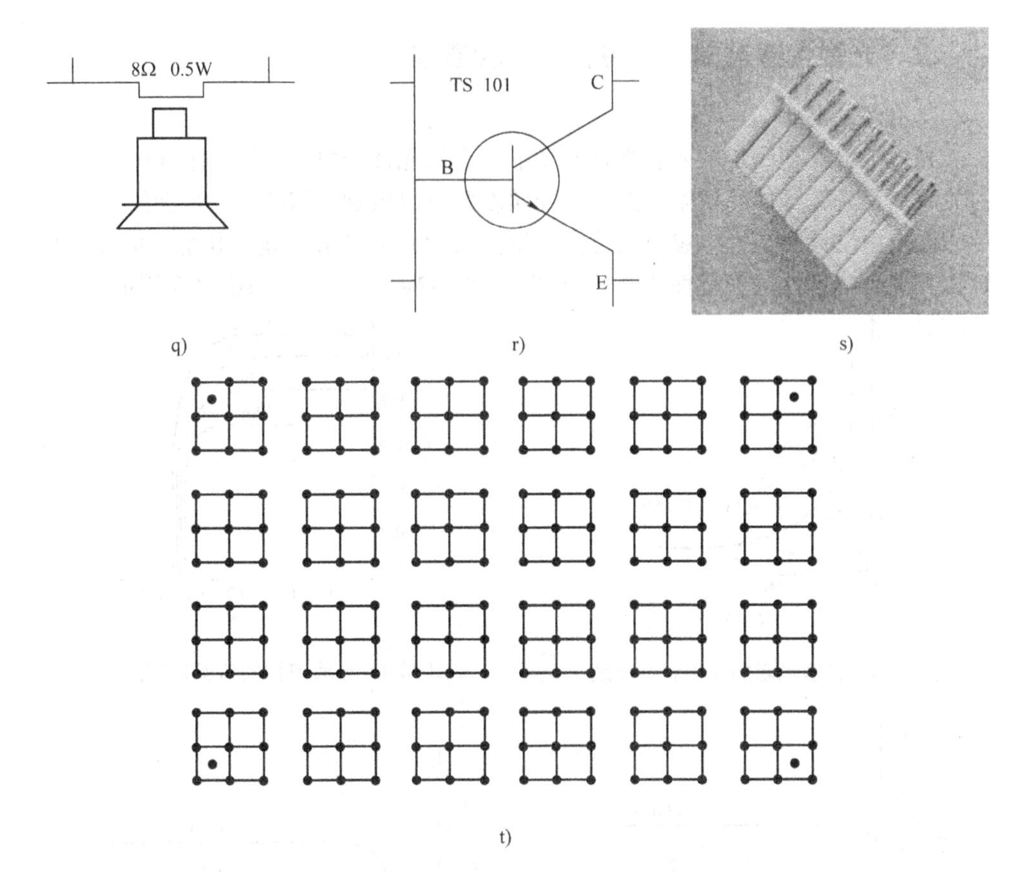

图 42-1　主要实验仪器和元器件示意图（续）

q）扬声器　r）NPN 晶体管　s）短路桥　t）九孔实验主板（箱内）

实验时，实验元件都置于暗箱中的九孔插板中，通过暗箱左边的连接孔来实现箱内元件同外部电源以及测量仪表的连接；光强可以通过改变光源（灯泡元件盒）的供电电压或调节光源到传感器的距离来实现（改变元件插在九孔板中的位置）。该实验仪既可以在自然光条件下进行实验，也可以在暗光的条件下做实验。实验方法简单、可操作性强，可以综合研究各种光电传感器特性并扩展其他实验，提高学生的实际动手能力，为学校开展开放式物理设计性实验提供了一个很好的平台。图 42-2 所示为九孔板中相邻两九孔之间的距离关系。

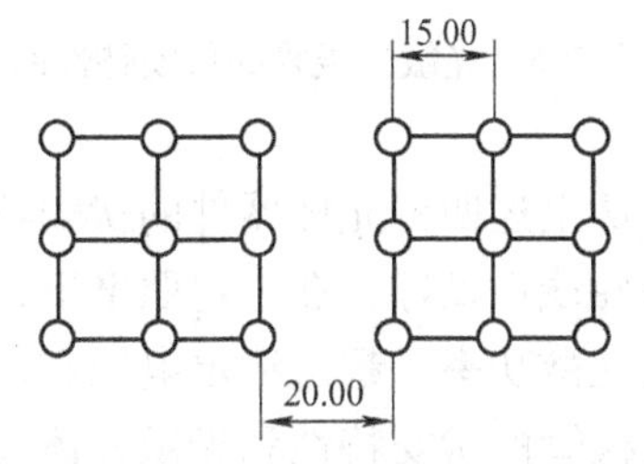

图 42-2　九孔板插孔之间距离关系

三、光敏传感器的基本特性及实验原理

1. 伏安特性

光敏传感器在一定的入射光强照度下，光敏元件的电流 I 与所加电压 U 之间的关系称为光敏器件的伏安特性。改变照度则可以得到一组伏安特性曲线，它是传感器应用设计时选择电参数的重要依据。某种光敏电阻、硅光电池、光敏二极管、光敏晶体管的伏安特性曲线如图 42-3、图 42-4、图 42-5、图 42-6 所示。

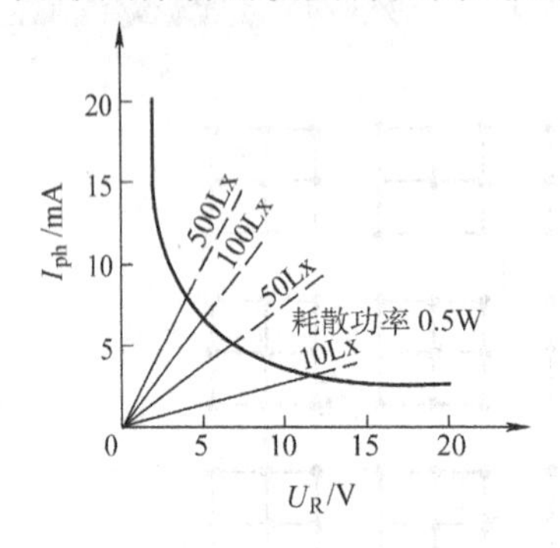

图 42-3 光敏电阻的伏安特性曲线

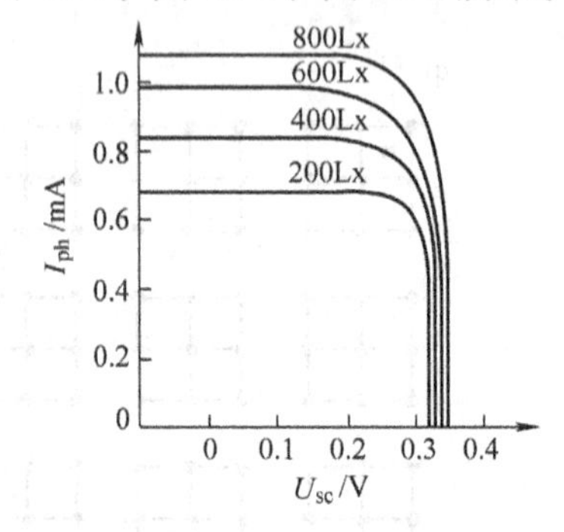

图 42-4 硅光电池的伏安特性曲线

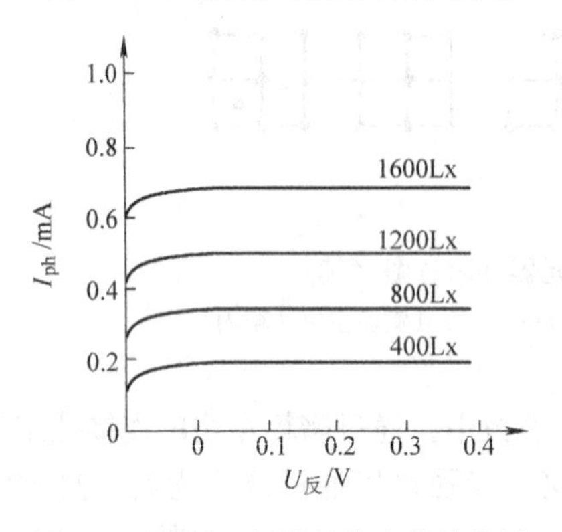

图 42-5 光敏二极管的伏安特性曲线

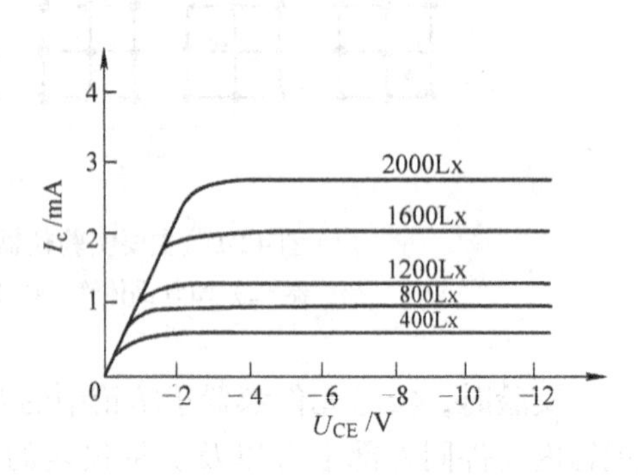

图 42-6 光敏晶体管的伏安特性曲线

从上述四种光敏器件的伏安特性可以看出，光敏电阻类似一个纯电阻，其伏安特性线性良好，在一定照度下，电压越大光电流越大，但必须考虑光敏电阻的最大耗散功率，超过额定电压和最大电流都可能导致光敏电阻的永久性损坏。光敏二极管的伏安特性和光敏晶体管的伏安特性类似，但光敏晶体管的光电流比同类型的光敏二极管大好几十倍，零偏压时，光敏二极管有光电流输出，而光敏晶体管则无光电流输出。在一定光照度下硅光电池的伏安特性呈非线性。

2. 光照特性

光敏传感器的光谱灵敏度与入射光强之间的关系称为光照特性，有时光敏传感器的输出电压或电流与入射光强之间的关系也称为光照特性，它也是光敏传感器应用设计时选择参数的重要依据之一。某种光敏电阻、硅光电池、光敏二极管、光敏晶体管的光照特性如图 42-7、图 42-8、图 42-9、图 42-10 所示。

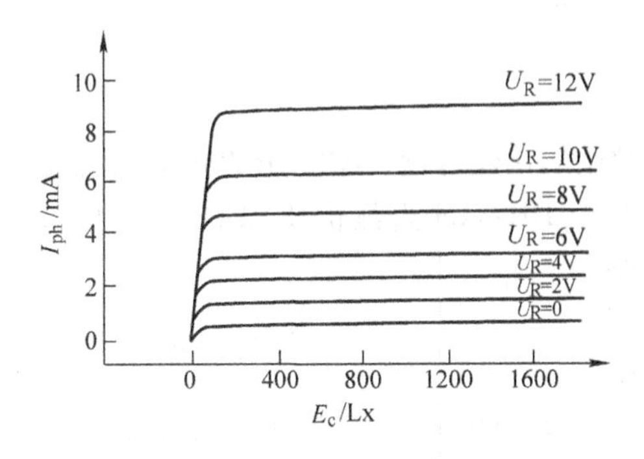

图 42-7 光敏电阻的光照特性曲线

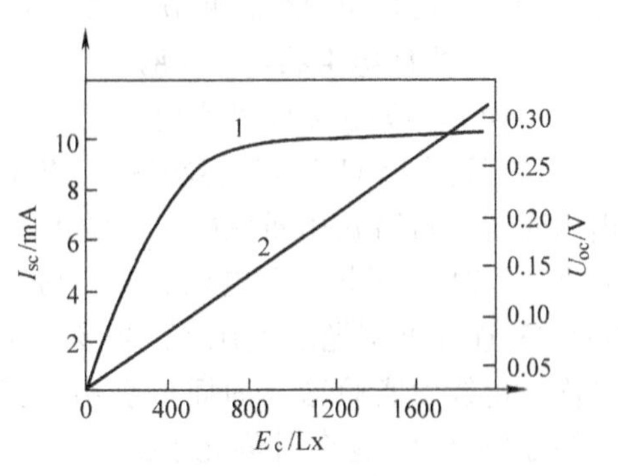

图 42-8 硅光电池的光照特性曲线

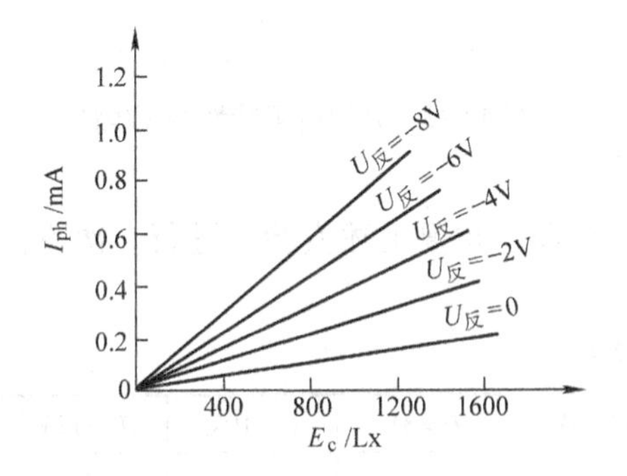

图 42-9 光敏二极管的光照特性曲线

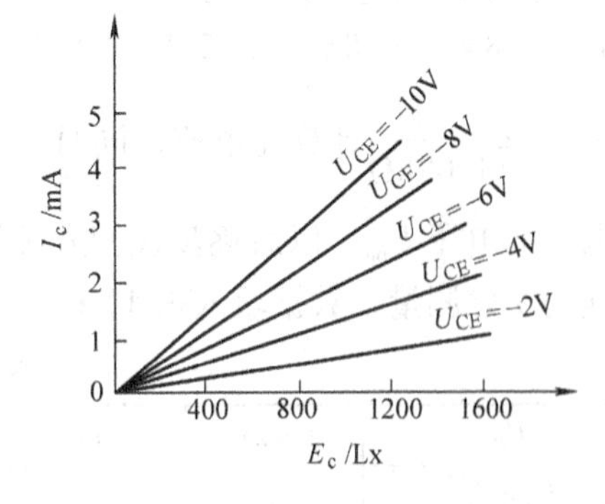

图 42-10 光敏晶体管的光照特性曲线

从上述四种光敏器件的光照特性可以看出光敏电阻、光敏晶体管的光照特性呈非线性，一般不适合做线性检测元件，硅光电池的开路电压也呈非线性且有饱和现象，但硅光电池的短路电流呈良好的线性，故以硅光电池作测量元件应用时，应该利用短路电流与光照度的良好线性关系。所谓短路电流是指外接负载电阻远小于硅光电池内阻时的电流，一般负载在 20Ω 以下时，其短路电流与光照度呈良好的线性，且负载越小，线性关系越好、线性范围越宽。光敏二极管的光照特性亦呈良好线性，而光敏晶体管在大电流时有饱和现象，故一般在做线性检测元件时，可选择光敏二极管而不能用光敏晶体管。

四、实验内容及步骤

实验中对应的光照强度均为相对光强，可以通过改变点光源电压或改变点光源到各光敏传感器之间的距离来调节相对光强。光源电压的调节范围在 0～12V，光源和传感器之间的距离调节范围为 5～230mm。

（一）光敏电阻的特性实验

1. 光敏电阻伏安特性实验

1）按图 42-11 接好实验线路，将光源用的钨丝灯盒、检测用的光敏电阻盒、电阻盒置于暗箱九孔插板中，电源电压 U 由 DH-VC3 直流恒压源中（2、4、6、8、10、12V）间断可调电压提供。另一路 0～12V 连续可调光源电压 U_d 直接连光源灯泡，电线由实验箱侧面插口引出，实验中箱盖要合上，避免外界光干扰。

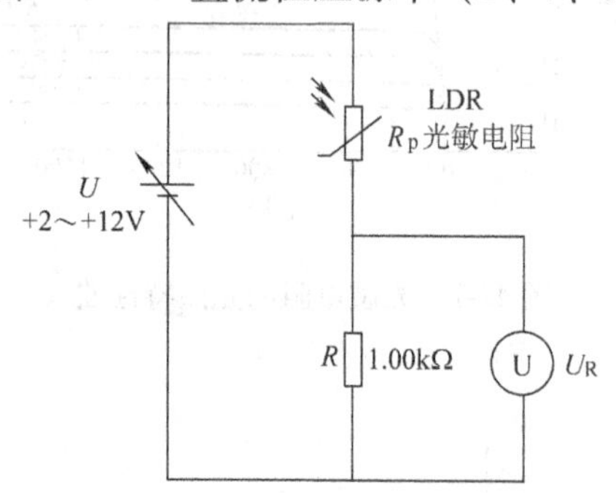

图 42-11　光敏电阻特性测试电路

2）光源灯泡到光敏电阻之间的距离固定为 1～2 个孔距，光源电压 U_d 调到 6V，测出电源电压 U 为 +2V、+4V、+6V、+8V、+10V、+12 V 时 6 个 U_R，通过 $I_{ph}=\dfrac{U_R}{1.00\text{k}\Omega}$ 计算光电流，同时算出光敏电阻的电压 U_{ph}。以后逐步改变光源灯泡电压，重复上述实验，进行 6 次不同光强的实验测量，数据填入表 42-1。

表　42-1

U_R	$U=2$V	$U=4$V	$U=6$V	$U=8$V	$U=10$V	$U=12$V
$U_d=2$V						
$U_d=4$V						
$U_d=6$V						
$U_d=8$V						
$U_d=10$V						
$U_d=12$V						

3）根据实验数据画出光敏电阻的一组伏安特性曲线（即 I_{ph}-U_{ph} 曲线）。

4）根据实验数据画出光敏电阻的光照度特性曲线（即 I_{ph}-U_d 曲线）。

（二）硅光电池的特性实验

1. 硅光电池的伏安特性实验

1）将光源用的钨丝灯盒、检测用的硅光电池盒、电阻盒置于暗箱九孔插板中，电源由 DH-VC3 直流恒压源提供，R_X 接到暗箱边的插孔中以便于同外部电阻箱相连。按图 42-12 连接好实验线路，开关 S 指向“1”时，电压表测量开路电压 U_{oc}，开关指向“2”时，R_X 短路，电压表测量 R 电压 U_R。光源用钨丝灯，光源电压 0～12V（可调），串接好电阻箱（0～10000Ω 可调）。

2）先将可调光源调至相对光强为“弱光”位置，每次在一定的照度下，测出硅光电池的光电流 I_{ph} 与光电压 U_{SC} 在不同的负载条件下的关系（0～10000Ω）数据，其中 $I_{ph}=\dfrac{U_R}{10.00\Omega}$。（10.00 为取样电阻 R），以后逐步调大相对光强（5～6 次），重复上述实验。

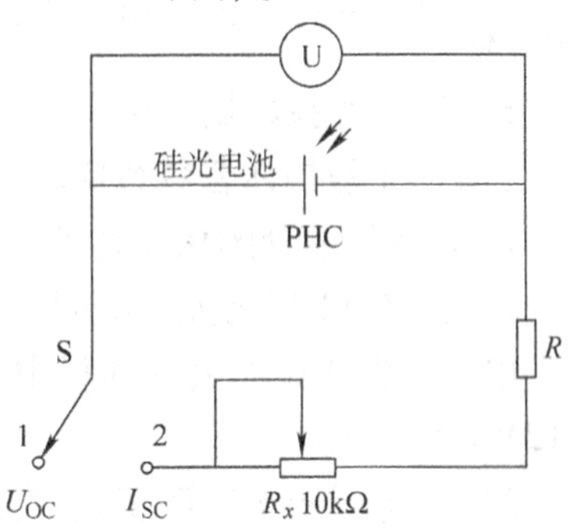

图 42-12　硅光电池特性测试电路

3）根据实验数据画出硅光电池的一组伏安特性曲线。

2. 硅光电池的光照度特性实验

1）实验线路如图 42-12 所示，电阻箱调到 0Ω。

2）先将可调光源调至相对光强为“弱光”位置，每次在一定的照度下，测出硅光电池的开路电压 U_{oc} 和短路电流 I_S，其中短路电流为 $I_S=\dfrac{U_R}{10.00\Omega}$（取样电阻 R 为 10.00Ω），以后逐步调大相对光强（5～6 次），重复上述实验。

3）根据实验数据画出硅光电池的光照特性曲线。

（三）光敏二极管的特性实验

1. 光敏二极管伏安特性实验

1）按图 42-13 接好实验线路，将光源用的钨丝灯盒、检测用的光敏二极管盒、电阻盒置于暗箱九孔插板中，电源由 DH-VC3 直流恒压源提供，光源电压 0～12V（可调）。

2）先将可调光源调至相对光强为“弱光”位置，每次在一定的照度下，测出加在光敏二极管上的反偏电压与产生的光电流的关系数据，其中光电流：$I_{ph}=\dfrac{U_R}{1.00\text{k}\Omega}$（1.00kΩ 为取样电阻 R），以后逐步调大相对光强（5～6 次），重复上述实验。

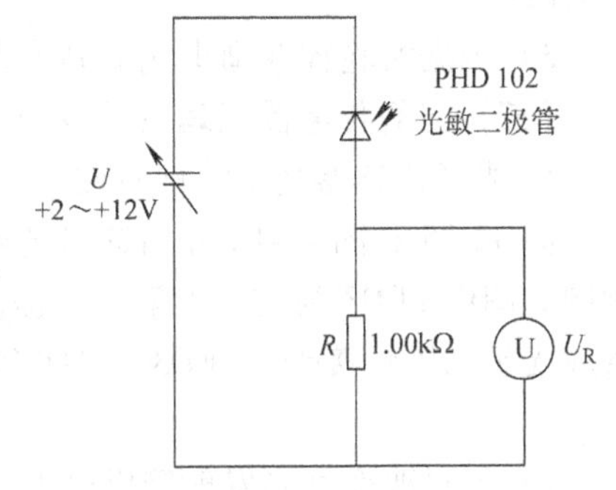

图 42-13　光敏二极管特性测试电路

3）根据实验数据画出光敏二极管的一组伏安特性曲线。

2. 光敏二极管的光照度特性实验

1）按图 42-13 接好实验线路。

2）反偏压从 $U=0$ 开始到 $U=+12\text{V}$，每次在一定的反偏电压下测出光敏二极管在相对光照度为“弱光”到逐步增强的光电流数据，其中光电流 $I_{ph}=\frac{U_R}{1.00\text{k}\Omega}$（1.00kΩ 为取样电阻 R）。

3）根据实验数据画出光敏二极管的一组光照特性曲线。

（四）光敏晶体管特性实验

1. 光敏晶体管的伏安特性实验

1）按图 42-14 接好实验线路，将光源用的钨丝灯盒、检测用的光敏晶体管盒、电阻盒置于暗箱九孔插板中，电源由 DH-VC3 直流恒压源提供，光源电压 0~12V（可调）。

2）先将可调光源调至相对光强为“弱光”位置，每次在一定光照条件下，测出加在光敏晶体管的偏置电压 U_{CE} 与产生的光电流 I_C 的关系数据。其中光电流 $I_C=\frac{U_R}{1.00\text{k}\Omega}$（1.00kΩ 为取样电阻 R）。

3）根据实验数据画出光敏晶体管的一组伏安特性曲线。

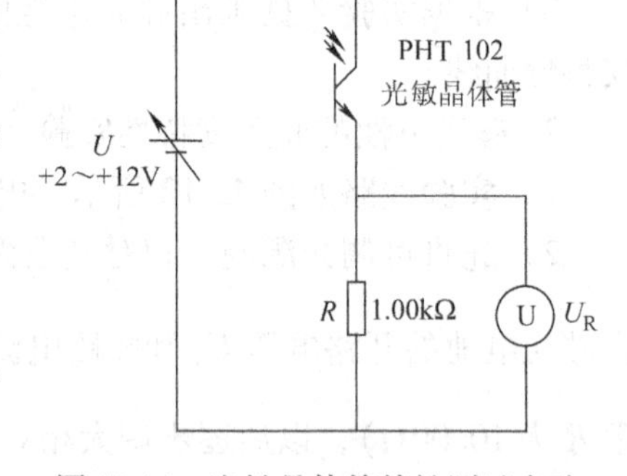

图 42-14 光敏晶体管特性测试实验

2. 光敏晶体管的光照度特性实验

1）实验线路如图 42-14 所示。

2）偏置电压 U_C：从 0 开始到 +12V，每次在一定的偏置电压下测出光敏晶体管在相对光照度为“弱光”到逐步增强的光电流 I_C 的数据，其中光电流 $I_C=\frac{U_R}{1.00\text{k}\Omega}$（1.00kΩ 为取样电阻 R）。

3）根据实验数据画出光敏晶体管的一组光照特性曲线。

（五）光纤传感器原理及其应用

1. 光纤传感器基本特性研究

图 42-15 和图 42-16 分别是用光敏晶体管和光敏二极管构成的光纤传感器原理图。图中 LED3 为红光发射管，提供光纤光源；光通过光纤传输后由光敏晶体管或光敏二极管接受。LED3、PHT 101、PHD 101 上面的插座用于插光纤座和光纤。

1）通过改变红光发射管供电电流的大小来改变光强，分别测量通过光纤传输后，光敏晶体管和光敏二极管上产生的光电流，得出它们之间的函数关系。注意：流过红光发射管 LED3 的最大电流不要超过 40mA；光敏晶体管的最大集电极电流为 20mA，功耗最大为 75mW/25℃。

2）红光发射管供电电流的大小不变，即光强不变，通过改变光纤的长短来测量产生的光电流的大小与光纤长短之间的函数。

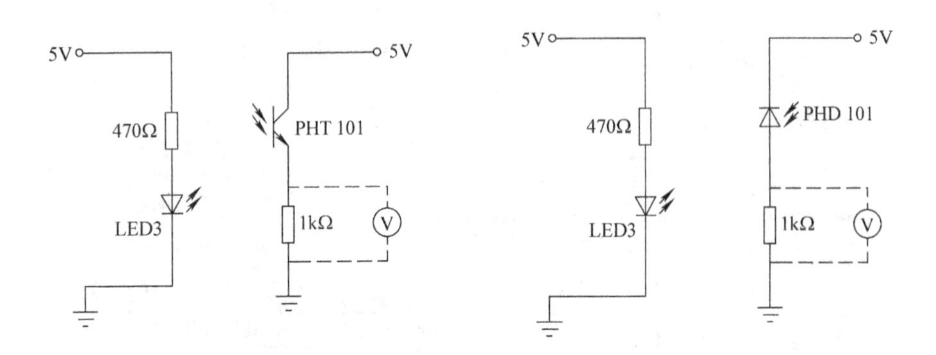

图 42-15　光纤传感器之光敏晶体管　　图 42-16　光纤传感器之光敏二极管

2. 光纤通信的基本原理

图 42-17 为光纤通信的基本应用原理图。实验时按图 42-18 进行接线，把波形发生器设定为正弦波输出，幅度调到合适值，示波器将会有波形输出；改变正弦波的幅度和频率，接受的波形也将随之改变，并且扬声器盒也发出频率和响度不一样的单频声音。注意：流过 LED3 的最高峰值电流为 180mA/1kHz。

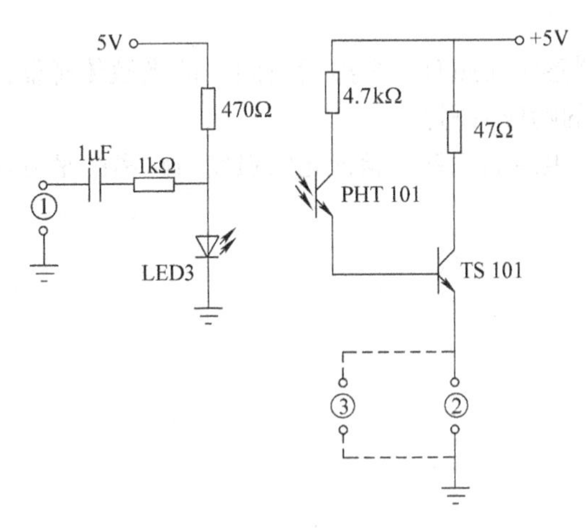

图 42-17　光纤通信的基本应用原理图
①波形发生器　②扬声器　③示波器

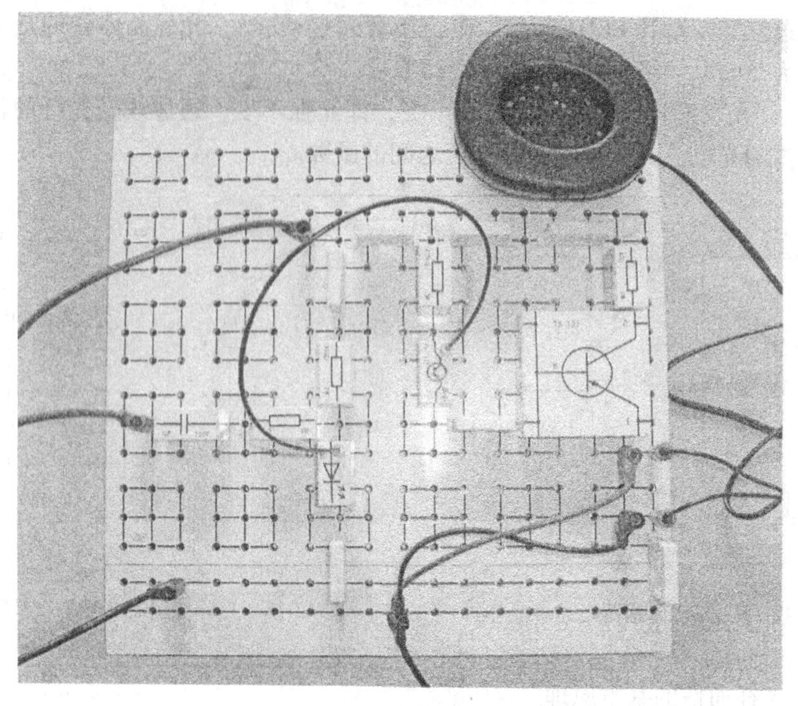

图 42-18 光纤通信的基本应用接线图

说明：实际实验的过程中用扬声器盒代替耳机听筒，光敏晶体管 PHT101 也可以换成光敏二极管 PHD101 来做实验。

五、思考题

1）光敏传感器感应光照有一个滞后时间，即光敏传感器的响应时间，如何来测试光敏传感器的响应时间？

2）光照强度与距离的关系：验证光照强度与距离的平方成反比（把实验装置近似为点光源）。

（刘文军）

第五章　计算机仿真物理实验

实验43　巨磁电阻效应实验

一、实验目的

1. 了解巨磁电阻（Giant Magneto Resistance，GMR）效应的原理。
2. 测量巨磁电阻模拟传感器的磁电转换特性曲线。
3. 测量巨磁电阻的磁阻特性曲线。
4. 测量巨磁电阻开关（数字）传感器的磁电转换特性曲线。
5. 用巨磁电阻传感器测量电流。
6. 用巨磁电阻梯度传感器测量齿轮的角位移，了解GMR转速（速度）传感器的原理。
7. 通过实验了解磁记录与读出的原理。

二、实验器材

巨磁电阻效应实验仪、基本特性组件、电流测量组件、角位移测量组件、磁读写组件。

三、实验原理

2007年诺贝尔物理学奖授予了巨磁电阻效应的发现者：法国物理学家阿尔贝·费尔（Albert Fert）和德国物理学家彼得·格伦贝格尔（Peter Grunberg）。诺贝尔奖委员会说明："这是一次好奇心导致的发现，但其随后的应用却是革命性的，因为它使计算机硬盘的容量从几百MB、几千MB，一跃而提高几百倍，达到几百GB乃至上千GB。"

巨磁电阻效应是指磁性材料的电阻率在有外磁场作用时较之无外磁场作用时存在巨大变化的现象。巨磁电阻效应是一种量子力学效应，它产生于层状的磁性薄膜结构。这种结构是由铁磁材料和非铁磁材料薄层交替叠合而成。当铁磁层的磁矩相互平行时，载流子与自旋有关的散射最小，材料有最小的电阻。当铁磁层的磁矩为反平行时，与自旋有关的散射最强，材料的电阻最大。

根据导电的微观机理，电子在导电时并不是沿电场直线前进的，而是不断和晶格中的原子产生碰撞（又称散射），每次散射后电子都会改变运动方向，总的运动是电场对电子的定向加速与这种无规散射运动的叠加。称电子在两次散射之间走过的平均路程为平均自由程，电子散射概率小，则平均自由程长，电阻率低。在电阻定律 $R=\rho l/S$ 中，把电阻率 ρ 视为常数，与材料的几何尺度无关，这是因为通常材料的几何尺度远大于电子的平均自由程（例如铜中电子的平均自由程约34nm），可以忽略边界效应。当材料的几何尺度小到纳米量级，只有几个原子的厚度时（例如，铜原子的直径约为0.3nm），电子在边界上的散射几率大大增加，可以明显观察到随厚度减小电阻率增加的现象。

电子除携带电荷外，还具有自旋特性，自旋磁矩有平行或反平行于外磁场两种可能取向。早在1936年，英国物理学家、诺贝尔奖获得者莫特（N. F. Mott）指出，在过渡金属中，自旋磁矩与材料的磁场方向平行的电子，所受散射几率远小于自旋磁矩与材料的磁场方向反平行的电子。总电流是两类自旋电流之和，总电阻是两类自旋电流的并联电阻，这就是所谓的两电流模型。

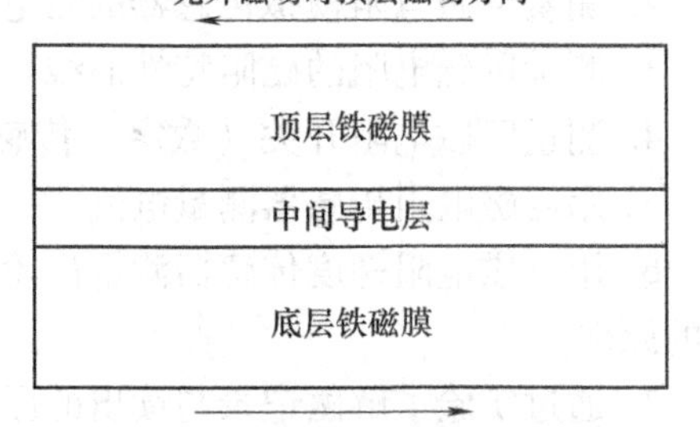

图43-1　多层膜GMR结构图

在图43-1所示的多层膜结构中，无外磁场时，上下两层磁性材料是反平行（反铁磁）耦合的。施加足够强的外磁场后，两层铁磁膜的方向都与外磁场方向一致，外磁场使两层铁磁膜从反平行耦合变成了平行耦合。电流的方向在多数应用中是平行于膜面的。

图43-2所示是图43-1结构的某种GMR材料的磁电阻特性。由图可见，随着外磁场增大，电阻逐渐减小，其间有一段线性区域。当外磁场已使两铁磁膜完全平行耦合后，继续加大磁场，电阻不再减小，进入磁饱和区域。磁电阻变化率 $\Delta R/R$ 达百分之十几，加反向磁场时磁电阻特性是对称的。注意到图43-2中的曲线有两条，分别对应增大磁场和减小磁场时的磁电阻特性，这是因为铁磁材料都具有磁滞特性。单位Gs（高斯）与国际单位制中T（特斯拉）的换算关系为：$1\text{Gs}=1\times10^{-4}\text{T}$。

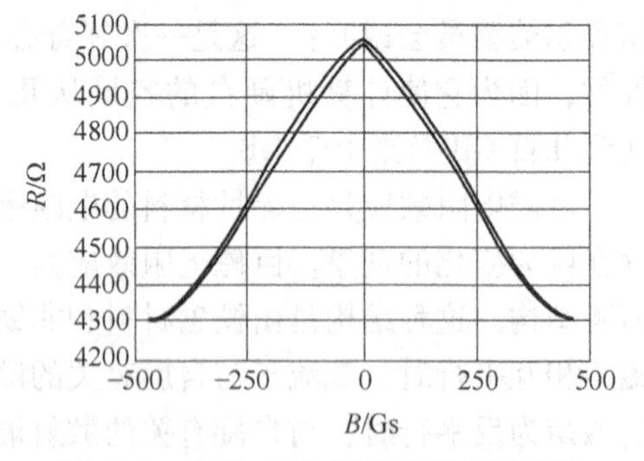

图43-2　某种GMR材料的磁电阻特性

有两类与自旋相关的散射对巨磁电阻效应有贡献。

一是界面上的散射。无外磁场时，上下两层铁磁膜的磁场方向相反，无论电子的初始自旋状态如何，从一层铁磁膜进入另一层铁磁膜时都面临状态改变

（平行—反平行，或反平行—平行），电子在界面上的散射几率很大，对应于高电阻状态。有外磁场时，上下两层铁磁膜的磁场方向一致，电子在界面上的散射几率很小，对应于低电阻状态。

二是铁磁膜内的散射。即使电流方向平行于膜面，由于无规散射，电子也有一定的概率在上下两层铁磁膜之间穿行。无外磁场时，上下两层铁磁膜的磁场方向相反，无论电子的初始自旋状态如何，在穿行过程中都会经历散射概率小（平行）和散射概率大（反平行）两种过程，两类自旋电流的并联电阻相当于两个中等阻值的电阻的并联，对应于高电阻状态。有外磁场时，上下两层铁磁膜的磁场方向一致，自旋平行的电子散射概率小，自旋反平行的电子散射概率大，两类自旋电流的并联电阻相当于一个小电阻与一个大电阻的并联，对应于低电阻状态。

多层膜 GMR 结构简单，工作可靠，磁电阻随外磁场线性变化的范围大，在制作模拟传感器方面得到广泛应用。在数字记录与读出领域，为进一步提高灵敏度，发展了自旋阀结构的 GMR，如图 43-3 所示。

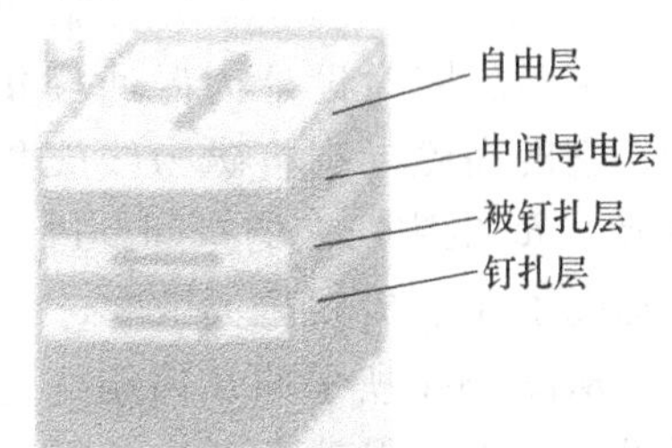

图 43-3　自旋阀 SV-GMR 结构图

自旋阀结构的 SV-GMR（Spin Valve GMR）由钉扎层、被钉扎层、中间导电层和自由层构成。其中，钉扎层使用反铁磁材料，被钉扎层使用硬铁磁材料，铁磁和反铁磁材料在交换耦合作用下形成一个偏转场，此偏转场将被钉扎层的磁化方向固定，不随外磁场改变。自由层使用软铁磁材料，它的磁化方向易于随外磁场转动。这样，很弱的外磁场就会改变自由层与被钉扎层磁场的相对取向，对应于很高的灵敏度。制造时，使自由层的初始磁化方向与被钉扎层垂直，磁记录材料的磁化方向与被钉扎层的方向相同或相反（对应于 0 或 1），当感应到磁记录材料的磁场时，自由层的磁化方向就向与被钉扎层磁化方向相同（低电阻）或相反（高电阻）的方向偏转，检测出电阻的变化，就可确定记录材料所记录的信息，硬盘所用的 GMR 磁头就采用这种结构。

四、实验内容

1. GMR 模拟传感器的磁电转换特性测量

在将 GMR 构成传感器时，为了消除温度变化等环境因素对输出的影响，一般采用桥式结构，图 43-4 所示为某型号传感器的结构。

对于电桥结构，如果四个 GMR 电阻对磁场的响应完全同步，就不会有信号输出。图 43-4 中，将处在电桥对角位置的两个电阻 R_3、R_4 覆盖一层高磁导率的材料（如坡莫合金），以屏蔽外磁场对它们的影响，而 R_1、R_2 阻值随外磁场改变。设无外磁场时四个 GMR 电阻的阻值均为 R，R_1、R_2 在外磁场作用下电阻减小 ΔR，简单分析表明，输出电压为

$$U_{OUT} = U_{IN}\Delta R/(2R - \Delta R) \tag{43-1}$$

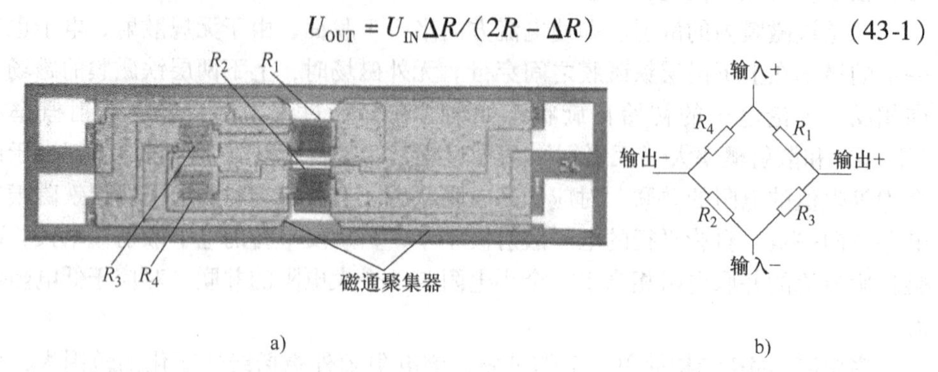

图 43-4　GMR 模拟传感器结构图

a）几何结构　b）电路连接

屏蔽层同时设计为磁通聚集器，它的高磁导率将磁力线聚集在 R_1、R_2 电阻所在的空间，进一步提高了 R_1、R_2 的磁灵敏度。

从图 43-4 所示的几何结构还可见，巨磁电阻被光刻成微米宽度迂回状的电阻条，以增大其电阻至 kΩ 数量级，使其在较小工作电流下得到合适的电压输出。

图 43-5 是某 GMR 模拟传感器的磁电转换特性曲线。图 43-6 是磁电转换特性的测量实验原理图。

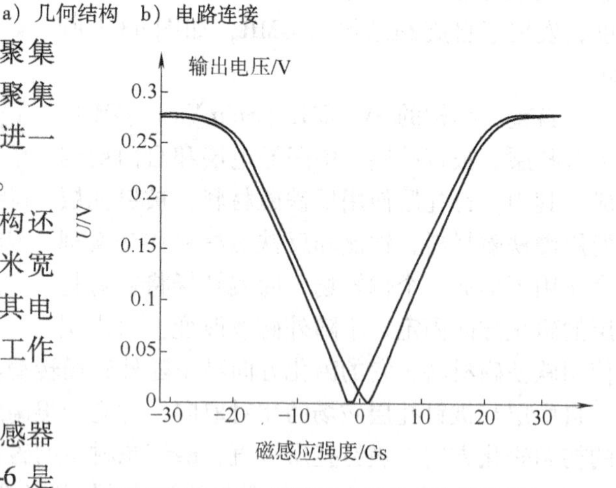

图 43-5　GMR 模拟传感器的磁电转换特性

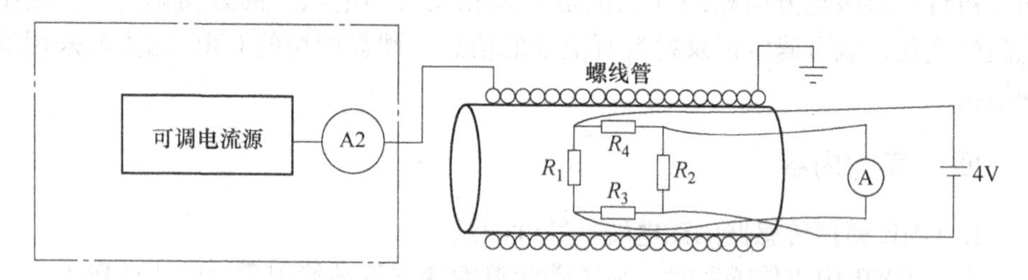

图 43-6　模拟传感器磁电转换特性实验原理图

实验装置：巨磁电阻效应实验仪、基本特性组件。

将 GMR 模拟传感器置于螺线管磁场中，功能切换按钮切换为“传感器测

量”。实验仪的4V电压源接至基本特性组件“巨磁电阻供电”，恒流源接至“螺线管电流输入”，基本特性组件“模拟信号输出”接至实验仪电压表。

按表43-1数据，调节励磁电流，逐渐减小磁感应强度，记录相应的输出电压于表格“减小磁场”列中。由于恒流源本身不能提供负向电流，当电流减至零后，交换恒流输出接线的极性，使电流反向。再次增大电流，此时流经螺线管的电流与磁感应强度的方向为负方向，从上到下记录相应的输出电压。

表43-1　GMR模拟传感器磁电转换特性的测量

励磁电流/mA	磁感应强度/Gs	输出电压/mV	
		减小磁场	增大磁场
100			
90			
80			
70			
60			
50			
40			
30			
20			
10			
5			
0			
-5			
-10			
-20			
-30			
-40			
-50			
-60			
-70			
-80			
-90			
-100			

注：电桥电压为4V。

电流至-100mA后，逐渐减小负向电流，电流到零时同样需要交换恒流输出接线的极性，从下到上记录数据于“增大磁场”列中。

理论上讲，外磁感应强度为零时，GMR 传感器的输出电压应为零，但由于半导体工艺的限制，四个桥臂电阻值不一定完全相同，导致外磁感应强度为零时输出电压不一定为零，在有的传感器中可以观察到这一现象。

根据螺线管上标明的线圈密度，由后面的式（43-2）计算出螺线管内的磁感应强度 B。

以磁感应强度 B 为横坐标，电压表的读数为纵坐标作出磁电转换特性曲线。

不同外磁感应强度时输出电压的变化反映了 GMR 传感器的磁电转换特性，同一外磁感应强度下输出电压的差值反映了材料的磁滞特性。

2. GMR 特性测量

为加深对巨磁电阻效应的理解，我们对构成 GMR 模拟传感器的磁电阻进行测量。将基本特性组件的功能切换按钮切换为“巨磁电阻测量”，此时被磁屏蔽的两个电桥电阻 R_3、R_4 被短路，而 R_1、R_2 并联。将电流表串联进电路中，测量不同磁场时回路中电流的大小，就可计算磁电阻，测量原理如图 43-7 所示。

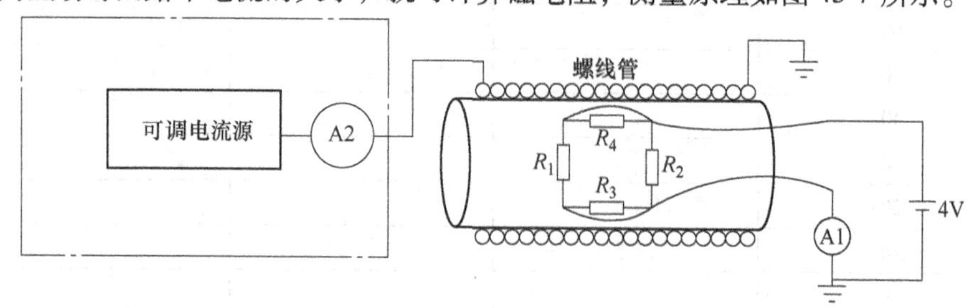

图 43-7　磁阻特性测量原理图

实验装置：巨磁电阻效应实验仪、基本特性组件。

将 GMR 模拟传感器置于螺线管磁场中，功能切换按钮切换为“巨磁电阻测量”，实验仪的 4V 电压源串联电流表后接至基本特性组件“巨磁电阻供电”，恒流源接至“螺线管电流输入”。

螺线管用于在实验过程中产生大小可计算的磁场，由理论分析可知，无限长直螺线管内部轴线上任一点的磁感应强度为

$$B = \mu_0 n I \tag{43-2}$$

式中，n 为线圈密度；I 为流经线圈的电流；$\mu_0 = 4\pi \times 10^{-7}\text{H/m}$ 为真空中的磁导率。采用国际单位制时，由上式计算出的磁感应强度单位为 T（1T = 10000Gs）。

按表 43-2 的数据，调节励磁电流，逐渐减小磁感应强度，记录相应的磁电阻电流于表格“减小磁场”列中。由于恒流源本身不能提供负向电流，当电流减至零后，交换恒流输出接线的极性，使电流反向。再次增大电流，此时流经螺线管的电流与磁感应强度的方向为负，从上到下记录相应的磁电阻电流。

表 43-2　巨磁电阻特性的测量

励磁电流/mA	磁感应强度/Gs	减小磁场		增大磁场	
		磁电阻电流/mA	磁电阻/Ω	磁电阻电流/mA	磁电阻/Ω
100					
90					
80					
70					
60					
50					
40					
30					
20					
10					
5					
0					
-5					
-10					
-20					
-30					
-40					
-50					
-60					
-70					
-80					
-90					
-100					

注：电桥电压为4V。

电流至 -100mA 后，逐渐减小负向电流，电流到零时同样需要交换恒流输出接线的极性。从下到上记录数据于“增大磁场”列中。

根据螺线管上标明的线圈密度，由式（43-2）计算出螺线管内的磁感应强度 B。

由欧姆定律 $R = U/I$ 计算磁电阻。

以磁感应强度 B 为横坐标，磁电阻为纵坐标作出 GMR 特性曲线。应该注意，由于模拟传感器的两个磁电阻是位于磁通聚集器中，与图 43-3 所示结构相比，作出的模拟传感器的磁电阻曲线斜率大了约 10 倍，磁通聚集器结构使磁电阻灵敏度大大提高。

不同外磁感应强度时磁电阻的变化反映了 GMR 的特性，同一外磁场强度下磁电阻的差值反映了材料的磁滞特性。

3. GMR 开关（数字）传感器的磁电转换特性曲线测量

将 GMR 模拟传感器与比较电路、晶体管放大电路集成在一起，就构成 GMR 开关（数字）传感器，结构如图 43-8 所示。

比较电路的功能是：当电桥电压低于比较电压时，输出低电平；当电桥电压高于比较电压时，输出高电平。选择适当的 GMR 电桥并结合调节比较电压，可调节开关传感器开关点对应的磁感应强度。

图 43-9 所示是某种 GMR 开关传感器的磁电转换特性曲线。当磁感应强度的绝对值从低增加到 12Gs 时，开关打开（输出高电平），当磁感应强度的绝对值从高减小到 10Gs 时，开关关闭（输出低电平）。

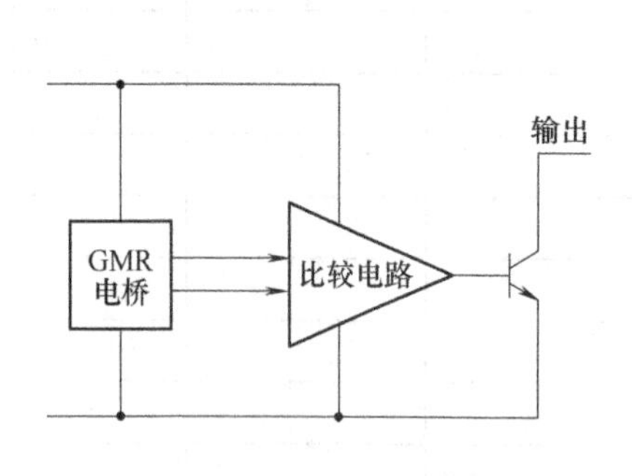

图 43-8　GMR 开关传感器结构图

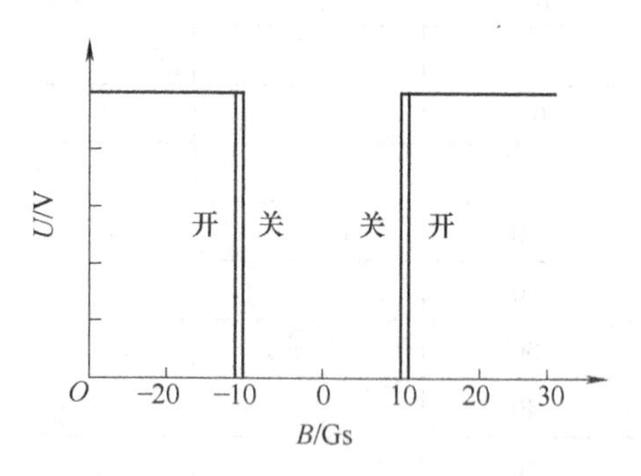

图 43-9　GMR 开关传感器磁电转换特性曲线

实验装置：巨磁电阻效应实验仪、基本特性组件。

将 GMR 模拟传感器置于螺线管磁场中，功能切换按钮切换为“传感器测量”。实验仪的 4V 电压源接至基本特性组件“巨磁电阻供电”，“电路供电”接口接至基本特性组件对应的“电路供电”输入插孔，恒流源接至“螺线管电流输入”，基本特性组件“开关信号输出”接至实验仪电压表。

从 50mA 逐渐减小励磁电流，当输出电压从高电平（开）转变为低电平（关）时，记录相应的励磁电流于表 43-3“减小磁场”列中。当电流减至零后，交换恒流输出接线的极性，使电流反向。再次增大电流，此时流经螺线管的电流与磁感应强度的方向为负，当输出电压从低电平（关）转变为高电平（开）时，记录相应的负值励磁电流于表 43-3“减小磁场”列中。将电流调至 −50mA。

逐渐减小负向电流，当输出电压从高电平（开）转变为低电平（关）时，记录相应的负值励磁电流于表 43-3“增大磁场”列中，电流到零时同样需要交换恒流输出接线的极性。当输出电压从低电平（关）转变为高电平（开）时，记录相应的正值励磁电流于表 43-3“增大磁场”列中。

表 43-3　GMR 开关传感器的磁电转换特性测量

高电平 =　V　　低电平 =　V

减小磁场			增大磁场		
开关动作	励磁电流/mA	磁感应强度/Gs	开关动作	励磁电流/mA	磁感应强度/Gs
关			关		
开			开		

根据螺线管上标明的线圈密度，由式（43-2）计算出螺线管内的磁感应强度 B。

以磁感应强度 B 为横坐标，电压读数为纵坐标作出 GMR 开关传感器的磁电转换特性曲线。

利用 GMR 开关传感器的开关特性已制成各种接近开关，当磁性物体（可在非磁性物体上贴上磁条）接近传感器时就会输出开关信号。目前，它广泛应用在汽车、家电等工业生产以及日常生活用品中，具有控制精度高，并且在恶劣环境（如高低温、振动等）下仍能正常工作等优点。

4. 用 GMR 模拟传感器测量电流

从图 43-5 可见，GMR 模拟传感器在一定的范围内输出电压与磁感应强度成线性关系，且灵敏度高，线性范围大，可以方便地将 GMR 制成磁场计，测量磁感应强度或其他与磁场相关的物理量。作为应用示例，我们用它来测量电流，如图 43-10 所示。

由理论分析可知，与通有电流 I 的无限长直导线的距离为 r 的一点的磁感应强度为

$$B=\mu_0 I/(2\pi r)=2I\times10^{-7}/r \tag{43-3}$$

磁感应强度与电流成正比，在 r 已知的条件下，测得 B，就可知 I。

在实际应用中，为了使 GMR 模拟传感器工作在线性区，提高测量精度，还常常预先给传感器施加一固定的已知磁场，称为磁偏置，其原理类似于电子电路中的直流偏置。

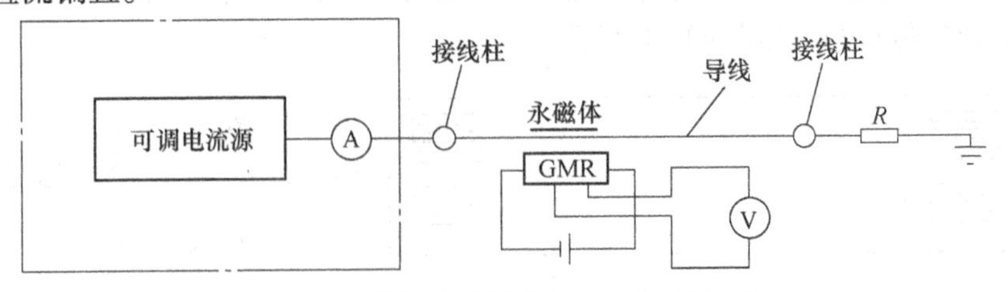

图 43-10　模拟传感器测量电流实验原理图

实验装置：巨磁电阻效应实验仪、电流测量组件。

实验仪的4V电压源接至电流测量组件“巨磁电阻供电”，恒流源接至“待测电流输入”，电流测量组件“信号输出”接至实验仪电压表。

将待测电流调节至零，将偏置磁铁转到远离GMR传感器，调节磁铁与传感器的距离，使输出约25mV。将电流增大到300mA，按表43-4数据逐渐减小待测电流，从左到右记录相应的输出电压于表格的“减小电流”行中。由于恒流源本身不能提供负向电流，当电流减至零后，交换恒流输出接线的极性，使电流反向。再次增大电流，此时电流方向为负方向，记录相应的输出电压。逐渐减小负向待测电流，从右到左记录相应的输出电压于表格的“增加电流”行中。当电流减至零后，交换恒流输出接线的极性，使电流反向。再次增大电流，此时电流为正方向，记录相应的输出电压。

将待测电流调节至零，偏置磁铁转到接近GMR传感器，调节磁铁与传感器的距离，使输出约为150mV。用低磁偏置时同样的实验方法，测量适当磁偏置时待测电流与输出电压的关系。

表43-4 用GMR模拟传感器测量电流

待测电流/mA			300	200	100	0	-100	-200	-300
输出电压/mV	低磁偏置（约25mV）	减小电流							
		增加电流							
	适当磁偏置（约150mV）	减小电流							
		增加电流							

以电流读数为横坐标，电压表的读数为纵坐标作图。分别作出4条曲线。

由测量数据及所作图形可以看出，适当磁偏置时线性较好，斜率（灵敏度）较高。由于待测电流产生的磁场远小于偏置磁场，磁滞对测量的影响也较小，根据输出电压的大小就可确定待测电流的大小。

用GMR传感器测量电流不必将测量仪器接入电路，不会对电路工作产生干扰，既可测量直流，也可测量交流，具有广阔的应用前景。

5. GMR梯度传感器的特性及应用

将GMR电桥两对对角电阻分别置于集成电路两端，4个电阻都不加磁屏蔽，即构成梯度传感器，如图43-11所示。

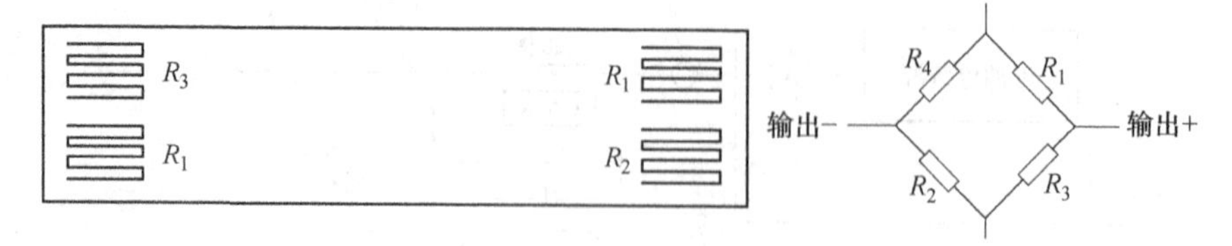

图43-11 GMR梯度传感器结构图

这种传感器若置于均匀磁场中，由于4个桥臂电阻阻值变化相同，电桥输出为零。如果磁场存在一定的梯度，各GMR电阻感受到的磁场不同，磁电阻变化不一样，就会有信号输出。图43-12以检测齿轮的角位移为例，说明其应用原理。

将永磁体放置于传感器上方，若齿轮是铁磁材料，永磁体产生的空间磁场在相对于齿牙不同位置产生不同的梯度磁场。a位置时，输出为零。b位置时，R_1、R_2感受到的磁场强度大于R_3、R_4，输出正电压。c位置时，输出回归零。d位置时，R_1、R_2感受到的磁场强度小于R_3、R_4，输出负电压。于是，在齿轮转动过程中，每转过一个齿牙便产生一个完整的波形输出。这一原理已普遍应用于转速（速度）与位移监控，在汽车及其他工业领域得到广泛应用。

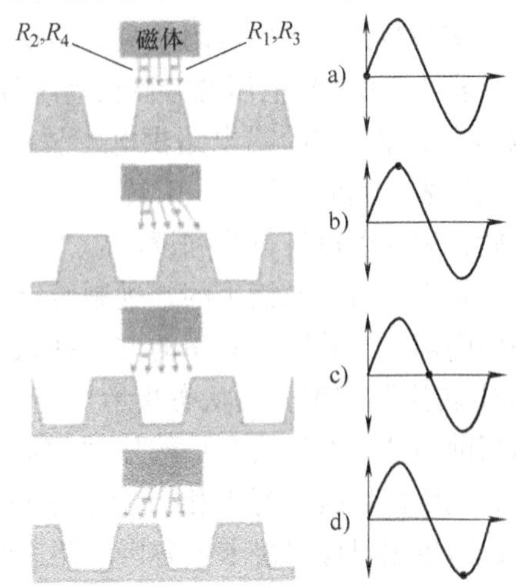

图43-12　用GMR梯度传感器检测齿轮位移

实验装置：巨磁电阻效应实验仪、角位移测量组件。

将实验仪4V电压源接角位移测量组件“巨磁电阻供电”，角位移测量组件“信号输出”接实验仪电压表。逆时针慢慢转动齿轮，当输出电压为零时记录起始角度，以后每转3°记录一次角度与电压表的读数。转动48°，齿轮转过2齿，输出电压变化2个周期。

表43-5　齿轮角位移的测量

转动角度/(°)																	
输出电压/mV																	

以齿轮实际转过的角度为横坐标，电压表的读数为纵向坐标作图。

根据实验原理，GMR梯度传感器能用于车辆流量监控吗?

6. 磁记录与读出

磁记录是当今数码产品记录与储存信息的最主要方式，由于巨磁电阻的出现，存储密度有了成百上千倍的提高。

在当今的磁记录领域，为了提高记录密度，读、写磁头是分离的。写磁头是绕线的磁芯，线圈中通过电流时产生磁场，在磁性记录材料上记录信息。巨磁电阻读磁头利用磁记录材料上不同磁场时电阻的变化读出信息。磁读写组件用磁卡做记录介质，磁卡通过写磁头时可写入数据，通过读磁头时将写入的数据读出来。

自行设计一个二进制数字，按二进制数字写入数据，然后将读出的结果记录下来。

实验装置：巨磁电阻效应实验仪、磁读写组件、磁卡。

实验仪的4V电压源接磁读写组件“巨磁电阻供电”，“电路供电”接口接至磁读写组件对应的“电路供电”输入插孔，磁读写组件“读出数据”接至实验仪电压表，同时按下“0/1 转换”和“写确认”按键约2s，将读写组件初始化，初始化后才可以进行写和读。

将需要写入与读出的二进制数字记入表43-6第2行。将磁卡有刻度区域的一面朝前，沿着箭头标识的方向插入划槽，按需要切换写“0”或写“1”（按“0/1 转换”按键，当状态指示灯显示为红色表示当前为“写1”状态，绿色表示当前为“写0”状态）按住“写确认”按键不放，缓慢移动磁卡，根据磁卡上的刻度区域线，写入相应的二进制数。注意：为了便于后面的读出数据更准确，写数据时应以磁卡上各区域两边的边界线开始和结束，即在每个标定的区域内，磁卡的写入状态应完全相同。

完成写数据后，松开“写确认”按键，此时组件就处于读状态了，将磁卡移动到读磁头处，根据刻度区域在电压表上读出的电压，并记录于表43-6中。

表43-6 二进制数字的写入与读出

十进制数字								
二进制数字								
磁卡区域号	1	2	3	4	5	6	7	8
读出电压/V								

此实验演示了磁记录与磁读出的原理与过程。

由于测试卡区域的两端数据记录可能不准确，所以实验中只记录中间的1～8号区域的数据。

五、注意事项

1）由于巨磁电阻传感器具有磁滞现象，所以在实验中，恒流源只能单方向调节，不可回调，否则，测得的实验数据将不准确。实验表格中的电流只是作为一种参考，实验时以实际显示的数据为准。

2）测试卡组件不能长期处于“写”状态。

3）在实验过程中，实验环境不得处于强磁场中。

（刘兆周）

实验44　核磁共振实验研究

一、实验目的

1）了解核磁共振的原理及基本特点。

2）测定H核的g因子、旋磁比γ及核磁矩μ。

3）观察F的核磁共振现象。测定F核的g因子、旋磁比γ及核磁矩μ。

4）改变振荡幅度，观察共振信号幅度与振荡幅度的关系，从而了解饱和过程。

5）通过变频扫场，观察共振信号与扫场频率的关系，从而了解消除饱和的方法。

二、实验器材

边限振荡器核磁共振实验仪（图44-1）、信号检测器、匀强磁场组件和观测试剂。

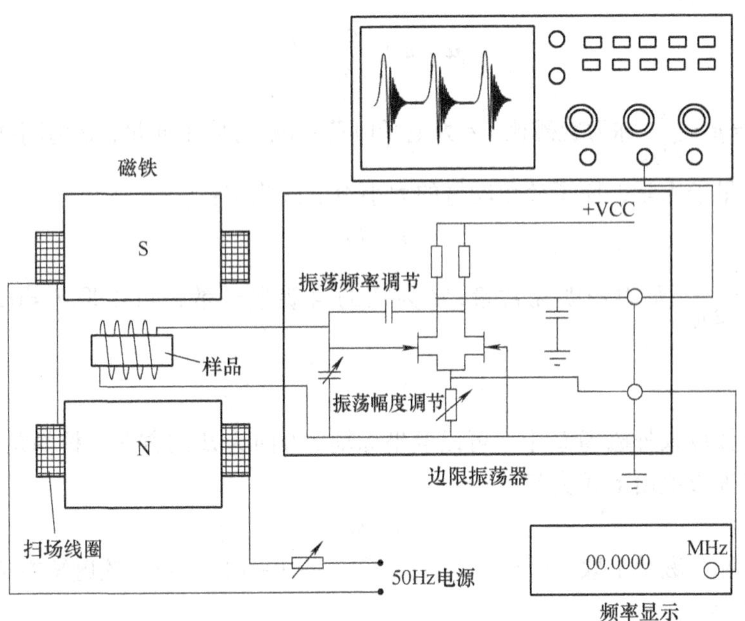

图44-1　边限振荡器核磁共振实验仪组成原理框图

三、实验原理

核磁共振是指具有磁矩的原子核在稳恒磁场中由电磁波引起的共振跃迁现

象。1945 年 12 月，美国哈佛大学的珀塞尔等人报道了他们在石蜡样品中观察到质子的核磁共振吸收信号。1946 年 1 月，美国斯坦福大学布络赫等人也报道了他们在水样品中观察到质子的核感应信号。两个研究小组用了稍微不同的方法，几乎同时在凝聚物质中发现了核磁共振。因此，布络赫和珀塞尔荣获了 1952 年的诺贝尔物理学奖。

以后，许多物理学家进入了这个领域，取得了丰硕的成果。目前，核磁共振已经广泛地应用到许多科学领域，是物理、化学、生物和医学研究中的一项重要实验技术，是测定原子的核磁矩和研究核结构的直接而又准确的方法，也是精确测量磁场的重要方法之一。

本实验可证实原子核磁矩的存在及测量原子核磁矩的大小，由此推导出原子核的 g 因子、旋磁比 γ 及核磁矩 μ，验证共振频率与磁场的关系 $2\pi\nu_0 = \gamma B_0$。本实验也是近代物理实验中具有代表性的重要实验。

通常将原子核的总磁矩在其角动量 $\boldsymbol{L}$ 方向上的投影 $\boldsymbol{\mu}$ 称为核磁矩，它们之间的关系通常写成

$$\boldsymbol{\mu} = \gamma \boldsymbol{L}$$

或

$$\boldsymbol{\mu} = g \cdot \frac{e}{2m_p} \cdot \boldsymbol{L} \tag{44-1}$$

式中，$\gamma = g \cdot \frac{e}{2m_p}$称为旋磁比；$e$ 为电子电荷；m_p 为质子质量；g 为朗德因子。

按照量子力学，原子核角动量的大小由下式决定：

$$L = I\hbar \tag{44-2}$$

式中，$\hbar = \frac{h}{2\pi}$，h 为普朗克常量；I 为核的自旋量子数，可以取 $I = 0$，$\frac{1}{2}$，1，$\frac{3}{2}$，…

把氢核放入外磁场 $\boldsymbol{B}$ 中，可以取坐标轴 z 方向为 $\boldsymbol{B}$ 的方向。核的角动量在 $\boldsymbol{B}$ 方向上的投影值由下式决定：

$$L_B = m\hbar \tag{44-3}$$

式中，m 称为磁量子数，$m = I$，$I-1$，…，$-(I-1)$，$-I$。核磁矩在 $\boldsymbol{B}$ 方向上的投影值为

$$\mu_B = g\frac{e}{2m_p}L_B = g\left(\frac{eh}{2m_p}\right)m$$

将它写为

$$\mu_B = g\mu_N m \tag{44-4}$$

式中，$\mu_N=5.050787\times10^{-27}\text{JT}^{-1}$称为核磁子，是核磁矩的单位。

核磁矩为$\boldsymbol{\mu}$ 的原子核在恒定磁场 $\boldsymbol{B}$ 中具有的势能为

$$E=-\boldsymbol{\mu}\cdot\boldsymbol{B}=-\mu_B B=-g\mu_N mB$$

任何两个能级之间的能量差为

$$\Delta E=E_{m1}-E_{m2}=-g\mu_N B(m_1-m_2) \tag{44-5}$$

考虑最简单的情况：对氢核而言，自旋量子数 $I=\frac{1}{2}$，所以磁量子数 m 只能取两个值，即 $m=\frac{1}{2}$和 $m=-\frac{1}{2}$。磁矩在外场方向上的投影也只能取两个值，如图 44-2a 所示，与此相对应的能级如图 44-2b 所示。

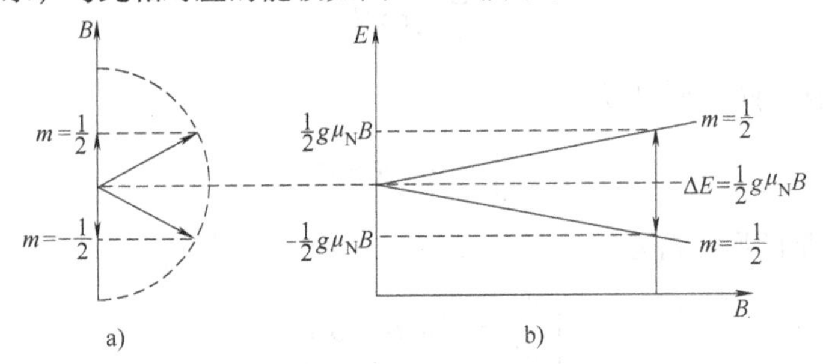

图 44-2　氢核能级在磁场中的分裂

根据量子力学中的选择定则，只有在 $\Delta m=\pm1$ 的两个能级之间才能发生跃迁，这两个跃迁能级之间的能量差为

$$\Delta E=g\mu_N B \tag{44-6}$$

由这个公式可知：相邻两个能级之间的能量差 ΔE 与外磁场 $\boldsymbol{B}$ 的大小成正比，磁场越强，则两个能级分裂也越大。

如果实验时外磁场为 $\boldsymbol{B}_0$，在该稳恒磁场区域又叠加一个电磁波作用于氢核，电磁波的能量 $h\nu_0$ 恰好等于这时氢核两能级的能量差 $g\mu_N B_0$，即

$$h\nu_0=g\mu_N B_0 \tag{44-7}$$

则氢核就会吸收电磁波的能量，由 $m=\frac{1}{2}$的能级跃迁到 $m=-\frac{1}{2}$的能级，这就是核磁共振吸收现象。式（44-7）就是核磁共振条件。为了应用上的方便，常写成

$$\nu_0=\left(\frac{g\mu_N}{h}\right)B_0,\ 即\ \omega_0=\gamma B_0 \tag{44-8}$$

以下从经典理论观点来讨论核磁共振问题。把经典理论核矢量模型用于微观粒子是不严格的，但是它对某些问题可以作一定的解释。数值上不一定正确，但可以给出一个清晰的物理图像，帮助我们了解问题的实质。

单个核的拉摩尔进动：

我们知道，如果陀螺不旋转，当它的轴线偏离竖直方向时，在重力作用下，它就会倒下来。但是如果陀螺本身作自转运动，它就不会倒下，而是绕着重力方向作进动，如图 44-3 所示。

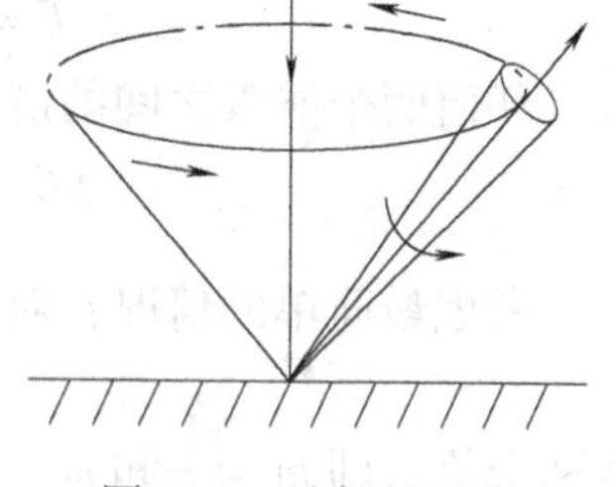

图 44-3 陀螺的进动

由于原子核具有自旋和磁矩，所以它在外磁场中的行为同陀螺在重力场中的行为是完全一样的。设核的角动量为$\boldsymbol{L}$，核磁矩为$\boldsymbol{\mu}$，外磁场为$\boldsymbol{B}$，由经典理论可知

$$\frac{\mathrm{d}\boldsymbol{L}}{\mathrm{d}t}=\boldsymbol{\mu}\times\boldsymbol{B} \tag{44-9}$$

由于，$\boldsymbol{\mu}=\gamma\boldsymbol{L}$，所以有

$$\frac{\mathrm{d}\boldsymbol{\mu}}{\mathrm{d}t}=\lambda\cdot\boldsymbol{\mu}\times\boldsymbol{B} \tag{44-10}$$

写成分量的形式则为

$$\begin{cases}\dfrac{\mathrm{d}\mu_x}{\mathrm{d}t}=\gamma(\mu_y B_z-\mu_z B_y)\\ \dfrac{\mathrm{d}\mu_y}{\mathrm{d}t}=\gamma(\mu_z B_x-\mu_x B_z)\\ \dfrac{\mathrm{d}\mu_z}{\mathrm{d}t}=\gamma(\mu_x B_y-\mu_y B_x)\end{cases} \tag{44-11}$$

若设稳恒磁场为$\boldsymbol{B}_0$，且 z 轴沿 $\boldsymbol{B}_0$ 方向，即 $B_x=B_y=0$，$B_z=B_0$，则上式将变为

$$\begin{cases}\dfrac{\mathrm{d}\mu_x}{\mathrm{d}t}=\gamma\mu_y B_0\\ \dfrac{\mathrm{d}\mu_y}{\mathrm{d}t}=-\gamma\mu_x B_0\\ \dfrac{\mathrm{d}\mu_z}{\mathrm{d}t}=0\end{cases} \tag{44-12}$$

由此可见，核磁矩分量 μ_z 是一个常数，即核磁矩$\boldsymbol{\mu}$ 在 $\boldsymbol{B}_0$ 方向上的投影将保持不变。将式（44-12）的第一式对 t 求导，并把第二式代入有

$$\frac{\mathrm{d}^2\mu_x}{\mathrm{d}t^2}=\gamma B_0\frac{\mathrm{d}\mu_y}{\mathrm{d}t}=-\gamma^2B_0^2\mu_x$$

或

$$\frac{\mathrm{d}^2\mu_x}{\mathrm{d}t^2}+\gamma^2B_0^2\mu_x=0 \tag{44-13}$$

这是一个简谐运动方程，其解为 $\mu_x=A\cos(\gamma B_0t+\varphi)$，由式(44-12)第一式得到

$$\mu_y=\frac{1}{\gamma B_0}\frac{\mathrm{d}\mu_x}{\mathrm{d}t}=-\frac{1}{\gamma\cdot B_0}\gamma B_0A\sin(\gamma B_0t+\varphi)=-A\sin(\gamma B_0t+\varphi)$$

以 $\omega_0=\gamma B_0$ 代入，有

$$\begin{cases}\mu_x=A\cos(\omega_0t+\varphi)\\ \mu_y=-A\sin(\omega_0t+\varphi)\\ \mu_L=\sqrt{(\mu_x+\mu_y)^2}=A=\text{常数}\end{cases} \tag{44-14}$$

由此可知，核磁矩 $\boldsymbol{\mu}$ 在稳恒磁场中的运动特点是：它围绕外磁场 $\boldsymbol{B}_0$ 作进动，进动的角频率为 $\omega_0=\gamma B_0$，与 $\boldsymbol{\mu}$ 与 $\boldsymbol{B}_0$ 之间的夹角 θ 无关；它在 xy 平面上的投影 μ_L 是常数；它在外磁场 $\boldsymbol{B}_0$ 方向上的投影 μ_z 为常数，其运动图像如图 44-4 所示。

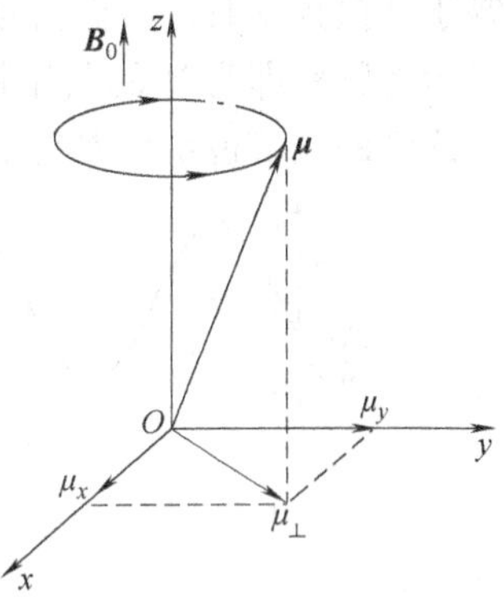

图 44-4 磁矩在外磁场中的进动

现在来研究如果在与 $\boldsymbol{B}_0$ 垂直的方向上加一个旋转磁场 $\boldsymbol{B}_1$，且 $B_1 \ll B_0$，会出现什么情况。如果这时再在垂直于 $\boldsymbol{B}_0$ 的平面内加上一个弱的旋转磁场 $\boldsymbol{B}_1$，$\boldsymbol{B}_1$ 的角频率和转动方向与核磁矩 $\boldsymbol{\mu}$ 的进动角频率和进动方向都相同，如图 44-5 所示。这时，核磁矩 $\boldsymbol{\mu}$ 除了受到 $\boldsymbol{B}_0$ 的作用之外，还要受到旋转磁场 $\boldsymbol{B}_1$ 的影响。也就是说，$\boldsymbol{\mu}$ 除了要围绕 $\boldsymbol{B}_0$ 进动之外，还要绕 $\boldsymbol{B}_1$ 进动，所以 $\boldsymbol{\mu}$ 与 $\boldsymbol{B}_0$ 之间的夹角 θ 将发生变化。由核磁矩的势能

$$E=-\boldsymbol{\mu}\cdot\boldsymbol{B}=-\mu B_0\cos\theta \tag{44-15}$$

可知，θ 的变化意味着核的能量状态的变化。当 θ 值增加时，核要从旋转磁场 $\boldsymbol{B}_1$ 中吸收能量，这就是核磁共振。产生共振的条件为

$$\omega=\omega_0=\gamma B_0 \tag{44-16}$$

如果旋转磁场 $\boldsymbol{B}_1$ 的转动角频率 ω 与核磁矩 μ 的进动角频率 ω_0 不相等，即 $\omega\neq\omega_0$，则角度 θ 的变化不显著，平均来说，θ 角的变化为零。原子核没有吸收磁场的能量，因此就观察不到核磁共振信号。

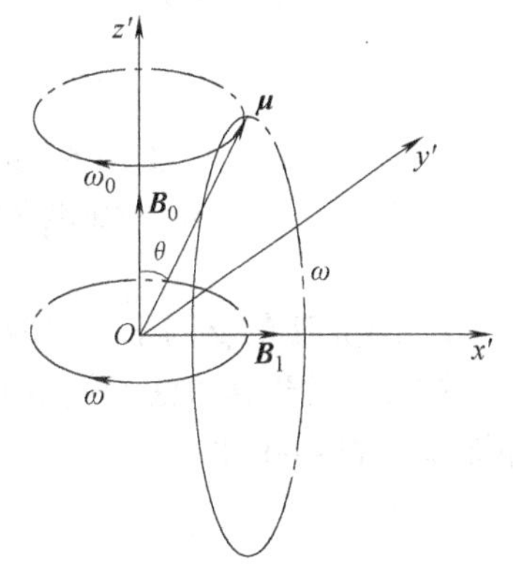

图 44-5 磁矩在外磁场中的进动

四、实验步骤

1. 观察水中 H 核的共振信号

用红黑连线将实验仪的“扫场输出”与匀强磁场组件的“扫场输入”对应连接起来；用短 Q9 线将信号检测器左侧板的“探头接口”与匀强磁场组件的“探头”Q9 连接；将信号检测器的“共振信号”连接到示波器的“CH2”通道；将实验仪的“同步信号”连接到示波器的“外触发”接口。

打开电源，将 1% 的 $CuSO_4$ 样品放入“试剂探头”插孔内（需保证试剂已经放入到插孔的底部），此时样品就处于磁场的中心位置。调节振荡幅度在 150 ~250 之间。调节振荡线圈频率的粗调旋钮，让频率逐步增大（或减小），当观测到有共振信号出现后，再改用细调旋钮，直到出现最佳的三峰等间隔为止。

当共振频率略高于振荡频率，共振磁场低于磁铁磁场时，共振信号如图 44-6a 所示；相反，共振磁场高于磁铁磁场时，共振信号如图 44-6b 所示。当振荡频率等于共振频率时，共振信号如图 44-6a 所示，此时称为三峰等间隔。此时实验仪显示的频率即为 H 的共振频率。

详细的调节说明可参见本实验附录。

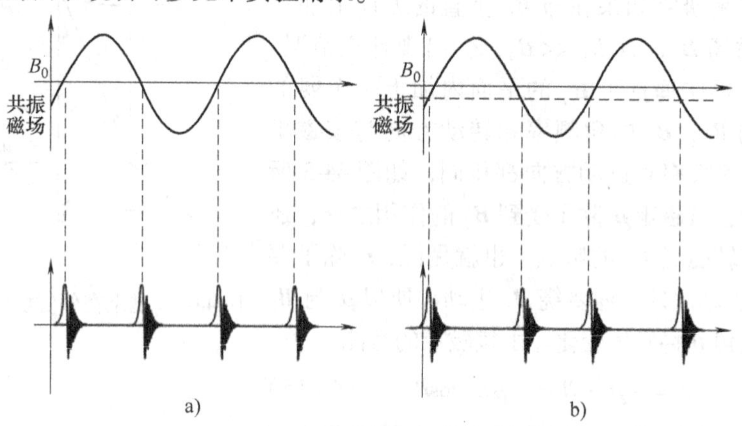

图 44-6 共振磁场与磁铁磁场之间的关系图
a）共振磁场等于磁铁磁场 b）共振磁场高于磁铁磁场

2. 测量 H 的 g 因子、旋磁比 γ、核磁矩 μ

按照 1 的连接方法和调节方法，先以 1% 的 $CuSO_4$ 样品为测试试剂，记录共振频率于表 44-1 中。

由于

$$g=\frac{v_0/B_0}{\mu_N/h}=\frac{\gamma/2\pi}{\mu_N/h} \tag{44-17}$$

由此可计算 H 核的 g 因子和旋磁比 γ，再根据式（44-1），并参考附表，得到核磁矩 μ。

更换其他实验样品，调节其共振频率，记录于表 44-1 中。

表 44-1 不同试剂测量的 H 核的 g 因子、旋磁比 γ 和核磁矩 μ

试剂类别	共振频率 v_0	振荡幅度	g 因子	旋磁比 γ	核磁矩 μ
硫酸铜					
三氯化铁					
氯化锰					
丙三醇					
纯水					

需要注意的是，要观测到纯水的共振信号，应将振荡幅度调节到足够低（最好小于 100mV），其他的试剂振荡幅度可调到 150～250mV。

3. 改变振荡器振荡幅度，观察 H 核的饱和现象

先将表 44-2 中的试剂依次放入试剂插孔内，调节振荡频率，使之出现合适的共振信号。然后改变振荡幅度，从示波器上读出共振信号幅度，记录于表 44-2 中（表 44-2 中的振荡幅度只是参考值，实验中可以根据实际显示的数值进行记录），并得到各种试剂的共振信号幅度和振荡幅度的关系曲线，和图 44-7a 所示曲线进行比较。

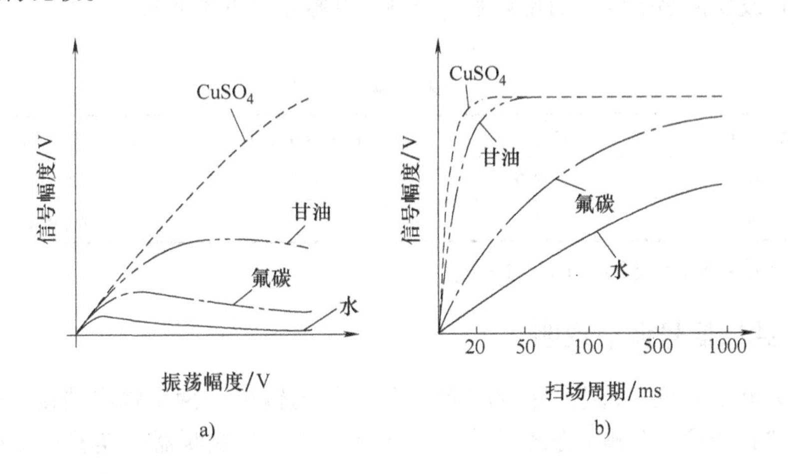

图 44-7 共振信号幅度与振荡幅度、扫场周期的关系

a）振荡幅度和信号幅度的关系 b）信号幅度和扫场周期的关系

饱和现象是指共振信号的幅度达到最大的过程。

表 44-2 振荡器振荡幅度和共振信号幅度关系表

振荡幅度/V		0.06	0.1	0.15	0.2	0.25	0.3
	试剂类别						
共振信号幅度/V	硫酸铜						
	三氯化铁						
	氯化锰						
	丙三醇						
	纯水						

注意：在调节振荡幅度的时候，振荡频率也会发生一定变化，这就需要随时调整振荡频率，使得共振信号一直处于最佳位置。

4. 改变扫场频率，观察 H 核的饱和现象

以纯水试剂为观测样品（也可以用其他试剂），调节振荡频率，使之出现合适的共振信号。然后开始调节扫场电源的扫场频率和扫场速度，并观察共振信号的幅度随扫场频率增减的变化关系，了解变频扫场对饱和效应的影响（用长余辉示波器或数字记忆示波器更便于观察变频扫场的饱和现象）。

5. 观察 F 核磁共振信号，测量 F 的 g 因子、旋磁比 γ、核磁矩 μ

先将氟样品放入匀强磁场组件的试剂插孔中，调节振荡幅度在 0.1～1.0mV 之间。然后按照 H 核的共振信号调节方法（见 2）调出共振信号，并调节至三峰等间隔。记录共振频率，并计算 F 的 g 因子、旋磁比 γ 及核磁矩 μ。

通过改变振荡幅度和扫场频率，观测 F 共振信号的饱和现象。

附表：

表 44-3

元素	丰度(%)	自旋量子数 I	回旋频率/$MHz \cdot T^{-1}$
^{1}H	99.9	1/2	42.577
^{19}F	100	1/2	40.055

普朗克常量：$h = 6.626 \times 10^{-34} J \cdot s$。

附件：共振信号调节说明

（1）将实验仪主机上“扫场控制”的“扫场输出”两个输出端接到磁铁面板上的“扫场输入”端；航空接头“检测器接口”与检测器“实验仪接口”接头用电缆连接。

（2）将“检测器”的“共振信号输出”用 Q9 线接示波器 CH1 通道或 CH2 通道（但在观测李萨如图形时要接 CH2 通道）。

（3）将“扫场控制”的“扫场速度”顺时针调至最大（3～5 圈），这样可

以加大捕捉信号的范围。

（4）将硫酸铜样品放入探头中并将其置于磁铁中。注意探头应处于磁铁中心区域。

（5）使用“频率粗调”旋钮，将频率调节至磁铁标志的 H 共振频率范围下限附近，如磁铁上未标志范围，可从最低频率处匀速转动“频率粗调”旋钮，同时注意观察示波器，捕捉到共振信号闪过后立即停止调节，反方向缓慢转动旋钮，很快又可以捕捉到共振信号缓慢滑过，这时再使用“频率细调”旋钮，在此频率以上捕捉信号；调节旋钮时要慢，因为共振范围非常小，而频率的变化会滞后于旋钮的动作，很容易跳过。

注意：因为磁铁的磁场强度随温度的变化而变化（成反比关系），所以应在标志频率附近 ±1MHz 的范围进行信号的捕捉！

（6）调出共振信号后，调节“频率细调”至信号等宽，同时移动检测器，调节样品在磁铁中的空间位置来得到最强、尾波最多的共振信号，如图 44-8 所示（仅供参考）。此时改变扫场幅（速）度，可观察到信号幅度、尾波的变化。

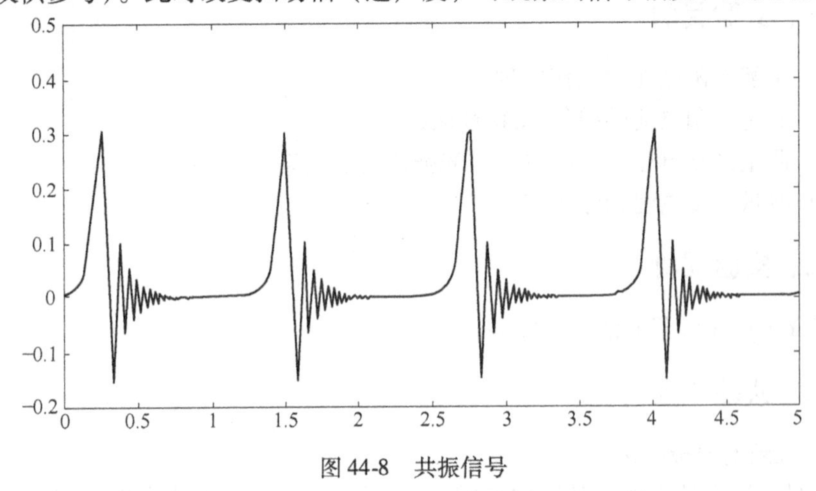

图 44-8　共振信号

（7）将氟碳样品放入探头中，测量 F 的共振频率。由于氟样品的弛豫时间过长会导致饱和现象而引起信号变小，因此 F 的共振信号较小，此时应适当地降低射频振荡幅度。当调整共振信号等宽后，逆时针调节“扫场控制”的“扫场频率”旋钮，逐步降低扫场频率，此时可观测到共振信号逐步增强，这是因为随着扫场频率的降低，样品弛豫时间过长的影响逐步减小。注意，在调节过程中应适时调节“相位调节”旋钮以便观测低频信号。

五、注意事项

1）均匀磁场组件内部为强磁铁，不得将铁磁物质置于均匀磁场内部。

2）实验试剂的使用要轻拿轻放，避免损坏。

3）均匀磁场组件上的螺钉不得随意拧动，否则将影响实验效果。

六、思考题

1）为什么频率调至磁铁上所标示的频率，但仍没有信号？

2）为什么频率调节时，频率计的显示超过1s后才稳定？

3）示波器上信号为什么会上下、左右抖动，并伴有尖脉冲？

4）为什么示波器上的共振信号尾波较少，信号不佳？

（刘兆周）

实验45　太阳电池综合实验

一、实验目的

1）了解太阳电池的工作原理。

2）测定太阳电池的暗伏-安特性曲线。

3）测量开路电压、短路电流与光强之间的关系。

4）测量太阳电池的输出特性。

二、实验器材

ZKY-SAC-I 太阳电池特性实验仪。

三、实验原理

1. 太阳电池板结构

以硅太阳电池为例，其结构如图45-1所示。硅太阳电池由以硅半导体材料制成的大面积PN结经串联、并联构成，在N型材料层面上制作金属栅线为面接触电极，背面也制作金属膜作为接触电极，这样就形成了太阳电池板。为了减小光的反射损失，一般在表面覆盖一层减反射膜。

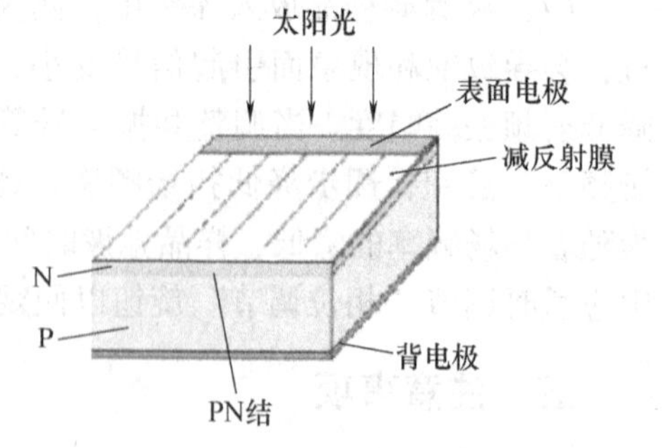

图45-1　太阳电池板结构示意图

2. 光伏效应

当光照射到半导体PN结上时，半导体PN结吸收光能后，两端产生电动势，这种现象称为光生伏特效应。由于 PN 结耗尽区存在着较强的内建静电场，因而产生在耗尽区中的电子和空穴在内建静电场的作用下，会各向相反方向运动，离开耗尽区，结果使 P 区电势升高，N 区电势降低，PN 结两端形成光生电动势，这就是 PN 结的光生伏特效应。若将 PN 结两端接入外电路，就可向负载输出电能。

3. 太阳电池的特性参数

太阳电池工作原理基于光伏效应。当光照射到太阳电池板上时，太阳电池能够吸收光的能量，并将所吸收的光子的能量转化为电能。在没有光照时，可将太阳电池视为一个二极管，其正向偏压 U 与通过的电流 I 的关系为

$$I = I_0\left(e^{\frac{qU}{nkT}} - 1\right) \tag{45-1}$$

式中，I_0 是二极管的反向饱和电流；n 称为理想系数，是表示 PN 结特性的参数，通常为 1；k 是玻耳兹曼常数；q 为电子的电荷量；T 为热力学温度。$\left(\text{可令 } \beta = \frac{q}{nkT}\text{，简化该式}\right)$

当太阳电池短路时，我们可以得到短路电流 I_{SC}，当太阳电池开路时，我们可以得到开路电压 U_{OC}。

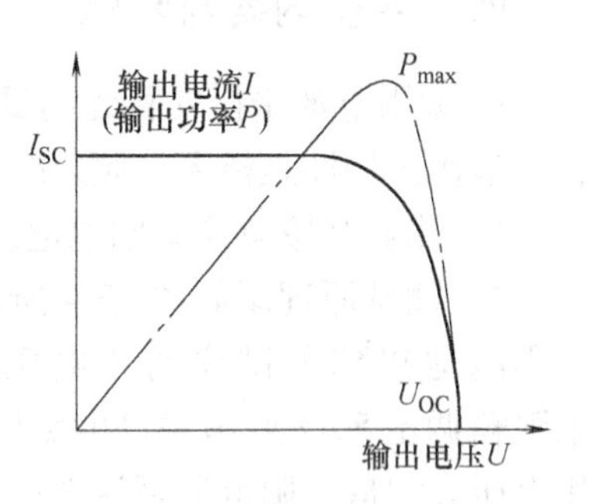

图 45-2　太阳电池的输出特性

当太阳电池接上负载 R 时，所得到的负载 U-I 特性曲线如图 45-2 实线所示，若以输出电压为横坐标，输出功率为纵坐标，给出的 P-U 曲线如图 45-2 点划线所示。负载 R 可从零至无穷大，当负载为 R_m 时，太阳能电池的输出功率最大，它对应的最大功率为 P_{max}

$$P_{max} = I_m U_m \tag{45-2}$$

上式中，I_m 和 U_m 分别为最佳工作电流和最佳工作电压，将 U_{oc} 与 I_{sc} 的乘积与最大输出功率 P_{max} 之比定义为填充因子 FF

$$FF = \frac{P_{max}}{U_{OC} I_{SC}} = \frac{U_m I_m}{U_{OC} I_{SC}} \tag{45-3}$$

FF 为太阳电池的重要特性参数，FF 越大则输出功率越高。FF 取决于入射光强、材料禁带宽度、理想系数、串联电阻和并联电阻等。

太阳电池的转换效率 η 定义为太阳电池的最大输出功率与照射到太阳电池的功率 P_{in} 之比，即

$$\eta = \frac{P_{max}}{P_{in}} \times 100\% \tag{45-4}$$

理论分析及实验表明，在不同的光照条件下，短路电流随入射光功率线性增

长，而开路电压在入射光功率增加时只略微增加，如图 45-3 所示。硅太阳电池分为单晶硅太阳电池、多晶硅薄膜太阳电池和非晶硅薄膜太阳电池三种。

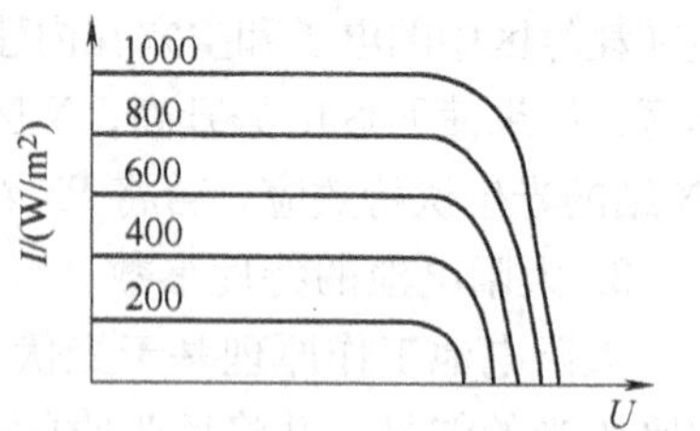

图 45-3 不同光照条件下的 U-I 曲线

单晶硅太阳电池转换率最高，技术也最为成熟，在实验室里它的最高的转换效率为 24.7%，规模生产时的效率可达 15%，在大规模应用和工业生产中仍占主导地位。但由于单晶硅价格高，大幅度降低其成本很困难，为了节省硅材料，发展了多晶硅薄膜和非晶硅薄膜作为单晶硅太阳电池的替代产品。

多晶硅薄膜太阳电池与单晶硅比较，成本低廉，而效率高于非晶硅薄膜太阳电池，其实验室最高转换效率为 18%，工业规模量产的转换效率可达到 10%。因此，多晶硅薄膜太阳电池可能在未来的太阳电池市场占据主导地位。

四、实验内容与步骤

1. 太阳电池暗伏安特性测量（直流偏压从 0 ~ 2V）

暗伏安特性是指无光照射时，流经太阳电池的电流与外加电压之间的关系。

1）用遮光罩罩住太阳电池。

2）测试原理图如图 45-4 所示。将待测的太阳电池接到测试仪的“电压输出”接口，电阻箱调至 50Ω 后串联进电路以起保护作用，用电压表测量太阳电池两端电压，并测量回路中的电流。

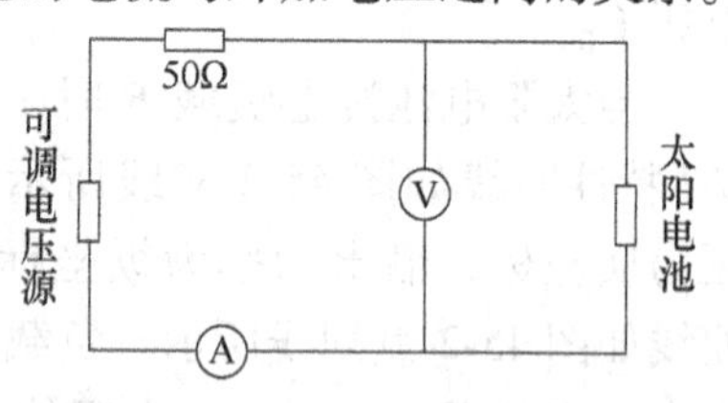

图 45-4 伏安特性测量接线原理图

3）调节电压源使电压表显示为 0V，然后逐渐增大输出电压，每间隔 0.3V 记一次电流值。反向输出电压，每间隔 1V 记一次电流值。记录电流随电压变换的数据于表 45-1 中。

表 45-1 三种太阳电池的暗伏安特性测量

电压/V	电流/mA		
	单晶硅	多晶硅	非晶硅
−8			
−7			
⋮			
0			
0.3			
0.6			
⋮			
3.9			

4）以电压为横坐标，电流为纵坐标，根据表45-1画出三种太阳电池的伏安特性曲线。

5）讨论太阳电池的暗伏安特性与一般二极管伏安特性的异同。

2. 开路电压、短路电流与光强关系测量

1）打开光源开关，预热2min。测试电路如图45-5所示。

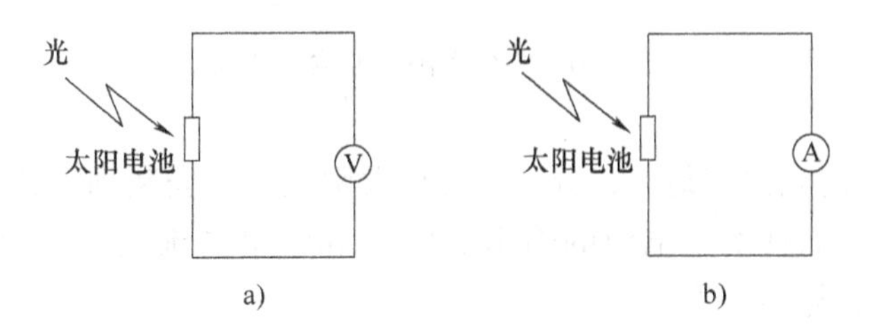

图45-5　开路电压、短路电流与光强关系测量示意图

a）测量开路电压　b）测量短路电流

2）打开遮光罩。将光强探头装在太阳电池板位置，探头输出线连接至太阳电池特性测试仪的“光强输入”接口上。测试仪设置为“光强测量”。由近及远移动支架，测量距光源一定距离的光强 I，测量值记入表45-2中。

3）将光强探头换成单晶硅太阳电池，测试仪设置为“电压表”状态。按测量光强时对应的距离值，记录开路电压。测试仪设置为“电流表”状态，记录短路电流。

4）将单晶硅太阳电池换成多晶硅太阳电池，重复测量。

5）将多晶硅太阳电池换成非单晶硅太阳电池，重复测量。

6）根据表45-2数据画出三种太阳电池的开路电压、短路电流与光强关系曲线。

表45-2　太阳电池开路电压、短路电流随光强变化关系

距离/cm		10	15	20	25	30	35	40	45	50
光强 $I/(W\cdot m^{-2})$										
单晶硅	开路电压 U_{oc}/V									
	短路电流 I_{sc}/mA									
多晶硅	开路电压 U_{oc}/V									
	短路电流 I_{sc}/mA									
非晶硅	开路电压 U_{oc}/V									
	短路电流 I_{sc}/mA									

3. 太阳电池输出特性实验

1）按图 45-6 接线，以电阻箱作为太阳电池负载。

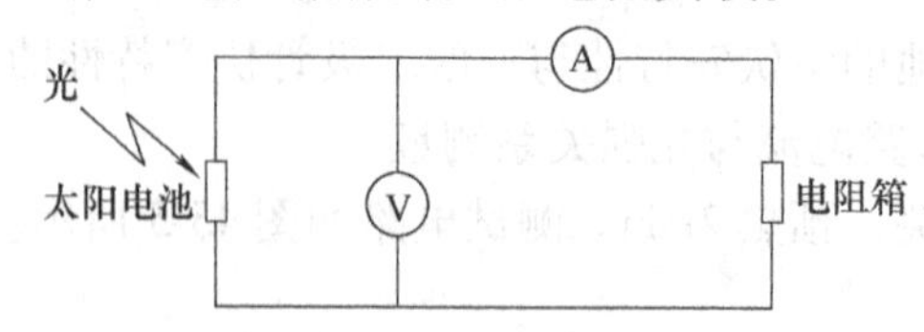

图 45-6 测量太阳电池输出特性

2）在一定的光强照射下，分别将三种太阳电池板安装到支架上，通过改变电阻箱的阻值，记录太阳电池的输出电压 U 和输出电流 I，并计算出输出功率 $P_0 = U \times I$，填于表 45-3 中。

表 45-3 三种太阳电池输出特性

单晶硅	输出电压 U/V	0	0.2	0.4	0.6	0.8	1	1.2	1.4	1.6	…
	输出电流 I/A										
	输出功率 P_0/W										
多晶硅	输出电压 U/V	0	0.2	0.4	0.6	0.8	1	1.2	1.4	1.6	…
	输出电流 I/A										
	输出功率 P_0/W										
非晶硅	输出电压 U/V	0	0.2	0.4	0.6	0.8	1	1.2	1.4	1.6	…
	输出电流 I/A										
	输出功率 P_0/W										

3）根据表 45-3 数据作三种太阳电池的输出伏安特性曲线及功率曲线，找出最大功率点，对应电阻值即为最佳期匹配负载。由式（45-3）计算填充因子，由式（45-4）计算转换效率。入射到太阳电池板上的功率 $P_{in} = I \times S_1$，I 为入射到太阳电池板表面的光强，S_1 为太阳电池板面积。

五、注意事项

1）在预热光源时，需用遮光罩罩住太阳电池，以降低太阳电池的温度，减小实验误差。

2）光源工作关闭后的约 1h 期间，灯罩表面的温度都很高，请不要触摸。

六、思考与讨论

1）什么是光伏效应？

2）简述太阳电池的工作原理及应用。

3）太阳电池特性测试应注意哪些问题？

（王淑珍）

实验46　大学物理仿真实验的基本操作

自1946年计算机问世以来，计算机应用已广泛进入现代生产和生活的所有领域，改变着人们的生产、生活和学习的方式。

1. 物理实验与计算机

目前，学校教学中计算机的参与已比较普遍。在物理实验中，绝大部分的实验都配有微机，教师用它进行讲解、演示，形象地说明学生难以认识和理解的内容；实验中，学生可以通过微机对自己的实验结果进行分析、甄别等。此外，物理实验中还有一些主要由微机进行实时测量的内容。而计算机仿真实验则是另一种教学方法，它与微机的演示和实时测量在某些方面有相似之处，但应用的出发点在本质上是不同的。仿真实验属于计算机辅助教学，它是计算机科学的一个新的分支。

仿真实验是一种优化了的多媒体实验教学系统，对每一项实验内容，它包含了从实验原理、实验方法、实验仪器调节、实验过程的实现、数据计算、问题分析等完整的学习过程，使实验计算机化。学习者结合这一教学方式，能够帮助对物理实验课程的学习，获得最佳学习效果，之所以如此，是由于：

1）可以在该系统软件的支持下，对课程教学中的实验内容有针对性地作先期了解，做好真实实验前的准备。

2）可以通过人机对话，在微机上完成相应的实验操作训练，从中发现问题，加深对实验过程的理解。

3）可以对已经学习过的实验内容重新再认识，起到巩固复习的作用。

4）可以依据自己的兴趣以及对知识掌握的程度，自我选择实验内容。

5）可以开阔眼界，拓宽知识面。

2. 现代教育中的教与学

应该指出的是，现代科学技术的飞速发展呈高度分化和高度交叉之势，知识不断创新，学生有必要在高校有限的学习期内，尽可能多地学习和接触新知识和新技术。新世纪的到来，加剧了经济、技术全球化的进程，使得社会发展对人才需求的竞争机制和人们求知求能的个体欲望均出现了新变化，这些新变化是我国高等教育史上从没有过的。可喜的是，高教战线的“教学改革”正如火如荼地不断向纵深发展，教学方式、教学手段的现代化在较大程度上适应了面向21世纪教育教学改革的新需求。

现代教学模式正在改变传统的、单一的教学思想，现代教学观念的转变体现在：

1）转变单纯以继承为中心的教育思想，树立着重培养创新精神的观念。改革过去“大统一”的教学制度，重视发展学生的个性、特长和爱好，实行选学制、主辅修制；重视综合实践训练，培养学生利用多门学科知识综合分析问题和解决问题的能力；重视第二课堂活动，让学生各展所长；积极推行教学个性化，精简教学内容，重视小班教学和个别辅导活动。

2）转变以学科为中心的教育思想，树立整体化教育观念。实行学科结构综合化，实现学科交叉与结合；拓宽课程口经，开阔视野，大学教育作为“通才”、“全才”教育的成分将逐渐增加。

3）转变只关注以教师为核心、以黑板加粉笔为主体的教育思想，树立重视以学生为主体、教师是主导，营造良好学习环境的教育观念。

仿真实验是现代教学的产物，我们从事科学实验研究的时候，有时受到实验设备、材料、经费、时间等条件的限制，或者对有些高昂代价的实验做前期准备，如果用真实设备进行实在的实验往往是不可能的或是很不经济的。将计算机当成模拟工具，在微机上对真实实验进行模仿，其作用和效果都是非常明显的。

本书选用的计算机仿真物理实验系统为“大学物理仿真实验 V2.0”（中国科技大学研制），下面介绍它的使用方法。

在仿真实验中几乎所有的操作都要使用鼠标。如果您的计算机安装了鼠标，启动 Windows 后，屏幕上就会出现鼠标指针光标。移动鼠标，屏幕上的指针光标随之移动。下面是本书中鼠标操作的名词约定。

单击：按下鼠标左键再放开。

双击：快速地连续按两次鼠标左键。

拖动：按下鼠标左键并移动。

右键单击：按下鼠标右键再放开。

一、系统的启动

在 Windows 的“开始”菜单里双击“大学物理仿真实验 V2.0（第三部分）”图标，启动仿真实验系统。进入系统后出现主界面（图 46-1），单击“上一页”、“下一页”按钮可前后翻页。用鼠标单击各实验项目文字按钮（不是图标）即可进入相应的仿真实验平台。结束仿真实验后回到主界面，单击“退出”按钮即可退出本系统。如果某个仿真实验还在运行，则在主界面单击“退出”按钮无效，待关闭所有正在运行的仿真实验后，系统会自动退出。

仿真实验平台采用窗口式的图形化界面，形象生动、使用方便。

由仿真系统主界面进入仿真实验平台后，首先显示该平台的主窗口（图46-2），该窗口大小一般为全屏或800×600像素。主菜单一般为弹出式，隐藏在主窗口里。在实验主窗口单击右键即可显示。菜单项一般包括：实验简介、实验原理、实验仪器、实验内容、实验步骤、实验指导、思考题、补充内容、开始实验等。

图46-1　仿真实验主界面

图46-2　实验主窗口（傅里叶光学实验）

如使用教师希望对现有实验内容进行补充或者调整，可以直接修改主菜单“补充内容”对应的部分：直接修改当前实验目录下的refer. htm文件，例如，如修改fly目录下的refer. htm即可修改傅里叶光学实验的补充内容。除了“补充内容”外的其他部分内容不能被使用者修改。

选择主菜单的“开始实验”后进入实验场景窗口（图46-3），开始实验操作。

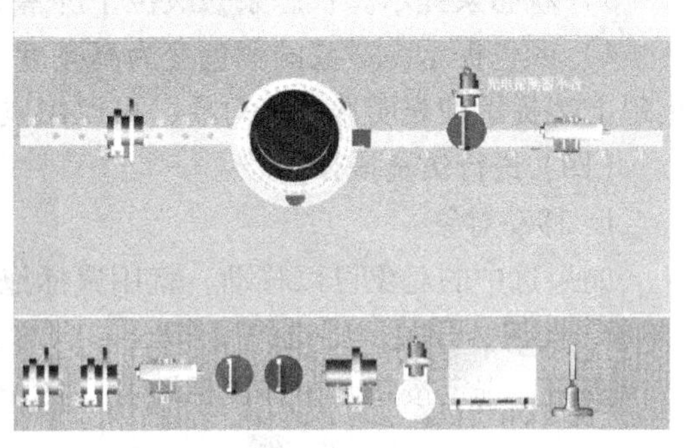

图46-3　实验场景（偏振光实验Ⅱ）

实验室场景内一般都包括实验台、实验仪器和菜单。用鼠标在实验室场景内移动，当鼠标指向某件仪器时，鼠标指针处会显示相应的提示信息（仪器名称或如何操作），如图46-3所示。有些仪器位置可以调节，可以按住鼠标左键进行拖动。

二、仿真实验操作

（一）开始实验

有些仿真实验启动后就处于“开始实验”状态，有些需要在主菜单上选择。

（二）控制仪器调节窗口

调节仪器一般要在仪器调节窗口内进行。

打开窗口：双击主窗口上的仪器或从主菜单上选择，即可进入仪器调节窗口。

移动窗口：用鼠标拖动仪器调节窗口上端的细条。

关闭窗口：

方法一：右键单击仪器调节窗口上端的细条，在弹出的快捷菜单中选择“返回”或“关闭”。

方法二：双击仪器调节窗口上端的细条。

方法三：按 < Alt + F4 > 键。

（三）选择操作对象

激活对象（仪器图标、按钮、开关、旋钮等）所在窗口，当鼠标指向此对象时，系统会给出下列提示中的至少一种：

1）鼠标指针提示。鼠标指针光标由箭头变为其他形状（例如手形）。

2）光标跟随提示。鼠标指针光标旁边出现一个黄色的提示框，提示对象名称或如何操作。

3）状态条提示。状态条一般位于屏幕下方，提示对象名称或如何操作。

4）颜色提示。对象的颜色变为高亮度（或发光），显得突出而醒目。

出现上述提示即表明选中该对象，可以用鼠标进行仿真操作。

（四）进行仿真操作

1. 移动对象

如果选中的对象可以移动，就用鼠标拖动选中的对象。

2. 按钮、开关、旋钮的操作

按钮：选定按钮，单击鼠标即可（图 46-4）。

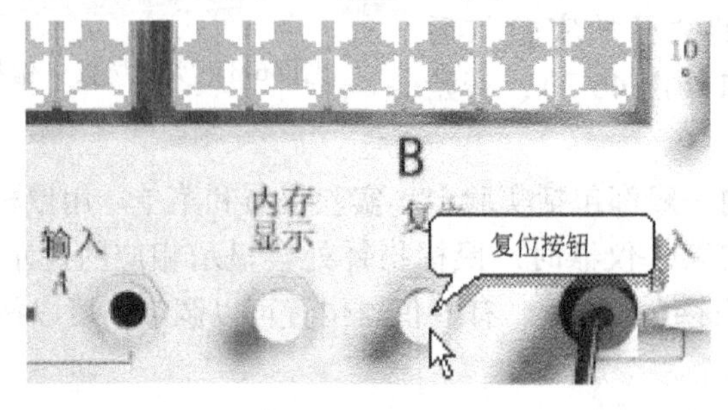

图 46-4　按钮

开关：对于两档开关，在选定的开关上单击鼠标切换其状态。多档开关，在选定的开关上单击左键或右键切换其状态（图 46-5、图 46-6）。

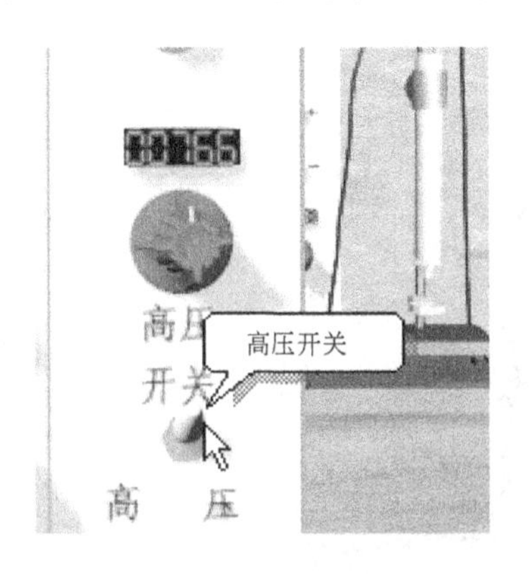

图 46-5　两档开关

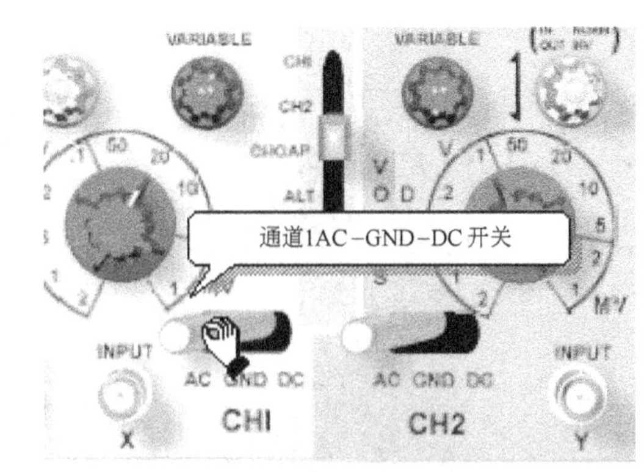

图 46-6　多档开关

旋钮：选定旋钮，单击鼠标左键，旋钮反时针旋转；单击右键，旋钮顺时针旋转（图 46-7）。按下左键不放，旋钮反时针快速旋转；按下右键不放，旋钮顺时针快速旋转。

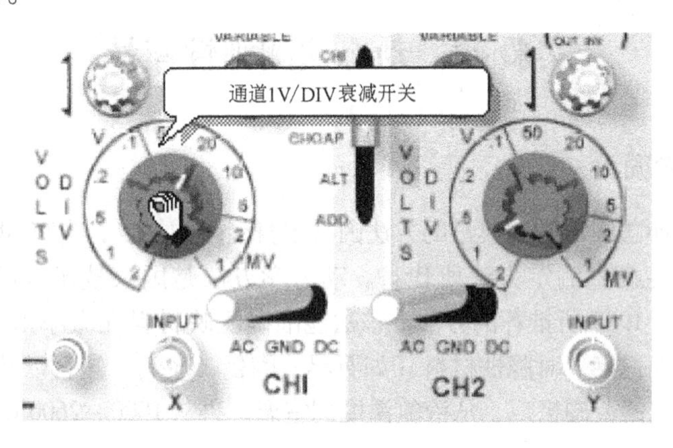

图 46-7　旋钮开关

3. 连接电路

连接两个接线柱：选定一个接线柱，按住鼠标左键不放拖动，一根直导线即从接线柱引出。将导线末端拖至另一个接线柱释放鼠标，就完成了两个接线柱的连接（图 46-8）。

删除两个接线柱的连线：将这两个接线柱重新连接一次（如果面板上有“拆线”按钮，则应先选择此按钮）。

4. Windows 标准控件的调节

仿真实验中也使用了一些 Windows 标准控件，调节方法请参阅有关 Windows 操作的书籍或 Windows 的联机帮助。

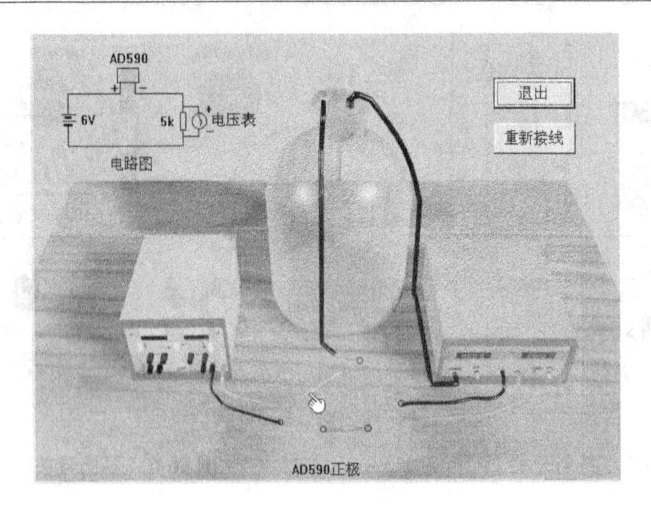

图 46-8 连线

（刘文军）

实验 47 动态法测弹性模量

一、实验简介

用静态拉伸法测定弹性模量的方法因其本身诸多的缺点，自 20 世纪 80 年代起已被动力学弹性模量测定方法所代替。动力学方法是国家技术标准 GB/T2105—1991，GB2105—1980 所推荐的方法。该法能准确反映材料在微小形变时的物理性能，测得值精确稳定，对脆性材料（如石墨、陶瓷、玻璃、塑料以及复合材料等）也能测定，测定的范围极广，从液氮温度到室温，再从 1000～2600℃范围内均可。

二、实验原理

1）杆的弯曲振动基本方程：对一长杆作微小横振动时可建立如下方程：

$$U_u - E \cdot I/\rho \cdot U_{XXXX} = 0 \tag{47-1}$$

式中，E 为弹性模量；I 为转动惯量；ρ 为密度。对二端自由的杆，其边界条件为 $U_{XX}\Big|_{x=0}=0$；$U_{XXX}\Big|_{x=0}=0$。用分离变数的试探解 $U(x, t) = X(x)\ T(t)$ 以及上述边界条件代入式（47-1）得超越方程

$$\mathrm{ch}H\cos H = 1 \tag{47-2}$$

解这个超越方程，经数值计算得到前 n 个 H 的值是

$$H_1 = 1.506\pi, H_2 = 2.4997\pi, H_n = (n + 1/2)\pi \quad n > 2$$

因振动频率 $\omega = H_n^2$ ［EI/ρ］$/l$，若取基频 $H_1 = 1.506\pi$ 可推导 $E = \dfrac{f^2 l^3 m}{3.56^2 I}$。

对圆棒 $I = \dfrac{3.14}{64}d^4$，于是有

$$E(\text{圆}) = 1.6067\frac{l^3 m}{d^4}f^2 \tag{47-3}$$

同理对 b 为宽度，h 为厚度的矩形棒有

$$E(\text{矩}) = 0.9464\left(\frac{l}{h}\right)^3\frac{m}{b}f^2 \tag{47-4}$$

式中，棒长 l、直径 d、宽度 b 及厚度 h 的单位为 m；质量 m 的单位为 kg；频率 f 的单位为 Hz；计算出弹性模量 E 的单位为 N/m^2。

2）理论推导表明，杆的横振动节点与振动级次有关，H_n 值第 1，3，5，…数值对应于对称形振动，第 2，4，6，…对应于反对称形振动。最低级次的对称振动波形如图 47-1 所示。

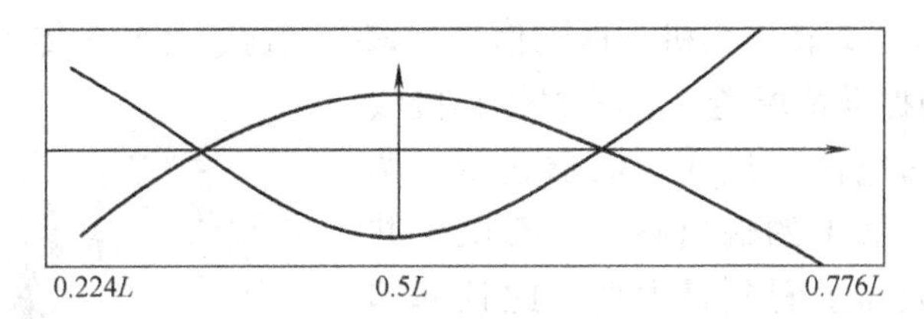

图 47-1　二端自由杆基频弯曲振动波形

表 47-1　振动级次－－－节点位置－－－频率比（L 为杆的长度）

级次 n	基频 $n=1$	一次谐波 $n=2$	二次谐波 $n=3$
节点数	2	3	4
节点位置	0.224L 0.776L	0.132L 0.502L　0.868L	0.094L　0.356L 0.644L　0.906L
频率比	F	2.76f	5.40f

由表 47-1 可见，基频振动的理论节点位置为 0.224L（另一端为 0.776L）。理论上吊扎点应在节点，但节点处试样激发接收均困难。为此可在试样节点和端点之间选不同点吊扎，用外推法找出节点的共振频率。不作修正此项系统误差一般不大于 0.2%。推荐采用端点激发接收方式非常有利于室温及高温下的测定。

3）需注意式（47-3）是在 $d \ll 1$ 时推出，否则要作修正，E（修正）$= KE$（未修正），当材料泊松比为 0.25 时，K 值如下表：

径长比 d/L	0.02	0.04	0.06	0.08	0.10
修正系数 K	1.002	1.008	1.019	1.033	1.051

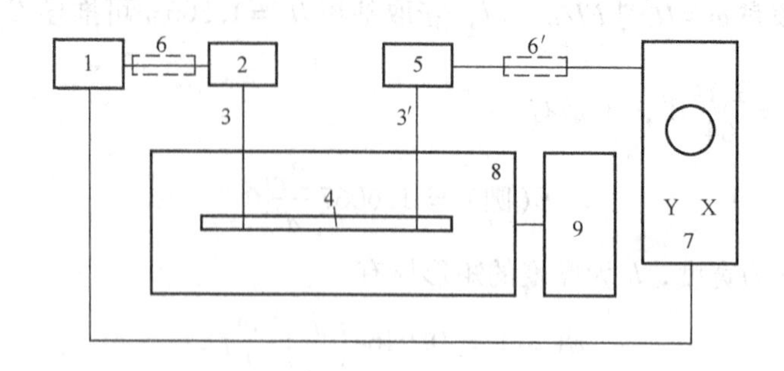

图 47-2 各实验仪器之间的连接关系（变温测量的情况下）

三、实验仪器

在图 47-2 中，1 是函数信号发生器，本身带 5 位数字显示频率计，它发出的声频信号经换能器 2 转换为机械振动信号，该振动通过悬丝 3 传入试棒引起试棒 4 振动，试棒的振动情况通过悬丝 3′传到接收换能器 5 转变为电信号进入示波器显示。调节函数信号发生器 1 的输出频率，若试样共振，则能在示波器上看到最大值，此频率即为试棒的共振频率。若需测定不同温度下的弹性模量，需将试样置于变温装置 8 内，炉温由温控器 9 控制调节。但一般常温下的测量不使用悬丝，而是直接置于支撑式的换能器 2 和 5 上。

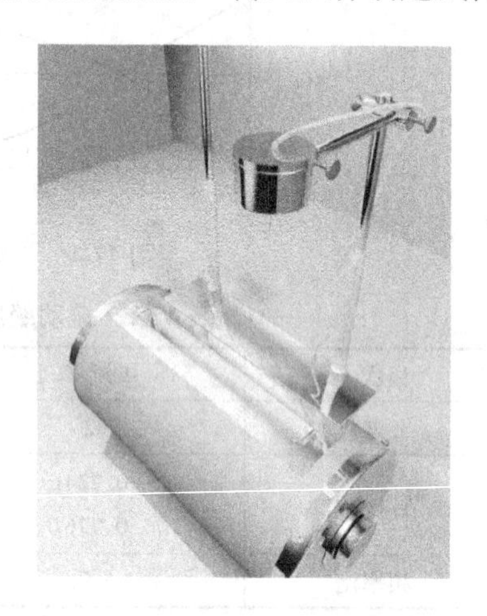

图 47-3 悬挂式测定装置

悬挂式测定装置如图 47-3 所示，两个换能器在直径 20mm 高 140mm 柱状空间任意位置停留，试样用悬线。室温下采用 $\phi0.05 \sim \phi0.2$mm 棉线，高温下采用铜线或 Ni-Gr 丝，粗硬的悬线会引入较大误差。悬挂式测定装置和加温炉在一起，下部开槽的圆柱体部分就是加热炉炉体。

变温装置：由热电偶，炉体，温控器三部分组成，加热温度：室温到 1000℃（推荐在小于 800～900℃工作），温控器由 4 位数显比例式，K 型热电偶（图 47-4）。

支撑式测定支架如图 47-5 所示，试样放上无需捆绑即能测定，准确方便且无虚假信号。支架横杆平行于底板，横杆上有 2 和 5 两个换能器，二者间距可调节。试棒 4 通过特殊材料搭放在两个换能器上，调节函数信号发生器（图 47-6）的输出频率使在示波器（图 47-7）上显示信号出现最大，此即为试样的共振频率。

图　47-4

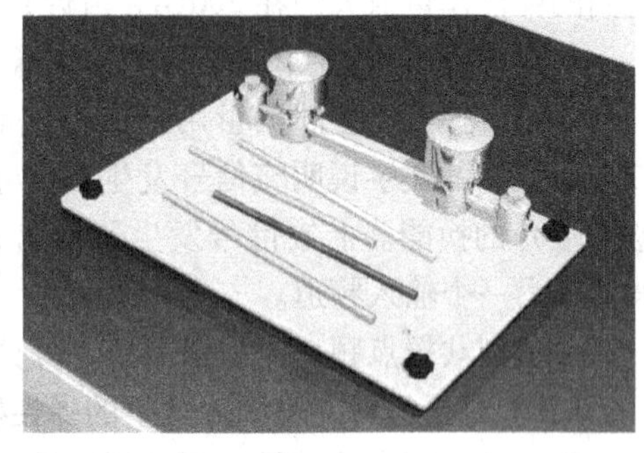

图　47-5

功率函数信号发生器 5 位数显，频率范围 5 ~ 55kHz，三种波形，6 ~ 10W 输出，能作 0.1Hz 精细微调。

图 47-6　功率函数信号发生器

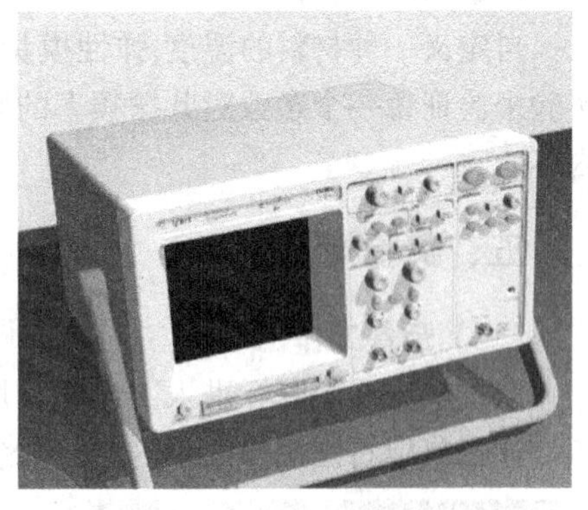

图 44-7　示波器：100MHz 采样率多功能数字示波器

四、实验内容

（一）测量前准备

真实实验中，需要作试样几何尺寸及质量测量：试样一般为 ϕ5mm ~ ϕ10mm，长 140 ~ 200mm，其他矩形、正方、圆筒状（均匀试样），金属或非金属均可。将试样清洗后用卡尺测量长度，连测三次取平均值。再将试样沿直径方向六或十等分，用螺旋测微计测出直径的平均值，质量用物理天平测定。

仿真实验中将自动获得这些数据（实验操作中，操作窗口的右上角会显示您正在使用的试样的数据），然后需要用这些数据估算试样的共振频率所在范围。不缩小寻找范围的话很容易将这个共振点漏过（实验中的试样都是金属，它们的弹性模量值大约在200GPa附近）。

（二）测量材料在常温下的弹性模量

常温下弹性模量的测量用到支撑式测定支架，依照实验仪器介绍部分的图47-2以及它的文字说明将信号发生器和示波器接好。一般的接法是在一端（任意一端）的换能器上接信号发生器输出和示波器的一个输入频道，另一端接示波器的另一个输入频道。

寻找到共振点频率，记录下来，计算出它的弹性模量（常温下）。

（三）测量材料在不同温度下的弹性模量

变温条件下弹性模量的测量用到悬挂式测定支架，依照实验仪器介绍部分的图47-2以及它的文字说明将信号发生器和示波器接好。一般接法同上。

在多个（数量根据当时要求）不同温度下，寻找到共振点频率，记录下来，计算出试样材料在该温度下的弹性模量。可以作出温度-弹性模量的变化曲线。

（四）补充内容

自定义一种材料的温度-弹性模量的变化曲线，以及它们的外形参数，通过实验来验证每一个参数对共振频率的影响。自定义的办法参考实验指导中的相关内容。

五、实验指导

（一）预备工作

双击应用程序图标进入主界面（图47-8）。

选择鼠标右键快捷菜单的“开始实验”，进入操作界面（图47-9）。

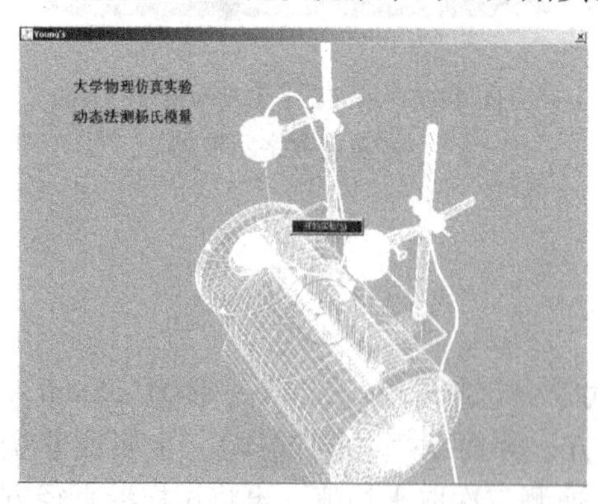

图 47-8

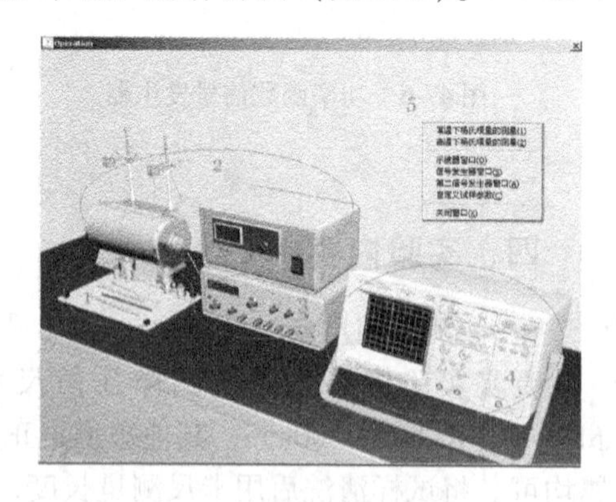

图 47-9

用鼠标单击各个仪器对应的区域（1～4）可以打开各个仪器的窗口，同时，在空白区域单击鼠标右键快捷菜单（5）也可以起到相同的作用（图中区域（1）对应常温下弹性模量的测量；区域（2）对应高温（变温条件）下弹性模量的测量；区域（3）对应信号发生器窗口；区域（4）对应示波器窗口）。

（二）操作流程

以下的操作流程是从实验和仪器角度来考虑的，实际的操作一般没有强制性的顺序要求，仪器间是独立的。

（1）常温下弹性模量的测量（图 47-10、图 47-11）

1）打开主操作界面：鼠标左键单击上图区域（1）位置，或者从右键快捷菜单中选择“常温下弹性模量的测量（1）”。

2）选择试样：见图 47-10 中 1 的位置，有 4 个试样（金属棒）供选择，鼠标移到试样上后将变为手形，单击鼠标选择待测试样放上换能器。如图 47-11 所示。

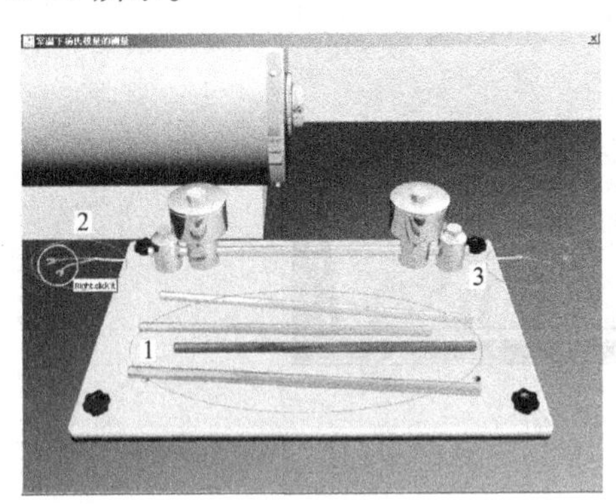

图　47-10

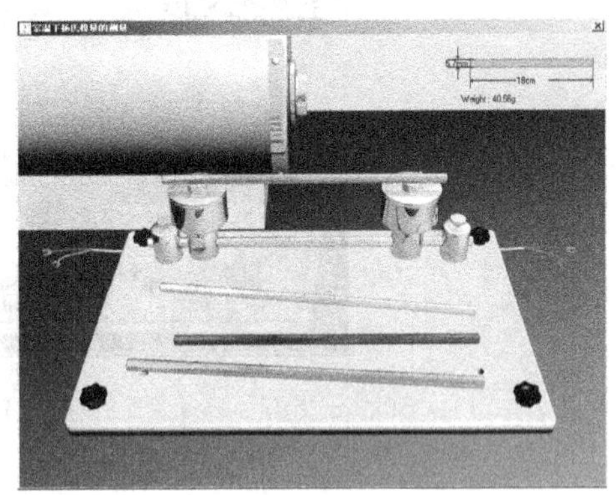

图　47-11

当换能器上有试样存在时，右上角会显示试样的物理参数：长度、直径和重量。这些参数将在计算材料弹性模量值的时候被用到。建议选择完试样后即把这些值记录下来。

注意：黑色金属棒试样的物理参数是可以由用户自行设定的，您需要在黑色试样上单击鼠标右键，或者从右键快捷菜单中选择：“自定义试样参数”，进一步的操作见：（3）自定义试样参数。

3）连接换能器和信号发生器、示波器：将鼠标移到左右换能器的接线头上（图 47-10 中的 2 和 3 位置），会在接线头位置出现一个圆圈（图 47-10），在圆圈内单击鼠标右键将看到如下 4 个选项（左右两端是一样的）：

左右两个换能器都可以用作激发和接收，可以任选一端作为激发端（连接信号发生器）；示波器的通道 1 和通道 2 也是对等的，任取其一连在激发端，另一端连接收端。如果选择了“断开连接（4）”，那么这一端上的所有已建立的连接都将断开（不影响另一端）。

4）打开信号发生器（图 47-12）：在主操作界面上的右键快捷菜单中选择“信号发生器窗口（S）”（图 47-13），出现如图 47-14 所示窗口。

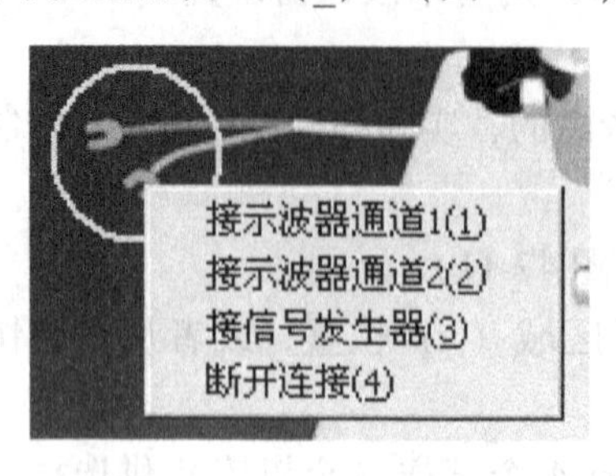

图 47-12

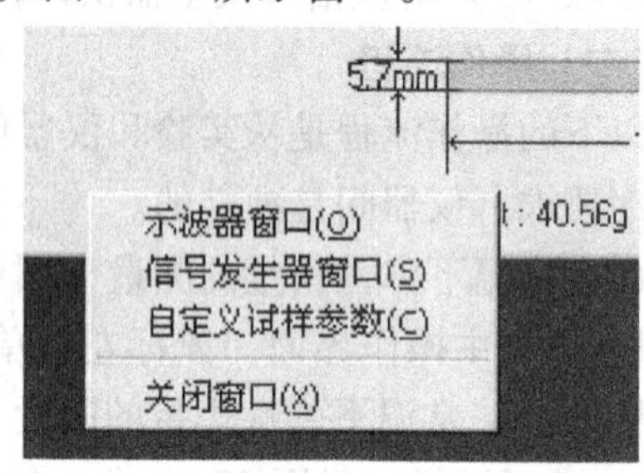

图 47-13

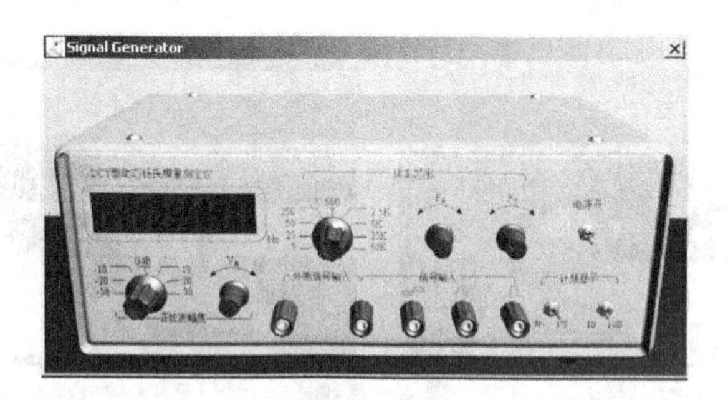

图 47-14

用信号发生器向激发换能器提供可变的，连续稳定的振动信号。

信号发生器的具体操作见：（4）信号发生器的操作。

5）打开示波器：在主操作界面上的右键快捷菜单中选择“示波器窗口（O）”，出现如图 47-15 所示窗口。

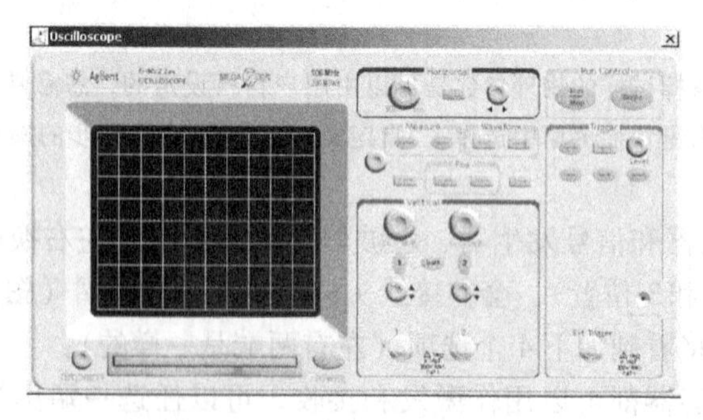

图 47-15

用示波器分析激发换能器和接收换能器上的电信号。通常的做法是将两个信号分别输入示波器两个通道，和成李萨如图形进行观察。同时要调整信号发生器的激发信号频率，寻找接收信号振幅最大时的激发信号频率。这个频率很接近共振频率，结合2）中获得的试样物理参数，就可以计算出当前试样材料的弹性模量（常温下：20℃）。

示波器的具体操作见：（5）示波器的操作。

（2）高温（变温条件）下弹性模量的测量

1）打开主操作界面：在操作界面上用鼠标左键单击区域2位置（图47-16），或者从右键快捷菜单中选择“高温下弹性模量的测量（2）”。结果如图47-17所示。

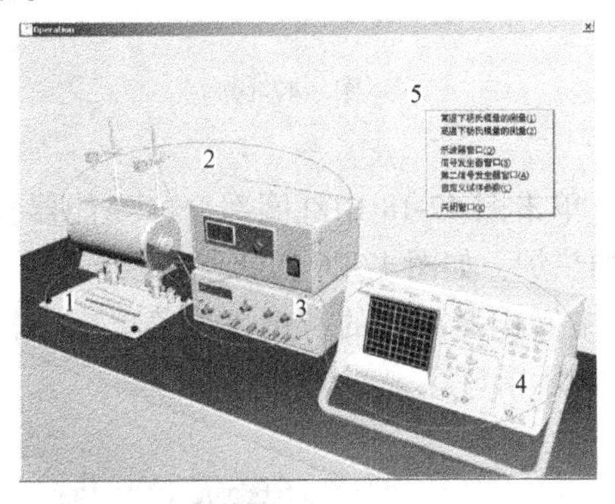

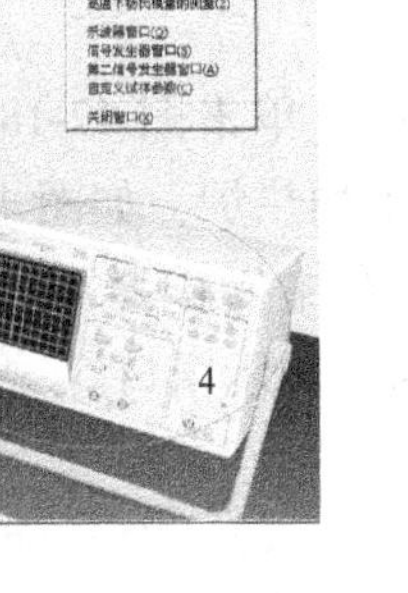

图　47-16

图　47-17

2）选择试样：见图47-16所示的位置，有4个试样（金属棒）供选择，鼠标移到试样上后将变为手形，单击鼠标选择待测试样放上换能器。如图47-18所示。

当换能器上有试样存在时，右上角会显示试样的物理参数：长度、直径和重量。这些参数将在计算材料弹性模量值的时候被用到。建议选择完试样后即把这些值记录下来。

注意：黑色金属棒试样的物理参数是可以由用户自行设定的，您需要在黑色试样上单击鼠标右键，或者从右键快捷菜单中选择：“自定义试样参数（C）”，进一步的操作见：（3）自定义试样参数。

3）连接换能器和信号发生器、示波器：将鼠标移到左右换能器的接线头上（图47-16中的2和3位置），会在接线头位置出现一个圆圈（图47-16），在圆圈内单击鼠标右键将看到如下4个选项（左右两端是一样的）（图47-19）：

左右两个换能器都可以用做激发和接收，可以任选一端作为激发（连接信号发生器）；示波器的通道1和通道2也是对等的，任取其一连在激发端，另一端连接收端。如果你选择了“断开连接（4）”，那么这一端上的所有已建立的连接都将断开（不影响另一端）。

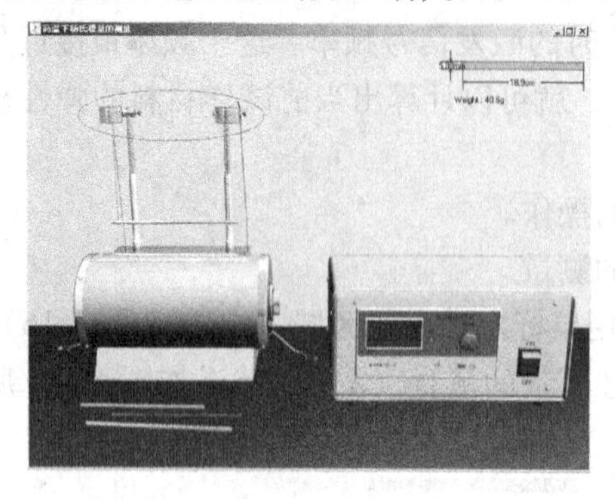

图　47-18

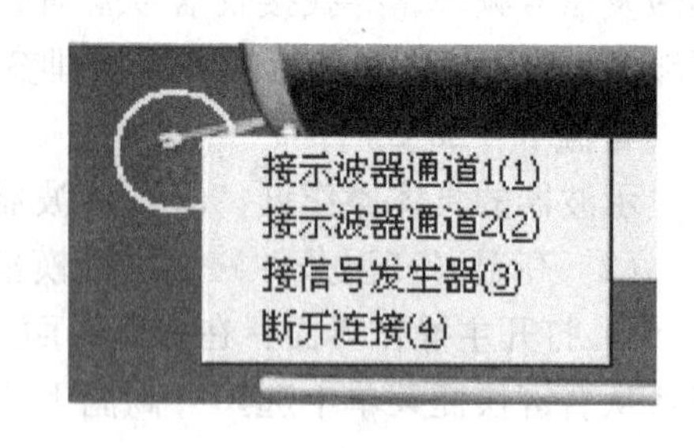

图　47-19

4）将试样放进加热炉：试样放上后，单击图47-18中红圈部分（换能器头的位置），将换能器放下，试样就进入了加热炉，如图47-20所示。

5）打开信号发生器（图47-21）：在主操作界面上的右键快捷菜单中选择“信号发生器窗口（S）”，出现如图47-22所示窗口。

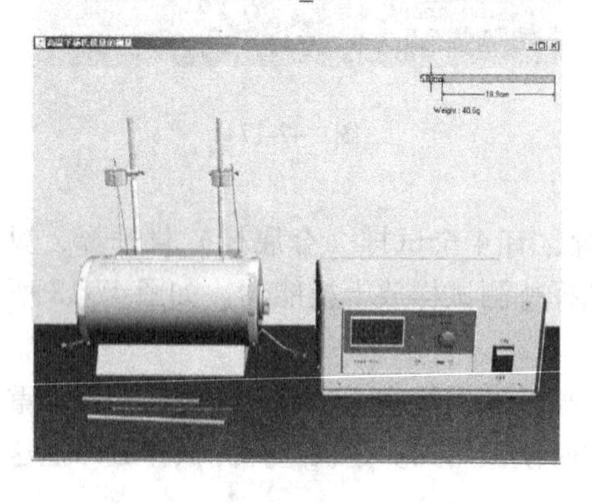

图　47-20

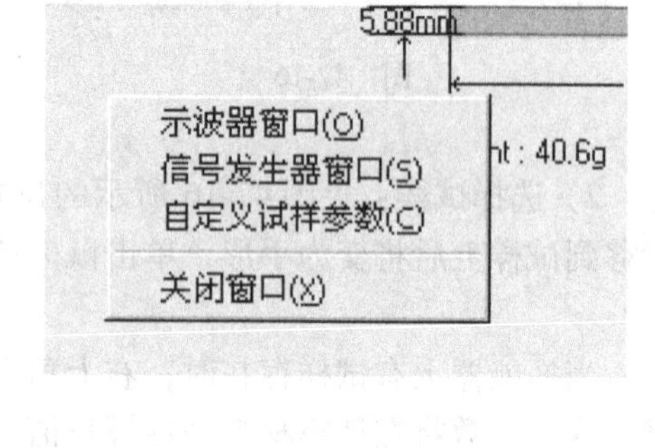

图　47-21

用信号发生器向激发换能器提供可变的，连续稳定的振动信号。

信号发生器的具体操作见：（4）信号发生器的操作。

6）打开示波器：在主操作界面上的右键快捷菜单中选择“示波器窗口（O）”，出现如图47-23所示窗口。

用示波器分析激发换能器和接收换能器上的电信号。通常的做法是将两个信号分别输入示波器两个通道，合成李萨如图形进行观察。同时要调整信号发生器的激发信号频率，寻找接收信号振幅最大时的激发信号频率。这个频率很接近共振频率，结合2）中获得的试样物理参数，就可以计算出当前试样材料的弹性模量（高温（变温条件）下：50～800℃）。

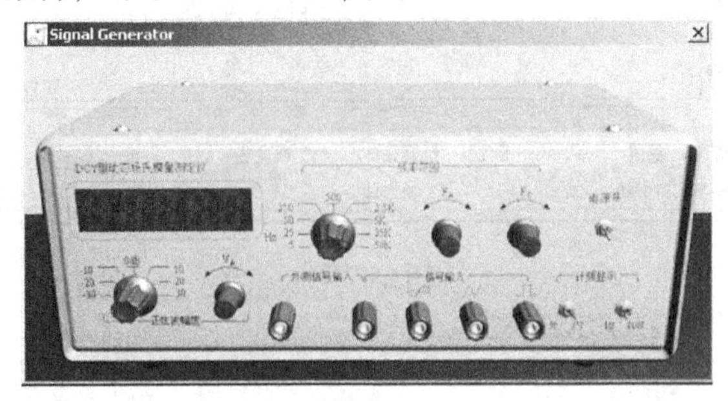

图　47-22

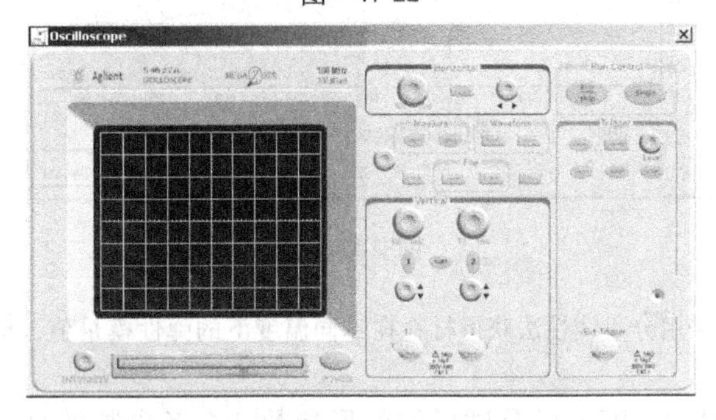

图　47-23

示波器的具体操作见：(5) 示波器的操作。

7）用热电偶温控器控制加热炉的温度：材料的弹性模量随温度的改变而改变，对外的表现就是共振频率（对应6）中获得的频率）的改变。要测某种材料在高温（变温条件）下的弹性模量就需要在一组不同的温度下获得它的共振频率。

用温控器控制加热炉的具体操作见：(6) 加热炉的温度的控制。

(3) 自定义试样参数

1）在（1）的2）或（2）的2）步骤中打开如图47-24所示窗口，图中区域1是材料的弹性模量-温度曲线，区域2中的是材料的密度值以及试样的外形参数，区域3是按钮，将修改应用到试样上（OK）或是取消这次的修改（Cancel）。

2）调整材料的弹性模量（曲线）：曲线上的白色块为可控制点（鼠标点下后会变黑，见图47-25），用鼠标可以对单个点作上下拖动，以这种方式改变材料在对应温度下的弹性模量值。

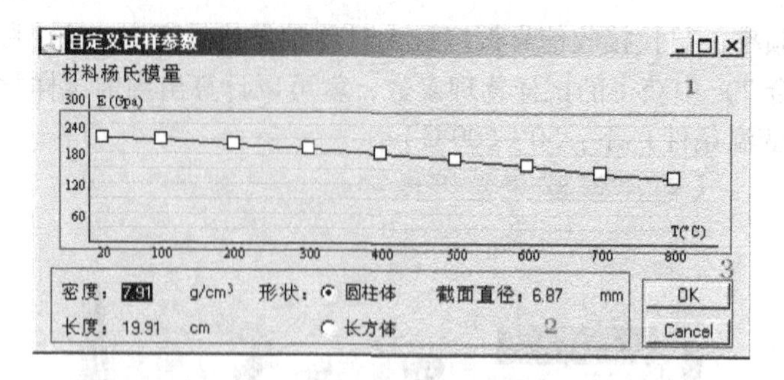

图 47-24

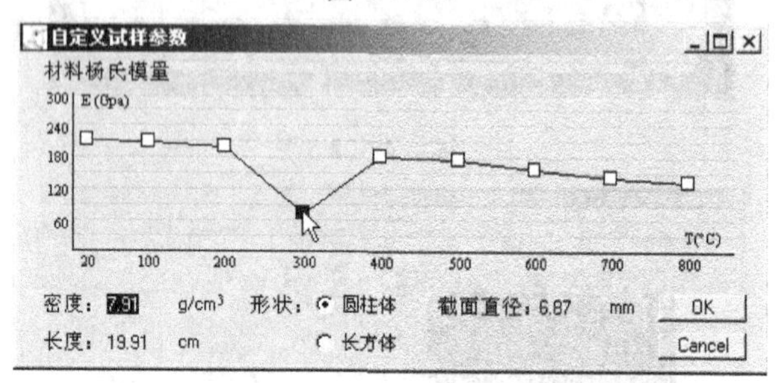

图 47-25

注意：程序中采用分段线性法获得材料在不同温度下的弹性模量值，也就是图中曲线经过的点。

3）调整材料的密度值以及试样的外形参数：在各参数的名称后面输入新的数值以覆盖原先的数值即可，形状可以选择圆柱或长方体，选择长方体后截面直径参数变为截面宽和截面高两个参数。修改参数后的情形如图 47-26 所示。

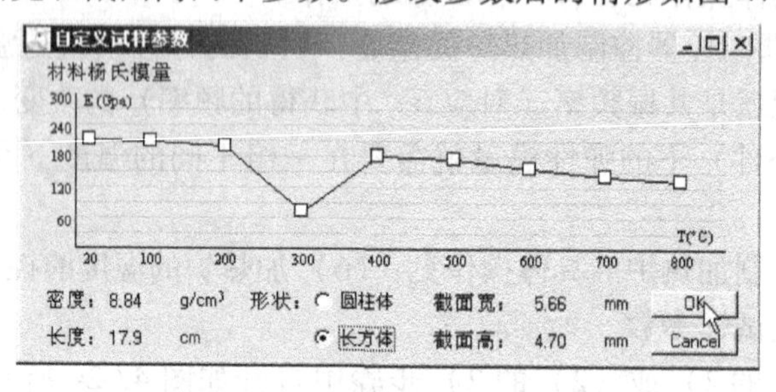

图 47-26

注意：被修改的试样是黑色金属棒试样，其他试样的参数是固定不可变的。如果黑色金属棒正在换能器上进行实验，可以立即从实验现象中看到变化。

记得修改完参数后按“OK”按钮将修改应用到试样上，否则（Cancel 或是直接关闭窗口），下一次打开这个窗口时，参数又会恢复到修改前的状态。

（4）信号发生器的操作

打开信号发生器窗口（图 47-27）。

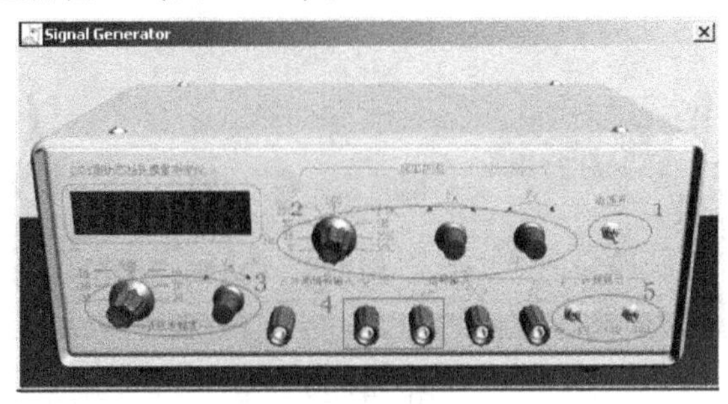

图　47-27

1）开启信号发生器电源（图 47-28）：在区域 1 单击鼠标（在开、关状态间切换）。

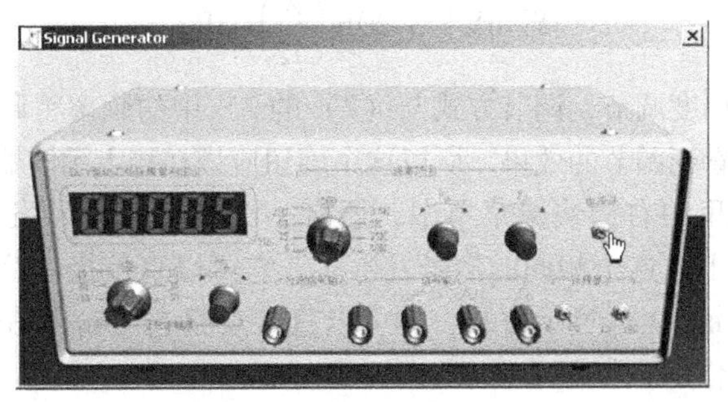

图　47-28

2）选择信号频率（图 47-29）：信号发生器当前输出信号的频率显示在面板左上的 5 位数字显示器上，是调整频率时的依据。

在区域 2（面板中部的 3 个旋钮）中，左起第一个旋钮是频率范围（分为 9 档，在某一档下，频率的可调范围从略低于前一档的值到略高于当前当的值），单击左键减小一档，单击右键增加一档。

中间的旋钮为频率粗调，它的调节范围就是当前频率档的可调范围。调整时，在光标变成手形后按住左键拖动鼠标，向上为增加，频率的变化直接从数字显示屏反映。

右边的旋钮为频率细调，调节范围比较小，调节方式与粗调旋钮一样。调节范围小，所以步长小，结合粗调旋钮可以很快把频率设定在某个具体值。在实验中寻找共振频率时则利于观察频率轻微变化时的现象。

3）调整输出正弦波信号的幅度（电压）：信号发生器本身不能显示输出信号的精确幅度（要获得精确幅度需要借助示波器），但可以得到大致的幅度（一个幅度范围）。

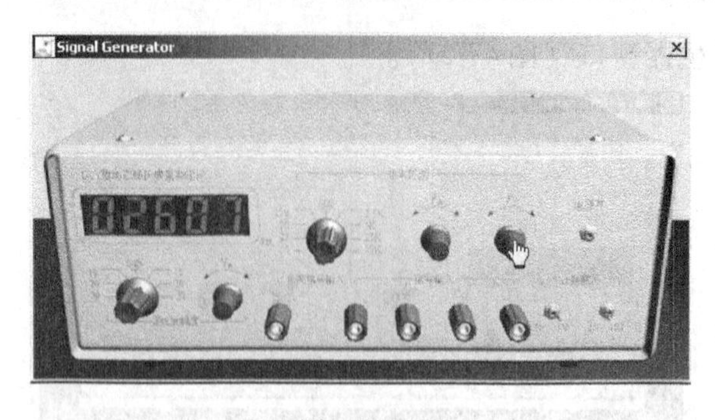

图 47-29

在区域3（面板左下的两个旋钮）中，左边的旋钮选择幅度范围分为七档，调整方式和幅度范围与（4）中2）的频率范围选择旋钮类似。

注意：这里的单位是分贝（dB），分贝到毫伏（mV）的换算方法是：

$$X[\mathrm{mV}]\sim 20\lg\left(\frac{X}{\sqrt{2}}\right)[\mathrm{dB}]$$

右边旋钮为幅度调节，调节方式与（2）的2）中的频率粗调旋钮类似。需要借助示波器才能看到调节的效果，所以这个旋钮应该在接上示波器之后再调节。

在操作界面里的右键快捷菜单中，还有一个“第二信号发生器（A）”项，可以获得一个同上面这个相同的信号发生器，它可以直接接在信号发生器通道2上（单击鼠标右键）。通过示波器，你可以直接观察它的输出信号，但这个示波器在实验中不起作用，仅用于观察。

区域4是正弦波输出，用于连接到激发换能器。实验中从换能器连接，在信号发生器界面上不需要操作。区域5中的开关实验中不需要操作（左边是切换到“测外部信号频率”，没有外部信号，所以总显示“0”，右边是计频时间单位，可以切换到“10s”，在测外部信号频率时才有意义）。

（5）示波器的操作

打开示波器窗口（图47-30）。

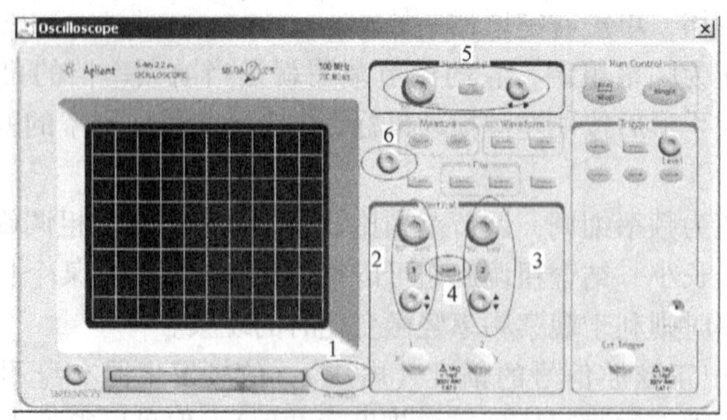

图 47-30

1）开启示波器电源（图 47-31）：在区域 1 单击鼠标（在开、关状态间切换）。

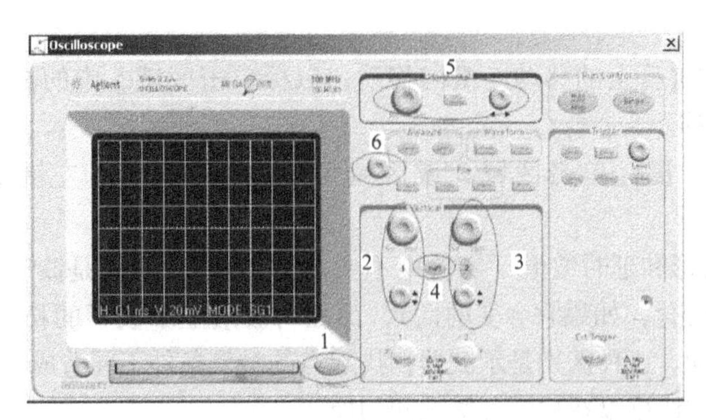

图　47-31

区域 2 中亮起的黄色按钮“1”表示示波器当前显示通道 1 中的信号，屏幕中绿色波形即输入信号，下方的“H：0. 1msV：20mVMODE：SG1”表示示波器当前的纵轴单位（一格），横轴单位以及工作模式。

2）改变示波器的工作模式（图 47-32）：示波器的工作模式有：SG1（通道 1）、SG2（通道 2）、COM（双踪），ADD（振幅叠加）和 MUL（X-Y 模式）。

其中，用鼠标单击区域 2 或区域 3 的“1”和“2”按钮进入前两种模式，而进入后三种模式则需要单击区域 4 的“math”按钮，反复单击可以在后三种模式间切换。

实验中要在 MUL 模式下观察激发和接收信号的关系。

3）改变纵轴单位：纵轴总是电压单位，鼠标单击区域 2 或区域 3 中的上方旋钮可以改变来自 1、2 两个通道的信号波形的纵轴单位。单击鼠标左键增加、单击右键减小。

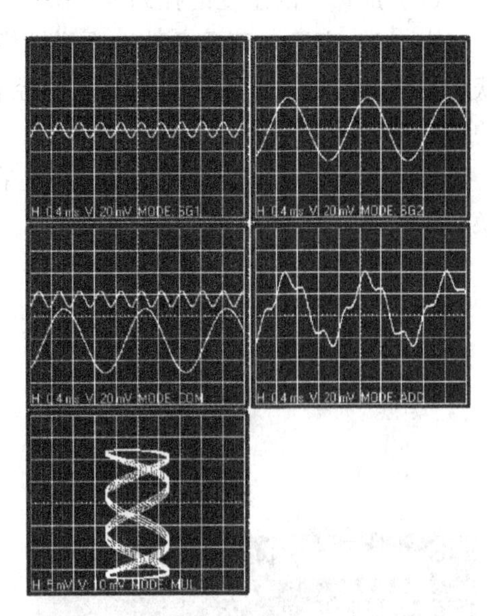

图　47-32

但是，ADD 模式下只有区域 2 中的上方旋钮有效，MUL 模式下区域 3 中的上方旋钮改变的是横轴单位（想一想为什么?）。

4）改变横轴单位：横轴通常都是时间单位，鼠标单击区域 5 中左边的旋钮改变横轴单位。单击鼠标左键增加、单击右键减小。

唯一例外的是 MUL 模式下区域 3 中的上方旋钮改变横轴单位（这时横轴是电压单位）。

5）波形在屏幕上的移动：横向移动：鼠标单击区域 5 中的右边旋钮，左键左移、右键右移。

纵向移动：鼠标单击区域 2 或区域 3 中的下边旋钮，左键上移、右键下移。

6）即时波形和延时波形（实验中不要求）：即时波形就是波形将随着时间作变化（相位的变化，如果它会变的话），而延时波形显示波形的相位不发生改变，也就是稳定不动。这种区别是示波器扫描起点的触发条件不同造成的。鼠标单击区域 5 中的中间按钮可以在这两种情况间切换。

7）相位补偿（实验中不要求）：示波器工作在单踪模式下（SG1，SG2），并且在即时波形状态时（这时候波形一般是随时间变化的，称为“走动”），你可以调节区域 6 中的旋钮（鼠标左键按下后上下拖动）来补偿这种相位变动。

（6）加热炉的温度的控制

在（2）高温（变温条件）下弹性模量的测量的步骤中，需要使用加热炉来获得不同的高温条件，加热炉的温度控制使用“热电偶温控器”，即图 47-33 中的红框位置。

1）开启温控器电源（图 47-34）：在区域 1 单击鼠标（在开、关状态间切换）。

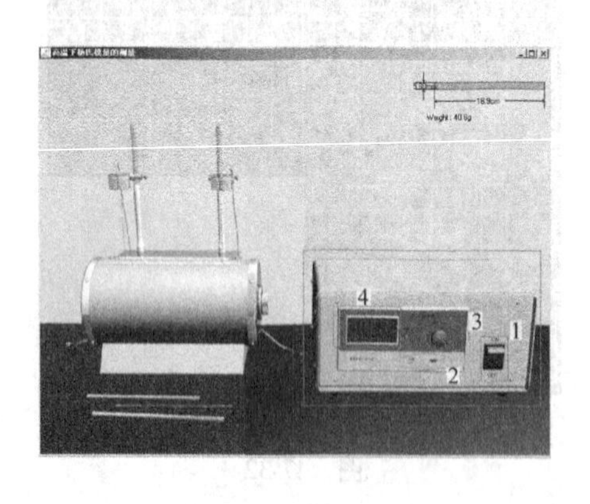

图 47-33

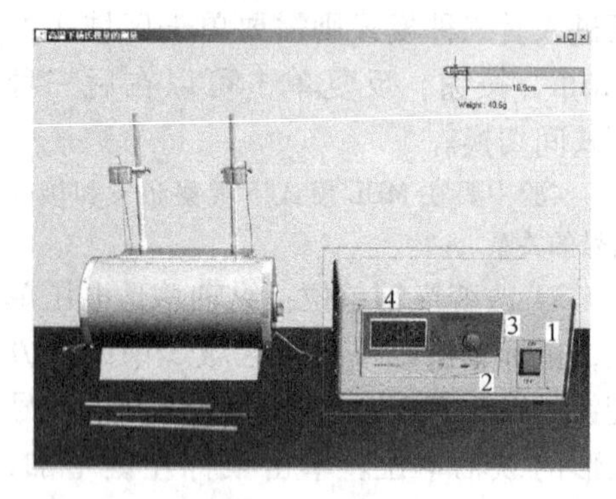

图 47-34

2）“测量”和“设定”模式：单击区域 2 中的模式开关，可以在“测量”和“设定”状态间切换。

黑色在右侧时状态为“设定”，区域4显示的就是当前设定的温度，要改变这个温度需调节区域3的温度转盘（按下鼠标左键或者右键进行调节），温度的可调范围为50～800℃。

黑色在左侧时状态为“测量”，炉内开始加热，区域4显示的就是当前炉内的温度。这个时候不要去动区域3的温度转盘，否则设定温度会被改变。

加热和冷却（电源没开或不在“测量”状态）都是一个渐进过程，需要等待片刻以达到想要的温度。

（三）重点和难点

1）示波器和信号发生器在使用之前必须先打开电源；在实验中再一次打开示波器和信号发生器时，它们处于上一次关闭窗口时的状态。

2）在测量开始前，要先根据材料的外形和材料弹性模量的大概值估算共振发生的频率范围，一般金属材料在常温情况下的弹性模量都在200GPa左右。用到的公式在原理中已列出。

3）在变温条件下做测量时，温度变化会使弹性模量发生变化，要测量某个温度下弹性模量必须先让温度稳定下来，而不是在变化中。

六、思考题

对于材料相同、长度和截面积都相等的圆截面试样和方截面试样，哪一种共振频率更高？（可以通过实验，也可以通过计算来得到这个问题的答案）

（刘文军）

实验48 透射式电子显微镜

一、实验简介

透射电子显微镜（TEM）发明于1932年，当时使用的电子能量是50keV。20世纪80年代，100keV量级的电镜的分辨率达到0.2nm，实现了直接观察原子的目标，Ruska（1907—1988）在1986年（TEM发明54年后）和两位扫描隧道显微镜发明人一起获得诺贝尔物理奖。

TEM的优点是可以对应地观察薄晶体的显微像和电子衍射图样，配置X射线能谱后还可以确定样品微区成分。它被广泛地用来测定薄晶体的结构、缺陷、凝聚状态。它还可以用来观测生物大分子的结构（分辨率优于1nm），1982年英国克鲁格因发展电子显微学观察到病毒等的结构而获得诺贝尔化学奖。专门的微衍射和微区成分分析方法的空间分辨率可以优于2nm。

一些电子显微镜的性能参数如下：

日本 JEOL，JEM-2010，加速电压：80 ~ 200kV，解析能力：0.25nm

日本 JEOL，JSM-6330F，加速电压：0.5 ~ 30kV，解析能力：1.5nm

PHILIPSCM120Biotwin，加速电压：120kV，解析能力：0.49nm

JEM-ARM1300（UHV-TEM），加速电压：1300kV，解析能力：0.10nm

卡尔·蔡思生产的加速电压为 200kV 的透射电子显微镜如图 48-1 所示。

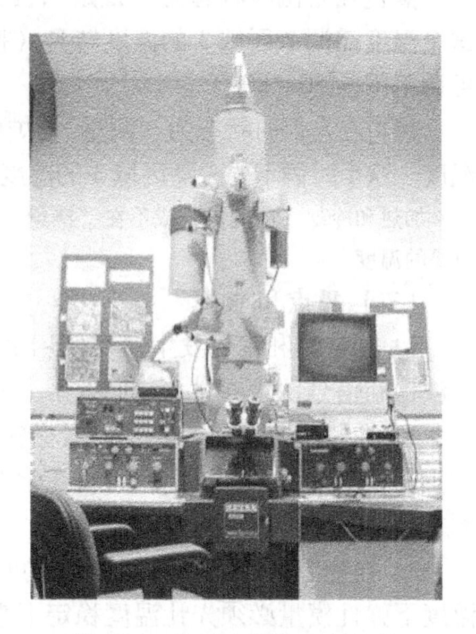

图 48-1　加速电压为 200kV 的透射电子显微镜照片

二、实验原理

（一）透射电子显微镜内部结构

如图 48-2 所示，透射电子显微镜由电子枪（照明源、接地阳极、光阑等）、双聚光镜、物镜、中间镜、投影镜等组成。电子显微镜的热发射电子枪由高温的钨丝尖端发射电子，高级的场发射电子枪在高电场驱动下通过隧道效应发射电子。场发射电子束的亮度显著提高，同时能量分散度（色差）显著减少，使电子束直径会聚到 1nm 以下仍有相当的束流。双聚光镜将电子枪发出的电子会聚到样品，经过样品后在下表面形成电子的物波，物波经过物镜、中间镜、投影镜在荧光屏或照相底片上形成放大像。

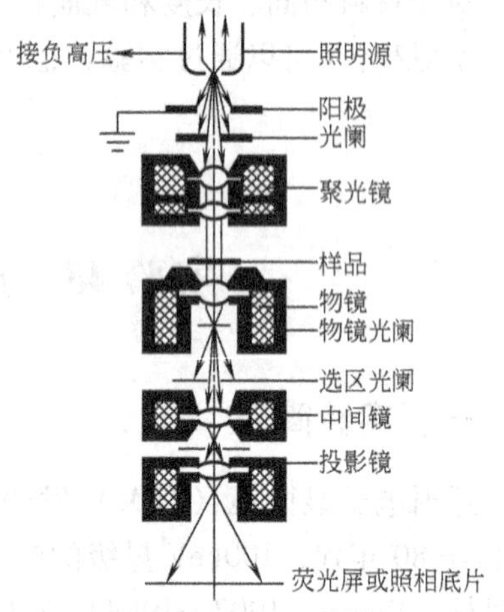

图 48-2　透射电子显微镜内部结构

（二）新型 TEM 主体结构

为了获得更高的性能，目前生产的新型 TEM 的结构（图 48-3）更为复杂，如透镜有：聚光镜两个、会聚小透镜、物镜、物镜小透镜、三个中间镜、投影镜等。这样的结构可以在很大范围内改变像的放大倍数，并被用来实现扫描透射成像（STEM，需要利用偏转线圈）、微衍射和微分析（加上 X 射线能谱仪）。

（三）透射电子显微镜光路图（图 48-4）

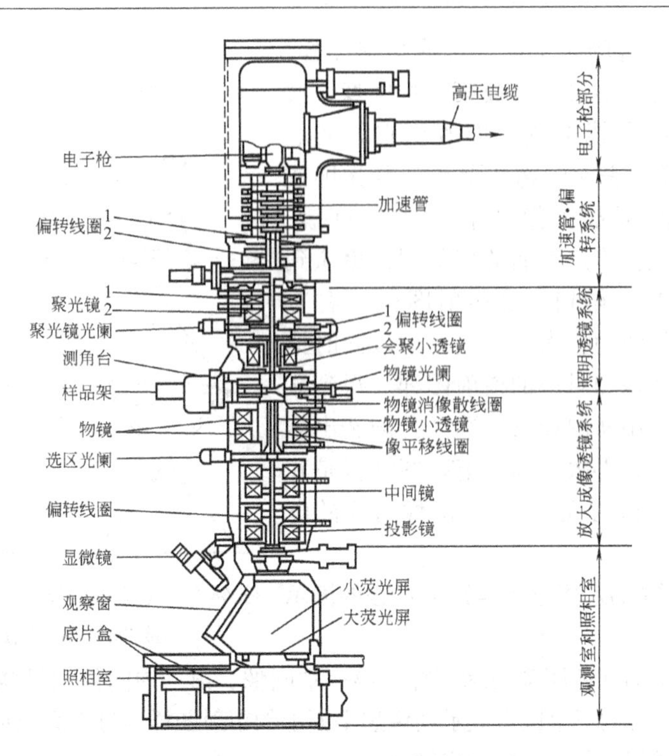

图 48-3　新型 TEM 主体结构

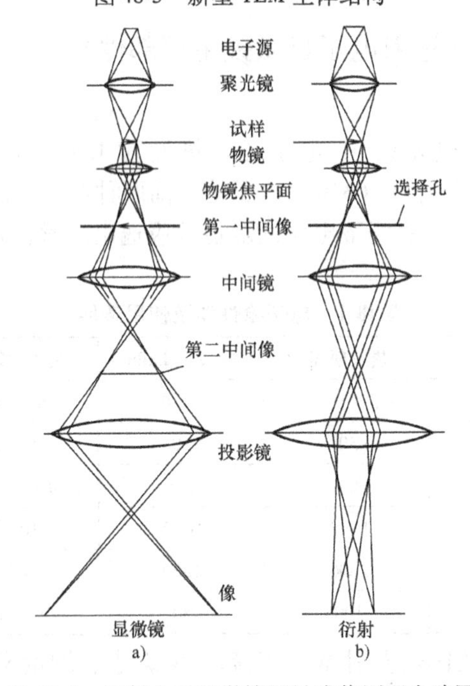

图 48-4　透射电子显微镜阿贝成像原理光路图

物波在物镜的焦平面上形成衍射图样，各个衍射波经过透镜汇聚成第一中间像。改变中间镜、投影镜电流（即改变它们的焦距），将试样下表面的物波聚焦到荧光屏或底片上得到的是显微像（左）。当中间镜、投影镜改变焦距将焦平面的衍射图样聚焦到荧光屏或底片上得到的是衍射图样（右）。透射电子显微镜的一大优点是：可以同时提供试样的放大像和对应的衍射图样。得到显微像后在第一中间像处放置选区光阑选出需要的局部图像，再次得到的衍射图样就是和选区（最小选区为几百 nm）图像对应的电子衍射图样。

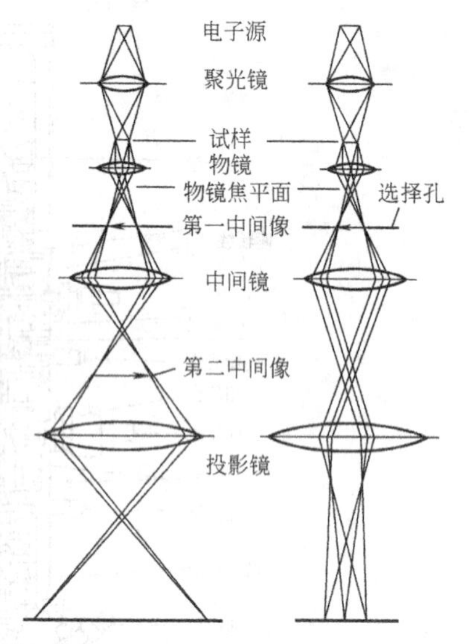

图 48-5 （动画）分别演示显微像和衍射图样的形成过程

（四）显微像和衍射图样形成过程的演示（图 48-5）

先用闪烁的红色箭头表示试样、第一中间像、第二中间像和显微像的形成过程。接着用闪烁的三个圆斑表示物镜焦平面上的衍射图样经过中间镜和投影镜形成衍射图样的过程。具体动画过程见程序。

三、实验仪器（透射电子显微镜主要部件）

（一）电子枪

电子枪有四种：热发射 W 电子枪、热发射 LaB6 电子枪、热场发射 W（100）电子枪和冷场发射 W（310）电子枪。前两种利用高温下电子获得足够能量逸出灯丝，后两种利用高场下电子的隧道效应逸出灯丝，它们的性能及使用条件见表 48-1。

表 48-1 电子枪性能及使用条件

	热发射 W	热发射 LaB6	热场发射 W	冷场发射 W
亮度/（$W/cm^2 \cdot sr$）	5×10^5	5×10^6	5×10^8	5×10^8
束斑尺寸/mm	50	10	0.01～0.1	0.01～0.1
能量发散度/eV	2.3	1.5	0.6～0.8	0.3～0.5
真空度/Pa	10^{-3}	10^{-5}	10^{-7}	10^{-8}
温度/K	2800	1800	1600	200
发射电流/mA	100	20	20～100	20～100

热发射 LaB6 灯丝比热发射 W 亮度高、束斑小、能量发散度小、使用温度低，但真空度需提高。产品更先进的场发射电子枪性能更好，但真空度需更高，

并且价格昂贵。利用场发射枪可以获得半高宽为0.5nm的电子束。

在TEM中，电子枪发出的电子经过100~200kV的加速管形成能量为100~200keV的电子束（电子的波长是0.0037~0.0026nm）。在SEM中电子枪发出的电子经过加速形成能量为1~30keV的电子束。

（二）聚光镜系统

图48-6表示聚光镜系统的三种模式：a）成像（TEM），b）微分析（EDS能谱分析）和c）纳米束衍射（NBD）。在图48-6a中会聚小透镜将电子束会聚到物镜前方磁场的前焦点后，电子束平行照射试样的大范围上，这是一种成像的模式。图48-6b中小透镜关闭，电子束以大的会聚角集中在试样的微区，可进行高分辨的EDS成分分析。图48-6c中使用很小的聚光镜光阑使电子束以很小的会聚角照明试样的小区成像和获得纳米束电子衍射图。

聚光镜系统内的两组偏转线圈可以偏转入射电子束得到明场像或暗场像，利用它们还可以移动纳米电子束得到扫描透射电子像（STEM）。

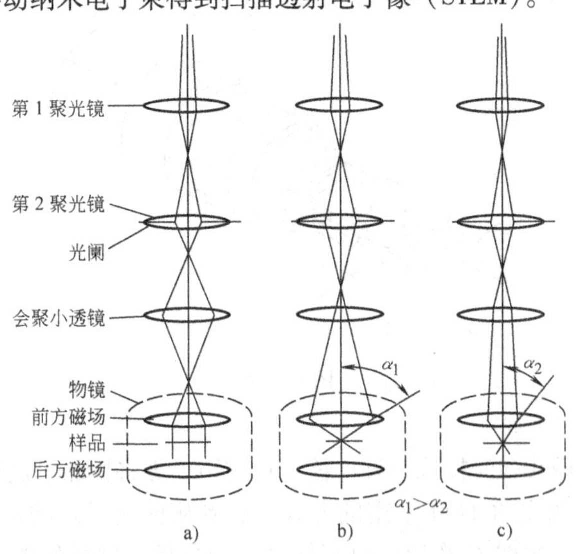

图48-6 聚光镜系统的三种模式

a）TEM模式 b）EDS模式 c）NBD模式

（三）物镜

物镜由线圈、铁壳和极靴组成（图48-7），由精密软磁材料加工而成的极靴将轴对称强磁场集中在试样上，强磁场使透镜焦距很小，从而减小物镜的球差到mm量级。这是提高电子显微镜分辨率的关键因素。提高电子束能量（减小其波长）可以降低物镜的衍射像差。

减小物镜电流和加速电压的涨落，利用场发射枪减小灯丝发射电子的能量发散度，减小电子束经过试样时的能量损失和滤去损失能量的电子等措施可以降低物镜的色差。此外还需要消除像散（不同方位角上聚焦能力的差异）。

经过多年的努力，200kV 透射电镜的点分辨率已经达到原子级，即 0. 2nm。

在物镜后焦面上放置物镜光阑，选择透射束或衍射束形成明场像或暗场像，或选多束形成高分辨像。

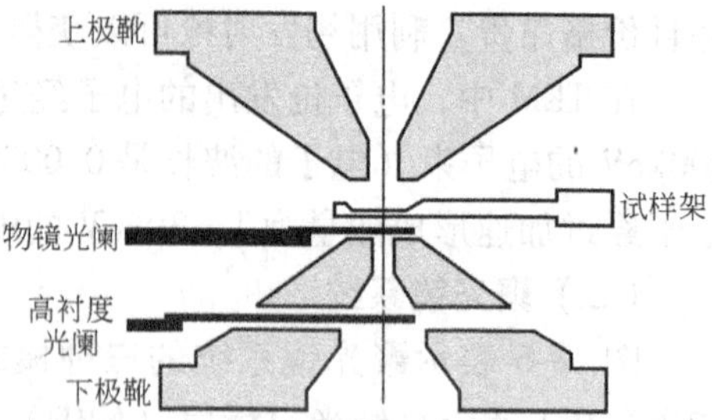

图 48-7　物镜组成图

（四）样品台

图 48-8 是可以绕 *X* 轴和 *Y* 轴转动的双倾斜样品台。样品放在直径为 3mm 的多孔铜网上，分别绕 *X* 和 *Y* 轴倾转样品可以得到电子束沿低密勒指数方向的样品取向，以便得到高分辨像（HREM）。还可以倾转样品得到双束（只有强的透射束和一支强衍射束）条件，以便得到观察晶体缺陷的明场像（透射束通过物镜光阑）和暗场像（衍射束通过物镜光阑）。

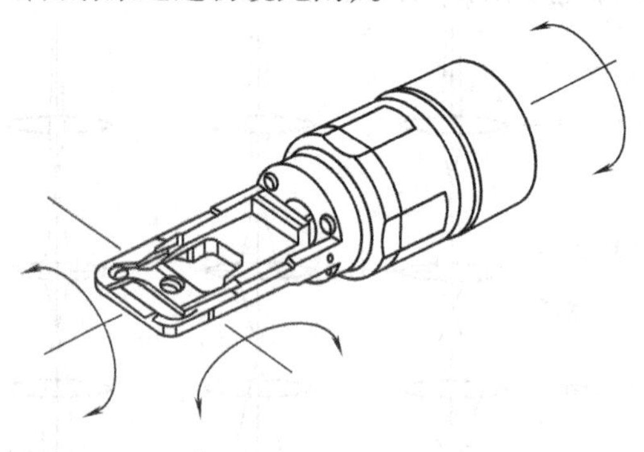

图　48-8

样品台有顶插式和侧插式两种。前者从物镜上方将样品下放到物镜之中，这是以获得 HREM 为主的 TEM 采用的方式。后者从横向插入物镜上下极靴之间，这将有利于配置 X 射线能谱 EDS 进行微区成分分析。这样的电镜常被称为分析电镜。

（五）成像透镜系统的不同模式

图 48-9a、b 所示分别是低倍和高倍成像模式，前者不用物镜和第一中间镜，只用 OM 透镜、两个中间镜和投影镜使物在底片上成像，后者则用物镜（不用 OM 透镜）、三个中间镜和投影镜使物在底片上成像。这样的配置可以使放大倍数从 50 倍扩展到 100 万倍。

图 48-9c 所示的透镜配置和图 48-9b 相同，但通过改变中间镜电流使物镜光阑处的电子衍射图样在底片上成像。

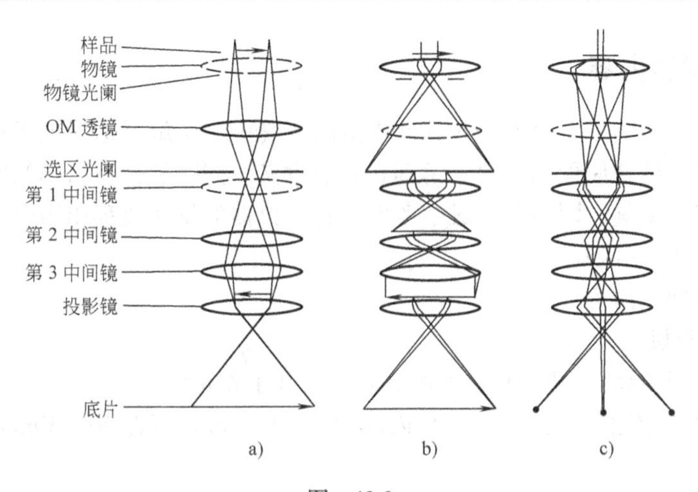

图　48-9

a）低倍模式　b）高倍模式　c）衍射模式

（六）记录装置

显微像和衍射图样一般用专门的底片记录。底片的分辨率为 10mm，在 1000000 放大倍数下可以分辨 0.1nm 细节。底片能显示的黑度动态范围是两个数量级，黑度和电子辐照量之间的关系远远偏离线性。

最近发展起来的慢扫描电荷耦合器件（CCD）摄像机的动态范围达到四个数量级，信号的线性也好。它的像素尺寸为 24mm，像素数为 1020 × 1024。它可以在几秒内将一幅图采集记录到计算机内成为数值图像，十分方便。它的构成见图 48-10。

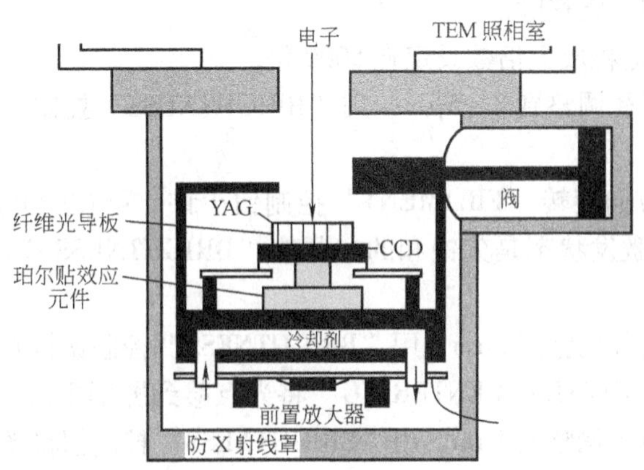

图　48-10

由图 48-10 可见，电子束在钇铝石榴石（YAG）闪烁器中转换成光，经纤维光导板到达 CCD 并被转换为与光强正比的电量。CCD 下面的冷却元件可以降低其噪声，提高信号/噪声比。

四、实验内容

本仿真实验的主要目的是在软件虚拟的环境中，了解对透射电子显微镜的基础操作流程；结合原理的介绍，了解它们的意义。同时软件可以作为使用真实仪器之前的练习工具，因为鉴于成本考虑，真实仪器的操作流程相当严格，允许的尝试性操作非常有限。

实验的操作内容：

（一）开机

1）开总电源后，开冷却水电源，并确认其工作正常。

2）按下电镜主机上 power 方框内的“EVAC”键，可在 20～30min 达到高真空。

（二）加高压

1）确认仪器处于高真空状态后，按一下 power 方框内的“COL”键。

2）置“BIAS”钮于适当的位置，按一下“READY/OFF”键，再按一下所选的高压键，高压将逐步达到所选值，从 HV/BEAM 表上可确认高压已加上。

3）顺时针缓慢转动“FILAMENT”控制钮，同时观察 HV/BEAM 表，至速流饱和值并锁住（对于不同的灯丝，仪器管理人员已调整好一定的“BIAS”和“FILAMENT”钮的位置，故步骤 2）、3）不应做大的更动）。

（三）照明系统对中

1）将观察模式调整到 SA。

2）将所有的光阑移除。

3）用 MAG 键将放大倍数设定在 5000 倍。

4）将束斑直径调整到 3～5μm，用“BRIGHTNESS”控制钮将光斑调整到清晰。

5）逆时针方向旋转“FILAMENT”控制钮少许，可在荧光屏上观察到灯丝像，此时灯丝的激发状态是欠饱和的，调整“BRIGHTNESS CENTERING”将光点移到屏幕中央。

6）将束斑直径调整到 5μm，用“BRIGHTNESS”控制钮将光斑调整到清晰。

7）用“BRIGHTNESS CENTERING”将光点移到屏幕中央。

8）将束斑直径调整到 1μm，用“BRIGHTNESS”控制钮将光斑调整到清晰。

9）用“GUNHORIZ”将光点移到屏幕中央。

10）重复 6）～9）各步，直到光斑总是在屏幕中央。

11）将“FILAMENT”调回到束流饱和值。

（四）更换样品

1）将样品台插入镜筒，注意插入过程中不要转动样品台。

2）将样品台的真空泵开关扳到 EVAC 档。

3）大约 15s 后，SPECEVAC 指示灯（绿灯）会亮。

（五）常规型貌的观察

1）切换到 SCAN 状态。

2）用“BRIGHTNESS CENTERING”钮将样品中感兴趣的部分移动到荧光屏中心。

3）切换到 ZOOM 状态。

4）用“BRIGHTNESS CENTERING”钮移动样品做常规型貌的观察。

五、实验指导

（一）预备工作

双击应用程序图标进入主界面，如图 48-11 所示。

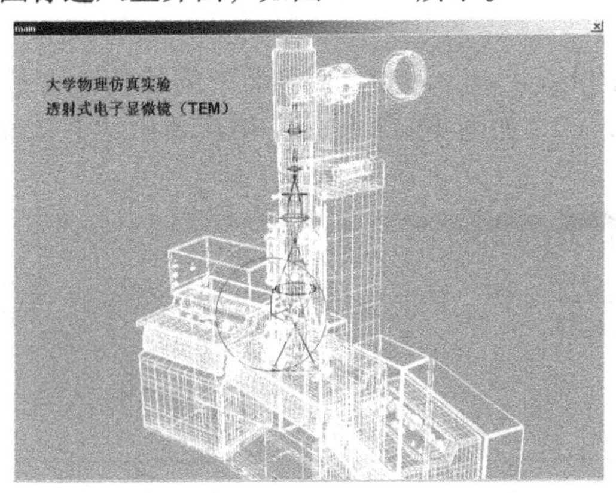

图　48-11

选择鼠标右键快捷菜单的“operation”，进入操作界面，如图 48-12 所示。

注意操作界面右上角的缩略图：电镜的各个操作部分都用英文字母标出（a ~l），其中：

a 是监视器窗口，b、c、d、e、f、g 是操作面板窗口，k 是荧光屏观察窗口，l 是样品台窗口。

在操作和观察中，需要打开相应的窗口；在不使用某个窗口的时候，我们建议把那个窗口关掉。

1. 操作流程

实际的操作流程用大写字母标记，仿真实验的操作流程用对应小写字母标记。

2. 开机

1）开总电源后，开冷却水电源，并确认其工作正常。

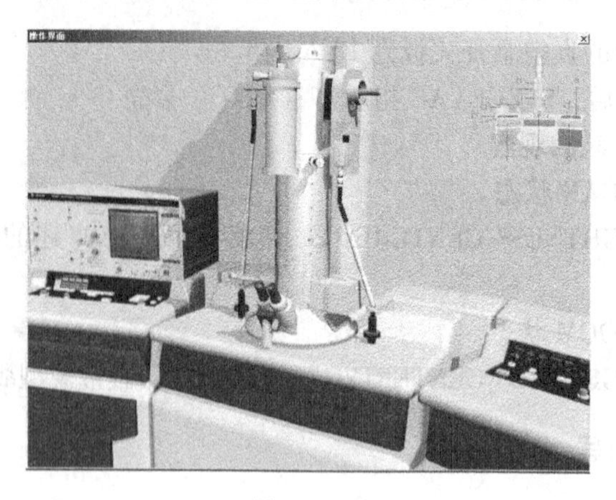

图 48-12

2）按下电镜主机上 power 方框内的“EVAC”键，可在 20 ~ 30min 达到高真空。

①点缩略图中的 b、c、d、e、f、g 字母中的任何一个打开操作面板窗口，打开最后一页“power”，如图 48-13 所示，依次单击“总电源开关”、“冷却水开关”。

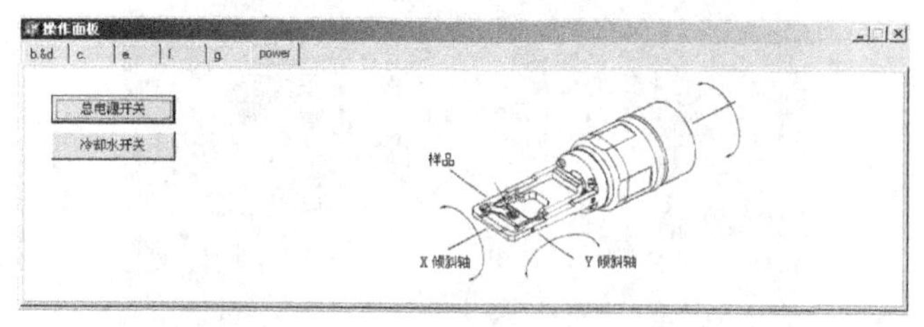

图 48-13

②转到操作面窗口的“g”页，或者单击缩略图中的字母“g”，如图 48-14 所示。

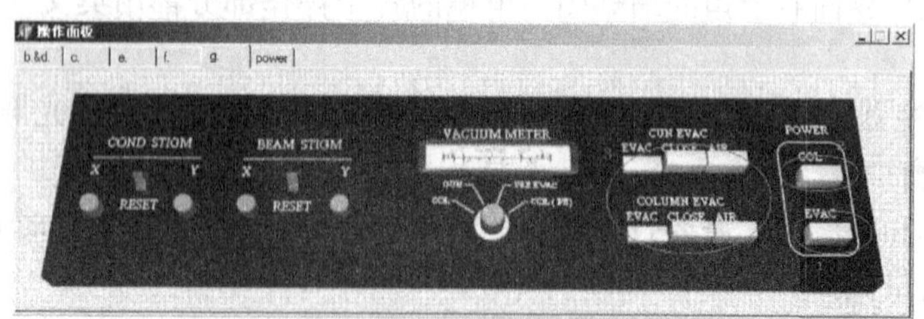

图 48-14

最右侧即是 power 方框，“EVAC”键是下面那个，单击后状态是按下的，然后马上进入抽真空计时，实际 1min 对应表现为 1s，如图 48-15 所示。

计时窗口自动关闭时，表示已经达到高真空状态。

图　48-15

注意：面板 g 的图示中，左侧红圈标出的是电子枪和镜桶的状态开关，默认是“EVAC”键按下，确认不要改动到其他状态（EVAC-高真空；CLOSE-关闭；AIR-非真空状态）。

3. 加高压

1）确认仪器处于高真空状态后，按一下 power 方框内的“COL”键。

2）置“BIAS”钮于适当的位置，按一下“READY/OFF”键，再按一下所选的高压键，高压将逐步达到所选值，从 HV/BEAM 表上可确认高压已加上。

3）顺时针缓慢转动“FILAMENT”控制钮，同时观察 HV/BEAM 表，至速流饱和值并锁住（对于不同的灯丝，仪器管理人员已调整好一定的 BIAS 和 FILAMENT 钮的位置，故 2）、3）步不应做大的更动）。

①按下面板 g 上的 COL 键，2-2）-②步骤图示中的右上红圈即是，如图 48-16 所示。

图　48-16

打开 b&d 面板，或者单击缩略图中的字母“b”或“d”。窗口上部的面板即是真空状态面板，一共显示 4 个设备的真空状态（GUN-电子枪；COL-电镜镜桶；SPEC-样品台；CAMERA-照相室，其中电子枪 GUN 和电镜镜桶 COL 的状态由面板 g 中的 GUNEVAC 和 COLUMNEVAC 决定，但不需要改变他们的状态，绿灯表示真空状态已达到，样品台 SPEC 会亮一个黄灯，这是正常的，确认您的面板也是如图 48-16 状态）。

②打开面板 c，如图 48-17 所示。

在“BIAS”钮上按下鼠标，会显示当前的栅极偏压，可以按住鼠标左右键，来改变这个值（单位是 Volt），我们不限定在单一灯丝的情况，所以可以改变这个值的。

“READY/OFF”键就是屏幕左上角的桔黄色按钮，单击按下。

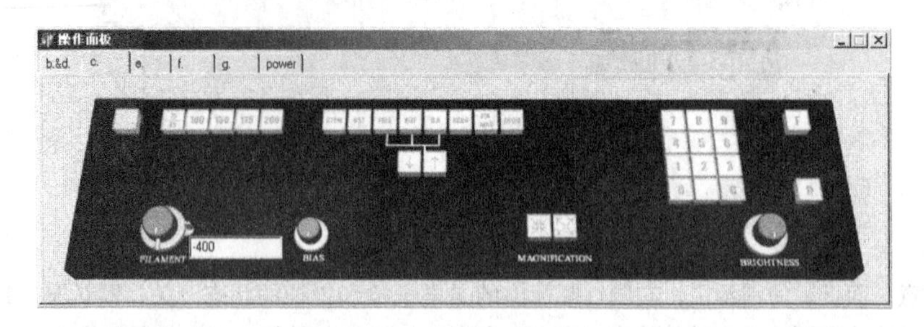

图 48-17

“READY/OFF” 键的右侧是高压选择键，75/35、100、150、175、200 单位（kV），在此之前建议打开监视器窗口 a（单击缩略图上的字母 “a”），如图 48-18 所示。

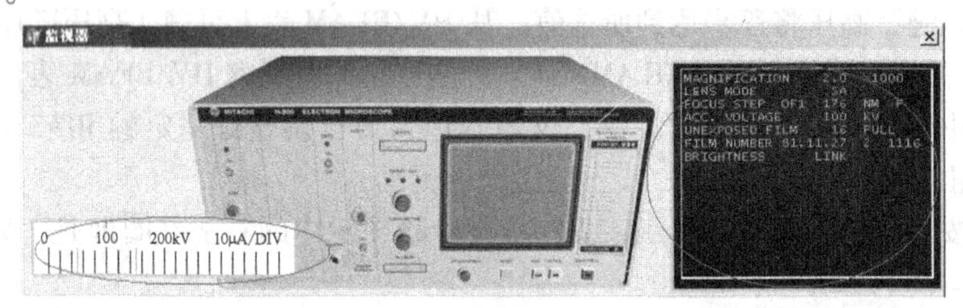

图 48-18

左侧的红圈内显示的即是 HV/BEAM 表，选择高压和灯丝电流（FILAMENT）时请注意表上的显示（是实时反映的）。

③ 顺时针转动 “FILAMANT” 钮在程序中表现为鼠标右键单击（逆时针则是相反），同时单击鼠标的左键会有数值显示（这由灯丝电流决定，可以不管它）；与此同时，请注意监视器窗口的 HV/BEAM 表显示，束流饱和值约 20μA 左右，1μA 表现为表上的一格，增大电流会使指针右移，但到一定值后便不再改变，电子枪束流饱和值对应的电流就是这个值，在这个时候停下来（这里没有管理员，所以操作由自己完成）。

4. 照明系统对中（这一部分操作需要相当的耐心来完成）

1）将观察模式调整到 SA。

2）将所有的光阑移除。

3）用 MAG 键将放大倍数设定在 5000 倍。

4）将束斑直径调整到 3～5μm，用 “BRIGHTNESS” 控制钮将光斑调整到清晰。

5）逆时针方向旋转 “FILAMENT” 控制钮少许，可在荧光屏上观察到灯丝像，此时灯丝的激发状态是欠饱和的，调整 “BRIGHTNESS CENTERING” 将光点移到屏幕中央。

6）将束斑直径调整到5μm，用“BRIGHTNESS”控制钮将光斑调整到清晰。

7）用“BRIGHTNESS CENTERING”将光点移到屏幕中央。

8）将束斑直径调整到1μm，用“BRIGHTNESS”控制钮将光斑调整到清晰。

9）用“GUNHORIZ”将光点移到屏幕中央。

10）重复6）~9）各步，直到光斑总是在屏幕中央。

11）将“FILAMENT”调回到束流饱和值。

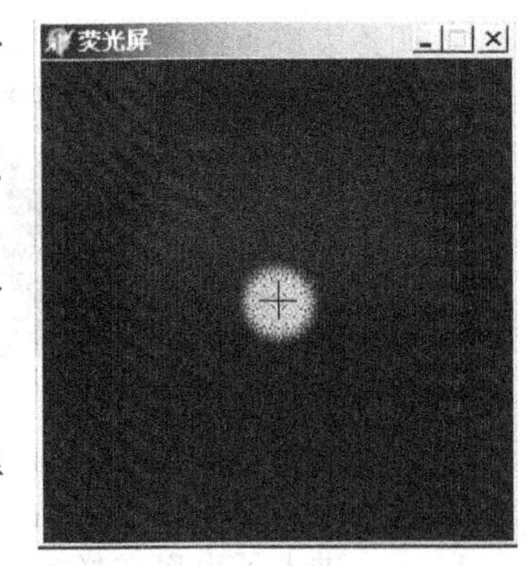

图　48-19

注意：在下列操作开始前，应该先打开荧光屏观察窗口k（可以单击缩略图中的字母“k”），如图48-19所示。

①在面板c上作模式选择，红圈1的位置就是SA模式键，将其按下，如图48-20所示。

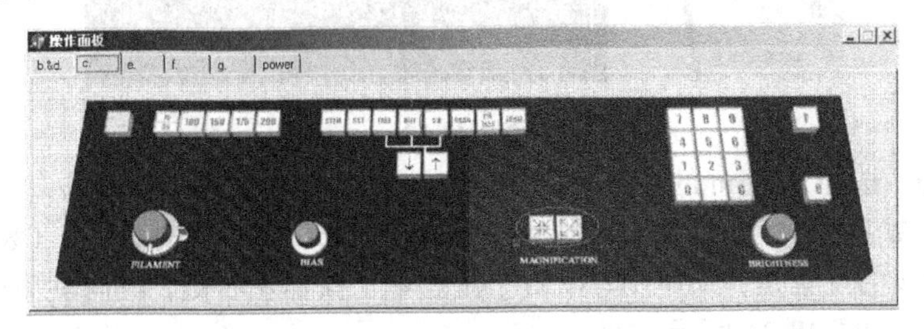

图　48-20

②这一步不需要操作。

③“MAGNIFICATION”键也在面板c上，见图48-20，红圈2所示的位置就是。左侧的按键为减小放大倍数，右侧的为增大放大倍数，每按一下放大倍数减少或增加1000。建议在改变放大倍数的时候，同时观察监视器窗口a（图48-21）和荧光屏观察窗口k。

图　48-21

监视器的第1行内容（红框所示位置）为当前的放大倍数。

④调整束斑直径需要操作面板 c 上的数字键盘（图 48-22 红圈 1 的位置）：

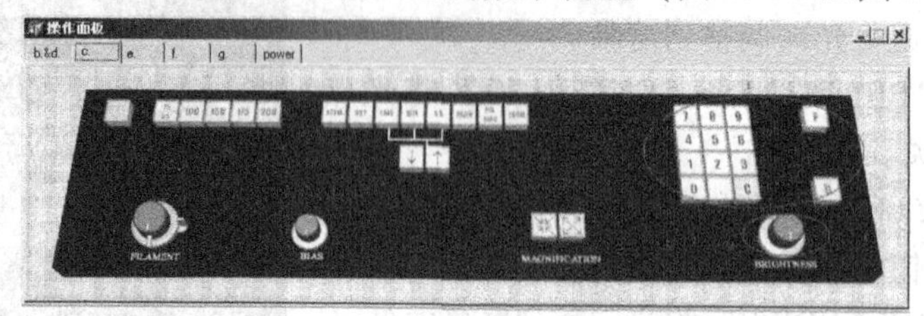

图 48-22

依次按键（用鼠标单击）：

1—F：进入了束斑选择模式，观察监视器窗口 a 会有所反映。

图 48-23 所示的时刻束斑的大小为 2μm，下面 2 行为可选的束斑大小值。

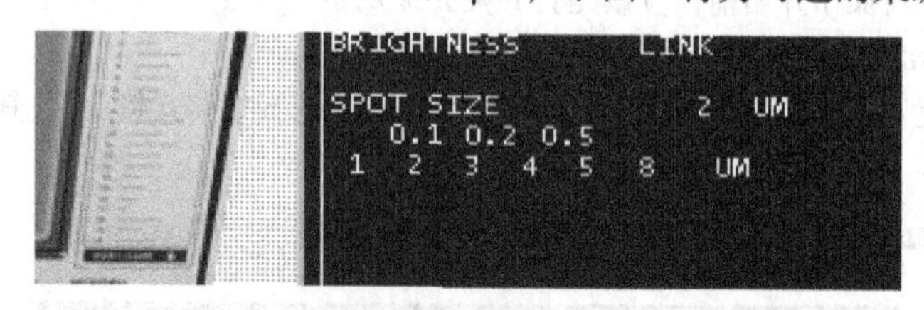

图 48-23

3—D：选择了 3μm 的束斑直径。

注意：数字键盘右侧的 F 和 D 键的含义分别是 Function（功能）和 DataSet（数值设定）。

红圈 2 的位置是“BRIGHTNESS”钮。单击鼠标左右键，同时观察荧光屏观察窗口 k，如图 48-24 所示。

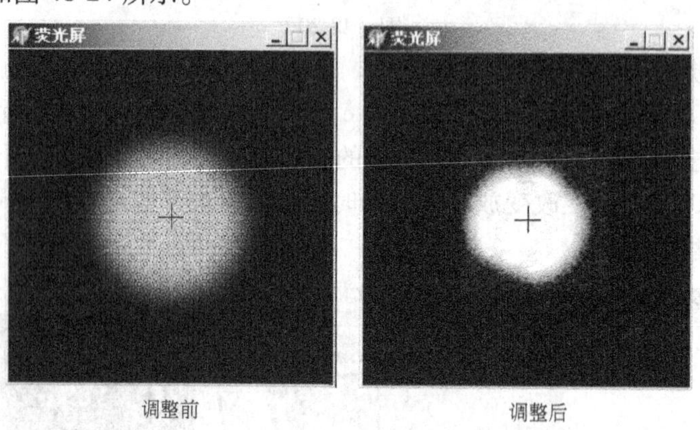

调整前　　　调整后

图 48-24

⑤逆时针方向旋转“FILAMENT”控制钮在程序中表现为在“FILAMENT”钮上（在面板 c 的左下角）单击鼠标左键，改变的量在监视器窗口 a 的 HV/BEAM 表盘上显示为大约 1/2 格。同时，可以通过荧光屏观察窗口 k 观察，如图 48-25 所示。

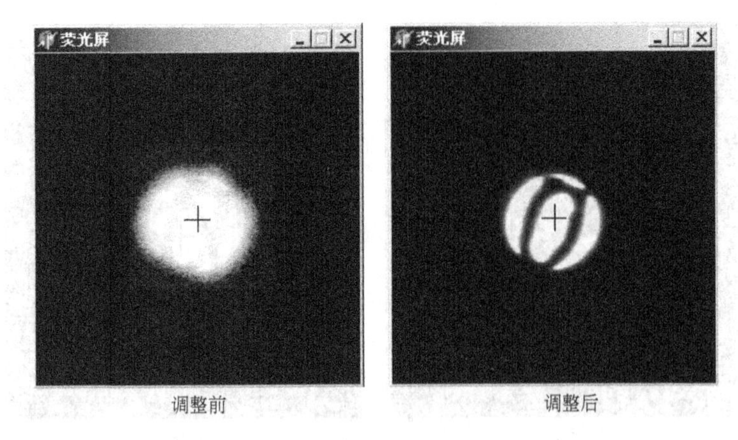

图　48-25

⑥参考步骤④，按键顺序为1—F—5—D，其中的“5”表示设定束斑的直径为5μm。

⑦“BRIGHTNESS CENTERING”钮在面板e上（图48-26红圈所示的位置）。

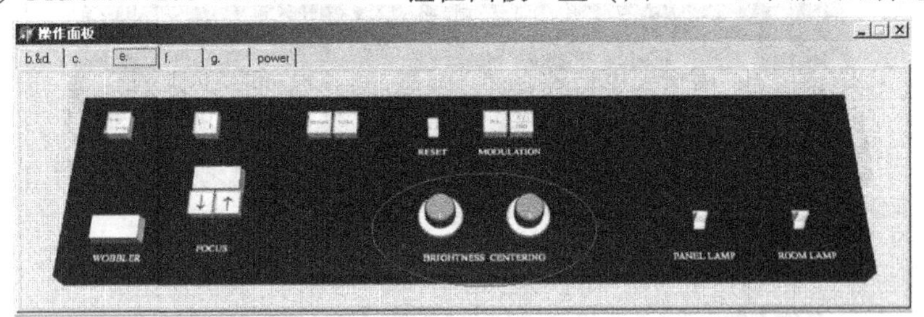

图　48-26

分为X轴和Y轴两个调整旋钮，调整的同时要观察荧光屏观察窗口k，如图48-27所示。

⑧参考步骤④，按键顺序为1—F—1—D，其中的“1”表示设定束斑的直径为1μm。

⑨“GUNHORIZ”钮在面板e上（图48-28红圈所示的位置）。

分为X轴和Y轴两个调整旋钮，调整的同时要观察荧光屏观察窗口k，如图48-29所示。

⑩重复⑥~⑨的各步，直到光斑总是在屏幕中央，如图48-30所示。

⑪这一步是⑤的逆操作，如图48-31所示。

注意不要使FILAMENT超过束流饱和值。

5. 更换样品

1）将样品台插入镜筒，注意插入过程中不要转动样品台。

2）将样品台的真空泵开关扳到“EVAC”档。

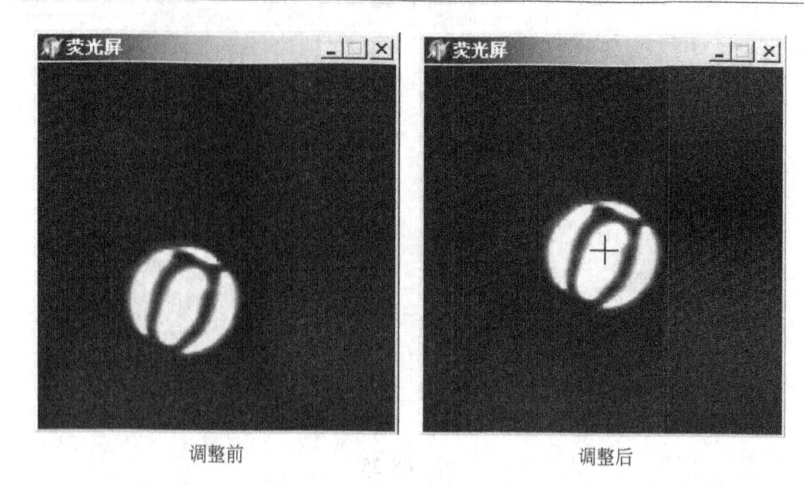

调整前 调整后

图 48-27

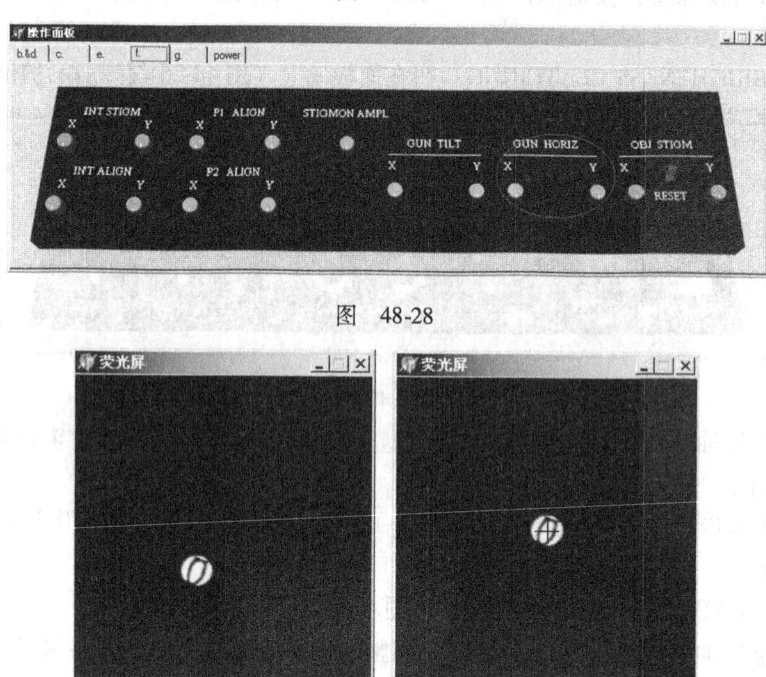

图 48-28

调整前 调整后

图 48-29

3）大约15s后，SPECEVAC指示灯（绿灯）会亮。

①需要先打开样品台窗口1（单击图48-32中的字母“1”）。

鼠标右键单击左图红圈1的位置（这就是样品台），会弹出右图所示的选项，选择“放入样品”。

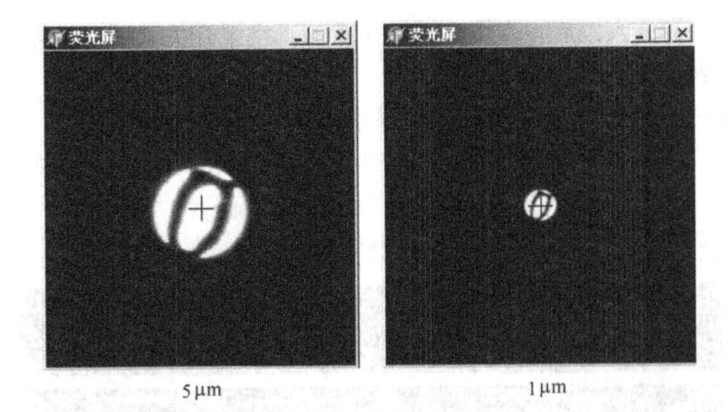

图　48-30

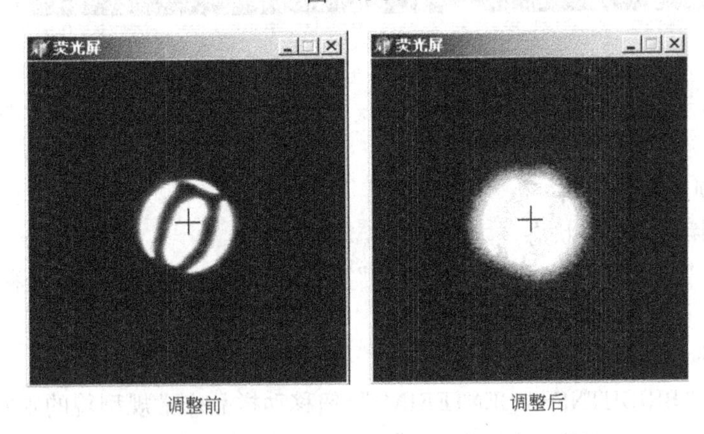

图　48-31

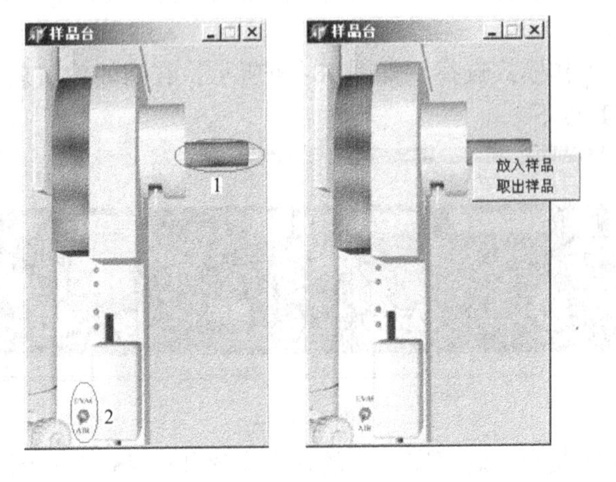

图　48-32

②当样品被放入以后，左图红圈2位置的真空泵开关就可以被操作了，鼠标单击以后扳到“EVAC”档。

③等待时间的窗口与2-2）-②步骤中的类似，等待结束以后，你可以打开b&d面板（或者单击缩略图中的字母“b”或“d”），看到的面板状态如图48-33所示。

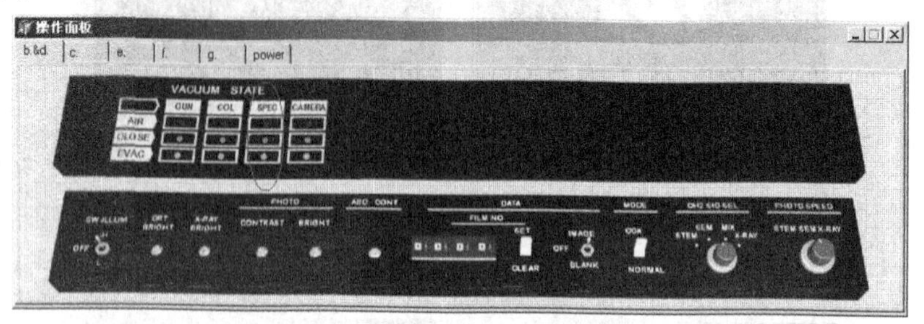

图　48-33

红圈所示的那一列就是样品台状态，绿灯亮表示真空完成，原来这一栏显示的是黄灯。

6. 常规型貌的观察

1）切换到SCAN状态。

2）用“BRIGHTNESS CENTERING”钮将样品中感兴趣的部分移动到荧光屏中心。

3）切换到ZOOM状态。

4）用“BRIGHTNESS CENTERING”钮移动样品作常规型貌的观察。

注意：放大倍数，加速电压和束斑直径应该在一下操作之前确定好，操作中途是不可以改变这些值的（如果改变的话，很难再调回合焦状态），当然也不需要操作“BRIGHTNESS”，那也是很难调好的。

①在面板c上作模式选择，如图48-34所示，红圈的位置就是SCAN模式键（SA右边），将其按下。

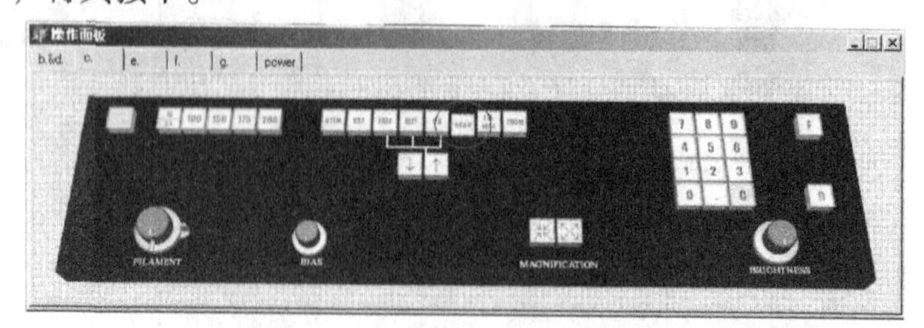

图　48-34

②这个时候的荧光屏观察窗口k的状态应该如图48-35左图所示，假设红点位置是感兴趣的部分，十字所示的位置即是荧光屏的中心，把它移动到图48-35

右图的状态（移动的方式参考步骤4-11）-⑦)。

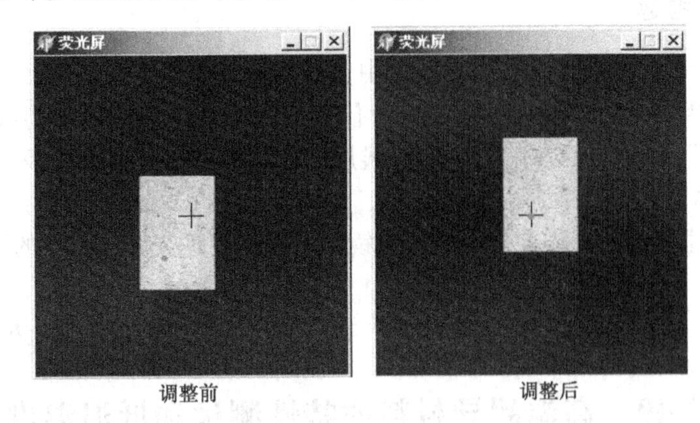

图　48-35

③在面板c上作模式选择，图48-36中红圈的位置就是ZOOM模式键（最右边），将其按下。

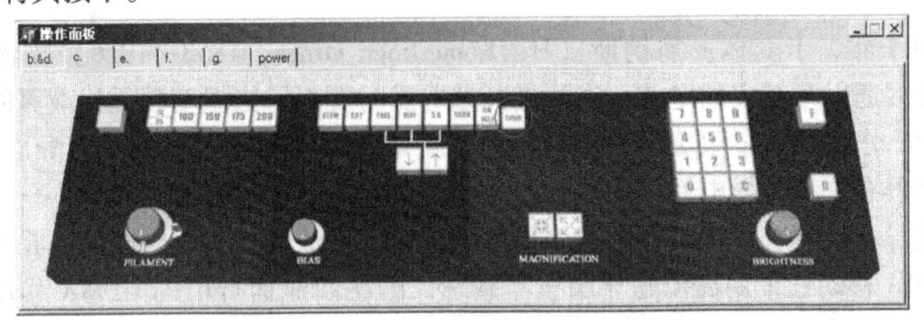

图　48-36

④这个时候的荧光屏观察窗口k的状态应该如图48-37。

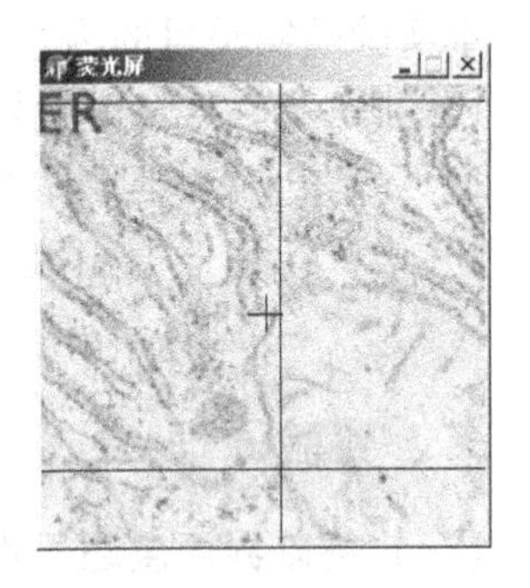

图　48-37

用“BRIGHTNESS CENTERING”钮可移动样品观察附近区域（移动的方式参考步骤4-11）-⑦)。

（二）重点和难点

1）使用透镜做观察前，先要将照明系统对中。

2）在调整过程中，经常需要留意监视器屏幕上显示的数据，这些数据反映了透镜当前的状态。特别是在调整束斑大小时。

3）放大倍数、加速电压和束斑直径应该在观察操作之前确定好（想一想为什么?）。

六、思考题

1）为什么在照明系统的对中操作中，需要频繁地改变束斑的大小？

2）在照明系统的对中操作中，为什么在束斑大的时候用“BRIGHTNESS CENTERING”调整，而在束斑小的时候用“GUNHORIZ”调整？反过来会有什么效果？（你可以试一下）

回答上述问题前，需要对电子显微镜阿贝成像原理光路作基本的了解。

（刘文军）

实验49　高温超导材料的特性测试和低温温度计

一、实验简介

1911年，卡麦林·翁钠斯（H，Kamerlingh Ornes，1853—1926）用液氮冷却水银并通以几毫安的电流，在测量其端电压时发现，当温度稍低于液氮的正常沸点时，水银线的电阻突然跌落到零，这就是所谓的零电阻现象或超导电现象。通常把具有这种超导电性的物体，称为超导体。

超导材料有着非常现实的应用价值。例如，由清华大学研制成功的我国第一台CDMA移动通信用高温超导滤波器系统，已在商业运行中的CDMA移动通信基站上通信试验成功并投入实际使用。这是高温超导材料自1986年被发现以来在我国的首次实际应用。

本实验的实验目的为

1）了解高临界温度超导材料的基本特性及其测试方法。

2）了解金属和半导体PN结的伏安特性随温度的变化以及温差效应。

3）学习几种低温温度计的比对和使用方法，以及低温温度控制的简便方法。

二、实验原理

（一）高临界温度超导性

把超导体电阻突然变为零的温度，称为超导转变温度。如果维持外磁场、电流和应力等在足够低的值，则样品在这一定外部条件下的超导转变温度，称为超导临界温度，用T_c表示。在一般的实际测量中，地磁场并没有被屏蔽，样品中通过的电流也并不太小，而且超导转变往往发生在并不很窄的温度范围内，因此通常用引起转变温度$T_{c,onset}$的零电阻温度T_{c0}和超导转变（中点）温度T_{cm}等来描写高温超

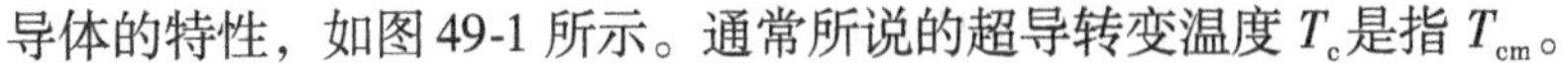
导体的特性，如图 49-1 所示。通常所说的超导转变温度 T_c是指 T_{cm}。

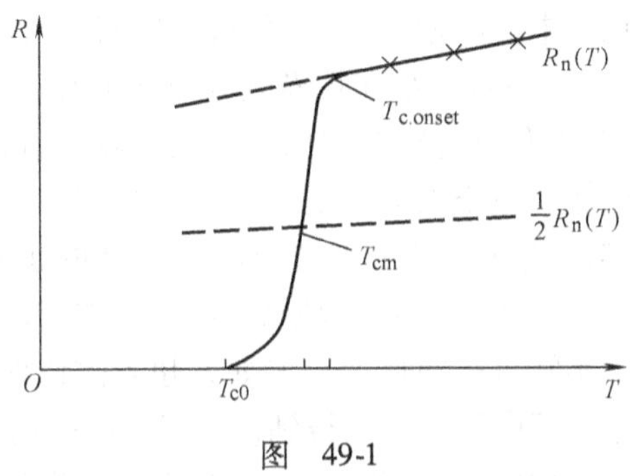

图 49-1

由于数字电压表的灵敏度的迅速提高，用伏安法直接判定零电阻现象已成为实验中常用的方法。然而，为了确定超导态的电阻确实为零，或者说，为了用实验确定超导态电阻的上限，这种方法的精度不够高。我们知道，当电感 L 一定时，如果 LR 串联回路中的电流衰减得越慢，即回路的时间常数 $\tau = L/R$ 越大，则表明该回路中的电阻 R 越小。实验发现，一旦在超导回路中建立起了电流，则无需外电源就能持续几年仍观测不到衰减，这就是所谓的持续电流。现代超导重力仪的观测表明，超导态即使有电阻，其电阻率也必定小于$10^{-28}\Omega \cdot m$。这个值远远小于正常金属迄今所能达到的电阻率 $10^{-15}\Omega \cdot m$，因此可以认为超导态的电阻率确实为零。

1933 年，迈斯纳（W. F. Meissner，1882—1974）和奥克森尔德（R. Ochsenfeld）把锡和铅样品放在外磁场中冷却到其转变温度以下，测量了样片外部的磁场分布。他们发现，不论是在没有外加磁场中还是在有外加磁场的情况下使样片从正常态转变为超导态，只要 $T < T_c$，在超导体内部的磁感应强度 B_i 总是等于零的，这个效应就是迈斯纳效应，表明超导体具有完全抗磁性。这是超导体所具有的独立于零电阻现象的另一个最基本的性质。迈斯纳效应可用磁悬浮实验来演示。当将永久磁铁慢慢落向超导体时，磁铁会被悬浮在一定高度上而不触及到超导体。其原因是，磁感应线无法穿过具有完全抗磁性到超导体，因而磁场受到歧变而产生向上的浮力。

在超导现象发现以后，人们一直在为提高超导临界温度而努力，然而进展却十分缓慢，1973 年所创立的记录（Na_3Ge，$T_c = 23.2K$）就保持了 12 年。1986 年 4 月，缪勒（K. A. Muller）和贝德罗兹（J. G. Bednorz）宣布，一种钡镧铜氧化物的超导转变温度可能高于 30K，从此掀起了波及全世界的关于高温超导电性的研究热潮，在短短的两年时间里就把超导临界温度提高到了 110K，到 1993 年 8 月已达到了 134K。

迄今为止，已发现 28 中金属元素（在地球常态下）及许多合金和化合物具有超导电性，还有些元素只在高压下才具有超导电性。

温度的升高，磁场和电流的增大，都可以使超导体从超导态转变为正常态，因此常用临界温度 T_c，临界磁场 B_c 和临界电流密度 J_c 临界参量来表征超导材料的超导性能。自从 1911 年发现超导电性以来，人们就一直设法用超导材料来绕制超导线圈——超导磁体。但令人失望的是，只通过很小的电流超导就失超了，即超导线圈从电阻为零的超导态转变到了电阻相当高的正常态。直到 1961 年，孔兹勒（J. E. Kunzler）等人利用 Na_3Sn 超导材料绕制成了能产生接近 9T 磁场的超导线圈，这才打开了实际应用的局面。例如，超导磁体两端并接一超导开关，可以使超导磁体工作在持续电流状态，得到极其稳定的磁场，使所需要的核磁共振谱线长时间地稳定在观测屏上。同时，这样做还可以做正常运行时断开供电电路，省去了焦耳热的损耗，减少了液氦和液氮的损耗。

（二）金属电阻随温度的变化

电阻随温度变化的性质，对于各种类型的材料是很不相同的，它反映了物质的内在属性，是研究物质性质的基本方法之一。

做合金中，电阻主要是由杂质散射引起的，因此电子的平均自由程对温度的变化很不敏感，如锰铜的电阻随温度的变化就很小，实验中所用的标准电阻和电加热器就是用锰铜线绕制而成的。今天已经广泛应用的半导体，其基本性质的揭示是和电阻-温度关系的研究分不开的。也正是在研究低温下水银电阻的变化规律时，发现了超导电性。另一方面，作为低温物理实验中基本工具的各种电阻温度计，完全是建立在对各种类型材料的电阻-温度关系研究的基础上的。因此，掌握这方面实验研究的基本方法是十分必要的。尽管我们的实验是以液氮作为冷源的，进行测量工作的温区是 77K 到室温，但这里所采用的实验方法同样适用于以液氦作为冷源的更低温度的情况。

在绝对零度下的纯金属中，理想的完全规则排列的原子（晶格）周期场中的电子处于确定的状态，因此电阻为零。温度升高时，晶格原子的热振动会引起电子引动状态的变化，即电子的引动受到晶格的散射而出现电阻 R_i。理论计算表明，当 $r>\theta_D/2$ 时，$R_i \propto T$，其中 θ_D 为德拜温度。实际上，金属中总是含有杂质的，杂质原子对电子的散射会造成附加电阻。在温度很低时，例如在 4.2K 以下，晶格散射对电阻的贡献趋于零，这时的电阻几乎完全由杂质散射所造成，称为剩余电阻 R_r，它近似与温度无关。当金属纯度很高时，总电阻可以近似表达成 $R=R_i(T)+R_r$。在液氮温度以上，$R_i(T) \gg R_r$，因此有 $R \approx R_i(T)$。例如，铜和铂的德拜温度 θ_D 分别为 310K 和 225K，在 63K 到室温的温度范围内，它们的电阻 $R \approx R_i(T)$ 近似地正比于温度 T。然而，稍许精确地测量就会发现它们偏离线性关系，在较宽的温度范围内铂的电阻温度关系如图 49-2 所示。

在液氮正常沸点到室温这一温度范围内，铂电阻温度计具有良好的线性电阻

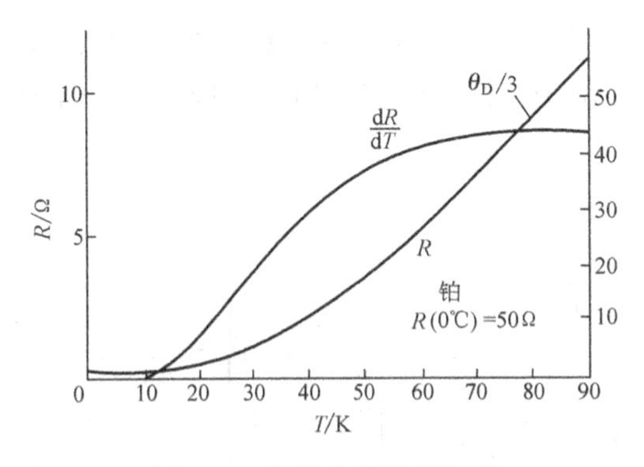

图 49-2　铂的电阻温度关系

温度关系，可表示为 $R(T)=AT+B$ 或 $T(R)=aR+b$。其中 A、B 和 a、b 是不随温度变化的常量。因此，根据我们所给出的铂电阻温度计在液氮正常沸点和冰点的电阻值，可以确定所用的铂电阻温度计的 A、B 或 a、b 的值，并由此可得到铂电阻温度计测温时任一电阻所对应的温度值。

（三）半导体电阻以及 PN 结的正向电压随温度的变化

半导体具有与金属很不相同的电阻温度关系。一般而言，在较大的温度范围内，半导体具有负的电阻温度系数。半导体的导电机制比较复杂，电子（e^-）和空穴（e^+）是致使半导体导电的粒子，常统称为载流子。在纯净的半导体中，由所谓的本征激发产生载流子；而在掺杂的半导体中，则除了本征激发外，还有所谓的杂质激发也能产生载流子，因此具有比较复杂的电阻温度关系。如图 49-3 所示，锗电阻温度计的电阻温度关系可以分为四个区。在一区中，半导体本征激发占优势，它所激发的载流子的数目随着温度的升高而增多，使其电阻随温度的升高而指数的下降。当温度降低到二区和三区时，半导体杂质激发占优势，在三区中温度开始升高时，它所激发的载流子的数目也是随着温度的升高而增多的，因而使其电阻随温度的升高而指数的下降；但当温度升高到进入二区中时，杂质激发已全部完成，因此当温度继续升高时，由于晶格对载流子散射作用的增强以及载流子热运动的加剧，所以电阻随温度的升高而增大。最后，在四区中温度已经降低到本征激发和杂质激发几乎都不能进行，这时靠载流子在杂质原子之间的跳动而在电场下形成微弱的电流，因此温度越高电阻越低。适当调整掺杂元素和掺杂量，可以改变三区和四区这两个区所覆盖的温度范围以及交接处曲线的光滑程度，从而做成所需的低温锗电阻温度计。此外，硅电阻温度计、碳电阻温度计、渗碳玻璃电阻温度计和热敏电阻温度计等也都是常用的低温半导体温度计。显然，在大部分温区中，半导体具有负的电阻温度系数，这是与金属完全不同的。

在恒定电流下，硅和砷化镓二极管 PN 结的正向电压随着温度的降低而升高，如图 49-3 所示。由图可见，用一支二极管温度计就能测量很宽范围的温度，且灵敏度很高。由于二极管温度计的发热量较大，常把它用作控温敏感元件。

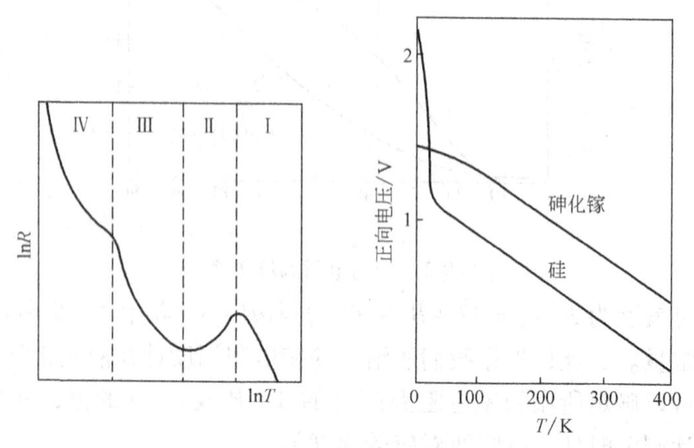

图 49-3　半导体电阻温度

（四）温差电偶温度计

当两种金属所做成的导线联成回路，并使其两个接触点维持在不同的温度时，该闭合回路中就会有温差电动势存在。如果将回路的一个接触点固定在一个已知的温度，例如液氮的正常沸点 77.4K，则可以由所测量得到的温差电动势确定回路的另一接触点的温度。

应该注意到，硅二极管 PN 结的正向电压 U 和温差电动势 E 随温度 T 的变化都不是线性的，因此在用内插方法计算中间温度时，必须采用相应温度范围内的灵敏度值。

三、实验仪器

（一）低温恒温器和不锈钢杜瓦容器

低温恒温器和杜瓦容器的结构如图 49-4 所示，其目的是得到从液氮的正常沸点到室温范围内的任意温度。正常沸点为 77.4K 的液氮盛在不锈钢真空夹层杜瓦容器中，借助于手电筒可通过有机玻璃盖看到杜瓦容器的内部，拉杆固定螺母（以及与之配套的固定在有机玻璃盖上的螺栓）可用来调节和固定引线拉杆以及下端的低温恒温器的位置。低温恒温器的核心部件是安装有超导样品和温度计的纯铜恒温块（图 49-5），此外还包括纯铜圆筒及其上盖、上下档板、引线拉杆和 19 芯引线插座等部件。包围着纯铜恒温块的纯铜圆筒起均温的作用，上档板起阻挡来自室温的辐射热的作用。

当下档板浸没在液氮中时，低温恒温器将逐渐冷却下来。适当控制浸入液氮的深度，可使纯铜恒温块以我们所需的速率降温。通常使液氮面维持在纯铜圆筒底和下档板之间距离底1/2处。实验表明，这一距离的调节对于整个实验的顺利完成是十分重要的。为了方便而灵敏地调节这一距离并保证在3h内完成实验，在该处安装了可调式定点液面指示计。

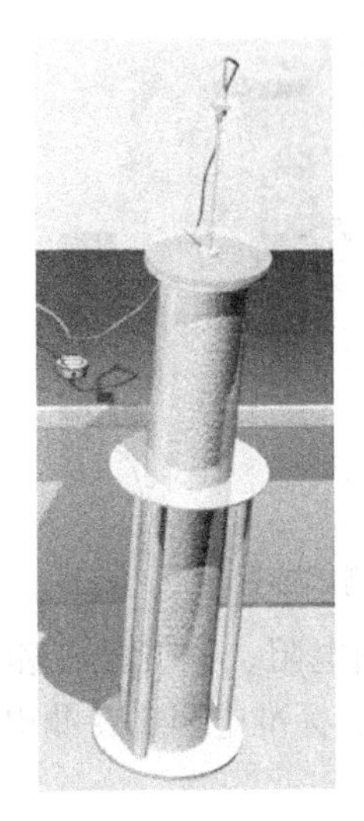

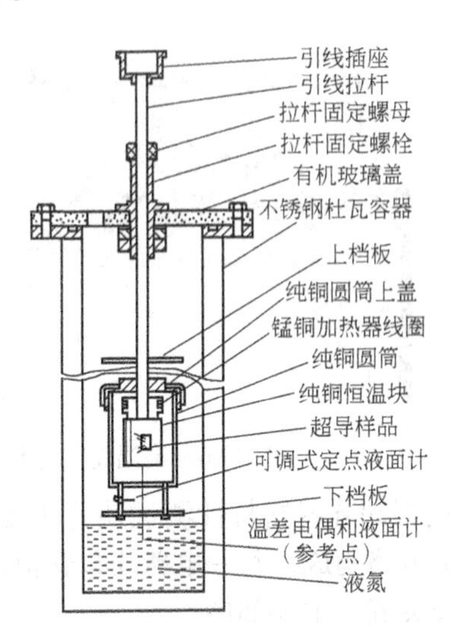

图49-4　低温恒温器和杜瓦容器的结构模型图

在超导样品的超导转变曲线附近，如果需要，还可以利用25Ω加热器线圈进行细调。加热器线圈由温度稳定性较好的锰铜线无感地双线并绕而成。由于金属在液氮温度下具有较大的热容，因此，当在降温过程中使用电加热器时，一定要注意纯铜恒温块温度变化的滞后效应。

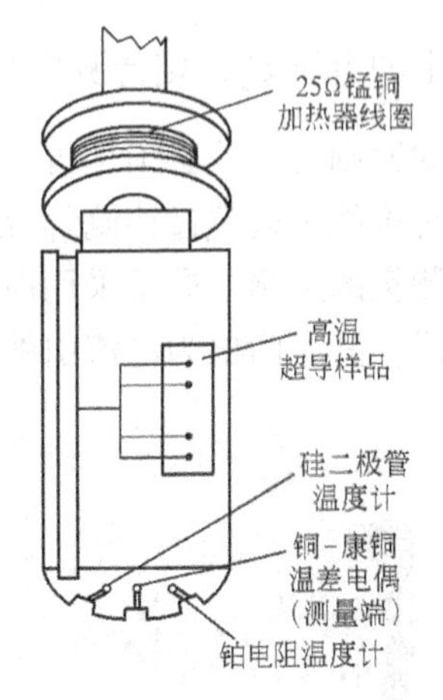

图49-5　纯铜恒温块（探头）的结构

实际上，由于在发生超导转变时，低温恒温器的降温速率已经变得非常缓慢，往往无需使用电加热器。然而，为了得到远高于液氮温度的恒定的中间温度，则需要将低温恒温器放在容器中液氮面上方远离液氮面的地方，调节通过电加热器的电流以保持稳定的温度。

为使温度计和超导样品具有较好的温度一致性，我们将铂电阻温度计、硅二极管和温差电偶的测温端塞入纯铜恒温块的小孔中，并用低温胶或真空脂将待测超导样品粘贴在纯铜恒温块平台上的长方形凹槽内。超导样品与四根电引线的连接是通过金属铟的压接而成的。此外，温差电偶的参考端从低温恒温器底部的小孔中伸出，使其在整个实验过程中都浸没在液氮中。

（二）电测量原理及测量设备

电测量设备的核心是一台称为“BW2 型高温超导材料特性测试装置（图 49-6）”的电源盒和一台灵敏度为 1μA 的 PZ158 型直流数字电压表（图 49-7）。

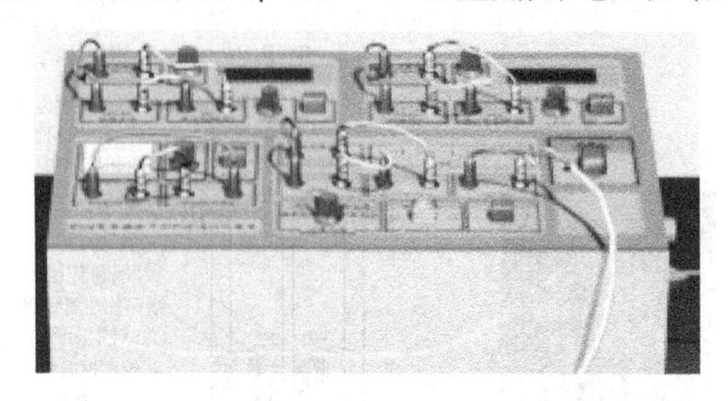

图 49-6　高温超导材料特性测试装置

BW2 型高温超导材料特性测试装置主要由铂电阻、硅二极管和超导样品等三个电阻测量电路构成，每一电路均包含恒流源、标准电阻、待测电阻、数字电压表和转换开关五个主要部件。

1. 四引线测量法

电阻测量的原理电路如图 49-8 所示。测量电流由恒流源提供，其大小可由标准电阻 R_n 上的电压 U_n 的此类值得出，即 $I = U_n/R_n$。如果测量得到了待测样品上的电压 U_x，则待测样品的电阻 R_x 为 $R_x = \frac{U_x}{I} = \frac{U_x}{U_n}R_n$。由于低温物体实验装置的原则之一是必须尽可能减小室温漏热，因此测量引线通常折又细又长，其阻值有可能远远超过待测样品（如超导样品）的阻值。为了减小引线和接触电阻对测量的影响，通常采用所谓的“四引线测量法”，即每个电阻元件都采用四根引线，其中两根为电流引线，两根为电压引线。

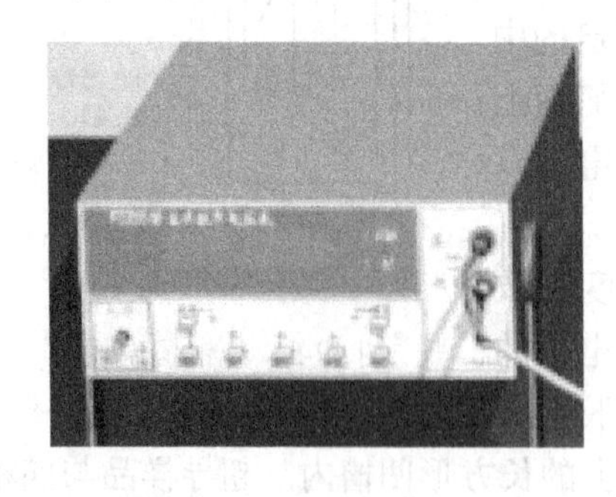

图 49-7　直流数字电压表

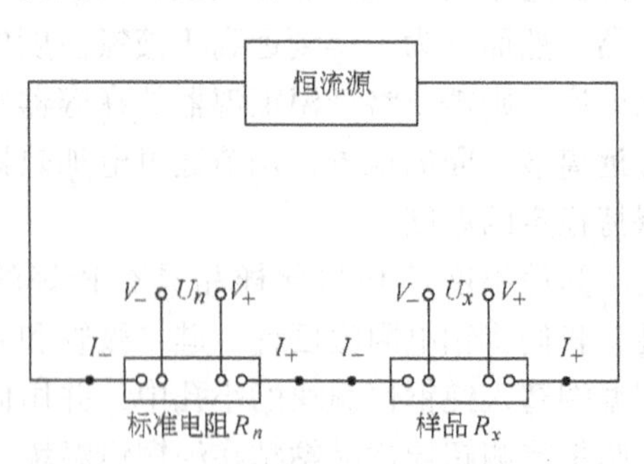

图 49-8　电阻测量

四引线测量法的基本原理是：恒流源通过两根电流引线将测量电流 I 提供给待测样品，而数字电压表则是通过两根电压引线来测量电流 I 在样品上所形成的电势差 U。由于两根电压引线与样品的接点处在两根电流引线的接点之间，因此排除了电流引线与样品之间的接触电阻对测量的影响；又由于数字电压表的输入阻抗很高，电压引线的引线电阻以及它们与样品之间的接触电阻对测量的影响可以忽略不计。因此，四引线测量法减小甚至排除了引线和接触电阻对测量的影响，是国际上通用的标准测量方法。

2. 铂电阻和硅二极管测量电路

在铂电阻和硅二极管测量电路中，提供电流的都是只有单一输出的恒流源，它们输出电流的标称值分别为 1mA 和 100μA。在实际测量中，通过微调可以分别在 100Ω 和 10kΩ 的标准电阻上得到 100.00mV 和 1.0000V 的电压。

在铂电阻和硅二极管测量电路中，使用两个内置的灵敏度分别为 10μV 和 100μV 的 $4\frac{1}{2}$位数字电压表，通过转换开关分别测量铂电阻、硅二极管以及相应的标准电阻上的电压，由此可确定纯铜恒温块的温度。

3. 超导样品测量电路

由于超导样品的正常电阻受到多种因素的影响，因此每次测量所使用的超导样品的正常电阻可能有较大的差别。为此，在超导样品测量电路中，采用多档输出式的恒流源来提供电流。在本装置中，盖内置恒流源共设标称为 100μA、1mA、5mA、10mA、50mA、100mA 的六档电流输出，其实际值由串接在电路中的 10kΩ 标准电阻上的电压值确定。

为了提高测量精度，使用一台外接的灵敏度为 1μV 的 $5\frac{1}{2}$位 PZ158 型直流数字电压表，来测量标准电阻和超导样品上的电压，由此可确定超导样品的电阻。为了消除直流测量电路中固有的乱真电动势的影响，我们在采用四引线测量法的基础上还增设了电流反向开关，用以进一步确定超导体的电阻确已为零。当然，这种确定受到了测量仪器灵敏度的限制。然而，利用超导环所做的成就电流实验表明，超导态即使有电阻也小于 $10^{-27}\Omega\cdot m$。

4. 温差电偶及定点液面计的测量电路

利用转换开关和 PZ158 型直流数字电压表，可以监测铜-康铜温差电偶的电动势以及可调式定点液面计的指示。

5. 电加热器电路

BW2 型高温超导材料特性测试装置中，一个内置的直流稳压电源和一个指针式电压表构成了一个为安装在探头中的 25Ω 锰铜加热器线圈供电的电路。利用电压调节旋钮可提供 0 ~ 5V 的输出电压，从而使低温恒温器获得所需要的加热功率。

6. 其他

在BW2型高温超导材料特性测试装置的面板上，后边标有“探头”字样的铂电阻、硅二极管、超导样品和25Ω加热器四个部件，以及温差电偶和液面计，均安装在地温恒温器中。利用一根两头带有19芯插头的装置连接电缆，可将BW2型高温超导材料特性测试装置与地温恒温器连为一体。在每次实验开始时，学生必须利用所提供的带有香蕉插头的面板连接导线，把面板上用虚线连接起来的两两插座全部连接好。只有这样，才能使各部分构成完整的电流回路。

（三）实验电路图（图49-9）

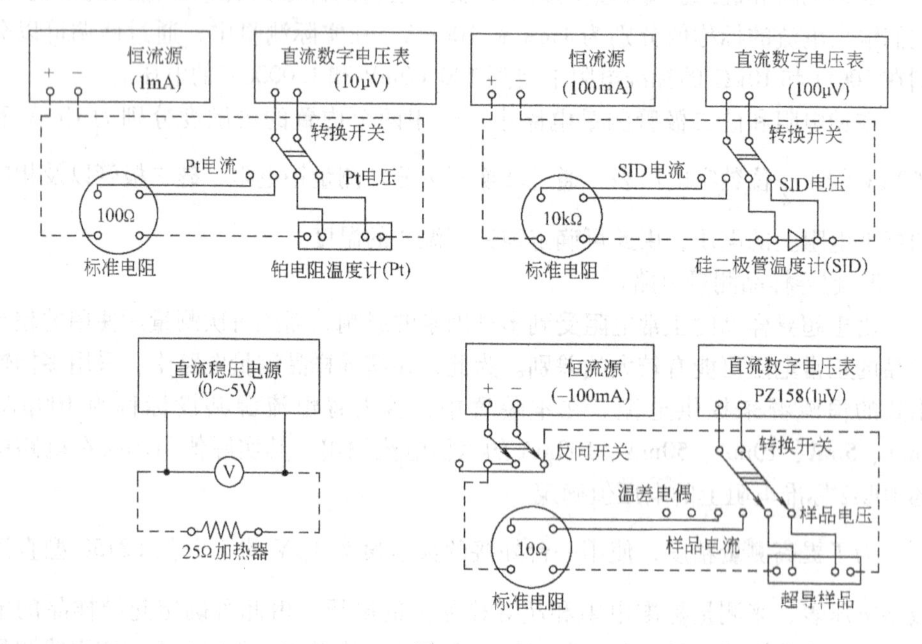

图 49-9

四、实验内容

（一）室温检测

打开PZ158型直流数字电压表的电源开关（将其电压程置于200mV档）以及“电源盒”的总电源开关，并依次打开铂电阻、硅二极管和超导样品三个分电源开关，调节两支温度计的工作电流，测量并记录其室温的电流和电压数据。

原则上，为了能够测量得到反映超导样品本身性质的超导转变曲线，通过超导样品的电流应该越小越好。然而，为了保证用PZ158型直流数字电压表能够较明显地观测到样品的超导转变过程，通过超导样品的电流就不能太小。对于一般的样品，可按照超导样品上的室温电压大约为 50 ~ 200μV 来选定所通过的电流的大小，但最好不要大于 50mA。

最后，将转换开关先后旋至“温差电偶”和“液面指示”处，此时 PZ158 型直流数字电压表的示值应当很低。

（二）低温恒温器降温速率的控制及低温温度计的比对

1. 低温恒温器降温速率的控制

低温测量是否能够在规定的时间内顺利完成，关键在于是否能够调节好低温恒温器的下档板侵入液氮的深度，使纯铜恒温块以适当速度降温。为了确保整个实验工作可在 3h 以内顺利完成，我们在低温恒温器的纯铜圆筒底部与下档板间距离的 1/2 处安装了可调式定点液面计。在实验过程中只要随时调节低温恒温器的位置以保证液面计指示电压刚好为零，即可保证液氮表面刚好在液面计位置附近，这种情况下纯铜恒温块温度随时间的变化大致如图 49-10 所示。具体步骤如下：

1）确认是否已将转换开关旋至“液面指示”处。

2）为了避免低温恒温器的纯铜圆筒底部一开始就触及液氮表面而使纯铜恒温块温度骤然降低造成实验失败，可在低温恒温器放进杜瓦容器之前，先用米尺测量液氮面距杜瓦容器口的深度，然后旋紧拉杆固定螺母，并将低温恒温器缓缓放入杜瓦容器中。当低温恒温器的下档板碰到了液氮面时，会发出像烧热的铁块碰到水时的响声，同时用手可感觉到有冷气从有机玻璃板上的小孔喷出，还可用手电筒通过有机玻璃板照射杜瓦容器内部，仔细观察低温恒温的位置。

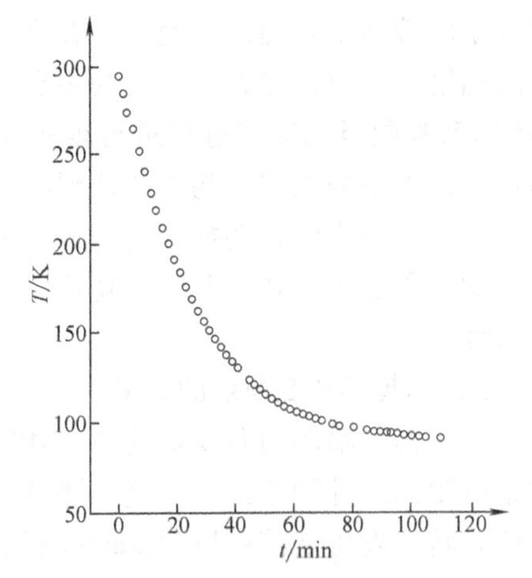

图 49-10 纯铜恒温块温度随时间的变化

3）当低温恒温器的下档板侵入液氮时，液氮表面将会像沸腾一样翻滚并伴有响声和大量冷气的喷出，大约 1min 后液面逐渐平静下来。这时，可稍许旋松拉杆固定螺母，控制拉杆缓缓下降，并密切监视与液面指示计相接的 PZ158 型直流数字电压表的示值（以下简称“液面计示值”），使之逐渐减小到“零”，立即拧紧固定螺母。这时液氮面恰好位于纯铜圆筒底部与下档板间距离的 1/2 处（该处安装有液面计）。伴随着低温恒温器温度的不断下降，液氮面也会缓慢下降，引起液面计示值的增加。一旦发现液面计示值不再是“零”，应将拉杆向下移动少许（约 2mm，切不可下移过多），使液面计示值恢复“零”值。因此，在低温恒温器的整个过程中，我们要不断地控制拉杆下降来恢复液面计示值为零，维持低温恒温器下档板的侵入深度不变。

2. 低温温度计的比对

当纯铜恒温块的温度开始降低时，观察和测量各种温度计及超导样品电阻随温度的变化，大约每隔5min测量一次各温度计的测温参量（如：铂电阻温度计的电阻、硅二极管温度计的正向电压、温差电偶的电动势），即进行温度计的比对。

具体而言，由于铂电阻温度计已经标定，性能稳定，且有较好的线性温度关系，因此可以利用所给出的本装置铂电阻温度计的电阻温度关系简化公式，由相应温度下铂电阻温度计的电阻值确定纯铜恒温块的温度，再以此所测得硅二极管的正向电压值和温差电偶的温差电动势值为纵坐标，画出它们随温度变化的曲线。

如果要在较高的温度范围进行较精确的温度计比对工作，则应将低温恒温器置于距液面尽可能远的地方，并启用电加热器，已使纯铜恒温块能够稳定在中间温度。在以测量超导转变为主要目的的实验过程中，尽管纯铜恒温块从室温到150K附近的降温过程进行得很快（图49-8），仍可以通过测量对具有正和负的温度系数的两类物质的低温特性有深刻的印象，并可以利用这段时间熟悉实验装置和方法，例如利用液面计示值来控制低温恒温器降温速率的方法、装置的各种显示、转换开关的功能、三种温度计的温度和超导样品电阻的测量方法等。

（三）超导转变曲线的测量

当纯铜恒温块的温度降低到130K附近时，开始测量超导体的电阻以及这时铂电阻温度计随给出的温度，测量点的选取可视电阻变化的快慢而定，例如在超导转变发生之前可以每5min测量一次，在超导转变过程中大约每半分钟测量一次。在这些测量点，应同时测量各温度计的测温参量，进行低温温度计的比对。

由于电路中的乱真电动势并不随电流方向的反向而改变，因此，当样品电阻接近于零时，可利用电流反向后的电压是否改变来判定该超导样品的零电阻温度。具体做法是，先在正向电流下测量超导体的电压，然后按下电流反向开关按钮，重复上述测量，若这两次测量所得到的数据相同，则表明超导样品达到了零电阻状态。最后，画出超导体电阻随温度变化的曲线，并确定其起始转变温度$T_{c,onset}$和零电阻温度T_c。

在上述测量过程中，低温恒温器降温速率的控制依然是十分重要的。在发生超导转变之前，即在$T > T^*$温区，每测完一点都要把转换开关旋至“液面计”档，用PZ158型直流数字电压表监测液面的变化。在发生超导转变的过程中，

即在 $T_c < T < T_{c,onset}$ 温区，由于在液面变化不大的情况下，超导样品的电阻随着温度的降低而迅速减小，因此不必每次再把转换开关旋至“液面计”档，而是应该密切监测超导样品电阻的变化。当超导样品的电阻接近零值时，如果低温恒温器的降温已经非常缓慢甚至停止，这时可以逐渐下移拉杆，甚至可使低温恒温器纯铜圆筒的底部接触液氮表面，使低温恒温器进一步降温，以促使超导转变的完成。最后，在超导样品已达到零电阻之后，可将低温恒温器直接侵入液氮之中，使纯铜恒温块的温度尽快降至液氮温度。

五、实验指导

（一）实验重点、难点

注意实验前要把各温度计的基准电流电压调节好，否则会在实验中引入误差。

（二）实验操作方法

1. 调节探头的高度（图 49-11）

在实验的过程中，由于液态氮的挥发，氮的液面会随之下降，于是探头的高度就会渐渐远离液面，这样降温就会很困难。于是，要调节探头的高度，使之靠近液面。调节的方法是用鼠标移动至杜瓦恒温器口的铜螺钉口，鼠标形状会变成手的形状，表示可以调节高度。左键降低探头高度，右键升高。

2. 秒表的使用

实验过程中要用到秒表记录时间。

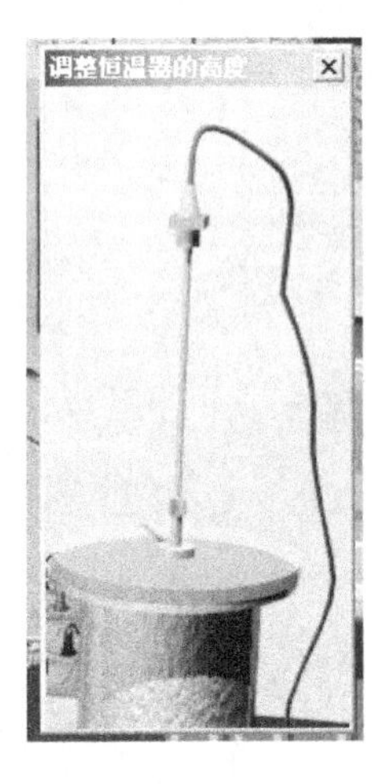

图　49-11

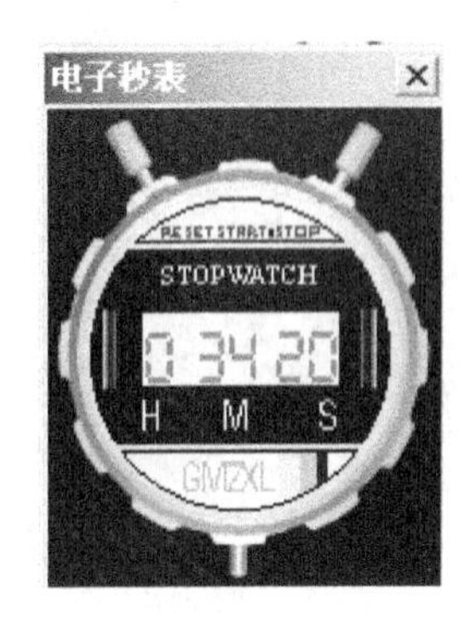

图　49-12

秒表有两个按钮，右边按钮的作用是时间记录的开始和暂停，左边是记数清零（图 49-12）。

3. 其他仪器设备的使用

当可以旋动或者按下的地方，鼠标的形状都变成手形。此时按下鼠标左键或右键进行调节。

六、思考题

1）如何判断低温恒温器的下档板或纯铜圆管底部碰到了液氮面？

2）在“四引线测量法”中，电流引线和电压引线能否互换？为什么？

3）确定超导样品的零电阻时，测量电流为何必须反向？这种方法所判定的“零电阻”与实验仪器的灵敏度和精度有何关系？

4）如何利用本实验装置获得较接近室温的（如250K）稳定的中间温度？

5）如果分别在降温和升温过程中测量超导转变曲线，结果将会怎样？为什么？

6）零电阻常规导体遵从欧姆定律，它的磁性有什么特点？超导体的磁性又有什么特点？它是否是独立于零电阻性质的超导体的基本特性？

（刘文军）

附　　录

附录 A　PASCO 物理实验教学系统介绍

PASCO 物理实验教学系统是美国 PASCO 教学仪器公司生产的物理实验教学仪器，适用于开展设计性和创新性实验。学生可利用 PASCO 教具自行搭配、组装各种实验装置，独立进行基础物理学实验的学习和研究。利用计算机和先进的传感器技术实时采集物理实验中各种物理量变化的数据，通过应用软件或学生自编的数据处理软件，进行数据处理和结果分析，得到可靠的实验结果和结论。其特点如下：

1）种类齐全，涵盖力、热、波、电、磁、光、原子物理等上百个物理实验。

2）采用先进的传感技术采集各种物理量的数据，传感器的数量超过 50 多种。

3）利用先进的数据采集技术，令物理实验更准确、更有效率。

4）提供中英文接口的数据处理与分析软件及中英文实验手册。

该实验操作简便，设计新颖，既可做定量实验，也可做定性演示。在 PASCO 教具的基础上，我们开发了一些新的实验装置，如人体生理参数（心率、脉搏波、心电等）的测量和分析。下面介绍该实验的一些接口和传感器装置。

1. PASCO 计算机接口—500 型

主要特点：

1）数据采集——无需计算机即可采集和存储数据。

2）同步记录模拟和数字信号。

3）模拟采样。

500 样本/s（Continuous Mode）

20000 次/s（Burst Mode）

采集达到 17000 数据点（Data Log Mode）

4）0. 1ms 时间精确度。

5）位置感应采集多达 7000 动作感应器的数据点。

6）50KB 存储空间。

7）方便携带，可使用 4 “AA” 电池做电源。

8）RS-232 连接。

2. PASCO 计算机接口—750 型

主要特点：

1）每秒 250000 个采样。

2）内嵌功能发生器 1.5W。

3）4 个数字通道。

0.1ms 时间精确度。

1mm 分辨率的位置感应。

4）3 个模拟通道。

每秒 250000 个采样（单通道）。

20kHz 实时示波器功能。

5）Flash Memory——该接口的操作系统和波形储存在 flash memory 中，当新的系统版本和波形出版，可容易地从 PASCO 网站下载升级。

6）SCSI 卡和 RS-232 两种连接方式。

3. PASCO 传感器

有模拟/数字传感器配合计算机接口。

数十种传感器，单独或组合应用于力学、热力学、波和声、光学、电力和磁力学、原子和核子学。

还有用于配合 PASCO 的 Science Workshop 接口和传感器。

1）带有 240 个预设实验，方便教师和学生直接调用。

2）方便直观的用户使用界面，令数据记录、监控变得简单。

3）数据/图形可存储/编辑/打印；方便学生完成实验报告；并可转存 Excel/Word文档进行编辑整理。

4）数据/图形处理包含最大/最小值、平均、偏差统计；曲线适配、积分、微分多种功能；实时数据显示；同时最多显示五种关系曲线。

5）虚拟仪器仪表（示波器/TFT/电压电流表）同步显示真实数据。

（刘文军）

附录 B　常用物理基本常数表

物理常数	符号	最佳实验值	供计算用值
真空中光速	c	$299792458 \pm 1.2\text{m} \cdot \text{s}^{-1}$	$3.00 \times 10^{8}\text{m} \cdot \text{s}^{-1}$
引力常数	G_0	$(6.6720 \pm 0.0041) \times 10^{-11}\text{m}^3 \cdot \text{s}^{-2}$	$6.67 \times 10^{-11}\text{m}^3 \cdot \text{s}^{-2}$
阿伏加德罗(Avogadro)常数	N_0	$(6.022045 \pm 0.000031) \times 10^{23}\text{mol}^{-1}$	$6.02 \times 10^{23}\text{mol}^{-1}$
摩尔气体常数	R	$(8.31441 \pm 0.00026)\text{J} \cdot \text{mol}^{-1} \cdot \text{K}^{-1}$	$8.31\text{J} \cdot \text{mol}^{-1} \cdot \text{K}^{-1}$
玻耳兹曼(Boltzmann)常数	k	$(1.380662 \pm 0.000041) \times 10^{-23}\text{J} \cdot \text{K}^{-1}$	$1.38 \times 10^{-23}\text{J} \cdot \text{K}^{-1}$
理想气体摩尔体积	V_{m}	$(22.41383 \pm 0.00070) \times 10^{-3}$	22.4×10^{-3} $\text{m}^3 \cdot \text{mol}^{-1}$
基本电荷(元电荷)	e	$(1.6021892 \pm 0.0000046) \times 10^{-19}\text{C}$	$1.602 \times 10^{-19}\text{C}$
原子质量单位	u	$(1.6605655 \pm 0.0000086) \times 10^{-27}\text{kg}$	$1.66 \times 10^{-27}\text{kg}$
电子静止质量	m_{e}	$(9.109534 \pm 0.000047) \times 10^{-31}\text{kg}$	$9.11 \times 10^{-31}\text{kg}$
电子荷质比	e/m_{e}	$(1.7588047 \pm 0.0000049) \times 10^{-11}\text{C} \cdot \text{kg}^{-1}$	$1.76 \times 10^{-11}\text{C} \cdot \text{kg}^{-1}$
质子静止质量	m_{p}	$(1.6726485 \pm 0.0000086) \times 10^{-27}\text{kg}$	$1.673 \times 10^{-27}\text{kg}$
中子静止质量	m_{n}	$(1.6749543 \pm 0.0000086) \times 10^{-27}\text{kg}$	$1.675 \times 10^{-27}\text{kg}$
法拉第常数	F	$(9.648456 \pm 0.000027)\text{C} \cdot \text{mol}^{-1}$	$96500\text{C} \cdot \text{mol}^{-1}$
真空电容率	ε_0	$(8.854187818 \pm 0.000000071) \times 10^{-12}\text{F} \cdot \text{m}^{-1}$	$8.85 \times 10^{-12}\text{F} \cdot \text{m}^{-1}$
真空磁导率	μ_0	$12.5663706144 \pm 10^{-7}\text{H} \cdot \text{m}^{-1}$	$4\pi\text{H} \cdot \text{m}^{-1}$
电子磁矩	μ_{e}	$(9.284832 \pm 0.000036) \times 10^{-24}\text{J} \cdot \text{T}^{-1}$	$9.28 \times 10^{-24}\text{J} \cdot \text{T}^{-1}$
质子磁矩	μ_{p}	$(1.4106171 \pm 0.0000055) \times 10^{-23}\text{J} \cdot \text{T}^{-1}$	$1.41 \times 10^{-23}\text{J} \cdot \text{T}^{-1}$
玻尔(Bohr)半径	α_0	$(5.2917706 \pm 0.0000044) \times 10^{-11}\text{m}$	$5.29 \times 10^{-11}\text{m}$
玻尔(Bohr)磁子	μ_{B}	$(9.274078 \pm 0.000036) \times 10^{-24}\text{J} \cdot \text{T}^{-1}$	$9.27 \times 10^{-24}\text{J} \cdot \text{T}^{-1}$
核磁子	μ_{N}	$(5.059824 \pm 0.000020) \times 10^{-27}\text{J} \cdot \text{T}^{-1}$	$5.05 \times 10^{-27}\text{J} \cdot \text{T}^{-1}$
普朗克(Planck)常量	h	$(6.626176 \pm 0.000036) \times 10^{-34}\text{J} \cdot \text{s}$	$6.63 \times 10^{-34}\text{J} \cdot \text{s}$
精细结构常数	α	$7.2973506(60) \times 10^{-3}$	
里德伯(Rydberg)常量	R_∞	$1.097373177(83) \times 10^{7}\text{m}^{-1}$	

参考文献

[1] 付研，等. 医用物理实验［M］. 北京：高等教育出版社，2014.
[2] 何焰蓝，等. 大学物理实验［M］. 2 版. 北京：机械工业出版社，2009.
[3] 夏云波，等. 大学物理实验［M］. 北京：机械工业出版社，2013.
[4] 浦天舒，等. 大学物理实验［M］. 北京：清华大学出版社，2011.
[5] 刘惠莲，等. 大学物理实验［M］. 北京：科学出版社，2013.